Springer-Lehrbuch

Manfred Denker

Einführung in die Analysis dynamischer Systeme

Mit 48 Abbildungen

 Springer

Manfred Denker
Universität Göttingen
Institut für Mathematische Stochastik
Maschmühlenweg 8–10
37073 Göttingen
Deutschland
e-mail: denker@math.uni-goettingen.de

Bibliografische Information Der Deutschen Bibliothek

Die Deutsche Bibliothek verzeichnet diese Publikation in der Deutschen Nationalbibliografie;
detaillierte bibliografische Daten sind im Internet über http://dnb.ddb.de abrufbar.

Mathematics Subject Classification (2000): 37-01

ISBN 3-540-20713-9   Springer Berlin Heidelberg New York

Springer ist ein Unternehmen von Springer Science+Business Media

springer.de

Satz: Reproduktionsfertige Vorlage vom Autor
Herstellung: LE-TeX Jelonek, Schmidt & Vöckler GbR, Leipzig
Einbandgestaltung: *design & production* GmbH, Heidelberg
Gedruckt auf säurefreiem Papier   SPIN: 10976753   46/3142YL - 5 4 3 2 1 0

Vorwort

Dynamische Systeme sind faszinierend. Sie verbinden angewandte Themen mit anspruchsvollen mathematischen Theorien verschiedenster Ausrichtung und erlauben dem interessierten Studenten, Lehrer und Forscher, Einblicke in viele Teilgebiete der Mathematik zu gewinnen (etwa in die Zahlentheorie oder die Stochastik). Es gibt kaum ein Gebiet der Mathematik, das nicht seine speziellen, dynamisch ausgerichteten Spezialthemen besitzt. Die Natur kennt auf der anderen Seite Gesetzmäßigkeiten, die zeitlich als unveränderbar gelten und eine zeitlich veränderbare Bewegung (Entwicklung) steuern. Dies kann etwa in Form physikalischer Gesetze formuliert werden, jedoch werden in zunehmendem Maße auch andere Wissensgebiete mit einbezogen.

Letztlich ist es dieser Beweggrund, aus dem man sich mit Dynamik beschäftigt; der Leser wird aber nur recht spärliche Hinweise hierauf im Text vorfinden. In diesem Band soll vielmehr das Interesse über eine anspruchsvollere analytische Einführung in die Theorie das Interesse geweckt und eine Wissensgrundlage geschaffen werden, sich weiterhin mit diesem Thema beschäftigen zu können. Dabei unterstreicht die Vielzahl der verwendeten Methoden aus der Analysis die (mathematische) Faszination.

Die mathematische Theorie dynamischer Systeme hat ihren Ursprung zweifelsohne in der Himmelsmechanik. Jules Henri Poincaré hat in seiner Monographie „Les méthodes nouvelles de la mécanique céleste" wesentliche Grundlagen der Theorie gelegt. In ihr und weiteren Arbeiten finden sich fundamentale Begriffe wie Rekurrenz und sensitive Abhängigkeit vom Anfangszustand wieder, aber auch Sätze zu Fuchsschen Gruppen und zur Konjugation dynamischer Systeme.

Sicherlich haben auch Entwicklungen in der Theorie der Differentialgleichungen ihre Spuren hinterlassen. Das Buch „Dynamical Systems" von Birkhoff gibt einen ersten Überblick. Zentrales Interessengebiet aus mathematischer Sicht bilden geodätische Flüsse, und nicht nur wegen ihrer Bedeutung in der Theorie Hamiltonscher Systeme. Sie haben letztlich durch die Arbeiten von E. Hopf und der russischen Schule um Anosov die hyperbolische Theorie geprägt.

Topologische Dynamik beschäftigt sich mit abstrakten topologischen Eigenschaften, etwa Rekurrenz, Minimalität u.ä. Sie hat sich heute zu einem eigenen Teilgebiet der Dynamik entwickelt. Von speziellem Interesse ist hier die symbolische Dynamik, die sich mit total unzusammenhängenden Folgenräumen und Schiebungsdynamiken beschäftigt. In der Informatik gewinnt dieser Aspekt der Dynamik besondere Bedeutung. Das Buch „Topological Dynamics" von Gottschalk und Hedlund kann als ein früher Versuch betrachtet werden, diese Theorie darzustellen.

Mit der Formulierung der Ergodenhypothese durch Boltzmann entstand das Problem, Zeit- und Raummittel zu verbinden. Dies gelang erst relativ spät durch Birkhoff und von Neumann. Ihre Arbeiten begründeten den Zweig der Dynamik, der sich mit messbaren Strukturen und nichtsingulären Abbildungen (Maßen) beschäftigt. Hopf's Buch „Ergodentheorie" ist ein Klassiker zu diesem Thema.

Die modernen Anforderungen an die Theorie dynamischer Systeme beschränken sich seit langem nicht mehr auf physikalische Phänomene. Anwendungen in der Mathematik sind vielleicht noch bestens bekannt (etwa das Newton-Verfahren zur Bestimmung von Nullstellen von Polynomen), dagegen solche aus der Biologie (etwa Populationsdynamiken) oder Wirtschaftswissenschaften (Zeitreihen) weniger. Dynamik als mathematische Theorie ist sicherlich ein Zweig der theoretisch orientierten Mathematik; man sollte jedoch nicht verkennen, dass dieses Gebiet gleichermaßen anwendungsbezogen ist. Typisch hierfür ist das Bestreben, geeignete Modelle zur Beschreibung der Realität zu finden, somit also eine Vielfalt an Modellen zu beschreiben und zu klassifizieren.

Diesem Buch liegt das Bestreben zugrunde, eine Einführung in die drei genannten Gebiete der Dynamik zu geben, wie sie in einer zweisemestrigen vierstündigen Vorlesung (28 Wochen) dargestellt werden kann. Dabei stehen die analytischen Methoden im Vordergrund. Es sei ausdrücklich darauf hingewiesen, dass eine geometrisch geprägte Einführung in die Theorie dynamischer Systeme andere Schwerpunkte setzen muss, auch weitgehend andere Methoden und Beispiele benutzen wird. Zahlreiche Vorlesungen zu diesem Thema während der letzten drei Jahrzehnte standen Pate zu diesem Buch. Im ersten Teil der Literaturliste (Nr. 1–27) sind diejenigen Bücher aufgeführt, die im vorliegenden Text benutzt werden. Diese Liste mag auch als Anhalt dafür dienen, was der Leser an Voraussetzung mitbringen sollte, nämlich diese Literatur als Nebenlektüre zu benutzen. Dies wird etwa durch eine viersemestrige Analysisvorlesung erreicht.

Das Buch ist nach den oben beschriebenen Gebieten gegliedert. Kapitel Drei bis Fünf enthalten topologische und differenzierbare Dynamik sowie Ergodentheorie. Ich habe versucht, zu jedem Thema die wesentlichsten Grundlagen darzustellen, aber auch herausragende Sätze mit Beweisen zu formulieren. Das gelang jedoch nicht in allen wünschenswerten Fällen. Einige wichtige Sätze werden deshalb am Ende einzelner Abschnitte lediglich zitiert und kommentiert; im weiteren Verlauf der Darstellung werden sie nicht unbedingt benötigt. Die Beweise sind bewusst knapp gehalten, um in der Darstellung an moderne Forschungsgebiete heranzuführen. Aus demselben Grund wurde auch darauf verzichtet, die grundlegende Theorie in ihrer vollen Breite zu entwickeln. Einer eher knappen, aber hoffentlich ausreichenden Darstellung der Grundlagen stehen etwa neunzig Beispiele und fünfzig Graphiken gegenüber, die helfen sollen, Begriffe und Fakten zu verdeutlichen. In dieser Hinsicht unterscheidet sich wohl das Buch von gängigen Vorstellungen eines Textbuches zu einer Vorlesung. Jedes Kapitel beginnt mit einer Orientierung über seinen Inhalt, die auch Ursprünge der Theorie ein wenig beschreibt.

Transformationen auf niedrig-dimensionalen Räumen sind zum Verständnis dynamischer Verhaltensweisen unabdingbar, insbesondere auch bei Simulationen mittels Computern. Kapitel Zwei enthält deshalb einen Überblick über grundlegende Klassen solcher Systeme (ausgenommen Diffeomorphismen auf Flächen). Sie bilden ein Grundgerüst zum Verständnis dynamischer Phänomene und dienen als Motivation und Veranschaulichung der allgemeinen Theorie in den folgenden Kapiteln.

Eine generelle Einführung in die Problemstellungen der Dynamik anhand ausgesuchter Themen findet der Leser in Kapitel Eins. Die sechs Abschnitte dieses Kapitels sind gleichwohl geeignet, in je einer Vorlesungsstunde ein interessantes Resultat der Dynamik zu besprechen.

Nun noch eine Bemerkung zu Kapitel Sechs, das sicherlich auch die Vorliebe des Autors wiederspiegelt. Der Begriff des thermodynamischen Formalismus ist durch die statistische Physik geprägt. Hier handelt es sich jedoch um ein Thema, das rein dynamisch verstanden werden sollte, vielerlei mathematische Anwendungen besitzt und in manch anderen Disziplinen zu bemerkenswerten Ergebnissen geführt hat.

Im Wesentlichen sind die ersten fünf Kapitel unabhängig voneinander lesbar. An einigen Stellen werden Resultate aus anderen Theorien zitiert (z.B. Funktionentheorie oder Differentialgeometrie), und es wird erwartet, dass der Leser diese bei Bedarf nachliest. Übungsaufgaben zu den sechs Kapiteln finden sich im Anhang. Viele dieser Aufgaben sollte der Leser durch Literaturstudium lösen; sie sind in der angegebenen Literatur über Dynamik zu finden. Der Leser wird auch bemerken, dass die Graphiken nicht professionell erstellt worden sind. Der Grund hierfür liegt darin, dass der Leser aufgefordert ist, jede der im Buch abgebildeten Graphiken selbst zu zeichnen oder zu programmieren. Natürlich sind etwa bei der Darstellung der Julia-Mengen in Abschnitt 2.4 Bilder bekannt, die eine größere Auflösung besitzen. Jedoch kann man dies nur mit großem Rechenaufwand und größerem Speicherplatz durchführen. Ich habe dagegen versucht mit möglichst wenig Aufwand aussagekräftige Bilder zu erhalten, die im Allgemeinen jedoch nicht ohne ein gewisses Verständnis der Materie reproduziert werden können.

Die Literaturliste verzichtet auf die Angabe von Originalarbeiten, dafür werden Bücher angegeben, die als Ergänzung studiert werden können, wie auch solche, die einzelne Themen dieses Buches in größerem Detail darstellen. Sie enthält ebenfalls im ersten Teil eine Auswahl von Büchern zu den Gebieten der Mathematik, aus denen Resultate in den Beweisen benutzt werden.

Die Literaturliste belegt eindrucksvoll, dass ich mich bei der Konzeption und
der Ausgestaltung dieses Buches auf etliche ausgezeichnete Darstellungen von
Kollegen stützen konnte. Ich hoffe aber trotzdem, Eigenständigkeit und Origi-
nalität in der Darstellung gewahrt zu haben. Ich möchte mich an dieser Stelle
für vielfältige Unterstützung durch Kollegen und Studenten bedanken, die bewusst oder unbewusst durch ihre Kommentare wertvolle Hinweise gaben. Besonders nennen möchte ich Robert Kaufmann, Aimo Hinkkanen, Alica Miller,
Feliks Przytycki, Shigehiro Ushiki, Yakov Pesin, Henk Bruin, Susanne Koch,
Manuel Stadlbauer, Gerhard Keller, Ziggy Nitecki, Bernd O. Stratmann, Do-
ris Fiebig, Gudrun Freitag, Michael Denker, Stefan-M. Heinemann und Ha-
jo Holzmann. Auch haben vier ungenannte Referenten wertvolle Hinweise
zur Verbesserung der Darstellung und der Konzeption des Bandes gegeben.
Schließlich gilt mein Dank auch Ludwig Arnold, dessen Überzeugungskünste
mich zu diesem Buch verleiteten.

Zum Schluss möchte ich die Institutionen erwähnen, bei denen ich als Gast
auch an diesem Buch arbeiten konnte: das „Mathematics Department" der
Universität von Illinois in Urbana-Champaign, dem Banach Zentrum und
der Akademie der Wissenschaften in Warschau, der polnischen Humboldt-
Stiftung „Fundacja na Rzecz NAUKI Polskiej" und der Universität Kyoto.
Vor allem aber habe ich dem Springer-Verlag für die Unterstützung bei diesem
Projekt zu danken.

Göttingen im April 2004   *Manfred Denker*

Inhaltsverzeichnis

1 Mathematische Variationen über dynamische Systeme 1
  1.1 Dynamische Systeme 3
  1.2 Selbstähnlichkeit 12
  1.3 Differentialgleichungen 17
  1.4 Normalformen 25
  1.5 Bifurkation 30
  1.6 Diophantische Approximation 36

2 Null- und eindimensionale dynamische Systeme 43
  2.1 Intervallabbildungen 45
  2.2 Topologische Markoff-Ketten 55
  2.3 Homöomorphismen der Kreislinie 62
  2.4 Rationale Abbildungen 67

3 Topologische Dynamik 75
  3.1 Topologische Transformationsgruppen 76
  3.2 Rekurrenz und Attraktion 83
  3.3 Expansivität 95
  3.4 Symbolische Dynamik 104
  3.5 Topologische Entropie 110

4 Differenzierbare Dynamik 117
  4.1 Diffeomorphismen und Flüsse 118
  4.2 Der Satz von Oseledets 128
  4.3 Stabile und unstabile Mannigfaltigkeiten 135
  4.4 Strukturstabilität 145
  4.5 Transversalität 152
  4.6 Hyperbolische Dynamik 159
  4.7 Geodätische Flüsse 168

5 Ergodentheorie und Dynamik 179
  5.1 Maßtheoretische dynamische Systeme 181
  5.2 Ergodensätze 184
  5.3 Ergodizität und Mischung 193
  5.4 Information und Entropie 201

5.5   Isomorphie 209
5.6   Unendliche invariante Maße 213

6   Thermodynamischer Formalismus 225
6.1   Topologischer Druck 226
6.2   Gibbs-Maße 231
6.3   Entropie und Liapunoff-Exponent 237
6.4   Zeta-Funktionen 242
6.5   Multifraktaler Formalismus 247

7   Epilog über Dynamik 253
7.1   Dynamische Betrachtungsweisen 253
7.2   Biographisches 257
7.3   Kleine Aufgabensammlung 259

Literaturverzeichnis 273

Index 279

1 Mathematische Variationen über dynamische Systeme

Ein Buch über dynamische Systeme beginnt oft mit einer Reihe motivierender Beispiele, die der Physik entnommen oder historisch begründet sind. Die allgemeine Wertschätzung dieses Konzeptes rührt sicherlich von seiner breiten Anwendbarkeit in wissenschaftlichen Disziplinen her, und nicht nur in der Physik. Einige wenige ausgewählte Beispiele im Anhang sollen einen Eindruck vermitteln.

Auf diese Weise soll die Theorie in diesem einführenden Kapitel jedoch nicht motiviert werden; die hier vorgestellten Beispiele sind mathematischer Natur und berühren einige Teilgebiete und Methoden der Mathematik. Konkrete Anwendungen und historische Bemerkungen sind in den zitierten Werken des Literaturverzeichnisses ausführlich enthalten. An dieser Stelle erscheint es daher sinnvoll, kurz in die Fragestellungen des ersten Kapitels einzuführen, ihren historischen Hintergrund aufzuzeigen und ihre Fortführung in den weiteren Abschnitten anzudeuten.

Die Wirkung einer Gruppe auf einer Menge bildet das Grundkonzept dynamischer Systeme, das am besten durch eine $\mathbb{Z}$-Operation erklärt wird, denn diese kann als iterativ angwendeter Algorithmus verstanden werden. In dieser Form stellen die Rotationen auf der S^1 eine wichtige Beispielklasse dar. Sie werden in den Abschnitten 2.3 und 4.4 bzgl. ihrer Konjugationseigenschaften näher betrachtet. Der Satz von Borel (1871–1956) als einer der ersten Ergodensätze (Gleichverteilungssätze) greift für diese Transformationen. Er kann als Korollar zum Birkhoffschen Ergodensatz aufgefasst werden, der im ersten Abschnitt im ergodischen Fall wegen seiner grundlegenden Bedeutung bewiesen wird. Weitere Ergodensätze werden in Abschnitt 5.2 besprochen.

Probleme der (analytischen) Zahlentheorie sind oftmals mit Dynamiken verbunden. Solche Probleme haben schon früh das Interesse der Mathematiker erweckt. Für die Kettenbruchentwicklung wurde bereits von Carl Friedrich Gauß um 1800 die Existenz eines invarianten Maßes nachgwiesen, und G. Boole (1815–1864) untersuchte die nach ihm benannte Abbildung um 1830. Der Abschnitt 1.6 beschreibt ein typisches Resultat der messbaren Dynamik anhand der Kettenbruchentwicklung, und und es wird der Zusammenhang mit hyperbolischer Geometrie und Fuchsschen Gruppen aufgezeigt. Beide Konzepte werden in den Abschnitten 4.7 und 5.6 fortgeführt, ohne dass auf dieses Beispiel oder auf seine Verallgemeinerungen Bezug genommen wird.

Neben Ergodensätzen ist der Nachweis absolut stetiger invarianter Maße ein Hauptproblem der Dynamik. Die in Abschnitt 1.6 vorgestellte Methode zur Konstruktion eines invarianten Maßes ist klassisch, modernere Methoden werden in Kapitel 5 vorgestellt.

Ein großer Teil der Theorie wird durch den Begriff der (dynamischen) Hyperbolizität geprägt. Am einprägsamsten wird er durch Torusautomorphismen dargestellt. Im Kapitel 4 spielt er die zentrale Rolle. Aber auch schon im ersten Kapitel wird seine Bedeutung durch den Satz von Grobman und Hartman (1962/3) unterstrichen. Obwohl dieser recht einfach aussehende Satz nur recht spät bewiesen werden konnte, gibt es für rationale Dynamiken beispielsweise Ergebnisse seit dem Ende des 19.Jahrhunderts in den Sätzen von Kœnigs (1858–1931) und anderen Autoren (s. Abschnit 2.4).

Dieser letztgenannte Satz ist eine typische Aussage über das lokale Verhalten dynamischer Systeme. Das Konzept der lokalen Konjugation ist von fundamentaler Bedeutung in der Dynamik, insbesondere auch für Flüsse in einer Umgebung eines kritischen Punktes. Das Verständnis der dynamischen Bedeutung der Eigenwerte der Ableitung ist ein grundlegendes Problem der differenzierbaren Dynamik. Verdeutlicht wird dies beispielsweise durch den Satz von Oseledets (1968) in Abschnitt 4.2.

Die Benutzung eines Fixpunktsatzes für Kontraktionen in vollständigen metrischen Räumen erweist sich für viele Resultate als wesentliches Hilfsmittel. Dieser elementare Satz bildet auch die Grundlage der fraktalen Geometrie selbstänlicher Mengen. Der nach Felix Hausdorff (1868–1942) benannte Dimensionsbegriff spielt eine zentrale Rolle, wie auch die fundamentalen Beispiele der nach Cantor (1845–1918) und nach Sierpiński (1882-1969) benannten Mengen. Sie sind auch Prototypen von sogenannten iterierten Funktionensystemen, die man als Halbgruppendyamiken verstehen kann. Die Theorie entstand eigentlich erst, nachdem durch Benoit Mandelbrot das Interesse um 1980 durch Computergraphiken geweckt worden war. In Abschnitt 1.2 wird eine Einführung in die Anfangsgründe dieser jungen Theorie gegeben.

Zwei weitere Typen von Dynamiken spielen eine bedeutsame Rolle: die symbolische Dynamik und die durch Vektorfelder erzeugte. Erstere gewinnt zunehmend an Bedeutung wegen ihrer formalen Struktur als Sprache (s. Abschnitt 2.2). Die Additionsmaschine mag hierfür als Beleg dienen. In der Dynamik hat die Kodierung mittels symbolischer Folgen schon seit Hadamard, G. Hedlund ($\sim$ 1905-1993) und M. Morse ihre Anwendungen. Mit der Konstruktion von Markoff-Zerlegungen und Erzeugersätzen um 1970 gewannen solche Kodierungen mittels Teilschifts besondere Bedeutung. Ihre dynamische Struktur ist kombinatorischer Natur und deshalb besonders für Beispiele und Gegenbeispiele geeignet. Daher spielen sie auch die zentrale Rolle in der topologischen Dynamik, die in Kaitel 3 entwickelt wird. Außer den Begriffen von Gruppenoperationen, der Expansion und der anziehenden und abstoßenden periodischen Punkte (Bahnen) findet man hierzu wenig im ersten Kapitel.

Differentialgleichungen stehen am Anfang der Entwicklung dynamischer Systeme, da diese Theorie aus der Astronomie entstand. Der Existenzsatz für Lösungen von einfachen Differentialgleichungen von Picard (1856–1941) ist ebenfalls im Wesentlichen eine Anwendung eines Kontraktionsprinzips. Das Normalformenproblem und das Bifurkationsverhalten ihrer Lösungen sind zentrale Probleme, die jedoch in diesem Band nicht über den Rahmen der Abschnitte 1.4 und 1.5 hinaus entwickelt werden können. Anhand des Feigenbaum Diagramms wird die Periodenverdoppelung erklärt. Eine kurze Diskussion der nach E. Hopf benannten Bifurkation schließt sich an. Allerdings werden Ideen über stabiles und unstabiles Verhalten periodischer Bahnen in Form von Störungstheorie in den Abschnitten 4.4 und 4.5 bedeutsam. Im weiteren Verlauf der Darstellung werden Flüsse in Kapitel 4 behandelt, und dies meist in Analogie zur Iterationstheorie von Diffeomorphismen.

Die Konjugation dynamischer Systeme ist der wichtigste Begriff und führt zum Klassifikationsproblem der Dynamik. Die Entwicklung dieses Konzeptes bleibt späteren Kapiteln vorbehalten, ebenso wie etwa das der Entropie, der Expansivität, der Attraktion, Rekurrenz und anderer mehr. Trotzdem dient dieses Kapitel der grundlegende Orientierung und bildet ein Fundament für das Verständnis der folgenden Kapitel.

1.1 Dynamische Systeme

Das einfachste dynamische System wird durch eine Selbstabbildung T einer Menge (Zustandsraum) Ω erklärt; jedoch beschreibt eine solch elementare Begriffsbildung nicht den Kern der Sache. Erst durch die Hinzunahme einer Zeitkoordinate erreicht man dynamisches Verhalten. So denkt man sich $\omega_1 = T(\omega)$ als denjenigen Zustand in Ω, der nach einer Zeiteinheit ausgehend von ω erreicht wird. Wiederholte Anwendung dieses Algorithmus erlaubt es vom Zustand ω_n zu sprechen, der den Zustand nach n Zeiteinheiten bezeichnet. Eine reelle Funktion alleine besitzt also keinen dynamischen Charakter; vielmehr erzeugt man erst eine Dynamik durch wiederholte Anwendung dieser Funktion.

Es kommt daher sehr darauf an, unter welchem Blickwinkel eine Selbstabbildung betrachtet wird. Aus Sicht der Dynamik interessiert man sich üblicherweise für eine Abbildung $T : \Omega \to \Omega$ zusammen mit allen Iterierten[1] $T^n : \Omega \to \Omega$. Dabei werden die Iterationsstufen als (zukünftige) zeitliche Entwicklung interpretiert. Ist T invertierbar, so bezeichnet T^{-1} die inverse Abbildung, und $T^{-n} = (T^{-1})^n$, $n \geq 0$, beschreibt die Vergangenheit. Eigenschaften der Gesamtheit aller Iterierten bilden den zentralen Untersuchungsgegenstand. Das umfasst beispielsweise Langzeitverhalten und Isomorphietheorie, schließt aber auch lokales Verhalten und andere Strukturaussagen

---

[1] Es bezeichnet stets $T^n = T \circ T^{n-1}$, $T^n(\omega) = T(T^{n-1}(\omega))$, die induktiv definierte n-te Iterierte von T ($n \geq 1$) mit der Identität $T^0 = I$.

ein. Es beschreibt also das Wesen der Theorie dynamischer Systeme besser, wenn in die Definition eines dynamischen Systems sogleich die von der Abbildung T erzeugte Halbgruppe (bzw. Gruppe) aufgenommen wird. Natürlich ist man dann nicht auf eine einzige Abbildung beschränkt.

Betrachtet man die Funktion $T : S^1 \to S^1$ der Einheitskreislinie S^1 in sich, die als *Rotation*

$$T(z) = e^{2\pi i\alpha}z \qquad z \in S^1$$

mit festem Winkel $0 \le \alpha < 1$ definiert ist, so errechnen sich die Iterierten T^n sofort zu $T^n(z) = e^{2\pi in\alpha}z$ $(n \in \mathbb{Z})$. Fixiert man $z \in S^1$, so bilden die Punkte $z_n = T^n(z)$ $(n \in \mathbb{Z})$ eine höchstens abzählbare Teilmenge, die, je nachdem ob $\alpha \in \mathbb{Q}$ rational oder $\alpha \notin \mathbb{Q}$ irrational ist, eine endliche oder dichte Teilmenge von S^1 darstellt (s. Beispiel 1 weiter unten). Dabei kann z_n auch als Bild von z_m unter der Abbildung T^{n-m} erhalten werden. Diese Beobachtung lässt sich anders ausdrücken: Die Gruppe $\mathbb{Z}$ der ganzen Zahlen operiert (wirkt) auf S^1 vermöge dieser Abbildungen T^n, $(z,n) \to T^n(z)$. Man interessiert sich für die Eigenschaften dieser Gruppenwirkung $S^1 \times \mathbb{Z} \to S^1$. Im dem Fall, wenn α rational ist und eine Darstellung $\alpha = \frac{m}{n}$ mit teilerfremden $m \in \mathbb{Z}, n \in \mathbb{N}$ besitzt, ist $T^j \neq I$ für $1 \le j < n$ und $T^n = I$. In diesem Fall operiert die Gruppe $\mathbb{Z}_n = \mathbb{Z}_{\mathrm{mod}\,n}$ auf der Kreislinie.

Ein dynamisches System ist also eine Halbgruppenwirkung, genauer:

Definition 1. *Seien G eine Halbgruppe mit Eins und Ω eine nichtleere Menge. Das Paar (Ω, G) heißt ein dynamisches System, wenn es eine assoziative Abbildung*

$$\Omega \times G \to \Omega$$
$$(\omega, g) \to g\omega$$

gibt, und die Einheit $e \in G$ als Identität operiert; also gelten die beiden Eigenschaften

$$(g\omega, h) \mapsto h(g\omega) = (hg)\omega \quad und \quad e\omega = \omega.$$

Insbesondere schließt diese Definition auch den Fall einer Gruppenwirkung (Gruppenoperation) ein, wenn G also eine Gruppe ist. G operiert hier von links. Eine analoge Definition für Rechtsoperationen wird in Abschnitt 3.1 angegeben. Man beachte, dass dann g von rechts mit h multipliziert wird. Wird die Halbgruppe (bzw. Gruppe) von einer einzigen Abbildung (Transformation)

$$T : \Omega \to \Omega$$

erzeugt, so schreibt man in einfacher Weise (Ω, T). Man sollte jedoch stets beachten, dass damit die (Halb-) Gruppenwirkung gemeint ist, je nachdem ob T nicht invertierbar oder invertierbar ist. Aus der Definition folgt ferner unmittelbar, dass die einzelnen Abbildungen genau dann invertierbar sind, wenn G eine Gruppe bildet. Man spricht dann von einem *invertierbaren dynamischen System*.

Das Verhalten der Halbgruppenwirkung wird wesentlich durch die Bahnstrukturen des dynamischen Systems ausgedrückt.[2]

Definition 2. *Ist (Ω, G) ein dynamisches System, so bezeichnet $\mathcal{O}(\omega) = G\omega$ die Bahn von $\omega \in \Omega$. Ist $G = \mathbb{Z}$ (bzw. $G = \mathbb{R}$), so heißt $\mathcal{O}^+(\omega) = \mathbb{N}_0\omega$ (bzw. $= \mathbb{R}_+\omega$) die Vorwärtsbahn, und $\mathcal{O}^-(\omega) = \{\eta \in \Omega : \omega \in \mathcal{O}^+(\eta)\}$ die Rückwärtsbahn von $\omega \in \Omega$.*

Für praktische Zwecke erweist es sich als ratsam, zusätzliche Strukturen für die Wirkung zu fordern. Ist Ω ein topologischer Raum und G eine topologische Gruppe (bzw. Halbgruppe), so spricht man von einem *stetigen* dynamischen System, falls die Wirkung $\Omega \times G \to \Omega$ stetig ist (hier wird $\Omega \times G$ mit der Produkttopologie versehen). Ist ferner Ω eine Mannigfaltigkeit, und operiert G durch differenzierbare Abbildungen, so spricht man von einem *differenzierbaren* dynamischen System. Eine zweite grundlegende Klasse dynamischer Systeme wird durch messbare Strukturen erklärt. Sind Ω und G mit einer solchen Struktur versehen, gegeben durch σ-Algebren (auf G und Ω) und ein Maß auf Ω, so heißt die Wirkung ein *maßtheoretisches* dynamisches System, falls die Wirkung $\Omega \times G \to \Omega$ messbar ist (bzgl. der Produkt-σ-Algebra). Ist G durch eine einzige Abbildung gegeben, so schreibt man $(\Omega, \mathcal{B}, T, m)$, wobei $\mathcal{B}$ die σ-Algebra auf Ω und m das Maß auf dem messbaren Raum $(\Omega, \mathcal{B})$ bezeichnen. In späteren Kapiteln werden weitere Spezialisierungen der Begriffsbildung eingeführt. Für den Augenblick genügt diese Unterscheidung vollkommen.

Dynamische Systeme bilden eines der wichtigsten mathematischen Hilfsmittel zur Modellierung von zeitlichen Abläufen in allen Bereichen des „täglichen Lebens". Vom mathematischen Standpunkt aus ist es aber wesentlich wichtiger, grundlegende Typen dynamischen Verhaltens exemplarisch und in einfacher Form darzustellen. Die soeben eingeführte Begriffsbildung und die in diesem Band dargebotene Theorie werden am besten durch eine Reihe fundamentaler Beispiele illustriert.

Beispiel 1. Irrationale Rotation. Es sei $\Omega = S^1 = \{z \in \mathbb{C} : |z| = 1\}$ die Einheitskreislinie, und $\alpha \in \mathbb{R}$. Durch $T(z) = e^{2\pi i \alpha}z$ wird ein C^∞-Diffeomorphismus[3] definiert, also ein differenzierbares dynamisches System erklärt. Geometrisch bedeutet dies, dass der Punkt z um den Winkel $2\pi\alpha$, $\alpha \in [0, 1)$, gedreht wird; insbesondere bleibt die Bogenlänge zwischen zwei Punkten erhalten. Man spricht in diesem Fall von einer *Isometrie*. n-malige Iteration liefert eine Drehung um den Winkel $2\pi n\alpha$. Man überlegt sich leicht, dass $T^n(z) = z$ nur dann gelten kann, wenn $n\alpha = 0 \bmod 1$ gilt, also α rational ist. Ist α irrational, so besitzt jeder Punkt eine dichte Bahn; denn ist

---

[2] Es bezeichne $\mathbb{N}$ die Menge der natürlichen Zahlen und $\mathbb{N}_0 = \{0\} \cup \mathbb{N}$

[3] d.h. T und T^{-1} sind unendlich oft differenzierbar

dies nicht der Fall, so zerfällt das Komplement des Bahnabschlusses $\overline{\mathcal{O}(\omega)}$ in eine endliche oder abzählbare Vereinigung disjunkter Kreisbögen, die eine unter T invariante Familie bilden. Da die Abbildung längentreu ist, gibt es nur endlich viele Kreisbögen einer festen Länge, die ineinander überführt werden. Eine Iterierte von T lässt dann aber einen Kreisbogen invariant, der einen Fixpunkt enthalten muss. Nach dem zuvor Gesagtem ist das aber nur möglich, wenn α rational ist. Alternativ kann man so argumentieren: Ist n so gewählt, dass z im kleineren Intervall zwischen $T^n(z)$ und $T^{n+1}(z)$ liegt, so ist eine dieser beiden Abbildungen eine Rotation mit kleinerem Drehwinkel als $\alpha/2$. Die Iterierten dieser Abbildung nähern sich also jedem Punkt der S^1 bis auf $\alpha/2$. Wiederholt man dieses Argument, so liegt folglich die Bahn $\mathcal{O}(z) = \{T^n(z) : n \in \mathbb{Z}\}$ dicht in S^1. In der Tat zeigt dieses Argument (vgl. Definition 19, Abschnitt 2.3), dass $\mathbb{Z}$ gleichgradig stetig und minimal operiert.

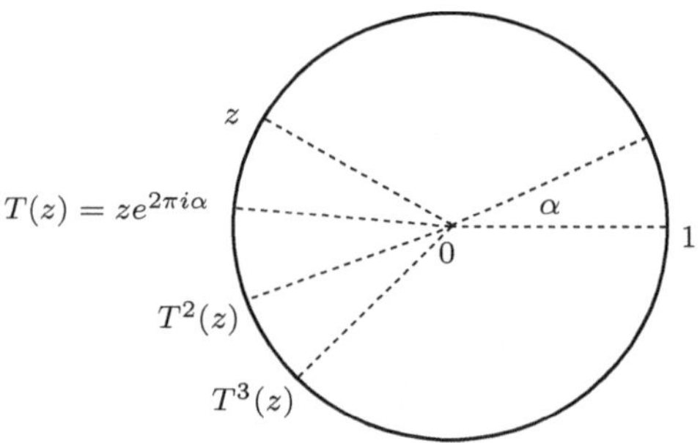

Abb. 1.1. Rotation der S^1

Beispiel 2. Endomorphismen der S^1. Es sei wiederum $\Omega = S^1$ und $T : S^1 \to S^1$ eine (nicht invertierbare) stetige und surjektive Abbildung. Beispielsweise kann T in der Form $T(e^{2\pi it}) = e^{2\pi if(t)}$ geschrieben werden, wobei f eine stetige, surjektive Abbildung des Einheitsintervalls in sich darstellt. Da T nicht invertierbar zu sein braucht, ist auch f selbst im Allgemeinen keine Bijektion. Nach dem Zwischenwertsatz besitzt f einen Fixpunkt p, also besitzt T den Fixpunkt $\exp[2\pi ip]$. Rotationen sind nicht in dieser Art darstellbar, sondern nur mittels einer Überlagerungsabbildung $f : \mathbb{R} \to \mathbb{R}$.

Definition 3. *Ein Punkt $\omega \in \Omega$ heißt periodisch, falls seine Bahn endlich ist. Die Mächtigkeit seiner Bahn wird als Periode bezeichnet. Er wird Fixpunkt genannt, falls er die Periode 1 besitzt.*

Die Abbildung $T(z) = z^m$ ($m \geq 2$) ist nicht invertierbar und auch keine Isometrie. Es gilt $T(e^{2\pi it}) = e^{2\pi imt}$, und man folgert direkt, dass T die Bogenlänge um den Faktor m streckt (lokal betrachtet). Abbildungen dieses Typs heißen *expandierend*.

Beispiel 3. Stückweise monotone Abbildungen. (vgl. Abschnitt 2.1) Es sei nun $\Omega = I = [0,1]$ das Einheitsintervall und $T : I \to I$ eine stückweise stetige und monotone Funktion. Das bedeutet: Es gibt endlich viele Punkte $0 = p_1 < p_2 < ... < p_{s+1} = 1$, so dass $T_{|(p_i, p_{i+1})}$ $(i = 1, ..., s)$ stetig und monoton ist. Besonders interessante Beispiele sind

a. *β-Transformation:* $T(x) = \beta x \bmod 1$, $\beta > 0$, mit $p_j = (j-1)\beta^{-1}$.

b. *Intervallvertauschung:* (s. Abbildung 2.1) Sei $0 = p_1 < p_2 < ... < p_{s+1} = 1$ eine Zerlegung des (rechts offenen) Einheitsintervalls. Sei π eine fest gewählte Permutation von $\{1, 2, ..., s\}$. Die zugehörige Intervallvertauschung T_π bildet das Intervall $[p_{\pi(1)}, p_{\pi(1)+1})$ linear und ordnungstreu auf das Intervall $[0, p_{\pi(1)+1} - p_{\pi(1)})$ ab, und sukzessiv das Intervall $[p_{\pi(2)}, p_{\pi(2)+1})$ linear und ordnungstreu auf das Intervall $[p_{\pi(1)+1} - p_{\pi(1)}, p_{\pi(1)+1} - p_{\pi(1)} + p_{\pi(2)+1} - p_{\pi(2)})$ usw. Die Intervalle werden also gemäß der Permutation π vertauscht angeordnet. Formal definiert man die Punkte $0 = q_1 < q_2 < ... < q_{s+1} = 1$ durch $q_i = \sum_{j=1}^{i-1} p_{\pi(j)+1} - p_{\pi(j)}$ $(i = 2, ..., s)$ und definiert

$$T_\pi(x) = \sum_{i=1}^{s} \mathbf{1}_{[p_{\pi(i)}, p_{\pi(i)+1})}(x)[x + q_i - p_{\pi(i)}] \qquad x \in I.$$

T_π ist invertierbar, da die Intervalle mit Endpunkten $T_\pi(p_i)$ und $T_\pi(p_{i+1})$ paarweise disjunkt sind und das Intervall $[0,1)$ überdecken.

In die Kategorie der Intervallabbildungen kann man auch die *Kettenbruchentwicklung* einordnen (vgl. Abschnitt 1.6). Hier werden abzählbar viele Intervalle benötigt: Es ist

$$T(x) = \left\{ \frac{1}{x} \right\} \quad (x \in I) \qquad T(0) = 0.$$

Dabei bezeichnet $\{t\}$ den gebrochenen Teil der Zahl t. T bildet die Intervalle $(\frac{1}{n+1}, \frac{1}{n})$ monoton auf $(0,1)$ ab. Diese Eigenschaft bezeichnet man als *Markoffsch*. Intervallvertauschungen besitzen diese Eigenschaft im Allgemeinen nicht. Die β-Transformation ist nur Markoffsch, wenn β eine ganze Zahl ist. In diesem Fall ist die Zerlegung in Intervalle endlich, auf denen T monoton und Markoffsch ist. Die β-Transformation ist *stückweise expandierend*, d.h. $T'(x) \geq \Lambda$ für ein $\Lambda > 1$ und für alle $x \in (p_i, p_{i+1})$. Das gilt nicht für die Kettenbruchentwicklung, jedoch besitzt eine Iterierte diese Eigenschaft. Während für die β-Transformation mit ganzzahligem β das Lebesguemaß *invariant* ist, hat die Kettenbruchentwicklung eine *invariante Dichte*, nämlich $f(x) = \frac{1}{1+x}$. Hierunter versteht man, dass

$$\int \mathbf{1}_{T^{-1}[a,b]}(x) f(x) dx = \int_a^b f(x) dx \quad (0 \leq a < b \leq 1).$$

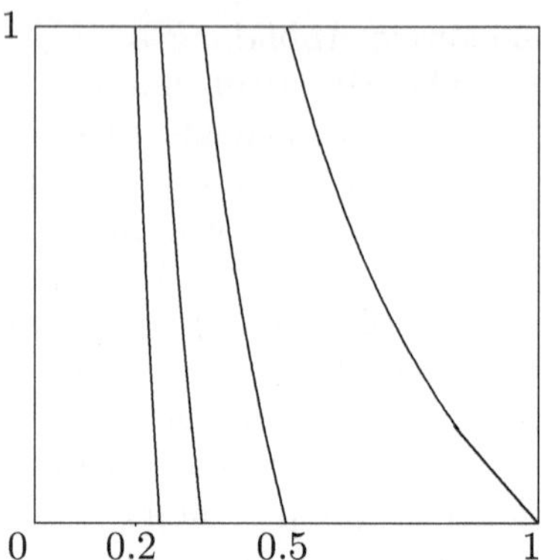

Abb. 1.2. Kettenbruchentwicklung

Beispiel 4. Rationale Abbildung der S^2 (s. Abschnitt 2.4). Eine rationale Abbildung T ist ein analytischer Endomorphismus der Sphäre S^2 und ist holomorph. (Man identifiziert S^2 mit der komplexen Ebene $\mathbb{C}$ zusammen mit dem unendlich fernen Punkt ∞. Die holomorphen Karten werden wie üblich durch $\mathbb{C}$, bzw. die Kartenabbildung $z \mapsto z^{-1}$ definiert.) Beispielsweise ist $T(z) = z^2$ schon als Endomorphismus der S^1 diskutiert worden. Die Ableitung $T'(z) = 2z$ verschwindet im Nullpunkt, der auch ein Fixpunkt neben 1 und ∞ ist. Für $|z| < 1$ konvergiert die Bahn von z gegen 0 und für $|z| > 1$ gegen ∞. Es gibt also zwei *Attraktoren* (anziehende Mengen), nämlich $\{0\}$ und $\{\infty\}$, und einen *Repeller* (abstoßende Menge), die S^1. Im allgemeinen Fall einer expandierenden rationalen Funktion ist die Situation ähnlich.

Beispiel 5. Torusautomorphismen. Es sei $\Omega = \mathbb{T}^d$ der d-dimensionale Torus, der durch $\mathbb{R}^d/\mathbb{Z}^d$ definiert wird, wobei gegenüberliegende Seiten identifiziert werden. Eine lineare Abbildung $A : \mathbb{R}^d \to \mathbb{R}^d$, die $\mathbb{Z}^d$ invariant lässt, definiert durch

$$T(z) = A(z) \qquad \mathrm{mod}\, \mathbb{Z}^d$$

eine Transformation auf $\mathbb{T}^d$. Sie ist genau dann invertierbar, wenn die Determinate von A vom Betrag Eins ist. Die Ableitung von T ist natürlich durch A gegeben, also diktiert A das lokale Verhalten von T. Betrachtet man z.B. die Matrix

$$A = \begin{pmatrix} 1 & 2 \\ 1 & 1 \end{pmatrix},$$

so errechnen sich die Eigenwerte zu $\lambda_1 = 1 + \sqrt{2}$ und $\lambda_2 = 1 - \sqrt{2}$ mit Eigenvektoren $\mathbf{x_1} = (\sqrt{2}, 1)$ und $\mathbf{x_2} = (\sqrt{2}, -1)$. In Richtung von $\mathbf{x_1}$ wirkt die Dynamik abstoßend und in Richtung $\mathbf{x_2}$ anziehend, d.h. $A^{(-1)^i n} \mathbf{x_i} \to \mathbf{0}$ mit $n \to \infty$, $i = 1, 2$. Dieses Verhalten bezeichnet man allgemein als *hyperbolisch*. Die Untermannigfaltigkeiten $W^u(0) = \{t\mathbf{x_1} \,\mathrm{mod}\, \mathbb{Z}^2 : t \in \mathbb{R}\}$ und $W^s(0) = \{t\mathbf{x_2} \,\mathrm{mod}\, \mathbb{Z}^2 : t \in \mathbb{R}\}$ heißen die *unstabile* und *stabile Mannig-*

faltigkeit im Fixpunkt 0. Der Punkt x in der Abbildung 1.3 liegt im Durchschnitt der stabilen und unstabilen Mannigfaltigkeiten des Fixpunktes 0. Solche Punkte heißen *homoklinisch*. Die beiden Mannigfaltigkeiten sind lokal Untermannigfaltigkeiten und schneiden sich transversal (nicht tangential). Man spricht daher von einem transversalen homoklinischen Punkt.

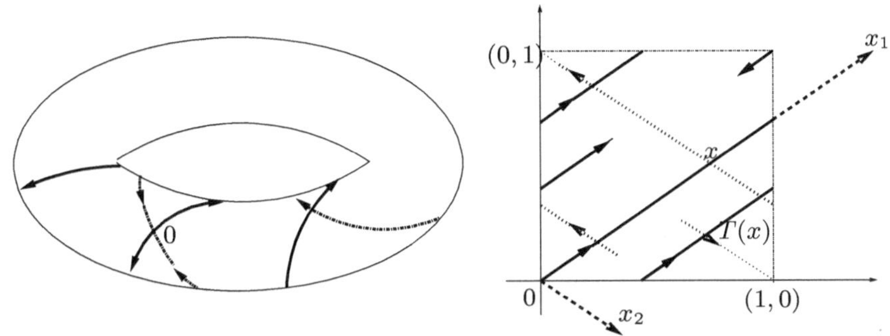

Abb. 1.3. Torusabbildung

Beispiel 6. Sind G eine Gruppe und H eine Untergruppe, so operiert H auf G vermöge

$$(g, h) \mapsto gh \qquad (g \in G, h \in H).$$

Beispielsweise operieren die orthogonalen $d \times d$-Matrizen auf dem Raum aller $d \times d$-Matrizen durch Matrixmultiplikation. Sind speziell G eine lokalkompakte Gruppe und $a \in G$ ein fest gewähltes Gruppenelement (also $H = \{a^n : n \in \mathbb{Z}\}$), so definiert $T(x) = xa$ eine invertierbare Abbildung $T : G \to G$, die das (rechte) Haar-Maß invariant lässt.
Eine affine Abbildung $T : \mathbb{R}^d \to \mathbb{R}^d$, $T(x) = A(x) + b$, ist invertierbar, sofern die lineare Abbildung invertierbar ist, und ihre Inverse ist wiederum affin. Ferner ist die Hintereinanderschaltung zweier affiner Abbildungen ebenfalls von diesem Typ. Daher bilden die invertierbaren affinen Abbildungen eine Gruppe, die auf $\mathbb{R}^d$ operiert.

Beispiel 7. Symbolische dynamische Systeme. Eine endliche Menge X erzeugt eine Vielzahl von dynamischen Systemen in der folgenden Weise. Die Menge

$$\Omega_X = X^{\mathbb{Z}} = \{\mathbf{x} = (x_n)_{n \in \mathbb{Z}} : x_n \in X \; \forall n \in \mathbb{Z}\}$$

wird ein topologischer Raum mit der Produkttopologie (diskrete Topologie auf X), und $d(\mathbf{x}, \mathbf{y}) := \sum_{k \in \mathbb{Z}} 2^{-|k|} \mathbf{1}_{X \setminus \{x_k\}}(y_k)$ ($\mathbf{x} = (x_n)_{n \in \mathbb{Z}}, \mathbf{y} = (y_n)_{n \in \mathbb{Z}} \in \Omega_X$) definiert eine die Topologie erzeugende Metrik. Die Schiebung

$$T_X((x_n)_{n \in \mathbb{Z}}) = (y_n)_{n \in \mathbb{Z}},$$

definiert durch $y_n = x_{n+1}$ ($n \in \mathbb{Z}$), ist ein Homöomorphismus, und jede unter T_X invariante Teilmenge $\Omega \subset X^{\mathbb{Z}}$ definiert ein stetiges dynamisches System (Ω, T). Dabei ist T die Einschränkung von T_X auf Ω. Die stabile Mannigfaltigkeit in $\mathbf{x} \in \Omega$ ist durch

$$W^s(\mathbf{x}) = \{\mathbf{y} \in \Omega : \lim_{n \to \infty} d(T^n(\mathbf{x}), T^n(\mathbf{y})) = 0\}$$

definiert. Die Punkte $\mathbf{y}$ dieser Menge werden dadurch charakterisiert, dass die Koordinaten von $\mathbf{y}$ schließlich, für $n \to \infty$, mit denen von $\mathbf{x}$ übereinstimmen müssen. Vertauscht man T mit T^{-1}, so erhält man die unstabile Mannigfaltigkeit.

Beispiel 8. Sei $\Omega = \Omega^+_{\{0,1\}} = \{0,1\}^{\mathbb{N}}$. Als *Additionsmaschine* wird die Transformation $T : \Omega \to \Omega$ bezeichnet, die durch

$$T((1,1,1,...,1,0,x_{n+1},...)) = (0,0,0,...,0,1,x_{n+1},...)$$

definiert wird. Für $n \geq 1$ gilt die Identität

$$\sum_{k=1}^{\infty} 2^{k-1}(T^n(0))_k = n.$$

In der Tat ist für $n = 1$ $T(0) = (1,0,0,...)$ und daher $\sum_{k=1}^{\infty} 2^{k-1}(T(0))_k = 1$. Ist dann die Behauptung für n erfüllt, und $T^n(0) = (1,...,1,0,x_{m+1},...)$, so gelten $T^{n+1}(0) = (0,...,0,1,x_{m+1},...)$ und $\sum_{k=0}^{m-2} 2^k = 2^{m-1} - 1$. Es folgt

$$\sum_{k=1}^{\infty} 2^{k-1}(T^{n+1}(0))_k = 2^{m-1} + \sum_{k=m}^{\infty} 2^{k-1}(T^{n+1}(0))_k$$

$$= \sum_{k=1}^{\infty} 2^{k-1}(T^n(0))_k + 1 = n + 1.$$

Ω wird durch die Verknüpfung $x + y$, definiert durch seine Koordinaten $(x + y)_n = x_n + y_n + u_n$ mit $u_1 = 0$ und $u_{n+1} = 1_{[2,\infty)}(x_n + y_n + u_n)$, zu einer kompakten topologischen Gruppe, der sog. Gruppe der dyadischen natürlichen Zahlen.

Ein fundamentales Resultat der Dynamik ist der Birkhoffsche Ergodensatz, der an dieser Stelle in einer einfachen Form bewiesen werden soll.

Definition 4. *Sei $(\Omega, \mathcal{F}, T, m)$ ein maßtheoretisches dynamisches System. Eine Teilmenge $A \in \mathcal{B}$ heißt T-invariant, falls $T^{-1}(A) = A$ f.ü. gilt. Das Maß m heißt invariant, falls $m(A) = m(T^{-1}(A))$ für jedes $A \in \mathcal{B}$ gilt, und es wird ergodisch genannt, falls jede invariante Menge das Maß Null oder Eins besitzt.*

Satz 1. [Ergodensatz] *Sei $(\Omega, \mathcal{B}, T, m)$ ein maßtheoretisches dynamisches System mit invariantem, ergodischem Wahrscheinlichkeitsmaß m. Dann existiert für jede integrierbare Funktion f der Grenzwert*

$$\lim_{n \to \infty} \frac{1}{n} \sum_{k=0}^{n-1} f(T^k(x)) = \int f \, dm \qquad (1.1)$$

für fast alle $x \in \Omega$.

Beweis. Sei $S_n f = \sum_{k=0}^{n-1} f \circ T^k$. Man kann o.E. annehmen, dass $\int f \, dm = 0$ gilt (sonst betrachte man $f - \int f \, dm$). Seien $\epsilon > 0$ und $F = \limsup_{n \to \infty} \frac{1}{n} S_n f$. Dann ist $D := \{F > \epsilon\}$ T-invariant, also vom Maß Null oder Eins. Mit $g = (f - \epsilon) 1_D$ gilt auch $D = \{\sup_{k \in \mathbb{N}} S_k g > 0\}$.
Sei $M_n = \max\{0, S_1 g, ..., S_n g\}$. Hopfs Maximalungleichung ist leicht zu verifizieren:

$$\int_{M_n > 0} g \, dm \geq \int_{M_n > 0} M_n - M_n \circ T \, dm$$

$$= \int M_n \, dm - \int_{M_n > 0} M_n \circ T \, dm \geq 0.$$

Mit dem Satz von der dominierten Konvergenz erhält man $\int_D g \, dm \geq 0$ oder

$$\epsilon m(D) \leq \int_D f \, dm = 0,$$

denn D hat Maß Null oder Eins, und daher gilt $\int_D f \, dm = 0$. Es folgt $m(D) = 0$, also $F \leq \epsilon$ f.s. Lässt man nun $\epsilon \to 0$ streben, erhält man $F \leq 0$. Die Anwendung dieser Ungleichung auf $-f$ liefert die Behauptung.

Satz 2. [Borel] *Seien (Ω, T) ein stetiges dynamisches System, Ω metrisch und die Familie $(T^n)_{n \geq 1}$ gleichgradig gleichmäßig stetig. Es sei ferner m ein endliches ergodisches Maß auf der Borelschen σ-Algebra $\mathcal{B}$, das positiv auf nicht leeren offenen Mengen ist. Dann gilt für jede stetige, beschränkte Funktion $f \in C(\Omega)$ und jedes $x \in \Omega$*

$$\lim_{n \to \infty} \frac{1}{n} \sum_{k=0}^{n-1} f(T^k(x)) = \int f \, dm.$$

Beweis. Da m ergodisch ist, gilt (1.1) für fast alle $x \in \Omega$, und da m positiv auf offenen Mengen $\neq \emptyset$ ist, gibt es eine in Ω dichte Menge Ω_0 vom vollen Maß, so dass (1.1) gilt. Sei nun $x \in \Omega$ beliebig und $\epsilon > 0$. Dann existiert $\delta > 0$, so dass $\sup_{k \geq 0} |f(T^k(x)) - f(T^k(y))| < \epsilon$ gilt, sofern $d(x, y) < \delta$. Daher folgt für $n \geq 1$

$$\left| \frac{1}{n} \sum_{k=0}^{n-1} f(T^k(x)) - \int f \, dm \right| \leq \left| \frac{1}{n} \sum_{k=0}^{n-1} f(T^k(y)) - \int f \, dm \right| + \epsilon,$$

und die Behauptung folgt, wenn $y \in \Omega_0$ gewählt wird und $n \to \infty$ sowie $\epsilon \to 0$ streben.

Beispiel 9. Der Borelsche Satz kann für eine irrationale Rotation angewendet werden, denn sie definiert gleichgradig gleichmäßig stetige Iterierte.

1.2 Selbstähnlichkeit

In einem metrischen Raum Ω mit Metrik $d(\cdot,\cdot) : \Omega^2 \to \mathbb{R}_+$ bezeichnet $K(\omega,\eta) = \{\omega' \in \Omega : d(\omega,\omega') < \eta\}$ die offene Kugel mit Zentrum $\omega \in \Omega$ und Radius η.[4] Eine Abbildung $T : \Omega \to \Omega$ heißt eine *Kontraktion*, wenn $q :=$ $\sup_{\omega \neq \omega' \in \Omega} \frac{d(T(\omega),T(\omega'))}{d(\omega,\omega')} < 1$ gilt, also T Lipschitz-stetig mit einer Konstanten < 1 ist.

Satz 3. [Kontraktionsprinzip] *Eine Kontraktion T des vollständigen metrischen Raumes Ω besitzt einen eindeutig bestimmten Fixpunkt.*

Beweis. Sei $\omega \in \Omega$. Da für $m \leq n$

$$d(T^n(\omega),T^m(\omega)) \leq \sum_{k=1}^{n-m} d(T^{m+k}(\omega),T^{m+k-1}(\omega)) \leq \frac{q^m}{1-q}d(T(\omega),\omega), \quad (1.2)$$

ist $T^n(x)$ eine Cauchyfolge. Ihr Grenzwert ist ein Fixpunkt, der wegen der Kontraktionseigenschaft von T eindeutig ist.

Eine einfache Erweiterung dieser Idee führt zu Hutchinsons Existenzsatz für selbstähnliche Mengen.

Satz 4. [HUTCHINSON] *Seien T_i ($i = 1,...,s$) Kontraktionen des vollständigen, metrischen Raumes Ω. Dann gibt es eine eindeutig bestimmte, nicht leere und kompakte Teilmenge $K \subset \Omega$ mit der Eigenschaft*

$$K = \bigcup_{i=1}^{s} T_i(K). \qquad (1.3)$$

Beweis. Sei $\omega \in \Omega$ und $\mathcal{O}(\omega)$ die Bahn von x unter der Halbgruppe G, erzeugt von $T_1,...,T_s$. Mit derselben Abschätzung wie in (1.2) zeigt man, dass sie totalbeschränkt ist, also relativ kompakt ist. Das System aller nicht leeren, kompakten Teilmengen A von Ω mit $T_i(A) \subset A$ ($i = 1,...,s$) ist daher nicht leer, jede durch Inklusion absteigend gerichtete Kette besitzt ein minimales Element, das natürlich ebenfalls invariant, nicht leer und kompakt ist. Nach Zorns Lemma ([18], S.14) gibt es ein minimales Element, das dann auch die Behauptung erfüllt.

---

[4] Wenn nichts anderes vereinbart ist, bezeichnet d oder dist stets eine Metrik.

Dieser Satz motiviert den Begriff einer selbstähnlichen Menge. Man nennt eine Menge K α-*selbstähnlich*, wenn es endlich viele Abbildungen $T_i : K \to K$ ($i = 1, ..., s$) gibt, so dass (1.3) gilt, und $T_i(K) \cap T_j(K)$ verschwindendes α-dimensionales Hausdorff-Maß besitzt. K heißt selbstähnlich, wenn sie α-selbstähnlich für ein $\alpha \geq 0$ ist. K erfüllt die *OSC-Bedingung*[5], wenn es eine nicht leere, offene Menge U mit $T_i(U) \subset U$ ($1 \leq i \leq s$) und $T_i(U) \cap T_j(U) = \emptyset$ für jedes $i \neq j \in \{1, ..., s\}$ gibt. Gilt sogar $\overline{T_i(U)} \cap \overline{T_j(U)} = \emptyset$, so ist die strikte OSC-Bedingung erfüllt. In diesem Fall ist K stets α-selbstähnlich für jedes $\alpha > 0$. Die Beispiele am Ende des Abschnitts erläutern auch diese Begriffsbildung.

Ist X eine endliche Menge, so bezeichnen, analog zum Beispiel 7, Ω_X^+ die Menge $X^{\mathbb{N}}$, versehen mit der Produkttopologie, und $T_X(l_1, l_2, ...) = (l_2, l_3, ...)$ die zugehörige Schiebung. Die Abbildung T_X besitzt lokale inverse Zweige $T_X^{(i)} : \Omega_X^+ \to \{(j_k)_{k \in \mathbb{N}} : j_1 = i\}$, definiert durch $T_X^{(i)}(l_1, l_2, ...) = (i, l_1, l_2, ...)$.

Satz 5. *Sei K eine selbstähnliche Menge, die durch Kontraktionen T_i, $i \in X = \{1, ..., s\}$, erzeugt wird, und die strikte OSC-Bedingung erfüllt. Die Abbildung*

$$\Pi : K \to \Omega_X^+$$

sei durch $\Phi(x) = (l_1(x), l_2(x), ...)$ mit

$$x \in \bigcap_{k=1}^{\infty} T_{l_1(x)} \circ ... \circ T_{l_k(x)}(K) \tag{1.4}$$

definiert. Dann ist Π ein Homöomorphismus, und die Diagramme

$$
\begin{array}{ccc}
K & \xrightarrow{\ T_i\ } & K \\
{\scriptstyle \Pi}\downarrow & & \downarrow{\scriptstyle \Pi} \\
\Omega_X^+ & \xrightarrow{\ T_X^{(i)}\ } & \Omega_X^+
\end{array}
$$

für $i = 1, 2, ..., s$ kommutieren.

Beweis. Man überzeugt sich zunächst einmal, dass durch (1.4) die Abbildung Π wohldefiniert ist. Wegen der Kontraktionseigenschaft konvergieren die Durchmesser der Mengen $T_{l_1} \circ ... \circ T_{l_k}(K)$ exponentiell schnell gegen Null, wegen $T_i(K) \subset K$ sind sie absteigend, und wegen der strikten OSC-Bedingung sind diese Mengen auch paarweise disjunkt. Das bedeutet, dass die Abbildung Π bijektiv ist. Die offene Umgebung $\{(l_k)_{k \in \mathbb{N}} : l_1 = a_1, ..., l_n = a_n\}$ ($a_j \in X$ fest gewählt) wird auf die offene (in K) Umgebung $T_{a_1} \circ ... \circ T_{a_n}(K)$ bijektiv abgebildet. Beide offenen Umgebungen haben mit n exponentiell schnell fallende Durchmesser. Das bedeutet, dass Π ein Homöomorphismus ist. Die Kommutativität der Diagramme folgt unmittelbar aus der Definition von Π.

---

[5] OSC steht hier für open set condition.

Ist lediglich die OSC-Bedingung erfüllt, so ist die Abbildung Π^{-1} immer noch wohldefiniert, aber nicht injektiv. Π^{-1} ist deshalb eine surjektive Abbildung, die mit allen T_i und $T_X^{(i)}$ kommutiert.

Beispiel 10. Es seien $\Omega = I$ das Einheitsintervall, $T_1(x) = \frac{x}{3}$ und $T_2(x) = \frac{x+2}{3}$ für $x \in I$. Die durch diese beiden Kontraktionen definierte selbstähnliche Menge C wird als *Cantor-Menge* bezeichnet. Sie erfüllt die strikte OSC-Bedingung, wie man leicht sieht, und ist homöomorph zum Schiebungsraum über zwei Symbolen gemäß Satz 5.

Die *Hausdorff-Dimension* einer Teilmenge $A \subset \Omega$ wird mittels „optimaler" Überdeckungen erhalten. Sei $\mathcal{U}(\eta)$ die Familie aller Überdeckungen $\mathcal{Z}$ von A mit Mengen Z vom Durchmesser $|Z| := \sup\{d(x,y) : x,y \in Z\} < \eta$. Man definiert dann für $a > 0$

$$H_\eta^a(A) = \inf\{\sum_{Z \in \mathcal{Z}} |Z|^a : \mathcal{Z} \in \mathcal{U}(\eta)\}.$$

Als Funktion von η ist die Folge wachsend, für $\eta \to 0$ erhält man die Größe $H^a(A)$, das sog. *a-dimensionale Hausdorff-Maß* von A. (Es ist ein äußeres Maß und Borelsche Mengen sind H^a-messbar.) Als ‚Funktion' von a ist diese letzte Größe ‚unbeschränkt' und fällt in einem Punkt h auf Null:

$$h = \inf\{a > 0 : H^a(A) = 0\} = \sup\{a > 0 : H^a(A) = \infty\}.$$

$\mathrm{HD}(A) = h$ nennt man die Hausdorff-Dimension von A.
Eine endliche Familie von Kontraktionen $T_i : \mathbb{R}^d \to \mathbb{R}^d$ ($i = 1,...,s$) heißt *ähnlich*, falls jedes T_i in der Form $T_i = q_i S_i$ für geeignete Konstanten $q_i < 1$ und Isometrien $S_i : \mathbb{R}^d \to \mathbb{R}^d$ dargestellt werden kann. Sind alle T_i affine Kontraktionen der Form $T_i(x) = q_i x + a_i$, so ist diese Bedingung selbstverständlich erfüllt.

Satz 6. [MORAN] *Sei $K \subset \mathbb{R}^d$ eine selbstähnliche Menge, definiert durch eine ähnliche Familie von Kontraktionen $T_i : \Omega \to \Omega$, $i \in X = \{1,...,s\}$, die der OSC-Bedingung genügt. Die Hausdorff-Dimension $\mathrm{HD}(K)$ von K wird dann durch die Lösung der Gleichung*

$$\sum_{i=1}^{s} q_i^h = 1 \tag{1.5}$$

bestimmt.

Beweis. Sei h_0 eine Lösung der Gleichung (1.5). Die Familie $\{T_{l_1} \circ ... \circ T_{l_n}(\Omega) : \mathbf{l} = (l_1,...,l_n) \in X^n\}$ überdeckt K mit Mengen vom Durchmesser $\eta_n \to 0$. Somit ist für eine Konstante $C > 0$

$$H^a(K) \leq \liminf_{n \to \infty} \sum_{\mathbf{l} \in X^n} |T_{l_1} \circ ... \circ T_{l_n}(\Omega)|^a$$

$$\leq C \liminf_{n \to \infty} \sum_{\mathbf{l} \in X^n} (q_{l_n}...q_{l_1})^a = C \liminf_{n \to \infty} \left(\sum_{i=1}^{s} q_i^a\right)^n,$$

und es folgt für $a > h_0$, dass das a-dimensionale Hausdorff-Maß von K verschwindet. Daher ist $\mathrm{HD}(K) \leq h_0$.

Seien U die durch die OSC-Bedingung gegebene offene Menge und $U(i_1, ..., i_n) = T_{i_1} \circ ... \circ T_{i_n}(U)$. Für die umgekehrte Ungleichung betrachtet man die Mengenfunktion

$$\mu(U(i_1, ..., i_n)) = (q_{i_n}...q_{i_1})^{h_0},$$

und setzt sie auf endliche disjunkte Vereinigungen solcher Mengen additiv fort. Nach (1.5) ist dann μ additiv (damit auch wohldefiniert) und erfüllt $\mu\left(\bigcup_{i_1,...,i_n \in X} U(i_1, ..., i_n)\right) = 1$ für jedes $n \geq 0$.

Sei $\mathcal{Z}$ eine beliebige Überdeckung von K mit offenen Mengen vom Durchmesser η. Man kann annehmen, dass sie aus Kugeln vom Radius $< \eta/2$ besteht. Man überdeckt nun eine fest gewählte Kugel $B := K(x, r) \in \mathcal{Z}$ vom Radius $r (< \eta/2)$ fast sicher mit Mengen der Form $T_{l_n} \circ ... \circ T_{l_1}(U)$ in der Weise, dass $q_{l_1} \cdot ... \cdot q_{l_n} \leq r < q_{l_1} \cdot ... \cdot q_{l_{n-1}}$ gilt. Sei $\mathcal{Z}_B$ diese Überdeckung. Um den Beweis durchzuführen, benötigt man zwei Aussagen:

1. $\mathcal{Z}_B$ besteht aus paarweise disjunkten Mengen.

Die Bilder von U unter den Abbildungen $T_{i_1} \circ ... \circ T_{i_n}$ ($1 \leq i_j \leq s$; n fest) sind paarweise disjunkt. Eine Menge $T_{i_1} \circ ... \circ T_{i_n}(U) \in \mathcal{Z}_B$ kann aber auch nicht in einer Menge $T_{i_1} \circ ... \circ T_{i_p}(U) \in \mathcal{Z}_B$ mit $p < n$ enthalten sein, denn sonst ist $q_{i_1} \cdot ... \cdot q_{i_n} \leq r < q_{i_1} \cdot ... \cdot q_{i_p}$.

2. Sei $\underline{q} = \min\{q_i : 1 \leq i \leq s\}$. Dann besitzt $\mathcal{Z}_B$ höchstens $\left(\frac{1+|U|}{r_0 \underline{q}}\right)^d$ Elemente, wobei r_0 der Radius einer fest gewählten Kugel in U bezeichnet.

Sei z die Anzahl der Elemente von $\mathcal{Z}_B$, $v \in U$ und $r_0 > 0$ mit $K(v, r_0) \subset U$. Eine Menge V in $\mathcal{Z}_B$ besitzt nach Definition der Kontraktionen einen inneren Radius $\underline{q} r r_0$ und ist in einer um B konzentrischen Kugel vom Radius $(1 + |U|)r$ enthalten. Es folgt durch eine Volumenabschätzung in $\mathbb{R}^d$, dass

$$z(\underline{q} r r_0)^d \leq (1 + |U|)^d r^d.$$

Aus diesen beiden Tatsachen erhält man

$$\sum_{T_{l_1} \circ ... \circ T_{l_n}(U) \in \mathcal{Z}_B} \mu(T_{l_1} \circ ... \circ T_{l_n}(U)) \leq \left(\frac{1+|U|}{r_0 \underline{q}}\right)^d r^{h_0}$$

und

$$1 \leq \sum_{B \in \mathcal{Z}} \sum_{T_{l_1} \circ ... \circ T_{l_n}(U) \in \mathcal{Z}_B} \mu(T_{l_1} \circ ... \circ T_{l_n}(U)) \leq \sum_{B \in \mathcal{Z}} \left(\frac{1+|U|}{r_0 \underline{q}}\right)^d 2^{-h_0} |B|^{h_0}.$$

Bildet man das Infimum über alle Überdeckungen $\mathcal{Z}$ vom Durchmesser η, und nimmt den Limes für $\eta \to 0$, folgt die Positivität des h_0-dimensionalen Hausdorff-Maßes von K. Daher gilt $h_0 \leq \mathrm{HD}(K)$.

Beispiel 11. (Sierpiński-Dreieck) Durch die Punkte $p_1 = (-\frac{1}{2}, 0)$, $p_2 = (\frac{1}{2}, 0)$ und $p_3 = (0, \frac{\sqrt{3}}{2})$ wird ein gleichseitiges Dreieck in $\mathbb{R}^2$ definiert. Die affinen Abbildungen $T_i(x) = \frac{1}{2}(x + p_i)$ verkleinern die Seiten des Dreiecks um die Hälfte und lassen p_i invariant. Die zugehörige selbstähnliche Menge K heißt das Sierpiński-Netz und besitzt die Dimension, die sich aus $3 \cdot 2^{-h} = 1$ zu $h = \frac{\log 3}{\log 2}$ nach (1.5) berechnen lässt. Man beachte, dass die OSC-Bedingung gilt, jedoch nicht die strikte. Das Innere des Dreiecks definiert die dazu erforderliche offene Menge U.

Abb. 1.4. Sierpiński-Dreieck

Beispiel 12. (Cantor-Menge) Die Hausdorff-Dimension der Cantor-Menge berechnet sich aus $2 \cdot 3^{-h} = 1$ und hat den Wert $h = \frac{\log 2}{\log 3}$. Diese fraktale Menge besitzt die strikte OSC-Bedingung, wie bereits bemerkt wurde.

Beispiel 13. (von-Koch-Kurve) Seien T_i ($i = 1, 2, 3, 4$) die folgenden affinen Abbildungen des $\mathbb{R}^2$:

$$T_1(\mathbf{x}) = \frac{1}{3}\mathbf{x} + (-1; 0) \qquad T_2(\mathbf{x}) = \frac{1}{3}\left(\frac{1}{2}\begin{pmatrix} 1 & \sqrt{3} \\ \sqrt{3} & 1 \end{pmatrix}\mathbf{x}\right) + \frac{1}{4}(-1; \sqrt{3})$$

$$T_3(\mathbf{x}) = \frac{1}{3}\left(\frac{1}{2}\begin{pmatrix} 1 & -\sqrt{3} \\ -\sqrt{3} & 1 \end{pmatrix}\mathbf{x}\right) + \frac{1}{4}(1; \sqrt{3}) \qquad T_4(\mathbf{x}) = \frac{1}{3}\mathbf{x} + (1; 0).$$

Sei L die Vereinigung der vier Strecken zwischen den Punkten $p_1 = (-1, 5; 0)$, $p_2 = (-0, 5; 0)$, $p_3 = (0; \sqrt{3}/2)$, $p_4 = (0, 5; 0)$ und $p_5 = (1, 5; 0)$. Jedes T_i bildet L in eine um den Faktor 3 verkleinerte Figur L ab, und zwar bildet T_1 die Punkte p_1 und p_5 auf p_1 und p_2 ab, T_2 dieselben Punkte auf p_2 und p_3 usw. Die zugehörige selbstähnliche Menge K entsteht damit aus L, indem die vier Strecken durch nach außen gerichtete verkleinerte Kopien von L ersetzt werden. Iterative Anwendung dieses Konstruktionsschritts approximiert K. K heißt von-Koch-Kurve. Auch diese selbstähnliche Menge erfüllt die OSC-Bedingung und besitzt deshalb nach (1.5) die Hausdorffdimension $h = \frac{\log 4}{\log 3}$.

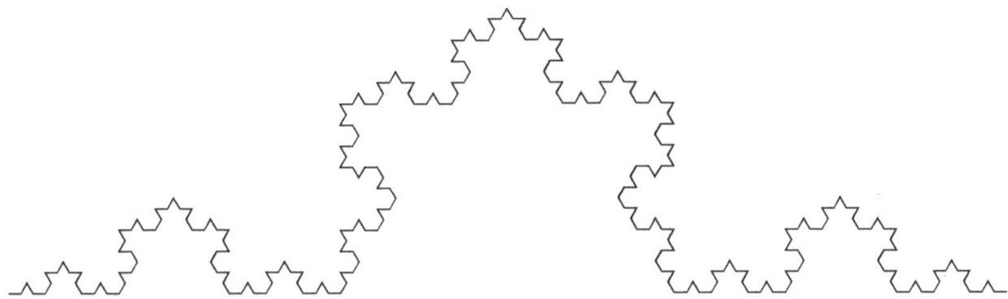

Abb. 1.5. von-Koch-Kurve

1.3 Differentialgleichungen

Aus den Lösungen gewöhnlicher Differentialgleichungen

$$\frac{dx}{dt} = \dot{x} = \Phi(x)$$

mit einer stetigen Funktion $\Phi : \mathbb{R}^d \to \mathbb{R}^d$ erhält man die wichtigste Klasse differenzierbarer dynamischer Systeme mit stetiger Zeit. Ist Φ global Lipschitzstetig, so existiert zu jeder Anfangsbedingung $x(0) = x$ eine für alle Zeiten t definierte Lösung $x(t) = \phi_t(x)$ (siehe [26], S.53). Die Familie ϕ_t $(t \in \mathbb{R})$ definiert ein stetiges dynamisches System (Definition 1) oder einen Fluss; das wird sogleich gezeigt werden. Anstelle des Definitionsbereiches $\mathbb{R}^d$ für Φ kann man natürlich auch beliebige Gebiete betrachten.

Beispiel 14. Man betrachte die Differentialgleichung

$$\frac{dr}{dt} = \dot{r} = ar(b - r) \qquad a, b > 0$$
$$\frac{d\theta}{dt} = \dot{\theta} = 1$$

auf $\mathbb{R}^2 \equiv \mathbb{R}_+ \times [0, 2\pi) \equiv \mathbb{C}$, die in Polarkoordinaten vorgegeben ist. Die Lösungskurven sind $x(t) = 0$ für die Anfangsbedingung $x(0) = 0$, und $r(t) = b$ und $\theta(t) = \theta + t$ für die Anfangsbedingung $x(0) = be^{i\theta}$; im allgemeinen Fall schließlich, wenn $x(0) = re^{i\theta}$ die Anfangsbedingung ist, sind die Lösungskurven durch

$$r(t) = \frac{br}{r + (b - r)e^{-abt}} \qquad \theta(t) = \theta + t$$

parametrisiert. Dabei ist jedoch nicht jedes $t \in \mathbb{R}$ zulässig. Für $t_r = -\frac{1}{ab}\log\frac{r}{r-b}$, $r > b$, explodiert die Lösung. Die Lösungen sind aber eindeutig, und sie können leicht durch Differentiation verifiziert werden. Das Beispiel 18 benutzt diese Lösung ebenfalls. Es gibt also eine stationäre Bahn 0 und eine periodische Bahn $\{z \in \mathbb{C} : |z| = b\}$. Für $r < b$ gilt $\lim_{t\to\infty} r(t) = b$ und $\lim_{t\to-\infty} r(t) = 0$. Ist $r > b$, so folgt $\lim_{t\to\infty} r(t) = b$ und $\lim_{t\downarrow t_r} r(t) = \infty$. Die zweite Koordinate $\theta(t)$ bewirkt lediglich eine Rotation mit konstanter Geschwindigkeit. Daher sieht die Graphik der Bahnen des Flusses wie in Figur 1.6 aus. Im Falle der Differentialgleichung

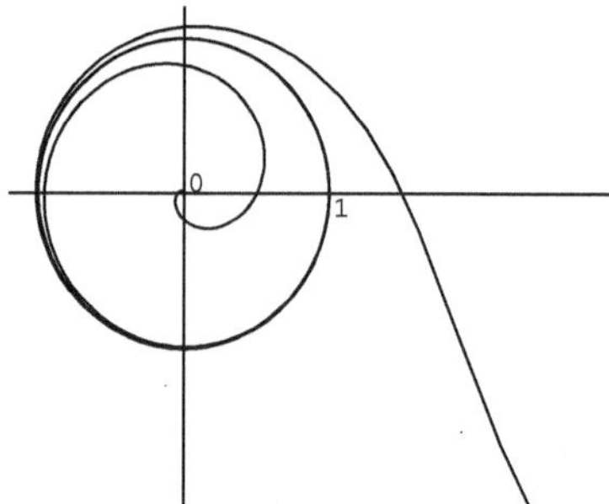

Abb. 1.6. Lösungskurven der DGL $\dot{r} = ar(1 - r), \dot{\theta} = 1$

$$\dot{r} = r(1 - r^m) \qquad \dot{\theta} = 1 \tag{1.6}$$

erhält man ein analoges Verhalten der Lösungen.

Man beachte, dass nur ein Fluss auf der abgeschlossenen Kugel um 0 mit Radius b definiert ist, obwohl die graphische Darstellung das Gegenteil suggeriert. Auf $\mathbb{R}^2$ hat man lediglich einen partiellen Fluss gegeben. Durch eine Reparametrisierung der Zeit kann man jedoch einen Fluss erzeugen. Sei $u : \mathbb{R} \times \mathbb{R}^2 \to \mathbb{R}$ eine Funktion mit den folgenden drei Eigenschaften: (i) $u(0, x) = 0$, (ii) $u(\mathbb{R} \times \{x\}) = (t_{\|x\|}, \infty)$ $(x \in \mathbb{R}^2)$, und (iii) $u(s + t, x) = u(t, \phi_{u(s,x)}(x)) + u(s, x)$ $(x \in \mathbb{R}^2, s, t \in \mathbb{R})$; hier bezeichnet $\phi_\tau(z)$ die Position des Punktes z unter dem Fluss zur Zeit τ. Dann ist die Abbildung

$$\psi(t, x) = \phi_{u(t,x)}(x) \qquad x \in \mathbb{R}^2, t \in \mathbb{R}$$

offenbar ein vollständiger Fluss, denn

$$\begin{aligned}
\psi(t + s, x) &= \phi_{u(t+s,x)}(x) = \phi_{u(t,\phi_{u(s,x)}(x))+u(s,x)}(x) \\
&= \phi_{u(t,\phi_{u(s,x)}(x))}(\phi_{u(s,x)}(x)) = \psi_t(\psi_s(x)).
\end{aligned}$$

Diese Reparametrisierung besitzt die Eigenschaft, dass stationäre Punkte (s. Definition 6) erhalten bleiben, und die Bahnen über jeweils die positive oder negative Zeitachse erhalten werden. Ist u nach der Zeit differenzierbar, erfüllt ψ die Differentialgleichung

$$\dot{x} = \Phi(x)\dot{u}(x).$$

Das bedeutet, dass das Vektorfeld durch Multiplikation mit einer skalaren Funktion geändert wird. Eine solche Funktion ist im obigen Fall etwa durch $\dot{u}(x) = (1 + \Phi(\|x\|))^{-1}$ gegeben.

Das allgemeine Konzept, Flüsse durch Differentialgleichungen zu erhalten, wird durch die Betrachtung von Vektorfeldern auf Mannigfaltigkeiten gewonnen. Sei $\Omega = M$ eine d-dimensionale differenzierbare Mannigfaltigkeit. Der Tangentialraum in $x \in M$ wird mit $T_x M$ und das Tangentialbündel über M mit $TM = \bigcup_{x \in M} T_x M$ bezeichnet (s. [22], [1], Kap. I,II). Ein Vektorfeld $\Phi : M \to TM$ assoziiert zu $x \in M$ einen Tangentenvektor $\Phi(x) \in T_x M$ im Punkt x und definiert durch $\dot{x} = \Phi(x)$ eine Differentialgleichung, die eine Kurve $t \mapsto x(t)$ sucht, die $\frac{d}{dt}x(t) = \Phi(x(t))$ erfüllt. Es sei $\mathcal{F}^r(M)$ das Bündel aller C^r-Vektorfelder.

Satz 7. *Es sei M eine d-dimensionale Mannigfaltigkeit und $\Phi \in \mathcal{F}^1(M)$ ein differenzierbares Vektorfeld. Die Differentialgleichung*

$$\dot{x} = \Phi(x) \tag{1.7}$$

mit Anfangsbedingung $x(0) = p$ besitzt eine eindeutige Lösung in einem Intervall mit Mittelpunkt 0. Ist M kompakt, so existiert eine eindeutige globale Lösung.

Beweis. Der Beweis dieses Satzes ist natürlich wohlbekannt. Als Anwendung des Kontraktionsprinzips (Satz 3) zeigt er den dynamischen Charakter eines Fixpunktsatzes.

Seien $U \subset \mathbb{R}^d$ eine Kugelumgebung mit Zentrum p und Radius $r > 0$, $a > 0$ und $\Omega = \{f : [-a,a] \to U : f \text{ stetig}\}$ versehen mit der Norm $\|f\|_{[-a,a]} = \sup_{-a \le t \le a} \|f(t)\|$. Sei T durch das Picardsche Iterationsverfahren

$$T(f)(t) = p + \int_0^t \Phi(f(s))ds \qquad -a \le t \le a$$

definiert. Da Φ Lipschitz-stetig und beschränkt auf U ist, gibt es eine Konstante $K > 0$, so dass für $f, g \in \Omega$

$$\|T(f) - T(g)\|_{[-a,a]} \le Ka\|f - g\|_{[-a,a]}$$
$$\|Tf(t) - p\| \le Ka \qquad (-a \le t \le a).$$

Also ist $T : \Omega \to \Omega$ als Abbildung wohldefiniert, wenn $Ka < r$, und eine Kontraktion, wenn $Ka < 1$. Daher existiert eine eindeutige Lösung $x(t) = \lim_{n \to \infty} T^n(x)(t)$ in $[-a,a]$ nach Satz 3.

Die Lösung der Differentialgleichung (1.7) mit Anfangsbedingung $x(0) = x$ wird mit $t \mapsto \phi_t(x)$ bezeichnet. Ist für festes $t \in \mathbb{R}$ und jedes $x \in M$ die Lösung $\phi_t(x)$ erklärt, so definiert $x \mapsto \phi_t(x)$ eine differenzierbare Abbildung $\phi_t : M \to M$. Die Ableitung in $x \in M$ wird mit $D_x\phi_t : T_xM \to T_{\phi_t(x)}M$ bezeichnet. In der Tat ist ϕ_t genauso oft differenzierbar wie das Vektorfeld.

Korollar 1. *Sei $\phi_t(x)$ die Lösung einer Differentialgleichung der Form (1.7) mit Anfangsbedingung $x(0) = x$. Dann gilt für alle $s, t \in \mathbb{R}$ und $x \in M$*

$$\phi_{s+t}(x) = \phi_t(\phi_s(x)),$$

sofern die entsprechenden Lösungen bis zu den Zeiten s, t bzw. $s+t$ existieren.

Beweis. $x(r) = \phi_{r+s}(x)$ $(-s \leq r \leq t)$ ist sofort als Lösung der gewöhnlichen Differentialgleichung $\dot{x} = \Phi(x)$ mit Anfangsbedingung $x(0) = \phi_s(x)$ erkennbar. Wegen der Eindeutigkeit der Lösungen folgt die behauptete Gleichung.

Definition 5. *Ein partieller Fluss ist eine stetige Abbildung*

$$\phi : M \times (\epsilon, \epsilon) \to M,$$

die dem Assoziativgesetz

$$\phi_{s+t} = \phi_t \circ \phi_s$$

für alle $s, t, s + t \in (-\epsilon, \epsilon)$ genügt. Ist $\epsilon = \infty$, so spricht man von einem Fluss. Ein ihn erzeugendes Vektorfeld nennt man in diesem Fall vollständig. Ist die Abbildung $(x, t) \mapsto \phi_t(x)$ differenzierbar, so heißt auch der Fluss differenzierbar.

Beispiel 15. Es sei an dieser Stelle angemerkt, dass nicht jeder Fluss durch Differentialgleichungen erzeugt werden kann. Dazu betrachte man den Raum $C(M, N)$ aller stetigen Funktionen $f : M \to N$ zwischen zwei topologischen Räumen. Sind $M = \mathbb{R}$ und $N = \mathbb{R}^d$ euklidische Räume, versieht man ihn mit der Topologie der gleichmäßigen Konvergenz auf kompakten Mengen, die etwa durch

$$d(f, g) = \sum_{n=1}^{\infty} 2^{-n} d_n(f, g) \qquad f, g \in C(\mathbb{R}, \mathbb{R}^d)$$

metrisiert wird, wobei

$$d_n(f, g) = \frac{\sup_{0 \leq |t| \leq n} \|f(t) - g(t)\|}{1 + \sup_{0 \leq |t| \leq n} \|f(t) - g(t)\|}$$

gesetzt wird. Man überzeugt sich leicht, dass die Abbildung

$$\phi : C(\mathbb{R}, \mathbb{R}^d) \times \mathbb{R} \to C(\mathbb{R}, \mathbb{R}^d), \quad \phi_t(f)(s) = f(t + s)$$

einen stetigen Fluss erzeugt, der unter dem Namen *Bebutovs dynamisches System* bekannt ist.

Beispiel 16. Eine Differentialgleichung $\dot{x} = \Phi(x, t)$ heißt nichtautonom. Sie kann durch die Hinzunahme der Gleichung $\dot{t} = 1$ in ein autonomes System auf $M \times \mathbb{R}$ überführt werden.

Alternativ kann diese ‚Dynamik' über einen zweiparametrigen Fluss untersucht werden: Eine Abbildung $\phi : \Omega \times \mathbb{R}^2 \to \Omega$ heißt ein zweiparametriger Fluss zum Vektorfeld $\Phi \in \mathcal{F}^1(\mathbb{R}^d \times \mathbb{R})$, falls

$$\phi_{s,t}(x) := \phi(x, s, t) = x + \int_s^t \Phi(\phi_{s,u}(x), u)du$$

für alle t in einem offenen Intervall $I(x, s)$ gilt, das s enthält. Ist die Lösung differenzierbar in t, so erhält man eine Lösung der Differentialgleichung $\dot{x} = \Phi(x, t)$. Es gilt zudem

$$\phi_{u,t} \circ \phi_{s,u}(x) = \phi_{s,u}(x) + \int_u^t \Phi(\phi_{u,v}(\phi_{s,u}(x), v))dv \qquad (1.8)$$

$$= x + \int_u^t \Phi(\phi_{u,v}(\phi_{s,u}(x), v))dv + \int_s^u \Phi(\phi_{s,v}(x), v)dv.$$

Eindeutige lokale Lösungen dieser Differentialgleichung existieren unter der Annahme, dass $x \mapsto \Phi(x, t)$ lokal Lipschitz-stetig für jedes $t \in \mathbb{R}$ ist, und dass für beliebige kompakte Mengen $K \subset \mathbb{R}^d$ und $a < b$

$$\int_a^b \|\Phi(\cdot, t)\|_{\mathrm{Lip}, K} dt < \infty$$

gilt ([37], S.555). Hier bezeichnet $\|f\|_{\mathrm{Lip}, K} = \sup_{x \in K} \|f(x)\| + \sup_{x \neq y \in K} \frac{\|f(x) - f(y)\|}{\|x - y\|}$ die Lipschitz-Norm auf K. Aus der Eindeutigkeit der Lösung und unter Beachtung von (1.8) folgt

$$\phi_{u,t} \circ \phi_{s,u}(x) = \phi_{s,t}(x).$$

Gilt für die Lösung $\phi_{s,t} = \phi_{0,t-s}$, so wird durch

$$\phi_t(x) = \phi_{0,t}(x)$$

ein lokaler Fluss definiert. In der Tat ist (sofern die Lösungen für die betrachteten Zeiten wohldefiniert sind)

$$\phi_{s+t}(x) = \phi_{0,s+t}(x) = \phi_{s,s+t} \circ \phi_{0,s}(x) = \phi_t(\phi_s(x)).$$

Definition 6. *Sei ϕ_t ($t \in \mathbb{R}$) ein Fluss. Eine Bahn $\Gamma = \mathcal{O}(x)$ heißt periodisch, wenn ihre Länge $\gamma(\Gamma) = \inf\{t > 0 : \phi_t(x) = x\}$ endlich ist. Ein Punkt $x \in M$ heißt Ruhepunkt (kritischer Punkt oder stationärer Punkt, Singularität), falls $\phi_t(x) = x$ für alle $t \in \mathbb{R}$.*

Es ist klar, dass ein stationärer Punkt durch das Verschwinden des Vektorfeldes Φ bestimmt ist (sofern der Fluss die Differentialgleichung $\frac{d\phi_t}{dt} = \Phi$ erfüllt).

In den nächsten drei Beispielen ist die betrachtete Mannigfaltigkeit der euklidische Raum $\mathbb{R}^d$, und man kann deshalb das Vektorfeld mit einer Funktion $\Phi : \mathbb{R}^d \to \mathbb{R}^d$ identifizieren.

Beispiel 17. Unbeschränktes Wachstum mit einer konstanten Rate wird durch die Differentialgleichung

$$\dot{x} = Kx \tag{1.9}$$

modelliert. Die Lösungen $x(t) = x\exp[Kt]$ existieren für alle $t, x \in \mathbb{R}$, definieren also einen Fluss auf $M = \mathbb{R}$ durch $\phi_t(x) = x\exp[Kt]$. Mit Modellen dieses Typs kann etwa der unkontrollierte Zerfall von Uranatomen oder das ungehemmte Ausbreiten von Populationen erklärt werden.

Sei zunächst $K > 0$. Jede Bahn $\mathcal{O}(x) = \{\phi_t(x) : t \in \mathbb{R}\}$ besitzt 0 als Häufungspunkt, wenn t die negative Zeitrichtung durchläuft (man sagt in diesem Fall, dass 0 ein abstoßender stationärer Punkt ist). Durchläuft t die positive Zeitrichtung, so sind die Bahnen unbeschränkt, sie streben entweder gegen ∞ oder $-\infty$, je nach den Werten von x.

Ist $K < 0$, so vertauschen sich positive und negative Zeitachsen, und man spricht von 0 als dem anziehenden stationären Punkt.

Beispiel 18. Ungehemmtes Wachstum wie im letzten Beipiel tritt nur in sehr speziellen Fällen in der Realität auf. Ein variableres Modell wird durch allgemeinere Funktionen in der Differentialgleichung (1.9) erhalten. Nimmt man gehemmtes Wachstum an, das in ein Schrumpfen bei zu großem Bestand übergeht, erscheint die logistische Differentialgleichung

$$\dot{x} = wx(S_0 - x)$$

als Modell vernünftig, wobei $w > 0$ die Wachstumsrate und $S_0 > 0$ den Sättigungspunkt darstellt, in dem Wachstum in Schrumpfen übergeht. Die

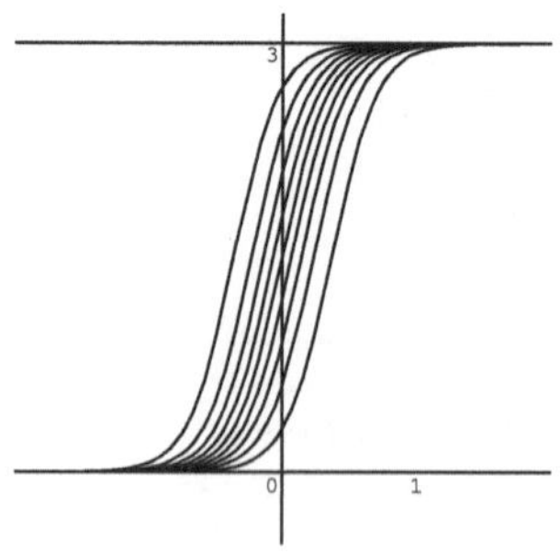

Abb. 1.7. Lösungskurven der logistischen Differentialgleichung

Lösung dieser Differentialgleichung kann durch Trennung der Variablen erfolgen (vgl. Beispiel 14). Man erhält

$$x(t) = \frac{S_0 x(0)}{x(0) + (S_0 - x(0)) \exp[-S_0 wt]}.$$

Bei Anfangsbedingung $x(0) = x$ ergibt sich der zugehörigen Fluss zu

$$\phi_t(x) = \frac{S_0 x}{x + (S_0 - x) \exp[-S_0 wt]}.$$

Für $x = S_0$ ist die Lösung konstant $= S_0$, für $x < 0$ oder $x > S_0$, gibt es eine Singularität bei $t = \log(1 - S_0/x)/S_0 w$. Das Intervall $[0, S_0]$ ist damit Flussinvariant. Betrachtet man als Mannigfaltigkeit das Intervall $[0, S_0]$, so ist die Lösung für alle Zeiten wohldefiniert, 0 ist abstoßender und S_0 anziehender Fixpunkt.

Definition 7. *Eine periodische Bahn Γ heißt anziehend, wenn es eine Umgebung U von Γ gibt, so dass für jedes $x \in U$ $\lim_{t \to \infty} d(\phi_t(x), \Gamma) = 0$, und abstoßend, wenn sie für die Zeitumkehrung $\phi_t^- = \phi_{-t}$ $(t \in \mathbb{R})$ anziehend ist. Die entsprechenden Begriffe werden analog für stationäre Punkte erklärt.*

Proposition 1. *Sei Γ eine periodische Bahn positiver Länge $\gamma = \gamma(\Gamma)$ des differenzierbaren Flusses $(\phi_t)_{t \in \mathbb{R}}$. Dann besitzt $D_x \phi_\gamma$ $(x \in \Gamma)$ den Eigenwert 1. Γ ist außerdem anziehend, wenn alle anderen Eigenwerte einen Betrag < 1 besitzen.*

Beweis. Sei $x \in \Gamma$ beliebig. Da der Fluss ϕ_t der Differentialgleichung $\dot{u} = \Phi(u)$ genügt, erhält man

$$\Phi(x) = \Phi(\phi_\gamma(x)) = \frac{d}{dt}\phi_t(x)_{|t=\gamma} = \frac{d}{dt}\phi_{\gamma+t}(x)_{|t=0} = D_x \phi_\gamma \Phi(x),$$

also ist $\Phi(x)$ ein Eigenvektor der Ableitung $D_x \phi_\gamma$ zum Eigenwert 1. Es muss noch gezeigt werden, dass Γ anziehend ist. In lokalen Koordinaten erhält man mit Taylors Formel

$$\|\phi_\gamma(y) - x\| = \|D_x \phi_\gamma(y - x)\| + o(1).$$

Da alle anderen Eigenwerte der Matrix $D_x \phi_\gamma$ vom Betrag < 1 sind, gibt es eine Norm auf dem orthogonalen Komplement $E \subset \mathbb{R}^d$, die $\|D_x \phi_{\gamma E}\| < 1$ erfüllt. Ist dann die Umgebung U von x klein genug gewählt, so gilt für $y \in U$ und alle $0 \le t \le \gamma$, dass $\|\phi_t(y) - \phi_t(x)\| \le q\|y - x\|$ für ein $q < 1$ gilt. In Anbetracht des Argumentes für Satz 3 ist damit der Beweis leicht zu beenden.

Beispiel 19. Einfachste Beispiele mehrdimensionaler Differentialgleichungen erhält man durch Verallgemeinerung des Modells für unbeschränktes Wachstum. Betrachtet man die Differentialgleichung

$$\dot{x} = Ax \qquad x \in \mathbb{R}^n \tag{1.10}$$

mit einer festen $n \times n$ Matrix A, so erhält man die Lösung zu

$$x(t) = x(0)\exp[tA],$$

wobei bekanntlich $\exp[A]$ die Norm-konvergente Reihe $\sum_{k=0}^{\infty}(k!)^{-1}A^k$ bezeichnet. Der dazugehörige Fluss besitzt 0 als kritischen Punkt.

Betrachtet man dagegen die Differentialgleichung $\dot{x} = A$, so ist der dazu gegebene Fluss $\phi_t(x) = tAx$. Besitzt A nur ganzzahlige Einträge und eine Determinante vom Betrag eins, so kann die Differentialgleichung auf dem Torus $\mathbb{T}^d$ (Beispiel 5) betrachtet werden, und die Lösung ist durch $\phi_t(x) = tAx \bmod 1$ gegeben.

Beispiel 20. Eine Differentialgleichung zweiter Ordnung im $\mathbb{R}^d$ schreibt sich als

$$\ddot{x} = \frac{d^2x}{dt^2} = f(x).$$

Führt man $y = \dot{x}$ als neue unabhängige Variable ein, transformiert sich diese Differentialgleichung in eine gewöhnliche Differentialgleichung erster Ordnung im $\mathbb{R}^{2d} = T\mathbb{R}^d$ (Newtonsche Gleichungen):

$$\dot{x} = y \qquad \ddot{x} = \dot{y} = f(x)$$

mit der Anfangsbedingung $x(0) = x$ und $\dot{x}(0) = q$. Die Lösung dieser Differentialgleichung definiert also einen partiellen oder globalen Fluss auf $T\mathbb{R}^d$, sofern die Lösungen entsprechend wohldefiniert sind.

Beispiel 21. [Duffing]

$$\ddot{x} + a\dot{x} - bx + x^3 = \gamma\cos(\omega t)$$

heißt Duffings Differentialgleichung, die einen nichtlinearen Oszillator mit kubischem Steifheitsterm beschreibt. Ohne äußere Kraft ($\gamma = 0$) kann die Lösung wie in Beispiel 20 erhalten werden. Man reduziert in die Differentialgleichungen erster Ordnung

$$\dot{x} = v$$
$$\dot{v} = bx - av - x^3.$$

Ist $b < 0$, so gibt es nur einen stationären Punkt $x = 0$. Ist $b > 0$, so gibt es drei: $x = 0$ oder $= \pm\sqrt{b}$. Das Phasenportrait ist in Abbildung 1.8 dargestellt.

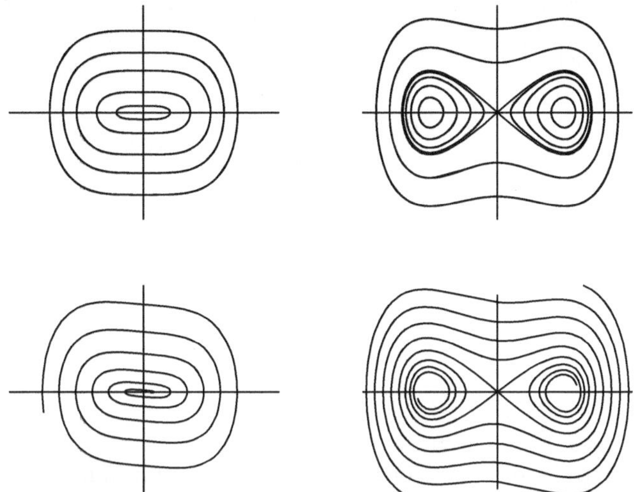

Abb. 1.8. Duffings Oszillator im autonomen Fall. Von oben links nach unten rechts:
$a = 0, b = 0$; $a = 0, b = 1$; $a = 0.1, b = 0$; $a = 0.1, b = 1$

1.4 Normalformen

Normalformen dienen zur Beschreibung des Verhaltens dynamischer Systeme in Umgebungen periodischer und stationärer Punkte. Für differenzierbare Abbildungen T kann das Problem durch Übergang zu einer geeigneten Iterierten auf Fixpunkte reduziert werden. Das Verhalten in der Nähe dieser Punkte wird durch topologische Eigenschaften wie Abstoßung, Rotation oder Attraktion beschrieben; Eigenschaften, die unter Homöomorphie invariant bleiben. Es genügt also offenbar, dieses Problem unter lokaler Konjugiertheit zu betrachten, die wie folgt definiert ist.

Definition 8. *Seien (Ω, T) ein stetiges dynamisches System und $\omega \in \Omega$ ein Fixpunkt. Es heißt lokal konjugiert zum System (X, S) im Punkt $p \in X$, falls Umgebungen U_i von ω und V_i von p ($i = 1, 2$) und ein Homöomorphismus $\pi : U_1 \cup U_2 \to V_1 \cup V_2$ existieren, so dass die folgenden Eigenschaften gelten:*
1. $\pi(\omega) = p$, $\pi(U_1) \subset V_1$, $\pi(U_2) \subset V_2$.
2. $S(\pi(x)) = \pi(T(x)) \qquad \forall x \in U_1$.
3. $T : U_1 \to U_2$ und $S : V_1 \to V_2$.

Konjugiertheit zweier stetiger dynamischer Systeme (Ω_1, G) und (Ω_2, G) (s. Definition 1) ist in ähnlicher Weise durch die Existenz eines Homöomorphismus $\pi : \Omega_1 \to \Omega_2$ definiert, so dass 2. entsprechend gilt. Beide Definitionen werden durch das nachfolgende Diagramm dargestellt:

$$
\begin{array}{ccc}
U_1 \xrightarrow{\ T\ } U_2 & \qquad & \Omega_1 \xrightarrow{\ g\ } \Omega_1 \\
\pi\downarrow \qquad \downarrow\pi & \qquad & \pi\downarrow \qquad \downarrow\pi \\
V_1 \xrightarrow{\ S\ } V_2 & \qquad & \Omega_2 \xrightarrow{\ g\ } \Omega_2 \\
\text{lokale Konjugation} & \qquad & \text{Konjugation}
\end{array}
$$

Unter einer C^r-Störung einer r-mal differenzierbaren Abbildung T_0 versteht man eine C^r-Abbildung T, für die die Normen $\|D_x^j T - D_x^j T_0\|$ ($j = 0, 1, ..., r, x \in M$) klein sind.

Satz 8. *Eine hinreichend kleine C^1-Störung T einer invertierbaren, linearen Kontraktion $T_0 : \mathbb{R}^d \to \mathbb{R}^d$ ist zu T_0 im Punkt 0 lokal konjugiert.*

Beweis. Da T_0 invertierbar ist, und da T eine hinreichend kleine Störung ist, muss auch T invertierbar sein.

Es bezeichne $S^d(a)$ die Sphäre in $\mathbb{R}^d$ vom Radius a und mit Zentrum 0, also $S^d(a) = \overline{K(0,a)} \setminus K(0,a)$. Da $T : \mathbb{R}^d \to \mathbb{R}^d$ eine hinreichend kleine Störung einer Kontraktion ist, gilt

$$ T(\overline{K(0,a)}) \subset K(0,a) $$

für ein hinreichend kleines $a > 0$. Seien $A_0 := \overline{K(0,a)} \setminus T(\overline{K(0,a)})$ und sukzessiv $A_n := T^n(A_0)$ gesetzt. Dann sind die Mengen A_n paarweise disjunkt, und ein Homöomorphismus[6]

$$ h : \overline{A_0} \to \overline{K(0,a)} \setminus (T_0(\overline{K(0,a)}))^\circ $$

kann durch die Festlegung $H(v) = T_0^n(h(T^{-n}(v)))$ für $v \in A_n$, $n \geq 0$, zu einer stückweise homöomorphen Abbildung H erweitert werden, die

$$ H(T(v)) = T_0^{n+1}(h(T^{-n-1}(T(v)))) = T_0(H(v)) \quad \forall v \in A_n $$

erfüllt. Es muss also nur gezeigt werden, dass es einen Homöomorphismus h gibt, der auf $TS^d(a)$ gerade $T_0 \circ T^{-1}$ und auf $S^d(a)$ die Identität ist. Da T eine Perturbation von T_0 ist, sind die Normen $\|T^{-1}(tv)\|$ ($v \in A_0$) strikt monoton wachsend in $t > 0$, und es gibt daher nur einen Schnittpunkt $u \in S^d(a)$ von $T^{-1}(\{tv : 0 \leq t \leq 1\})$ mit $S^d(a)$. Daher gibt es einen Homöomorphismus der gesuchten Art, nämlich $h(v) = T_0(u)$.

Definition 9. *Sei $T : M \to M$ eine differenzierbare Abbildung der Mannigfaltigkeit M. Ein Fixpunkt $p \in M$ heißt hyperbolisch, falls $D_p T : \mathcal{T}_p M \to \mathcal{T}_p M$ keinen Eigenwert vom Betrag Eins besitzt.*

Ist p ein Fixpunkt des Diffeomorphismus $T : U \subset \mathbb{R}^d \to T(U)$, so bezeichnen $W^s = \{q \in U : \lim_{n\to\infty} d(T^n(q), p) \to 0\}$ und $W^u = \{q \in U :$

---

[6] E° bezeichnet das Innere der Menge E.

$\lim_{n \to -\infty} d(T^n(q), p) \to 0\}$ die stabile und unstabile lokale Mannigfaltigkeiten im Punkt p. Entsprechende stabile und unstabile Unterräume für $D_p T$ werden mit E^s und E^u bezeichnet. Diese beiden Unterräume sind $D_p T$-invariant und spannen $\mathbb{R}^d = \mathcal{T}_p U$ auf, wenn p hyperbolisch ist. Man kann $x = (x^s, x^u) \in \mathbb{R}^d$ mit $x^s \in E^s$ und $x^u \in E^u$ schreiben. Die beiden linearen Abbildungen $D_p T_{|E^s}$ und $D_p T_{|E^u}^{-1}$ sind Kontraktionen.

Satz 9. [GROBMAN, HARTMAN] *Seien $U \subset \mathbb{R}^d$ offen und $T : U \to \mathbb{R}^d$ ein Diffeomorphismus auf sein Bild. Sei $p \in U$ ein hyperbolischer Fixpunkt mit unstabiler (stabiler) Mannigfaltigkeit W^u (W^s). Es gebe einen Homöomorphismus $h : U \to h(U) \subset \mathbb{R}^d = \mathcal{T}_p U$ und Störungen $T^\iota : E^\iota \to E^\iota$ ($\iota = u, s$) von $D_p T_{|E^\iota}$ mit $h(p) = 0$ und $h(T(\omega)) = (T^s(h(\omega)^s), T^u(h(\omega)^u))$. Dann ist T in p lokal konjugiert zur linearen Abbildung $D_p T$ in 0.*

Beweis. Da T^ι eine auf E^ι eingeschränkte Störung von $D_p T$ ist, gibt es nach Satz 8 lokale Homöomorphismen h^ι mit $h^\iota \circ T^\iota = D_p T_{|E^\iota} \circ h^\iota$. Sei $H : V \to \mathbb{R}^n$ ein lokaler Homöomorphismus, der durch

$$H(\omega) = (h^s(h(\omega)^s), h^u(h(\omega)^u))$$

definiert ist. Es folgt

$$\begin{aligned}
H(T(\omega)) &= (h^s(h(T(\omega))^s), h^u(h(T(\omega))^u)) \\
&= (h^s(T^s(h(\omega)^s)), h^u(T^u(h(\omega)^u))) \\
&= (D_p T_{|E^s} h^s(h(\omega)^s), D_p T_{|E^u} h^u(h(\omega)^u)) \\
&= D_p T(H(\omega)).
\end{aligned}$$

Der Satz über die Existenz lokaler stabiler und unstabiler Mannigfaltigkeiten in Kapitel 4, Satz 63, zeigt die Existenz der Homöomorphismen und der Störungen, so dass sich diese Voraussetzungen des Satzes 9 schließlich als nicht notwendig erweisen.

Man hat es in dem Satz von Grobman und Hartman mit der lokalen Struktur einer Matrixabbildung zu tun, die nur Eigenwerte vom Betrag $\neq 1$ besitzt. Das Phasenbild gibt die Abbildung 1.9 wieder. Im Allgemeinen ist es möglich, das lokale Phasenportrait in einem stationären Punkt im zweidimensionalen Raum vollständig anzugeben. Bis auf Konjugation von Matrizen gibt es in diesem Fall nur die Möglichkeiten

$$A = \begin{pmatrix} \lambda & 0 \\ 0 & \mu \end{pmatrix} \qquad B = \begin{pmatrix} \lambda & 1 \\ 0 & \lambda \end{pmatrix} \qquad C = \begin{pmatrix} \lambda & \rho \\ -\rho & \lambda \end{pmatrix}.$$

Um die vorkommenden Typen darzustellen, betrachte man die Lösung der Differentialgleichungen (1.10), die durch

$$x(t) = x_0 e^{tA}, \quad x(t) = x_0 \begin{pmatrix} 1 & t \\ 0 & 1 \end{pmatrix} e^{t\lambda}, \quad x(t) = x_0 \begin{pmatrix} \cos \rho t & \sin \rho t \\ -\sin \rho t & \cos \rho t \end{pmatrix} e^{t\lambda}$$

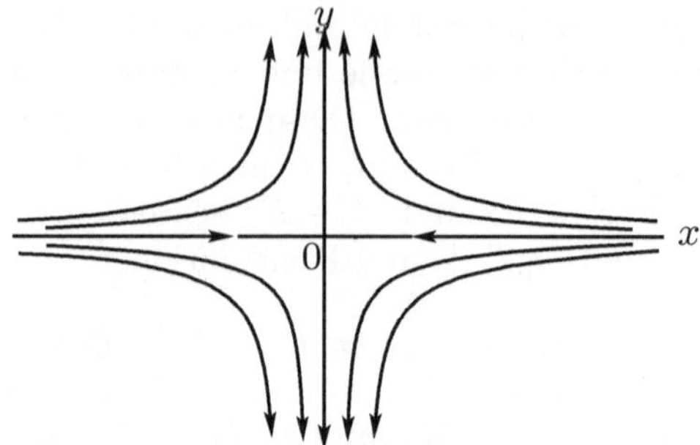

Abb. 1.9. Phasenportrait eines hyperbolischen Fixpunktes (Sattel)

gegeben sind.

Die Bahn eines Punktes $x \in \mathbb{R}^2$ ist eine unter dem Fluss invariante Kurve, die den Punkt x enthält. Für die Matrix A sind dies offenbar alle Kurven $\{(u,v) : u > 0,\ v = c|u|^{\mu/\lambda}\}$, $\{(u,v) : x < 0,\ v = c|u|^{\mu/\lambda}\}$, $\{(u,v) : u = 0, v > 0\}$ und $\{(u,v) : u = 0, v < 0\}$, die mit $0 \neq c \in \mathbb{R}_+$ parametrisiert sind. Man unterscheidet nun nach den Werten der Eigenwerte der linearen Abbildung. Ist λ/μ positiv, so spricht man von einem *Knoten*, sonst von einem *Sattel*. Für die Matrix B erhält man die invarianten Kurven (Bahnen) $\{(u,v) : v > 0;\ u = cv + \lambda^{-1}v\log v\}$, $\{(u,v) : v < 0;\ u = cv + \lambda^{-1}v\log|v|\}$ und $\{v = 0\}$. In diesem Fall spricht man von einem *entarteten Knoten*.

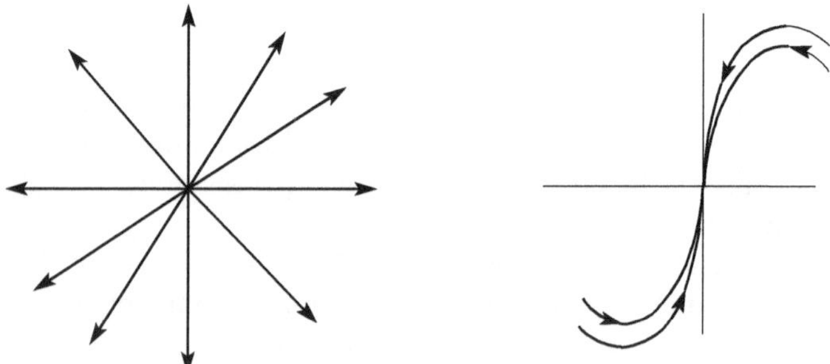

Abb. 1.10. Phasenportrait eines Knotens (links) und entarteten Knotens (rechts)

Schließlich bestimmen sich die Bahnen für den Fluss, der durch die Matrix C definiert wird, aus der Parametrisierung eines Kreises vom Radius 1, multipliziert mit $\exp[t\lambda]$. In diesem Fall spricht man von einem *Fokus*. Ist $\lambda > 0$, entfernt sich ein Punkt vom Fokus, ist $\lambda < 0$, wird er angezogen, und im Fall $\lambda = 0$ erhält man eine Rotation (Zentrum). Der Parameter ρ bestimmt die Orientierung der Rotation.

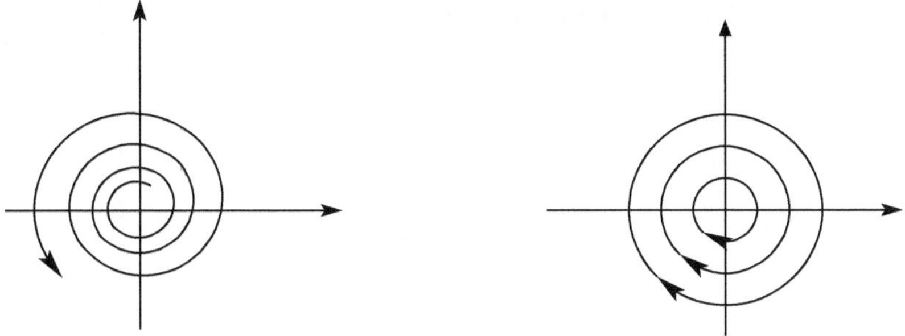

Abb. 1.11. Phasenportrait eines Fokus und eines Zentrums

Beispiel 22. Sei das Vektorfeld $\Phi((x,y)) = (x^4 - y^2 - \frac{1}{16}, 2y)$ $(x, y \in \mathbb{R})$ gegeben. Die kritischen Punkte sind offenbar $(\frac{1}{2}, 0)$ und $(-\frac{1}{2}, 0)$. Die Ableitung des Vektorfeldes ergibt

$$D_{(\pm\frac{1}{2}, 0)}\Phi = \begin{pmatrix} \pm\frac{1}{2} & 0 \\ 0 & 2 \end{pmatrix}.$$

Daraus errechnen sich die Eigenwerte zu $\lambda_1 = 2$ und $\lambda_2 = \pm\frac{1}{2}$. Es folgt daher, dass der kritische Punkt $(\frac{1}{2}, 0)$ eine Quelle (abstoßender Knoten) ist, während $(-\frac{1}{2}, 2)$ ein Sattel sein muss (vgl. Abbildung 1.12).

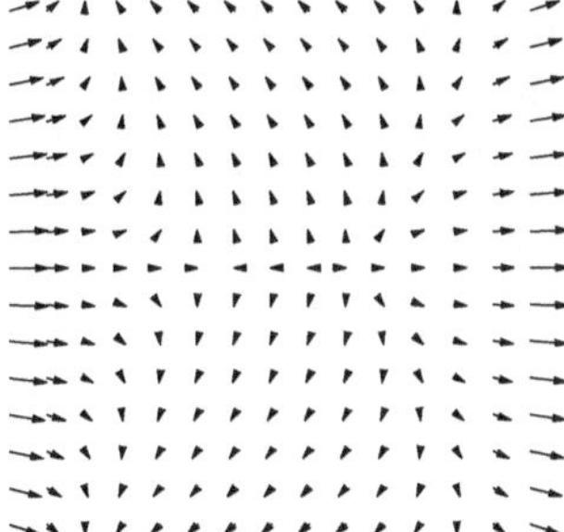

Abb. 1.12. Vektorfeld $\Phi((x,y)) = (x^4 - y^2 - \frac{1}{16}, 2y)$

Der nächste Satz beschreibt das lokale Verhalten analytischer Abbildungen in der Nähe eines anziehenden Fixpunktes in der komplexen Ebene. Er zeigt insbesondere, dass diese Abbildungen lokal konjugiert zu einer Multiplikationsabbildung sind. Der Satz von Kœnigs ist ein Spezialfall.

Satz 10. [POINCARÉ, SIEGEL] *Es seien $U \subset \mathbb{C}$ und $T : U \to \mathbb{C}$ eine analytische Abbildung mit Fixpunkt p und $0 < |T'(p)| < 1$. Dann gibt es eine Umgebung V von p, eine analytische Abbildung $H : V \to W = H(V)$, so dass*

$$H(T(z)) = T'(p)H(z)$$

gilt.

Beweis. O.E. kann man annehmen, dass der Fixpunkt $p = 0$ ist. Die Abbildung T besitzt dann nach Voraussetzung eine Potenzreihe $T(z) = az + \sum_{n=2}^{\infty} a_n z^n = az + t(z)$ in einer Umgebung von 0. Dabei ist $a = T'(0)$. Durch Konjugation kann man stets erreichen, dass jedes a_n vom Betrag < 1 ist. Die formale Potenzreihe $H(z) = z + \sum_{k=2}^{\infty} b_k z^k = z + h(z)$ kommutiert mit T und der Multiplikationsabbildung $z \mapsto az$, falls

$$T(H(z)) = az + ah(z) + t(H(z)) = az + h(az)$$

oder

$$\sum_{k \geq 2} b_k(a^k - a)z^k = \sum_{k \geq 2} a_k(z + h(z))^k.$$

Daraus lassen sich durch Koeffizientenvergleich die b_k iterativ berechnen, und zwar gibt es Polynome P_k, so dass $b_1 = 1$ und

$$b_k(a^k - a) = P_k(a_2, ..., a_k, b_2, ..., b_{k-1}) \qquad k \geq 2.$$

Man bemerkt, dass das Polynom P_k selbst positive Koeffizienten besitzt, und also eine Abschätzung der Koeffizienten b_k in der Form

$$|a||b_k|(1 - |a|) \leq |P_k(a_2, ..., a_k, b_2, ..., b_{k-1})| \leq P_k(1, ..., 1, |b_2|, ..., |b_{k-1}|)$$

gefunden werden kann.

Es ist wohlbekannt, dass die Potenzreihe $z - q\sum_{l \geq 2} z^l$ in einer Umgebung von 0 analytisch ist und daher eine Inverse der Form $u(z) = z + \sum_{l \geq 2} \beta_k z^k$ besitzt. Für kleines $|z|$ folgt also die Identität $z = u(z) - q\sum_{l \geq 2} u(z)^l$, und das führt durch Koeffizientenvergleich zu

$$q^{-1}\beta_k = P_k(1, ..., 1, \beta_2, ..., \beta_{k-1}).$$

Man setzt nun $q^{-1} = |a|(1 - |a|)$. Durch Induktion folgt dann, dass jedes β_k positiv ist und $|b_k|$ majorisiert. Das bedeutet aber, dass die formale Potenzreihe H in einer Umgebung von 0 konvergent ist, also eine analytische Konjugation von T und der Multiplikationsabbildung $z \mapsto az$ definiert.

1.5 Bifurkation

Die Familie eindimensionaler Funktionen $T_c : [0, 1] \to [0, 1]$,

$$T_c(x) = cx(1 - x) \qquad 0 \leq c \leq 4$$

wird als *logistische Familie* bezeichnet. Sie kann als Musterbeispiel betrachtet werden, bei dem eine Bifurkation (Periodenverdoppelung) auftritt und die Feigenbaum-Universalität veranschaulicht wird.

Proposition 2. *Für $0 \leq c \leq 1$ besitzt T_c den Ursprung als einzigen periodischen Punkt. Die Bahn eines beliebigen Startwertes konvergiert gegen diesen Fixpunkt.*

Beweis. Im Falle $c < 1$ ist die Abbildung eine Kontraktion. In der Tat gilt

$$c|x(1-x) - y(1-y)| = c|(x-y)(1-x-y)| \leq c|x-y|.$$

Damit folgt die Proposition aus Satz 3.

Da für $c = 1$ stets $T_c(x) \leq x$ und T_1 eine Kontraktion auf $(a, 1]$ $(a > 0)$ ist, folgt die Proposition mit einem Argument wie in Satz 3.

Bei $c = 1$ findet die erste *Bifurkation* statt. Der attraktive Fixpunkt 0 wird zu einem neutralen Fixpunkt (d.h. $T_1'(0) = 1$) und bei weiterem Ansteigen des Wertes von c ein abstoßender Fixpunkt. Dafür entsteht ein neuer Fixpunkt $p > 0$. Dies ist der Inhalt der zweiten Proposition.

Proposition 3. *Für $1 < c \leq 3$ besitzt T_c einen einzigen periodischen Punkt p im offenen Intervall $(0, 1)$, nämlich $p = 1 - c^{-1}$. p ist ein Fixpunkt, und die Bahn eines beliebigen Startwertes in $(0, 1)$ konvergiert gegen diesen Fixpunkt.*

Beweis. Man rechnet sofort nach, dass $T_c(1 - c^{-1}) = 1 - c^{-1}$ einziger Fixpunkt in $(0, 1)$ ist, und im Intervall $1 < c < 3$ der Betrag der Ableitung in diesem Punkt den Wert $|c - 2c(1 - c^{-1})| = |-c + 2| < 1$ annimmt. Somit gibt es eine maximale Umgebung $U = (a, b)$ von p, in der T_c kontrahierend ist (ist $c = 3$, argumentiert man wie im letzten Beweis für $c = 1$). Die inversen Zweige von T_c bilden das Intervall $[0, T_c(1/2)]$ auf die Intervalle $[0, 1/2]$ und $[1/2, 1]$ ab. Ein inverser Zweig lässt also den einzigen Fixpunkt in $(0, 1)$ invariant, folglich auch das Intervall U. Sei etwa f dieser inverse Zweig. Es gilt dann $f^n(U) \supset f^{n-1}(U)$. Die Vereinigung W dieser Mengen ist dann ein Intervall und unter T_c invariant. Ist dieser Zweig derjenige, der nach $[0, 1/2]$ abbildet (das geschieht genau dann, wenn $c \leq 2$), so ist er orientierungstreu, und die Intervallgrenzen von W sind Fixpunkte oder Endpunkte des Bildbereiches des inversen Zweiges. Es muss also $W = [0, T_c(1/2)]$ gelten.

Ist der inverse Zweig dagegen jener, der auf $[1/2, 1]$ abbildet (also für $2 < c \leq 3$), so kehrt die Abbildung die Orientierung um, und die Intervallgrenzen können periodische Punkte der Periode 2 sein. Es gilt dann für ein $1/2 < a < p$, dass $T_c^2(a) = a$; ein Widerspruch wegen

$$T_c^2(a) = c^2 a(1-a)(1 - ca(1-a)) < a,$$

und man erhält $W = [0, T_c(1/2)]$ wie zuvor.

Für $c = 3$ erhält man die nächste Bifurkation. Der anziehende Fixpunkt p im Inneren des Einheitsintervalles wird abstoßend. Es entstehen aber keine neuen anziehenden Fixpunkte, sondern anziehende periodische Punkte. Man verdeutlicht das am besten anhand des Graphen der Abbildung T_c^2. (Abb.

1.13 stellt T_3^2 dar. Wird der Wert 3 vergrößert, entstehen in der Nähe von 0.667...[7] zwei neue Schnittpunkte des Graphen mit der Diagonale, die durch T_c ineinander überführt werden.) Erhöht man den Wert von c, so enste-

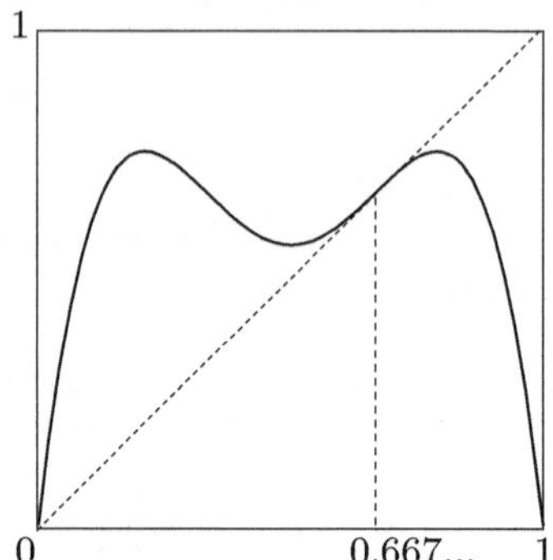

Abb. 1.13. Graph der Abbildung T_3^2

hen nacheinander periodische Punkte, die Perioden der Länge $2, 4, 8, ..., 2^n, ...$ besitzen. Beim Wert $c = 3.67...$ entstehen periodische Punkte der Länge $3 \cdot 2, 3 \cdot 4, ... 3 \cdot 2^n, ...$ und so weiter, bis schließlich auch die periodischen Punkte ungerader Perioden auftreten. Die Abbildung 1.14 veranschaulicht die Situation. Für $c = 4$ ist dieses letzte Stadium erreicht, wie der nächste Satz zeigt.

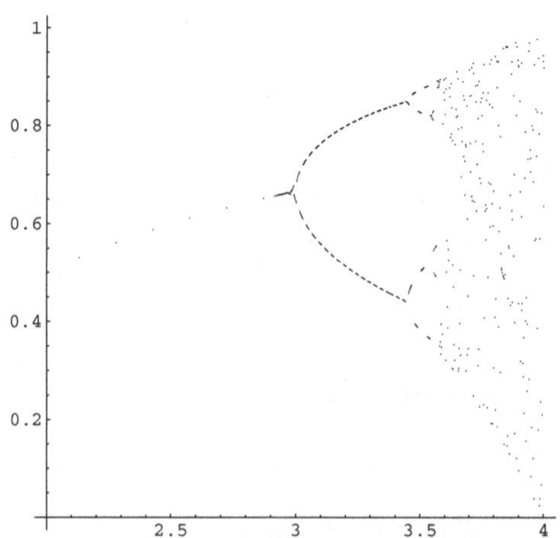

Abb. 1.14. Feigenbaum-Diagramm

---

[7] Es wird stets die angelsächsische Schreibweise von Dezimalzahlen benutzt.

Satz 11. *Die Abbildung T_4 besitzt mindestens 2^n periodische Punkte der Periode n.*

Beweis. Sei $n \in \mathbb{N}$. Wählt man die Zerlegung in die zwei Mengen $A_0 = [0, 1/2]$ und $A_1 = [1/2, 1]$, so bildet T_4 jedes Intervall A_i eineindeutig auf $[0, 1]$ ab. Daher ist für jede Folge $i_0, ..., i_{n-1}$ von Nullen und Einsen das Intervall

$$A_{i_0, i_1, ..., i_{n-1}} = \bigcap_{l=0}^{n-1} T_4^{-l} A_{i_l}$$

nicht leer und wird unter T_4^n auf $[0, 1]$ eineindeutig abgebildet. Folglich gibt es mindestens einen Fixpunkt dieser Abbildung. Da die Anzahl der Wörter $i_0, i_1, ..., i_{n-1}$ gerade 2^n ist, hat man alles gezeigt.

Das soeben beschriebene Szenario ist recht allgemein. Sei $\{T_\lambda : \lambda \in J\}$ eine Familie glatter Funktionen, die ein Intervall I in sich abbilden. Angenommen, T_μ besitzt einen anziehenden Fixpunkt p. Dann besitzen alle Abbildungen T_λ einen anziehenden Fixpunkt p_λ, sofern λ nahe genug bei μ liegt (vgl. Satz 8). Sei μ_1 die obere Grenze der Zusammenhangskomponente von $\{\lambda > \mu : T_\lambda$ besitzt einen stabilen Fixpunkt$\}$, in der μ liegt. Dann wird der stabile Fixpunkt für $\lambda > \mu_1$ unstabil, und ein stabiler Punkt der Periode zwei erscheint neu. Für die quadratische Familie ist dies im Wesentlichen in den Propositionen 2 und 3 gemacht worden. Sei also μ_{k-1} derjenige Parameterwert, bei dem eine Periodenverdoppelung auftritt, und zwar zum ersten Mal eine stabile periodische Bahn der (nicht reduzierbaren) Periode k auftritt. Sei $\mu_\infty = \lim_{k\to\infty} \mu_k$. Feigenbaums Universalitätsaussage beinhaltet, dass

$$\lim_{n\to\infty} \frac{\mu_{n+1} - \mu_n}{\mu_n - \mu_{n-1}} = \Theta^{-1}$$

und

$$\mu_\infty - \mu_k \sim C\Theta^{-k} \qquad k \geq 1$$

gelten, wobei C eine nur von der Familie T_λ abhängige Konstante, und Θ eine universelle Konstante ist, die sog. Feigenbaum-Konstante. Numerische Approximation liefert $\Theta = 4.669...$.

Eine Erklärung dieses Phänomens kann durch *Renormalisierung* gegeben werden. Im Intervall (μ_{k-1}, μ_k) ist die Ableitung von $T_\lambda^{2^k}$ im stabilen periodischen Punkt p_λ der Periode 2^k monoton fallend von 1 nach -1 gemäß der Annahme. Es gibt also einen Wert $\lambda_k \in (\mu_{k-1}, \mu_k)$, an dem diese Ableitung verschwindet. Diese Abbildungen sind bis auf eine feste lineare Koordinatentransformation im Wesentlichen von gleicher Gestalt (Feigenbaums Hypothese), und ihre Renormalisierung Ψ muss die Funktionalgleichung

$$\Psi(x) = \frac{\Psi^2(-x/\Psi(1))}{\Psi(1)}$$

erfüllen.

Für die quadratische Familie $T_\lambda(x) = \lambda x(1-x)$ des Einheitsintervalls betrachtet man also denjenigen Parameterwert λ_n, für den der kritische Punkt c unter T_{λ_n} die Periode 2^n besitzt. Sei J dasjenige Intervall, das unter $T_{\lambda_n}^{2^n}$ invariant ist und c als kritischen Fixpunkt unter dieser Abbildung enthält (siehe Abbildung 1.15). Die auf dieses Intervall eingeschränkte Abbildung

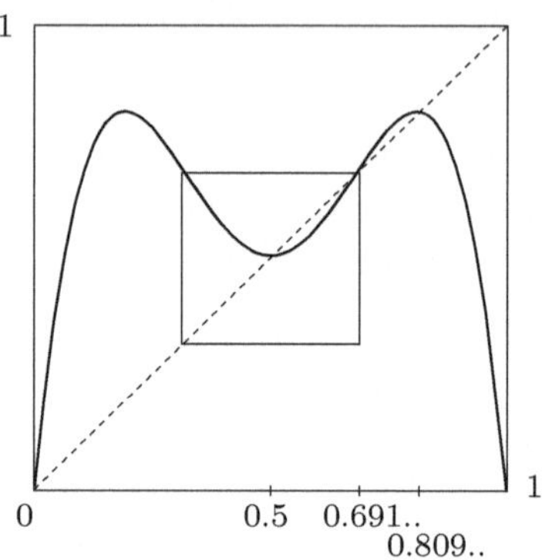

Abb. 1.15. Renormalisierung bei $\lambda_1 = 1 + \sqrt{5}$

$T_{\lambda_n}^{2^n}$ ist zur Abbildung T_{λ_n} konjugiert, aber im Allgemeinen nicht vermöge einer affinen Abbildung. Die eindeutig bestimmte affine Abbildung f, die das Intervall J ordnungstreu nach $I = [0,1]$ abbildet, konjugiert $T_{\lambda_n}^{2^n}$ zu

$$\mathcal{R}(T_{\lambda_n}) := f \circ T_{\lambda_n}^{2^n} \circ f^{-1}.$$

$\mathcal{R}$ nennt man den *Renormalisierungsoperator*. Die Ableitung dieses Operators besitzt den Eigenwert Θ und sämtliche anderen Eigenwerte liegen innerhalb des Einheitskreises. Der Übergang zu nicht-deterministischem Verhalten geschieht am Fixpunkt dieses Operators, also einer Abbildung $g : I \to I$ mit der Eigenschaft, dass es $a, b \in \mathbb{R}$ mit $g(x) = a^{-1}(g^2(ax+b) - b)$ $(x \in I)$ gibt. Für die logistische Familie findet dieser Übergang bei $\mu_\infty \equiv 3.80231...$ statt. Es sei noch angemerkt, dass die Abbildungen T_{μ_n} die topologische Entropie Null besitzen, also als deterministisch interpretierbar sind.

Der bisher besprochene Typ einer Bifurkation ist eine *Periodenverdoppelung*. Aus der Reihe weiterer Typen von Bifurkationen sei noch kurz die *Hopf-Bifurkation* erwähnt, bei der ein Paar komplexer Eigenwerte der Ableitung den Einheitskreis überschreiten.

Beispiel 23. Das Differentialgleichungssystem

$$\dot{x} = -y + x(\mu - x^2 - y^2)$$
$$\dot{y} = x + y(\mu - x^2 - y^2)$$

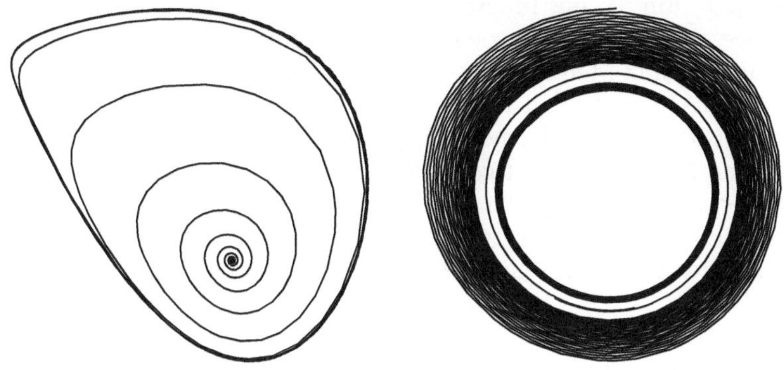

Abb. 1.16. Hopf-Bifurkation: Bifurkationspunkt rechts

besitzt globale Lösungen für jedes $\mu \in \mathbb{R}$, und 0 ist ein kritischer Punkt des Vektorfeldes Φ_μ mit Ableitung

$$D_0\Phi_\mu = \begin{pmatrix} \mu & -1 \\ 1 & \mu \end{pmatrix}.$$

Für $\mu = 0$ reduziert sich das System auf die Differentialgleichung in Beispiel 14 (1.6). Es gibt also für $\mu > 0$ eine geschlossene Bahn, die den Nullpunkt einschließen und gegen 0 konvergieren, wenn $\mu \downarrow 0$. Für $\mu \leq 0$ ist der Nullpunkt in einer festen Umgebung der 0 stets anziehend. Es liegt also eine Hopf-Bifurkation vor (s. Abbildung 1.16, bei der links $\mu < 0$ und rechts $\mu > 0$ dargestellt sind).

Ein wichtiges Beispiel für das Verhalten von Störungen dynamischer Systeme, wenn Eigenwerte auf der S^1 liegen, wird durch Familien rationaler Abbildungen beschrieben. Betrachtet man das mit λ parametrisierte quadratische Polynom

$$P_\lambda(z) = z^2 + \lambda,$$

definiert auf $S^2 = S^2(1)$, so bestimmen sich die Fixpunkte zu $p_\pm = \frac{1 \pm \sqrt{1-4\lambda}}{2}$ mit Ableitungen $2p$. Für $\lambda = 0$ ist $p_- = 0$ ein superanziehender Fixpunkt (d.h. $P'_\lambda(0) = 0$) und $p_+ = 1$ ein abstoßender Fixpunkt. Der Fixpunkt p_- bleibt für relles $\lambda < 1/2$ anziehend und p_+ abstoßend. Setzt man $\lambda = 1/4$, besitzt $p_+ = p_- = 1/2$ die Ableitung 1. Die beiden Fixpunkte fallen zusammen. Wenn λ nur die reelle Achse durchläuft, hat man zwei reelle Fixpunkte nur für $\lambda < 1/4$. Die Mandelbrot-Menge $\mathcal{M}$ ist die Menge aller Parameter λ, so dass $P_\lambda^n(0)$ beschränkt bleibt. Ist $\lambda \in \mathcal{M}$, so ist p_- stets ein anziehender Fixpunkt, bzw. ein Punkt im Rand eines Anziehungsbereiches. Außerhalb der Mandelbrot-Menge sind die Fixpunkte abstoßend. Es liegt bei $\lambda = 1/4$ also eine Bifurkation vor.

Anmerkung 1. Für λ im Inneren der Hauptkomponente von $\mathcal{M}$ ist die Julia-Menge ein konformer Repeller und eine Jordan-Kurve. Die Hausdorff-Dimension der Julia-Menge hängt reell analytisch von λ ab. Für $\lambda = 1/4$ ist die Julia-Menge eine Jordan-Kurve mit einer stetig fortgesetzten Hausdorff-Dimension, aber kein konformer Repeller. Die Hausdorff-Dimension ist als Funktion von $\lambda \in \mathbb{C}$ nicht stetig im Parameterwert $1/4$. Die Julia-Menge für Werte außerhalb der Mandelbrot-Menge ist unzusammenhängend, für Werte auf dem Rand erhält man topologisch unterschiedliche Typen von Julia-Mengen (dargestellt in Abschnitt 2.4).

1.6 Diophantische Approximation

Die Frage der besten rationalen Approximation von $\alpha \in [0,1)$ löst die Kettenbruchdarstellung, die bereits in Beispiel 3 angesprochen wurde. Es sei $T : [0,1) \to [0,1)$ durch $T(x) = \left\{\frac{1}{x}\right\}$, $(x \neq 0)$, dem gebrochenen Anteil von x^{-1}, und $T(0) = 0$ definiert (man kann den Punkt 1 hinzunehmen). Diese Abbildung heißt *Gauß-Abbildung* (vgl. Beispiel 3).

Satz 12.   *1. α ist genau dann rational, wenn $T^n(\alpha)$ schließlich verschwindet.*

2. Seien α irrational und $\kappa_n = \left[\frac{1}{T^{n-1}(\alpha)}\right]$ der ganzzahlige Anteil von $\frac{1}{T^{n-1}(\alpha)}$. Schreibt man die endlichen Kettenbruchentwicklungen in der Form

$$\kappa_0 + \cfrac{1}{\kappa_1 + \cfrac{1}{\kappa_2 + ... + \cfrac{1}{\kappa_n}}} = \frac{p_n}{q_n}$$

mit teilerfremden p_n und $q_n > 0$, so gilt

$$\left|\alpha - \frac{p_n}{q_n}\right| = \min\left\{\left|\alpha - \frac{p}{q}\right| : |q| \leq q_n\right\} \qquad (1.11)$$

und

$$\alpha = \lim_{n \to \infty} \frac{p_n}{q_n}.$$

Beweis. 1. Wegen $T(\alpha) = \frac{1}{\alpha} - \left[\frac{1}{\alpha}\right] = \frac{1}{\alpha} - \kappa_1$ ist mit rationalem α auch $T(\alpha)$ rational und umgekehrt. Daraus folgt die Behauptung unmittelbar.
2. Es seien rekursiv $p_0 = 0$, $q_0 = p_1 = 1$, $q_1 = \kappa_1$ und

$$p_{n+1} = p_{n-1} + p_n \kappa_{n+1}$$

$$q_{n+1} = q_{n-1} + q_n \kappa_{n+1}$$

definiert. Man bemerkt, dass

$$\alpha = \frac{p_{n+1} + T^{n+1}(\alpha)p_n}{q_{n+1} + T^{n+1}(\alpha)q_n} \qquad n \geq 0 \tag{1.12}$$

gilt. In der Tat ist für $n = 0$ $\ \frac{1}{\alpha} = \kappa_1 + T(\alpha)$, und durch Induktion erhält man

$$\frac{p_{n+1} + T^{n+1}(\alpha)p_n}{q_{n+1} + T^{n+1}(\alpha)q_n} = \frac{p_{n-1} + (\kappa_{n+1} + T^{n+1}(\alpha))p_n}{q_{n-1} + (\kappa_{n+1} + T^{n+1}(\alpha))q_n}$$

$$= \frac{p_{n-1} + \frac{1}{T^n(\alpha)}p_n}{q_{n-1} + \frac{1}{T^n(\alpha)}q_n} = \frac{p_n + T^n(\alpha)p_{n-1}}{q_n + T^n(\alpha)q_{n-1}}.$$

Es folgt ebenso durch Induktion, dass

$$\left| \alpha - \frac{p_n}{q_n} \right| = \frac{|q_n p_{n+1} - p_n q_{n+1}|}{q_n(q_{n+1} + T^{n+1}(\alpha)q_n)}$$

$$= \frac{|q_{n-1}p_n - p_{n-1}q_n|}{q_n(q_{n+1} + T^{n+1}(\alpha)q_n)} = \frac{1}{q_n(q_{n+1} + T^{n+1}(\alpha)q_n)} \leq \frac{1}{q_n q_{n+1}}.$$

Da q_n exponentiell schnell gegen ∞ strebt, konvergieren die partiellen Kettenbruchentwicklungen gegen $\alpha \notin \mathbb{Q}$.

Setzt man nun für α die partielle Kettenbruchentwicklung

$$\alpha = \frac{1}{\kappa_1 + \ldots + \frac{1}{\kappa_{n+1}}},$$

so gilt $T^n(\alpha) = \kappa_{n+1}^{-1}$, und man sieht aus der folgenden Überlegung, dass die Quotienten p_n/q_n gerade diese partielle Kettenbruchentwicklung darstellen: Aus (1.12) folgert man

$$\alpha = \frac{p_n + \kappa_{n+1}^{-1}p_{n-1}}{q_n + \kappa_{n+1}^{-1}q_{n-1}} = \frac{p_{n+1}}{q_{n+1}}.$$

Aus der Konstruktion folgt sofort, dass die Approximation mittels der partiellen Kettenbruchentwicklung die beste rationale Approximation im Sinne von (1.11) ist.

Korollar 2. *Für irrationales α und für jede partielle Kettenbruchentwicklung $\frac{p_n}{q_n}$ mit teilerfremden p_n und q_n gilt*

$$\left| \alpha - \frac{p_n}{q_n} \right| \leq \frac{1}{q_n^2}.$$

Definition 10. *Eine Zahl α heißt Diophantisch, falls ein $a \geq 0$ und $K > 0$ existieren, so dass*

$$\inf_{p,q \in \mathbb{Z}; q \neq 0} q^{2+a} \left| \alpha - \frac{p}{q} \right| \geq K.$$

α heißt Liouville, falls sie nicht Diophantisch ist.

Definition 11. *Sei $(\Omega, \mathcal{B}, m, T)$ ein maßtheoretisches dynamisches System. Eine Familie α von endlich oder abzählbar vielen Mengen positiven Maßes heißt eine Markoff-Zerlegung, falls die folgenden Eigenschaften gelten:*

1. $\sum_{A \in \alpha} m(A) = 1$.
2. $m(A \cap A') = 0$ für alle $A \neq A' \in \alpha$.
3. Sind $A, A' \in \alpha$ und gilt $m(T(A) \cap A') > 0$, so folgt $A' \subset T(A)$ f.s.

Satz 13. *Die Zerlegung $\alpha = \{(\frac{1}{k+1}, \frac{1}{k}] : k \geq 1\}$ ist Markoffsch für die Gauß-Transformation T. T^2 ist auf jedem Intervall der Zerlegung $\alpha \vee T^{-1}\alpha$ expandierend. Das Gauß-Maß $\frac{1}{\log 2} \frac{dx}{1+x}$ ist eine T-invariante Wahrscheinlichkeitsverteilung auf $\Omega = [0, 1)$.*

Beweis. Für $x \in (\frac{1}{k+1}, \frac{1}{k}]$ gilt $k \leq \frac{1}{x} < k + 1$, und daher ist T auf diesem Intervall injektiv mit Bild $[0, 1)$. Ein beliebiger Punkt $x \in (\frac{1}{k+1}, \frac{1}{k}]$ besitzt die Ableitung $T'(x) = \frac{d}{dx}(x^{-1} - k) = -x^{-2} \leq -k^2$. Es gilt also $|T'(x)| \geq 1$ und $|T'(x)| \geq 16/9$ ($x \leq 3/4$). Da für $x \geq 3/4$ der Punkt $T(x) \leq 1/3$ ist, muss T^2 expandierend im Sinne der Definition in Beispiel 3 sein.
Die Invarianz des Gauß-Maßes im Sinne von Definition 1 ist nicht allzu schwer zu beweisen.

Die Gauß-Abbildung ist eine typische Vertreterin aus der Familie der stückweise expandierenden Markoff-Abbildungen des Einheitsintervalles. Seien $\mathcal{L}$ das Lebesgue-Maß auf $[0, 1]$ und $T : [0, 1) \to [0, 1)$ eine Abbildung mit folgenden Eigenschaften:

1. Es gibt eine Zerlegung $\alpha = \{A_1, A_2, ...\}$ des Einheitsintervalles in halboffene Intervalle A_i, so dass $T_{|A_i}$ eine Bijektion auf $[0, 1)$ ist ($\mathcal{L}$ f.s.).
2. T ist auf jedem Intervall $A \in \alpha$ zweimal stetig differenzierbar.
3. Es gilt $\Lambda := \inf_{A \in \alpha} \inf_{x \in A} \left| \frac{d}{dx} T^N(x) \right| > 1$ für ein $N \in \mathbb{N}$.
4.

$$M := \sup_{A \in \alpha} \sup_{x, y, z \in A} \left| \frac{T''(x)}{T'(y)T'(z)} \right| < \infty.$$

Bedingung 1. ist die Markoff-Eigenschaft der Zerlegung α und Eigenschaft 4. nennt man die *Adler-Bedingung*.

Definition 12. *Sei $(\Omega, \mathcal{B}, T, m)$ ein maßtheoretisches dynamisches System. Es heißt exakt, wenn die terminale σ-Algebra $\bigcap_{n \geq 0} T^{-n}\mathcal{B}$ trivial ist, d.h. nur aus Mengen vom vollen oder verschwindenden Maß besteht.*

Satz 14. *Eine Intervallabbildung T mit den Eigenschaften 1.-4. besitzt ein eindeutig bestimmtes invariantes Wahrscheinlichkeitsmaß m, das äquivalent zum Lesbesgue-Maß ist. Das dynamische System $([0, 1), \mathcal{B}, T, m)$ ist exakt und α ist ein Erzeuger der σ-Algebra $\mathcal{B}$.*

Beweis. Sei $\alpha_0^n = \alpha \vee T^{-1}\alpha \vee \dots \vee T^{-n+1}\alpha$ die gemeinsame Verfeinerung der Zerlegungen $\alpha, \dots, T^{n-1}\alpha$. Die Elemente von α_0^n sind ebenfalls Intervalle und die längsten Intervalle $A(l)$ in α_0^l ($l \geq 1$) erfüllen $\inf_{x \in A(n+N)} \| \frac{d}{dx} T^N(x) \|$ $\mathfrak{L}(A(n+N)) \leq \mathfrak{L}(A_n)$. Es folgt

$$\mathfrak{L}(A(n)) \leq \Lambda^{-[n/N]} \mathfrak{L}(A(1)) \qquad n \geq 1.$$

Die Längen der Intervalle in α_0^n streben also exponentiell schnell gegen 0. Daher ist α ein Erzeuger.
Sei

$$D_n := \sup_{A \in \alpha_0^n} \sup_{x,y \in A} \left| \frac{(T^n)'(x)}{(T^n)'(y)} \right|.$$

Lemma 1. *Für Mengen positiven Maßes* C, *für* $A \in \alpha_0^p$ *und* $n \geq p$ *gilt*

$$D_n^{-1} \leq \frac{\mathfrak{L}(T^{-n}C \cap A)}{\mathfrak{L}(C)\mathfrak{L}(A)} \leq D_n.$$

Beweis. Wegen

$$\min_{B \in \alpha_0^n} \mathfrak{L}(T^{-n}(C)|B) \leq \sum_{A \supset D \in \alpha_0^n} \mathfrak{L}(T^{-n}(C)|D) \frac{\mathfrak{L}(D)}{\mathfrak{L}(A)}$$

$$= \mathfrak{L}(T^{-n}(C)|A) \leq \max_{B \in \alpha_0^n} \mathfrak{L}(T^{-n}(C)|B)$$

erhält man aus dem Mittelwertsatz

$$D_n^{-1} \leq \frac{\mathfrak{L}(T^{-n}(C) \cap A)}{\mathfrak{L}(C)\mathfrak{L}(A)} \leq D_n \tag{1.13}$$

für jedes $A \in \alpha_0^n$, also auch jedes $A \in \alpha_0^p$.

In ähnlicher Weise folgt aus dem Mittelwertsatz, dass für $x, y \in B$ ein $\xi \in B$ mit

$$\left| \frac{T'(x)}{T'(y)} \right| \leq 1 + \left| \frac{T''(\xi)}{T'(y)} \right| \mathfrak{L}(B)$$

existiert. Iteration zeigt daher

$$D_{n+1} \leq D_n(1 + M\mathfrak{L}(A(n))) \leq \mathfrak{L}(A(1)) \prod_{l=1}^{\infty}(1 + M\mathfrak{L}(A(l))) \leq M_1 < \infty,$$

$$\tag{1.14}$$

da die Summe der $\mathfrak{L}(A(l))$ konvergiert.
Nach diesen Vorbereitungen kann der Beweis des Satzes geführt werden. Exaktheit des Lebesgue-Maßes folgt aus (1.13), denn für ein terminales Ereignis $C \in \bigcap_{n \geq 0} T^{-n}\mathcal{B}$ gilt

$$\frac{\mathfrak{L}(C \cap A)}{\mathfrak{L}(C)\mathfrak{L}(A)} \geq M_1^{-1}.$$

Da α ein Erzeuger ist, kann das Komplement C^c durch endliche Vereinigungen von Intervallen $A \in \alpha_0^p$ approximiert werden. Ist also p hinreichend groß, folgt

$$0 = M_1 \mathfrak{L}(C \cap C^c) \geq \mathfrak{L}(C)\mathfrak{L}(C^c) - o(1).$$

Daher muss schon $\mathfrak{L}(C) = 1$ oder $\mathfrak{L}(C) = 0$ gelten.

Summiert man in (1.13) über $A \in \alpha_0^p$ und benutzt (1.14), so folgt zunächst

$$M_1^{-1} \leq \frac{\mathfrak{L}(T^{-n}(C))}{\mathfrak{L}(C)} \leq M_1. \tag{1.15}$$

Man definiert nun das Maß m als schwachen Häufungspunkt der Folge von Wahrscheinlichkeitsmaßen $\frac{1}{n}\sum_{k=0}^{n-1} \mathfrak{L} \circ T^{-k}$ auf $[0,1]$ ([5], S.59, Satz von Prohorov). Aus (1.15) folgt sofort, dass $M_1^{-1} \leq m(C)/\mathfrak{L}(C) \leq M_1$, also die Äquivalenz der Maße m und $\mathfrak{L}$. Aus der Definition folgt auch sofort, dass m ein invariantes Wahrscheinlichkeitsmaß ist. Mit dem Martingalkonvergenzsatz ([8], S. 92) folgt nun

$$\mathfrak{L}(T^{-n}(C)) = \int_{T^{-n}(C)} \frac{d\mathfrak{L}}{dm}\, dm = \int_{T^{-n}(C)} E\left(\frac{d\mathfrak{L}}{dm}\,\Big|\, T^{-n}\mathcal{B}\right) dm \to m(C),$$

d.h. m ist eindeutig. Wegen der Äquivalenz zum Lebesgue-Maß ist m auch exakt.

Es gibt einen wichtigen Zusammenhang der Gauß-Abbildung zur hyperbolischen Geometrie (s. [4], Kapitel 3) und zum geodätischen Fluss, der nun dargestellt werden soll. Die obere Halbebene $\mathbb{H} := \{z \in \mathbb{C} : \Im z > 0\}$ der komplexen Ebene besitzt die hyperbolische Metrik $ds^2 = \frac{d|z|^2}{(\Im z)^2}$. Sie wird die *Poincarésche Halbebene* genannt (auch gebräuchlich ist die Bezeichnung Lobaschewski-Ebene). Man kann die Riemannsche Metrik direkt durch

$$\langle u, v \rangle_z = \frac{\Re u\overline{v}}{(\Im z)^2} \qquad u, v \in T_z\mathbb{H} \equiv \mathbb{C}$$

angeben. Eine Matrix $A \in \mathrm{GL}(2,\mathbb{R})$ mit positiver Determinante definiert eine *Möbius-Transformation* $g = g_A$ durch

$$g(z) = \frac{az + b}{cz + d} \qquad z \in \mathbb{H},\ A = \begin{pmatrix} a & b \\ c & d \end{pmatrix}.$$

Man rechnet sofort nach, dass g wohldefiniert und eine Isometrie ist. Der Kern der Abbildung $A \mapsto g_A$ ist $\mathbb{R}$, und deshalb ist die Gruppe der Möbius-Transformationen gerade

$$\mathrm{PSL}(2,\mathbb{R}) = \mathrm{SL}(2,\mathbb{R})/\{\pm I\},$$

die Gruppe der Matrizen mit Determinante 1. Geodätische γ auf $\mathbb{H}$ werden durch Halbkreise mit Zentrum in $\mathbb{R}$ und zu $\mathbb{R}$ vertikale Halbgeraden beschrieben. Sie sind zweideutig durch einen ihrer Punkte $z \in \gamma$ und jeweils einen der beiden Tangentenvektoren v und $-v$, tangential an γ in z, bestimmt. Der geodätische Fluss auf dem Einheitstangentialbündel $S\mathbb{H} = \{(z, u) \in T_z\mathbb{H} : \|u\| = 1\}$ bildet unter der Zeit t-Abbildung ϕ_t einen Tangentenvektor v in $z \in \mathbb{H}$ auf einen Tangentenvektor w gleicher Orientierung im Punkt y ab, wobei y auf der durch z und v bestimmten Geodätischen im geodätischen Abstand t von z in Richtung von v liegt, und w tangential an diese Geodätische ist. Die Gruppe der Möbius-Transformationen operiert auf $S\mathbb{H}$ durch

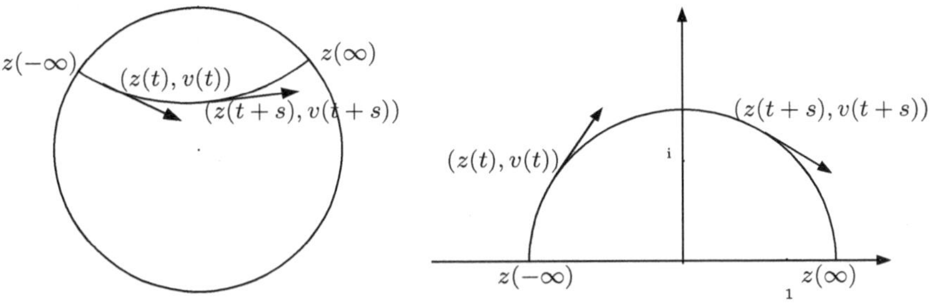

Abb. 1.17. Geodätischer Fluss

$$(g, (z, v)) \mapsto (g(z), v + \arg(g'(z))) \qquad z \in \mathbb{H}, v \in S_z\mathbb{H},$$

wobei $y = |y|e^{2\pi i \arg(y)}$ gesetzt wird. Man rechnet leicht nach, dass hierdurch eine Gruppenoperation im Sinne von Definition 1 definiert ist.

Proposition 4. *Der geodätische Fluss kommutiert mit der Operation der Möbius-Transformationen auf $S\mathbb{H}$.*

Beweis. Sei ϕ_t der geodätische Fluss, $\phi_t(z, v) = (z(t), v(t))$. Eine Möbius-Transformation g bildet geodätische Linien wieder in solche ab. Also gehört $g(\phi_t(z, v))$ zur Geodätischen, die durch $g((z, v))$ definiert ist. Sei $\tau \in \mathbb{R}$ so bestimmt, dass

$$g(\phi_t(z, v)) = \phi_\tau(g((z, v))).$$

Da g ebenfalls eine Isometrie in der hyperbolischen Metrik ist, besitzt $g(\phi_t(z, v))$ den hyperbolischen Abstand t von $g((z, v))$. Es folgt, dass $|\tau| = |t|$. t und τ können aber auch nicht verschiedene Vorzeichen besitzen, da sonst $g(\phi_t(z, v))$ und $\phi_\tau(g((z, v)))$ für $t \to \infty$ gegen verschiedene Endpunkte der Geodätischen durch $g(z, v)$ streben.

Eine *Fuchssche Gruppe Γ* ist eine diskrete Untergruppe der Gruppe $\mathrm{PSL}(2, \mathbb{R})$ der Möbius-Transformationen. Sie definiert eine Fläche durch

$$\Gamma \backslash \mathbb{H} = \{\Gamma x : x \in \mathbb{H}\}.$$

Der geodätische Fluss ϕ^Γ auf $\Gamma\backslash\mathbb{H}$ wird dann kanonisch durch

$$\phi_t^\Gamma(\Gamma x, v) = (\Gamma x(t), v(t))$$

definiert, denn für $g \in \Gamma$ gilt $(\Gamma(gx(t)), v(t)) = (g\Gamma x(t), v(t))$.

Beispiel 24. Die Gruppe $\Gamma(1) = \mathrm{PSL}(2,\mathbb{Z})$ nennt man die volle modulare Gruppe, eine Untergruppe $\Gamma \subset \Gamma(1)$ heißt eine *modulare Gruppe*, wenn sie endlichen Index besitzt. $\Gamma(1)$ wird durch die beiden Möbius-Transformationen $g_1(z) = z + 1$ und $g_2(z) = -\frac{1}{z}$ erzeugt. Man rechnet leicht nach, dass $g_2^2 = (g_1 g_2)^3 = \mathrm{I}$. $\Gamma(1)\backslash\mathbb{H}$ heißt die modulare Fläche. Ihr Fundamentalbereich F ist in der Abbildung 1.18 dargestellt. Betrachtet man einen

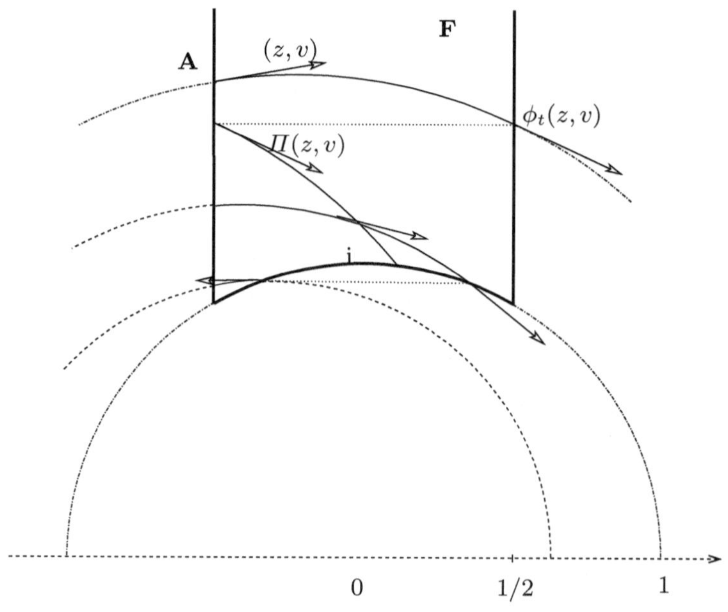

Abb. 1.18. Modulare Gruppe

Punkt (z, v) einer Geodätischen, so dass z auf dem Bogen A liegt und v in das Innere von F weist, so wird er unter der Poincaré-Abbildung (s. Satz 57)

$$\Pi : A \to A, \quad \Pi((z, v)) = \phi_t^{\Gamma(1)}(z, v)$$

mit $t = \inf\{s > 0 : \phi_s(z, v) \in A\}$ in einen Punkt in dem Sphärenbündel SA abgebildet, der durch Anwendung der Transformationen g_1, g_1^{-1} oder g_2 nach Durchlaufen des Fundamentalbereiches F entsteht. Dabei werden die ersten Transformationen mehrmals durchlaufen, während die letztere höchstens einmal benutzt wird. Das bedeutet aber, dass der rechte Fußpunkt $\kappa(z, v)$ auf $[0, 1]$ von (z, v) gerade der Punkt $\kappa(\Pi(z, v)) = \left\{\frac{1}{\kappa(z, v)}\right\}$ wird. Man kann also die Gauß-Abbildung über die modulare Gruppe studieren.

2 Null- und eindimensionale dynamische Systeme

Dynamische Systeme (Ω, T) niedriger Dimension besitzen einen Zustandsraum Ω, der entweder total unzusammenhängend (z.B. Cantor-Menge), ein- oder zweidimensional ist. Das Besondere an diesen Dynamiken ist einerseits die spezielle topologische Struktur des Raumes, wie etwa eine totale Ordnungsstruktur oder eine komplexe Struktur. Das führt zu besonders eleganten und vollständigen Resultaten. Andererseits sollte man sie als Modell ansehen, das zum Verständnis höher-dimensionaler Dynamiken beiträgt.

Jeder der vier Typen von Dynamiken in diesem Kapitel besitzt seine eigene charakteristische Vorgehensweise zur Beschreibung seines Verhaltens. Während es für die Abbildungen des Einheitsintervalls die totale Ordnungsstruktur ist, benutzten Homöomorphismen der S^1 die Methode der Rotationszahl, topologische Markoff-Ketten Matrixalgebra und rationale Abbildungen die konforme Struktur der Riemannschen Sphäre S^2. Dieses Kapitel beschränkt sich auf einige wesentliche Aspekte der Theorie, die Literaturliste enthält spezielle Bücher zu jedem Themenbereich.

Obwohl Resultate über Abbildungen des Einheitsintervalls seit jeher in der Literatur zu finden sind (s. Kapitel 1), kann man von einer Theorie erst in neuerer Zeit sprechen. Nach vereinzelten Arbeiten u.a. von Ulam, Renyi und anderen veröffentlichte Alexander N. Scharkowski im Jahre 1964 sein nach ihm benanntes Theorem. Etwa 1978 wurde es allgemein bekannt, nachdem zuvor eine schwächere Form und die Entdeckung eines recht allgemeinen Satzes über die Existenz invarianter Dichten (im Sinne von Renyi) das Interesse an einer allgemeinen Theorie geweckt hatte, und wesentlich zur Entwicklung der sogenannten Chaostheorie beitrug, unter der man allgemein sensitive Abhängigkeit von Anfangszuständen verstehen kann. Besonderes Interesse in der Literatur findet die logistische Familie, oder allgemeiner eingipflige Abbildungen. Hierfür ist die Milnor-Thurston Theorie fundamental, die auf der Beobachtung basiert, dass die Knetsequenz diese dynamischen Systeme beschreibt. Sie entstand um 1980. Die Entdeckung von Hufeisen-Strukturen in dynamischen Systemen durch Smale (s. Abschnitt 3.2) hat auch zur Entdeckung solcher Dynamiken unter Intervallabbildungen durch Misiurewicz geführt. Gleichermaßen können viele, in späteren Kapiteln beschriebene Theorien auch für Intervallabbildungen formuliert werden. Strukturstabilität (s. Abschnitt 4.4) und die Doeblin-Fortet Theorie (s. Abschnitt 5.2) seien beispielsweise genannt.

Die dyadische Entwicklung reeller Zahlen kann man als Kodierung durch Folgen von zwei Symbolen ansehen, die direkte Anwendungen als formale Sprache ermöglicht. Spezielle Folgen von Nullen und Einsen wurden bereits von Friedrich Sturm (1841–1919) oder Otto Toeplitz (1881–1940) untersucht. Auch die Entwicklung des ersten Computers durch Konrad Zuse (1910–1995) mag von solchen Ideen beeinflusst sein, jedenfalls ist es die Arbeit von Lempel und Ziv 1978, die zu den heute benutzten Kompressionsalgorithmen für Datensätze geführt hat. Der Begriff der topologischen Markoff-Kette (benannt nach Andrei A. Markoff (1856–1922)) ist der Wahrscheinlichkeitstheorie entnommen, und bezeichnet eine topologische Struktur von Symbolfolgen, die durch eine Ausschlußregel für Paare von Symbolen erklärt ist. Sie tauchen in der differenzierbaren Dynamik erstmals in Zusammenhang mit der Konstruktion von Markoff-Zerlegungen auf, die von Adler und Weiss im Jahre 1967 zunächst für Torusautomorphismen konstruiert wurden, sodann von Sinai und Bowen für hyperbolische Systeme (s. Kapitel 4). In der Ergodentheorie und topologischen Dynamik werden Teilschifts seit langem untersucht (s. Abschnitte 3.4 und 5.5).

Die Charakterisierung der Homöomorphismen der Kreislinie ist zunächst einmal mit Henri Poincaré verbunden. Er gilt als der Begründer der modernen Theorie dynamischer Systeme, insbesondere sind seine Gedanken zu sensitiver Abhängigkeit, Unvorhersagbarkeit und Zufall stets aktuell. Im Zusammenhang mit Homöomorphismen der Kreislinie erfand er den Begriff der Rotationszahl und bewies die Klassifizierung aller topologisch transitiver, orientierungstreuer Homöomorphismen. Im Jahr 1932 veröffentlichte Arnaud Denjoy seine Arbeit, die den nach ihm benannten Satz enthält. Der Begriff der beschränkten Verzerrung wurde in seiner Arbeit erstmals geprägt. Es muss in diesem Zusammenhang erwähnt werden, dass Wladimir I. Arnold die Konjugation zu einer analytischen Konjugation im Jahr 1961 verschärfte. Hierzu sind Diophantische Bedingungen notwendig, die zu neuen Problemen und zur Arnold Vermutung führten.

Um 1920 legten Pierre Fatou und Gaston Julia die Grundlagen zur Iterationstheorie rationaler Funktionen. Über Jahrzehnte wurden kaum Fortschritte in der Entwicklung der Theorie gemacht. Ein Meilenstein ist die Bestimmung der nach ihm benannten Komponenten der Fatou-Menge durch Carl Ludwig Siegel im Jahre 1942 (man vergleiche auch das Poincaré-Siegel Theorem in Abschnitt 1.4, das dort allerdings nur im Poincaré-Fall ($|\lambda| \neq 1$) bewiesen wird). Die Arbeiten von Dennis Sullivan um 1985 lösten das alte Problem positiv, dass die Komponenten der Fatou-Menge schließlich periodisch sind. Das eröffnete seitdem eine Neuorientierung der Theorie. Einige Jahre früher gelang es Hubbard zum ersten Mal graphische Darstellungen von Julia-Mengen auf dem Computer zu berechnen (die ersten visuellen Darstellungen stammen offenbar von Cremer in den 20er Jahren). Die Mandelbrot-Menge erschien etwas früher, ist aber keine Julia-Menge. Eine interessante Anwendung der Iterationstheorie rationaler Funktionen findet man in Abschnitt 3.3. Auch dient sie als Motivation zur Theorie der Markoff-Systeme in Abschnitt 5.6.

2.1 Intervallabbildungen

Selbstabbildungen eines nicht notwendigerweise beschränkten, abgeschlossenen Intervalles $I \subset \mathbb{R}$ stellen ein klassisches Thema der Dynamik dar. Booles Transformation $x \mapsto x - \frac{1}{x}$ ($x \in \mathbb{R} \setminus \{0\}$) oder die Gauß-Abbildung (s. Abschnitt 1.6) $x \mapsto \{\frac{1}{x}\}$ ($0 < x \leq 1$) sind Funktionen, deren Iterationsverhalten schon im 19. Jahrhundert untersucht wurde. Die Gauß-Abbildung wurde bereits im Abschnitt 1.6 behandelt, die erstgenannte Transformation ist besonders deswegen interessant, weil sie ein unendliches invariantes Maß besitzt (s. Abschnitt 5.6). Die Abbildungen sind zwar in 0 nicht definiert, jedoch spielt dies keine wesentliche Rolle.

Die quadratische Familie (logistische Familie, s. Abschnitt 1.5) $\{T_a : 0 \leq a \leq 4\}$ wird durch Abbildungen

$$T_a(x) = ax(1 - x) \quad 0 \leq x \leq 1$$

definiert. Jede einzelne Abbildung ist eine Parabel mit Fixpunkt 0. 1 ist das zweite Urbild der 0 und $1/2$ der kritische Punkt. Jede quadratische Abbildung ist stetig und stückweise monoton. Eine Variante dieser Familie wird durch die folgenden Familien $\{T_a\}$ (die mehrfache Benutzung der Symbolik T_a und des Begriffes Zeltabbildung sollte nicht zu Verwirrung führen) von *Zeltabbildungen* definiert. Hier kann man

$$T_a(x) = 1 - a \left| x - 1 + \frac{1}{a} \right| \quad 0 \leq x \leq 1, \quad 1 \leq a \leq 2,$$

oder

$$T_a(x) = \frac{a}{2}\left(1 - |1 - 2x|\right) \quad 0 \leq x \leq 1, \quad 0 \leq a \leq 2$$

setzen. Auch diese Abbildungen sind stetig und stückweise monoton, allerdings im Inneren des Einheitsintervalles nicht mehr differenzierbar. Dies ist andererseits ein Vorteil, denn alle Punkte besitzen eine Ableitung vom Betrag > 1, ausgenommen der „kritische" Punkt. Die β-Transformationen wurden bereits erwähnt (s. Beispiel 3). Sie sind für $\beta \geq 1$ durch $T_\beta(x) = \beta x \bmod 1$ definiert ($0 \leq x \leq 1$).

Einen Fixpunkt einer Transformation T des Einheitsintervalles kann man aus der Gleichung $T(x) - x = 0$ berechnen, periodische Punkte der Periode n aus $T^n(x) - x = 0$. Graphisch erhält man sie als Schnittpunkte des Graphen von T^n mit der Diagonalen. Da eine stetige monotone Abbildung Intervalle orientierungstreu oder unter Umkehrung der Orientierung jeweils auf Intervalle abbildet, hat man durch die Dimension 1 des Raumes $\Omega = I$ eine starke

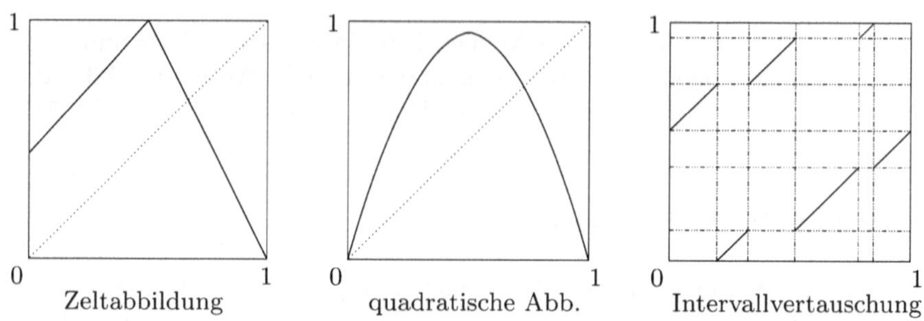

Abb. 2.1. Beispiele von Intervallabbildungen

Eigenschaft zur Verfügung, um die Struktur periodischer Punkte zu untersuchen. Besitzt z.B. eine periodische Bahn die Periode drei, $\{x_1 < x_2 < x_3\}$,
so kann x_1 entweder nach x_2 oder nach x_3 abgebildet werden. Im ersten Fall
erhält T die Orientierung der Bahn, im zweiten wird sie umgekehrt. Neben
dieser einfachen Beobachtung ergeben sich aber auch Konsequenzen für die
Existenz von weiteren periodischen Bahnen. Das ist der Inhalt des Satzes von
Scharkowski.

Definition 13. *Die Scharkowski-Ordnung der natürlichen Zahlen ist durch
folgende Reihung definiert:*

$$1 \prec 2 \prec 4 \prec 8 \prec \ldots \prec 2^m \prec 2^{m+1} \prec \ldots$$

$$\prec \ldots$$

$$\prec \ldots \prec (2k+1)2^n \prec (2k-1)2^n \prec \ldots \prec 5 \cdot 2^n \prec 3 \cdot 2^n$$

$$\prec \ldots$$

$$\prec \ldots \prec (2k+1)2 \prec (2k-1)2 \prec \ldots \prec 10 \prec 6$$

$$\prec \ldots \prec 2k+1 \prec 2k-1 \prec \ldots \prec 5 \prec 3.$$

Satz 15. [SCHARKOWSKI] *Ist $T : I \to I$ eine stetige Abbildung des Einheitsintervalles $I = [0,1]$ mit einer periodischer Bahn der Periode p, so besitzt T
auch periodische Punkte jeder kleineren Primperiode $q \prec p$.*

Beweis. Die Beweisidee ist relativ einfach.
Man benutzt die elementare Beobachtung, dass ein Intervall J einen periodischen Punkt x der Periode n enthält, falls $T^n(J) \supset J$. Dieser periodische
Punkt besitzt die Primperiode n (d.h. $T^n(x) = x$ und $T^j(x) \neq x$ für jedes
$0 < j < n$), wenn folgendes gilt: Es gibt eine Zerlegung von $J = L \cup (J \setminus L)$
und paarweise disjunkten Mengen $L = L_0$, $L_j \subset T^j(L)$ $(0 \leq j < p)$, so dass
$T^j(x) \in J$ $(1 \leq j \leq n-p)$ und $T^j(x) \in L_{j-n+p}$ $(n-p \leq j \leq n-1)$. Um einen
primperiodischen Punkt zu konstruieren, genügt es daher zu zeigen, dass es
Intervalle $L_0 = L \subset J$ und $L_j \subset T(L_{j-1})$ mit $T(J) \supset J$, mit paarweise
disjunkten Mengen L, $L_1, \ldots, L_{p-1}$ und mit $T(L_{p-1}) \supset J$ gibt. Dies wird in
der Abbildung 2.2 durch ein Inklusionsschema dargestellt. Mit ihm kann man

zunächst periodische Punkte jeder Periode $q + p$ ($q \in \mathbb{N}_0$) konstruieren: Man wählt ein Intervall $J_q \subset J$ mit $T^j(J_q) \subset J$ für $j = 0, ..., q-1$ und $T^q(J_q) = L$. Dann ist $T^{q+p}(J_q) \supset J_q$ erfüllt, und es gibt einen periodischen Punkt der Periode $p+q$. Dieser besitzt nach der voran gestellten Bemerkung keine kleinere Periode. Gilt nun noch zusätzlich, dass $L_{p-2k} \subset T(L_{p-1})$, so gibt es auch periodische Punkte mit jeder geraden Periode, insbesondere auch mit gerader Periode $< p$. Ist p ungerade, so können J und L konstruiert werden. Der

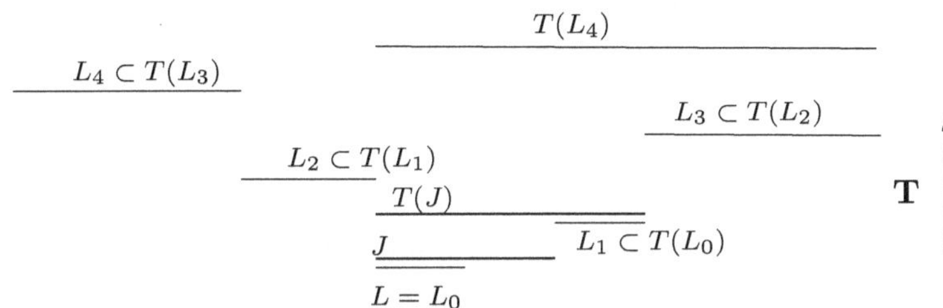

Abb. 2.2. Inklusionsdiagramm

allgemeine Fall wird hierauf zurückgeführt.
Nun zum Beweis im Detail. Sei x ein periodischer Punkt der ungeraden Primperiode p, und es gebe keinen periodischen Punkt kleinerer ungerader Periode (in der Scharkowski-Ordnung keinen periodischen Punkt mit größerer Periode). Seien $x_1 < x_2 < ... < x_p$ die Vorwärtsbahn $\mathcal{O}^+(x)$ von x und f die Einschränkung von T auf diese Bahn. f ist dann minimal in dem Sinne, dass die Bahn von x unter f, $\mathcal{O}_f(x)$, nicht in invariante Teilmengen zerlegbar ist. Seien nun $m = \max\{1 \le k \le p : f(x_k) > x_k\} < p$ und $J = [x_m, x_{m+1}]$. Dann überdeckt $T(J)$ das Intervall J nach Definition von m, und es gibt einen Fixpunkt von T. Da p ungerade ist, kann nicht $f(x_m) = x_{m+1}$ und $f(x_{m+1}) = x_m$ gleichzeitig gelten. Daher ist $f(x_m) > x_{m+1}$ oder $f(x_{m+1}) < x_m$. Beide Fälle werden in derselben Weise behandelt, so dass o.E. $f(x_m) > x_{m+1}$ vorausgesetzt werden kann.
Man definiert induktiv die Mengen $M_0 = \{x_m, x_{m+1}\}$, $M_1 = \mathcal{O}_f(x) \cap [f(x_{m+1}), x_{m+1}]$ und $M_{j+1} = \mathcal{O}_f(x) \cap konv(f(M_j))$, $j = 1, 2, ...$, wobei $konv(A)$ die konvexe Hülle von A bezeichnet. Es gilt offenbar $f(M_j) \supset M_j$ und $M_j \uparrow \mathcal{O}_f(x)$. Sei $konv(M_j) = [a_j, b_j]$.
Es gilt $[a_0, b_0] = [x_m, x_{m+1}] = J$ und $[a_1, b_1] = [f(x_{m+1}), x_{m+1}]$. Sei $j \ge 2$ der kleinste Index mit der Eigenschaft $a_j < a_{j-1} < b_{j-1} < b_j$. Dann ist entweder $a_{j-1} = a_{j-2}$ oder $b_{j-2} = b_{j-1}$. O.E. gelte der erste Fall. Es folgt $T([a_{j-2}, b_{j-2}]) \subset (a_j, b_j)$ nach Konstruktion von M_j, also überdeckt das Bild von $[b_{j-2}, b_{j-1}]$ das Intervall $[a_j, b_j] \supset J$. Da $J \subset T(J)$ gilt, gibt es also periodische Punkte $y, z \in J \subset [a_1, b_1]$ mit $T^{j-2}(y) \in [b_{j-2}, b_{j-1}]$, $T^{j-1}(y) = y$ und $T^{j-1}(z) \in [b_{j-2}, b_{j-1}]$, $T^j(z) = z$. Ist j ungerade, so muss schon $j \ge p$ gelten, und ist j gerade, so folgt $j \ge p+1$. Jedes Intervall $[a_l, b_l]$ ($2 \le l \le j-1$)

enthält mindestens einen Punkt von $\mathcal{O}_f(x)$ mehr als $[a_{l-1}, b_{l-1}]$, somit folgt $2 + j - 2 \leq p$ und $j = p$.

Das kann nur gelten, wenn $a_1 = x_m$ ist und nur ‚äußere' Punkte von $\mathcal{O}_f(x)$ wechselseitig auf beiden Seiten hinzugefügt werden. Folglich ist $|M_{j+1}| = |M_j| + 1$, $f(x_{m+k}) = x_{m-k+1}$ ($k = 1, ..., p - m - 1$) und $f(x_{m-k}) = x_{m+k+2}$ ($k = 0, ..., m - 1$). Da $m = \frac{p-1}{2}$ gilt, bildet diese Vorschrift $\{x_1, ..., x_{p-1}\}$ bijektiv auf $\{x_1, ..., x_m, x_{m+2}, ..., x_p\}$ ab. Es muss dann auch $f(x_p) = x_{m+1}$ gelten, also überdeckt $T([x_{p-1}, x_p])$ das Intervall $[x_1 = f(x_{p-1}), x_{m+1}]$.

Daraus schließt man nun, dass zu $q \prec p$ ein periodischer Punkt der Primperiode q existieren muss. Dazu benötigt man eine nichtperiodische Folge von Intervallen der Form $J_k = [z_k, z_{k+1}]$ ($k = 1, ..., q-1$) derart, dass $T(J_k) \subset J_{k+1}$ und $T J_{q-1} \supset J_1$. Eine solche Folge kann man nun direkt angeben, so wie es in der Vorbemerkung zu diesem Beweis angegeben wurde.

Nun sei T eine Transformation mit periodischem Punkt der maximalen Primperiode $p2^n$ in der Scharkowski-Ordnung mit ungeradem $p \geq 3$. Dann hat T^{2^n} eine maximale Primperiode p, also periodische Punkte beliebiger kleinerer Primperiode q. Es folgt, dass T selbst alle periodischen Punkte der Primperiode $q2^n$ besitzt.

Schließlich sei T eine Transformation, die eine Primperiode der Form 2^n ($n \geq 1$) besitzt, aber keine größere in der Scharkowski-Ordnung. Jede solche Abbildung hat einen periodischen Punkt der Periode zwei, denn für $n \geq 3$ hat $J = [x_m, x_{m+1}]$, wie oben definiert, einen Fixpunkt, und die dadurch definierten beiden Komponenten K_1 und K_2 von J erfüllen $T K_i \supset K_{i+1 \bmod 2}$. Sei nun $1 < l < n$. $T^{2^{l-1}}$ besitzt dann einen periodischen Punkt der Periode 2, also hat T einen periodischen Punkt der Periode 2^l.

Definition 14. *Eine stetige Abbildung $T : [0, 1] \to [0, 1]$ wird eingipflig (unimodal) genannt, wenn $T(0) = T(1) = 0$ gilt, und wenn für ein $c \in (0, 1)$ $T_{|[0,c]}$ wachsend und $T_{|[c,1]}$ fallend ist. c nennt man den Umkehrpunkt.*

Eine eingipflige Transformation T besitzt also die kanonische Zerlegung in die drei Mengen $L = [0, c)$, $C = \{c\}$ und $R = (c, 1]$. Der *Pfad* von $x \in [0, 1]$ ist eine einseitige Folge $i(x) = (i_0(x), i_1(x), ...)$ von Buchstaben L, R und C (interpretiert als Mengen), die durch die Vorschrift $T^j(x) \in i_j(x)$ eindeutig festgelegt wird. Der Pfad von c heißt die *Kneading-Sequenz* (Knetfolge) zu T. Die wichtigste Klassifizierungsrelation der topologischen und differenzierbaren Dynamik wurde schon in Definition 8 in Abschnitt 1.4 eingeführt. Die Formulierung dieses Begriffes wiederholt

Definition 15. *Zwei stetige dynamische Systeme (Ω_i, T_i), $(i = 1, 2)$ heißen konjugiert, falls es eine stetige Bijektion[1] $h : \Omega_1 \to \Omega_2$ gibt, so dass das Diagramm*

---

[1] h^{-1} ist damit ebenfalls als stetig vorausgesetzt.

$$\begin{array}{ccc} \Omega_1 & \xrightarrow{\ T_1\ } & \Omega_1 \\ h\downarrow & & \downarrow h \\ \Omega_2 & \xrightarrow{\ T_2\ } & \Omega_2 \end{array}$$

kommutiert.

Konjugiertheit ist also eine Äquivalenzrelation, und das Klassifizierungsproblem besteht darin, ihre Äquivalenzklassen zu bestimmen. Wünschenswert ist es, dies mittels *vollständiger Invarianter* zu tun, also einer Eigenschaft, die unter Konjugation invariant bleibt und die Äquivalenzklassen unterscheidet. Es ist sofort klar, dass die Anzahl periodischer Punkte einer festen Periode eine Invariante unter Konjugation ist. Daher sind beispielsweise die Transformationen der logistischen Familie i.a. nicht paarweise konjugiert.

Satz 16. *1. Ist h ein orientierungstreuer Homöomorphismus des Einheitsintervalles, so ist mit T auch $h \circ T \circ h^{-1}$ eingipflig.*

2. Die Kneading-Sequenz ist eine Invariante der Konjugation in der Klasse aller eingipfligen Transformationen.

3. Die Kneading-Sequenz ist eine vollständige Konjugationsinvariante in der Klasse aller eingipfligen Transformationen T mit dichter Rückwärtsbahn des Umkehrpunktes.

Beweis. Ein Homöomorphismus des Einheitsintervalles ist strikt monoton und bildet die Menge $\{0,\ 1\}$ auf sich ab. Er ist genau dann orientierungstreu, wenn jeder dieser beiden Punkte in sich abgebildet wird. Eine konjugierende Abbildung zweier eingipfliger Abbildungen ist stets orientierungstreu. Daraus leitet man 1. und 2. unmittelbar ab.

3. Das wesentliche Argument basiert auf Ordnungsstrukturen auf I und auf Symbolfolgen. Man kodiert L mit -1, C mit 0 und R mit 1, und führt eine Ordnungstruktur auf $\Omega = \Omega^+_{\{0,\pm 1\}} = \{-1,0,1\}^{\mathbb{N}}$ ein durch $\omega <^s \eta \iff$

$$\exists n \geq 0, \text{ so dass } \omega_j = \eta_j \ (0 \leq j < n), \text{ und } \prod_{j=0}^{n-1} \omega_j (\omega_n + 2) < \prod_{j=0}^{n-1} \eta_j (\eta_n + 2).$$

Da $\prod_{j=0}^{n-1} \omega_j = \prod_{j=0}^{n-1} \eta_j$, bedeutet diese Ordnungsstruktur, dass die ersten n Koordinaten gleich sein müssen, und die $n+1$-ten Koordinaten verschieden sind. Die Ordnungsrelation der $n+1$-ten Koordinaten von zwei Pfaden (der Punkte x und y) wird durch den Zweig von T^{-n} bestimmt, der die beiden Punkte im Definitionsbereich enthält: je nachdem, ob er ordnungstreu ist oder die Orientierung umkehrt.

Die folgenden beiden technischen Lemmata über Kneading-Sequenzen werden für den Beweis benötigt.

Lemma 2. *Sind $x, y \in I$, so gelten die folgenden Implikationen:*

$$i(x) <^s i(y) \implies x < y \implies i(x) <^s i(y) \ oder \ i(x) = i(y).$$

Beweis. Seien $i(x) <^s i(y)$ und n wie in der Definition der Ordnung auf Ω. Mit $i_j(x) = 0$ für ein $0 \leq j < n$ ist auch $i_j(y) = 0$, und es kann nicht $i(x) <^s i(y)$ gelten. Die Abbildung T^n ist auf dem Intervall J mit Endpunkten x und y monoton wachsend oder fallend, je nachdem ob $\prod_{j=0}^{n-1} i_j(x)$ positiv oder negativ ist. In beiden Fällen gilt dann aber $x < y$.

Das Argument zeigt ebenfalls, dass $x < y$ und $i(y) <^s i(x)$ nicht gleichzeitig richtig sein können. Da die Ordnung auf Ω total ist, folgt die zweite Implikation.

Lemma 3. *Eine Folge $\omega \in \Omega$ ist als Pfad eines Punktes in I darstellbar (d.h. $\omega = i(x)$ für ein $x \in I$), wenn*

1. $k \geq 0$ *und* $\omega_k = 0 \implies (\omega_{k+j})_{j \geq 0} = i(c)$.
2. *Für jedes $k \geq 0$ gilt* $(\omega_{k+j})_{j \geq 0} <^s i(T(c))$.

Beweis. Angenommen, die Aussage ist nicht richtig. Dann sind die Mengen $G = \{x \in I : i(x) <^s \omega\}$ und $D = \{x \in I : \omega <^s i(x)\}$ gemäß Lemma 2 Intervalle, die I überdecken (da ω nicht als Pfad darstellbar ist). Sei $z = \sup G = \inf D$, und es sei zunächst $z \in G$ vorausgesetzt. Es folgt $i(z) <^s \omega$, und es gibt daher ein $n \geq 0$ mit $i_j(z) = \omega_j$ für $j < n$ und mit $\prod_{j=0}^{n-1} i_j(z)(i_n(z) + 2) < \prod_{j=0}^{n-1} \omega_j(\omega_n + 2)$. Es ist $i_j(z) \neq 0$ für $j < n$ (denn sonst wäre $\omega_j = 0$, und wegen $T^j(z) = c$ und der Voraussetzung 1. würde $i(z) = \omega$ folgen; ein Widerspruch zur Annahme, dass ω nicht als $i(z)$ darstellbar ist).

Da $i_{n-1}(z) \neq 0$, liegt der Punkt $T^{n-1}(z)$ im Inneren von L oder R, somit ist T in einer Umgebung von $T^{n-1}(z)$ monoton, und folglich ist dann T^n auch auf einer Umgebung U von z monoton. Das bedeutet aber, dass $T^j(U) \subset L$ oder R, je nachdem ob $i_j(z) = -1$ oder 1 ist ($j = 0, ..., n-1$). Da U Punkte enthält, deren Pfade kleiner und größer als ω sind, und nach Definition von n muss $T^n(U)$ den Umkehrpunkt c enthalten. Punkte $x \in U \cap G$ werden auf Punkte $< c$ und Punkte $x \in U \cap D$ auf Punkte $> c$ abgebildet (bzw. mit vertauschten Rollen für G und D). Daher folgt $T^n(z) = c$, und je nach dem Vorzeichen von $\prod_{j=0}^{n-1} \omega_j$ ist $\omega_n = \pm 1$.

Nun ist gemäß Annahme 2. $\omega^{(j)} := (\omega_{j+1}, \omega_{j+2}, ...) <^s i(T^{n+1}(z))$, und daher gibt es ein kleinstes $k > j$ mit $\omega_k \neq i_{k-j}(T^{n+1}(z))$. Da $T^n(z) = c$ gilt, findet man leicht einen Punkt $z < y$ mit $i_l(y) = \omega_l$ für $1 \leq l < k$ und $i_k(y) > \omega_k$. Daher ist $i(z) <^s i(y) <^s \omega$, ein Widerspruch. Der Fall $z \in D$ wird in analoger Weise behandelt.

Nun zum Beweis des Satzes 16. Sei $\mathcal{O}^-(c, T)$ die Rückwärtsbahn des Umkehrpunktes der Abbildung T. Sei S eine weitere eingipflige Transformation mit derselben Kneading-Sequenz und mit dem Umkehrpunkt c'. Ist $x \in \mathcal{O}^-(c, T)$, so erfüllt sein Pfad die Voraussetzungen in Lemma 3, und daher gibt es ein $y \in \mathcal{O}^-(c', S)$ mit $i(x) = i(y)$. Mit der Injektivität der inversen Zweige von S ist leicht zu sehen, dass $y = h(x)$ als Urbild von c' eindeutig bestimmt ist. Somit ist die Abbildung $h : \mathcal{O}^-(c, T) \to \mathcal{O}^-(c', S)$ wohldefiniert und kommutiert mit T und S.

Aus Lemma 2 folgt, dass h monoton ist, und da die Rückwärtsbahnen als dicht vorausgesetzt werden, ist h stetige Surjektion. Gleichermaßen folgt aus Symmetriegründen, dass h' als entsprechende Abbildung, wenn die Rollen von T und S vertauscht werden, monoton und stetig ist. h' ist auch offenbar invers zu h.

Im nächsten Resultat werden Zeltabbildungen T des Einheitsintervalles der Form

$$T_a(x) = \frac{a}{2}\left(1 - |1 - 2x|\right) = \begin{cases} ax & x \leq 1/2 \\ a(1 - x) & x \geq 1/2 \end{cases}$$

verwendet. Sie sind eingipflig mit Umkehrpunkt $c = 1/2$ und besitzen konstante Ableitung a bzw. $-a$ auf den beiden Monotoniezweigen.

Definition 16. *Ein dynamisches System (Ω_1, T_1) heißt ein Faktor des dynamischen Systems (Ω_0, T_0) (oder ist semi-konjugiert), falls es eine stetige und surjektive Abbildung $h : \Omega_0 \to \Omega_1$ gibt, so dass $h \circ T_0 = T_1 \circ h$ gilt.*

Seien $T : I \to I$ eine eingipflige Abbildung des Einheitsintervalls und $I_1(n),...,I_{m_n}(n)$ eine Aufzählung der (maximalen) Intervalle, auf denen T^n monoton ist. Da $T(0) = 0$, kann man die Intervalle so durchzählen, dass T^n auf Intervallen mit geradem Index monoton wächst und sonst monoton fällt. Das *asymptotische Wachstum* der Folge m_n ist

$$W = \limsup_{n \to \infty} \frac{1}{n} \log m_n.$$

(Es sei an dieser Stelle angemerkt, dass dieses Wachstum mit der topologischen Entropie von T identifiziert werden kann. Ist die Folge von Intervallen erzeugend (punktetrennend), so folgt dies aus Korollar 17 und Satz 115.)

Der Satz von Milnor und Thurston besagt, dass jede eingipflige Abbildung T semi-konjugiert zu einer Zeltabbildung ist. Ein wichtiger Spezialfall ist

Satz 17. [MILNOR, THURSTON] *Sei T eine eingipflige Abbildung mit den Eigenschaften*

$$W = \limsup_{n \to \infty} \frac{1}{n} \log m_n > 0 \tag{2.1}$$

und

$$\lim_{\epsilon \to 0} \limsup_{n \to \infty} m_n^{-1} |\{1 \leq k \leq m_n : I_k(n) \cap K(x, \epsilon) \neq \emptyset\} = 0 \qquad \forall x \in I. \tag{2.2}$$

Dann ist T semi-konjugiert zu einer Zeltabbildung.

Beweis. Man wählt $x_j(n) \in I_j(n)$ und definiert ein Wahrscheinlichkeitsmaß μ_s für $s > W$ durch

$$\mu_s = \left(\sum_{n \geq 1} b_n m_n e^{-sn} \right)^{-1} \sum_{n \geq 1} \sum_{j=1}^{m_n} b_n e^{-sn} \delta_{x_j(n)},$$

wobei δ_z das Punktmaß in z bedeutet und b_n eine langsam variierende Funktion ([6], S.6) ist, so dass $\sum_{n \geq 1} b_n m_n e^{-sn}$ mit $s \to W$ gegen Unendlich strebt. Da für $s < W$ stets $\sum_n m_n e^{-sn} = \infty$ gilt, kann man dies unschwer erreichen. Man rechnet sofort nach, dass ein schwacher Häufungspunkt μ der Folge μ_s (wenn $s \to W$) wegen (2.2) kein Atom besitzt und

$$\mu(T(J)) = e^W \mu(J)$$

für jedes Intervall J, auf dem T invertierbar ist, gelten muss (die Existenz von μ folgt aus [5], S.59). Sei $F(t) = \mu((0,t])$. Dann ist $F : I \to I$ monoton wachsend, stetig und surjektiv (da $F(0) = 0$ und $F(1) = 1$). Es erfüllt auch die Gleichungen

$$F(T(x)) = \mu((0,T(x)]) = \mu(T((0,x])) = e^W \mu((0,x]) = e^W F(x)$$

für $x \leq c$ und

$$F(T(x)) = \mu((T(1),T(x)]) = \mu(T([x,1))) = e^W (1 - \mu((0,x]) = e^W (1 - F(x))$$

für $x \geq c$. Dies zeigt, dass T zur Abbildung T_a mit $a = e^W$ semi-konjugiert ist.

Die Kneading-Sequenz ist ein Spezialfall einer Pfaddarstellung durch eine Zerlegung. Ist α eine endliche oder abzählbare Zerlegung eines Raumes Ω, so nennt man die Folge $\alpha(x) = (\alpha_1(x), \alpha_2(x), ...)$ von Elementen in α, definiert durch $T^j(x) \in \alpha_j(x)$, den α-*Pfad* von x. Diese Abbildung „semi-konjugiert" zu einer Schift-invarianten Teilmenge in Ω_α. Ist sie bijektiv, so nennt man α erzeugend. Man bezeichnet eine Zerlegung als ein *Hufeisen* (horseshoe), wenn diese Schift-invariante Teilmenge den Schiebungsraum $\Omega^+_{\{A,B\}}$ für zwei Mengen $A, B \in \alpha$ enthält (s. Abbildung 3.5, die ein zweiseitiges Hufeisen zeigt). Offenbar ist dies für Intervallabbildungen und Zerlegungen in Intervalle der Fall, wenn es Punkte $u < v < w$ mit $[u,w] \subset T([u,v]) \cap T([v,w])$ gibt.

Satz 18. [MISIUREWICZ] *Sei p_n die Anzahl der periodischen Punkte der Periode $n \in \mathbb{N}$ einer stetigen Intervallabbildung T mit endlicher, erzeugender Zerlegung α in Intervalle. Ist das asymptotische Wachstum $p = \limsup_{n \to \infty} \frac{1}{n} \log p_n$ der Folge $(p_n)_{n \in \mathbb{N}}$ strikt positiv, so gibt es ein Hufeisen für eine Iterierte von T.*

Beweis. Sei o.E. α eine Zerlegung des Einheitsintervalles $I = [0,1]$ in Intervalle, so dass T auf jedem Intervall monoton ist. Die *gemeinsame Verfeinerung* $\alpha_0^n = \alpha \vee T^{-1}\alpha \vee ... \vee T^{-n+1}\alpha$ besteht dann aus Intervallen J, auf denen T^n monoton ist. Sei $h = \limsup_{n \to \infty} \frac{1}{n} \log |\alpha_0^n|$ das asymptotische Wachstum der Anzahl der Intervalle in α_0^n. Zunächst sei $h > \log 2$.

Man definiert $|J \cap \beta|$ als die Anzahl der Mengen aus einer Zerlegung β, die man benötigt, um J zu überdecken. Sodann setzt man induktiv $\mathcal{E}_1 = \mathcal{E} = \{J \in \alpha : \limsup_{n\to\infty} \frac{1}{n} \log |J \cap \alpha_0^n| = h\}$ und $\mathcal{E}_n = \{E_n(K,J) := K \cap T^{-n+1}(J) : K \in \mathcal{E}_{n-1}; J \in \mathcal{E}; E_n(K,J) \neq \emptyset\}$ fest.

Es gilt nun

$$\limsup_{n\to\infty} \frac{1}{n} \log |\mathcal{E}_n \cap J| = h \qquad (2.3)$$

für jedes $J \in \mathcal{E}$. Um dies einzusehen, bemerkt man zunächst, dass nach Definition die Abbildung $(K,L) \mapsto K \cap T^{-n+1}(L) \in \alpha_0^n$ $(K \in \mathcal{E}_{n-1}, L \in \mathcal{E})$ injektiv ist, also gilt $\leq$ in (2.3). Für die Umkehrung beachte man

$$|\alpha_0^n \cap J| = \left| \left\{ J \cap \bigcap_{i=1}^{n-2} T^{-i}(K_{l_i}) \cap T^{-n+1}(L) \neq \emptyset : K_{l_i} \in \alpha \right\} \right|$$

$$= \left| \bigcup_{k=1}^{n-1} \left\{ E(J,K) \cap \bigcap_{i=k}^{n-1} T^{-i}(K_{l_i}) \neq \emptyset : K_{l_i} \in \alpha, K_{l_k} \notin \mathcal{E}; E_k(J,K) \in \mathcal{E}_k \right\} \right|$$

$$\leq \sum_{k=1}^{n-1} |\mathcal{E}_k \cap J| \cdot \sum_{K \notin \mathcal{E}} |\alpha_0^{n-k} \cap K|.$$

Es folgt

$$h = \lim_{n\to\infty} \frac{1}{n} \log |\alpha_0^n \cap J|$$

$$\leq \lim_{n\to\infty} \frac{1}{n} \log n|\alpha| \max_{0 \leq k \leq n, K \notin \mathcal{E}} |\mathcal{E}_k \cap J| \times |\alpha_0^{n-k} \cap K|$$

$$\leq \lim_{n\to\infty} \frac{1}{n} \log |\mathcal{E}_n \cap J|.$$

Hier benutzt man die folgende elementare Abschätzung: Sind a_n und b_n positive Zahlen mit $\limsup_{n\to\infty} \frac{1}{n} \log b_n < h$ und gilt für eine Wahl von $k = k_n \leq n$

$$h \leq \limsup_{n\to\infty} \frac{1}{n} \log a_k b_{n-k} = \limsup_{n\to\infty} \frac{k}{n} \frac{1}{k} \log a_k + \frac{n-k}{n} \frac{1}{n-k} \log b_{n-k}, \quad (2.4)$$

so kann nur $h \leq \limsup_{n\to\infty} \frac{1}{n} \log a_n$ gelten.

Als nächstes betrachtet man die Mengen $\mathcal{F}_n(K,J) := \{L \in \mathcal{E}_{n-1} \cap K : J \subset T^{n-1}L\}$ $(K, J \in \mathcal{E})$, und zeigt, dass zu jedem $K \in \mathcal{E}$ ein $J \in \mathcal{E}$ mit

$$\limsup_{n\to\infty} \frac{1}{n} \log |\mathcal{F}_n(K,J)| = h \qquad (2.5)$$

existiert.

Natürlich gilt wiederum $\leq$ nach Definition. Betrachtet man ein Intervall $L \in \alpha_0^{n-1}$, so gibt es maximal zwei Intervalle $J \in \alpha$, die sowohl $T^{n-1}(L)$ wie auch $T^{n-1}(L)^c$ anschneiden können. Es gilt daher

$$\mathcal{E}_n \cap K = \bigcup_{J \in \mathcal{E}} \mathcal{F}_n(K, J) \cup \{L \in \mathcal{E}_{n-1} \cap K : T^{n-1}(L) \cap J \neq \emptyset \neq (T^{n-1}(L))^c \cap J\},$$

also auch

$$|\mathcal{E}_n \cap K| \leq \sum_{J \in \mathcal{E}} |\mathcal{F}_n(K, J)| + 2|\mathcal{E}_{n-1} \cap K|.$$

Iteration liefert

$$|\mathcal{E}_n \cap K| \leq \sum_{J \in \mathcal{E}} |\mathcal{F}_n(K, J)| + 2 \sum_{J \in \mathcal{E}} |\mathcal{F}_{n-1}(K, J)| + \ldots$$
$$+ 2^k \sum_{J \in \mathcal{E}} |\mathcal{F}_{n-k}(K, J)| + \ldots + 2^{n-1} |\mathcal{E}_1 \cap K|$$

und mit (2.3)

$$h = \limsup_{n \to \infty} \frac{1}{n} \log |\mathcal{E}_n \cap K|$$
$$\leq \limsup_{n \to \infty} \frac{1}{n} \log n \max_{0 \leq k \leq n-1} 2^k \sum_{J \in \mathcal{E}} |\mathcal{F}_{n-k}(K, J)|.$$

Daraus folgt mit dem Argument (2.4)

$$h \leq \limsup_{n \to \infty} \frac{1}{n} \log \sum_{J \in \mathcal{E}} |\mathcal{F}_n(K, J)|,$$

denn es wurde zunächst $h > \log 2$ vorausgesetzt. Damit ist die Behauptung bewiesen, denn es gibt ein $J \in \mathcal{E}$, das bereits $h \leq \limsup_{n \to \infty} \frac{1}{n} \log |\mathcal{F}_n(K, J)|$ erfüllt.

Nun kann der Beweis im Fall $h > \log 2$ leicht zu Ende geführt werden. Nach dem Gezeigten gibt es eine Abbildung $\tau : \mathcal{E} \to \mathcal{E}$, die jedem $K \in \mathcal{E}$ ein in (2.5) definiertes $J \in \mathcal{E}$ zuordnet. Da $\mathcal{E}$ endlich ist, gibt es ein K und ein $m \geq 1$ mit $\tau^m(K) = K$. Es muss dann natürliche Zahlen n_i, Intervalle $J_i \in \mathcal{E}$ und Intervalle $L_1, L_2 \in \mathcal{E}_{n_1} \cap K$ so geben, dass

$$J_1 = K = J_m$$
$$J_{i+1} \subset T^{n_i}(J_i) \qquad i = 1, \ldots, m-1,$$
$$J_2 \subset T^{n_1}(L_k) \qquad k = 1, 2$$

gilt.

Nun zum allgemeinen Fall. Da α eine erzeugende Zerlegung ist, müssen zwei periodische Punkte der Periode n in verschiedenen Intervallen von α_0^n liegen. Es gilt also

$$h \geq \limsup_{n \to \infty} \frac{1}{n} \log p_n = p > 0.$$

Ist N so groß, dass $Nh > \log 2$ gilt, so erfüllt die Zerlegung α_0^N unter der Transformation T^N die Relation

$$\limsup_{n\to\infty} \frac{1}{n} \log \alpha_0^N \vee T^{-N}\alpha_0^N \vee ... \vee T^{-(n-1)N}\alpha_0^N \geq Nh,$$

also gibt es ein Hufeisen für T^N.

2.2 Topologische Markoff-Ketten

Schiebungsräume ermöglichen es, Bahnstrukturen explizit zu untersuchen, vor allem auch eine Vielzahl von Beispielen und Gegenbeispielen zu konstruieren (s. Beispiel 7). Ein weiterer Grund für ihre fundamentale Bedeutung liegt in der Isomorphietheorie unter Konjugation, denn sie erlauben nahezu ‚isomorphe‘ Darstellungen unbekannter Dynamiken (z.B. wie in Satz 16).
Es seien $X \neq \emptyset$ eine beliebige Menge und I die Menge der ganzen oder nichtnegativen ganzen Zahlen[2]. Der Raum $\Omega_X = X^I$ wird als Schiebungsraum bezeichnet. Besitzt X eine Topologie, so wird Ω_X mit der Produkttopologie versehen. Eine Basis der Topologie bilden dann die *Zylindermengen* (auch kurz Zylinder genannt)

$$[U_m, ..., U_n]_{m,n} = \{\mathbf{x} = (x_i)_{i\in I} : x_i \in U_i \quad \forall m \leq i \leq n\},$$

wenn man für $U_i \subset X$ nur offene Mengen zulässt. Ist $m = 0$, so schreibt man auch $[U_0, ..., U_n]$ zur Vereinfachung, und, wenn auf X die diskrete Topologie betrachtet wird, auch $[x_0, ..., x_n]$ statt $[\{x_0\}, ..., \{x_n\}]$.
Besitzt X eine beschränkte Metrik ρ, so wird durch $d(\mathbf{x}, \mathbf{y}) = \sum_{i\in I} 2^{-|i|} \rho(x_i, y_i)$ eine Metrik auf Ω_X erklärt, die die Topologie erzeugt. Die *Schiebung* (oder der Schift) $T = T_X$ auf Ω_X wird durch $T(\mathbf{x}) = \mathbf{y}$ mit $y_i = x_{i+1}$ erklärt. Es ist leicht zu sehen, dass T surjektiv ist, und sogar bijektiv, wenn $I = \mathbb{Z}$. Ist zudem X mit der diskreten Topologie versehen, so ist T_X eine stetige, offene Abbildung, und per Definition ein Homöomorphismus, wenn $I = \mathbb{Z}$. Die meisten Anwendungen von Schiebungsdynamiken benutzen endliches oder abzählbares X. In diesem Fall heißt X das *Alphabet* von Ω_X.
Seien (Ω, T) ein beliebiges invertierbares dynamisches System und α eine endliche oder abzählbare Zerlegung von Ω. Es bezeichne α_n^m die gemeinsame Verfeinerung der Zerlegungen $T^i\alpha$ mit $n \leq i < m$ und α_T die gemeinsame Verfeinerung aller $T^i\alpha$ mit $i \in \mathbb{Z}$. Man beachte, dass jedes Element von α_T nicht leer sein muss. $\Omega_\alpha = \alpha^{\mathbb{Z}}$ definiert den zu α gehörigen Schiebungsraum. Es gibt eine kanonische Abbildung $\Psi : \alpha_T \to \Omega_\alpha$, definiert durch $\Psi\left(\bigcap_{k\in\mathbb{Z}} T^{-k}x_k\right) = (x_k)_{k\in\mathbb{Z}}$. Ψ kommutiert mit T und T_α. Für Intervallabbildungen wurde die analoge Konstruktion eines Pfades im nicht invertierbaren Fall in Abschnitt 2.1 durchgeführt. Es bezeichne $\Pi : \Omega \to \alpha_T$ die kanonische Faktorabbildung $\Pi(z) = \bigcap_{k\in\mathbb{Z}} T^{-k}x_k$ mit $z \in \bigcap_{k\in\mathbb{Z}} T^{-k}x_k$. Π ist nicht notwendigerweise injektiv, jedoch surjektiv. α definiert in kanonischer Weise

---

[2] eine allgemeine Halbgruppe wäre hier auch möglich, z.B. zur Modellierung von Vielteilchensystemen mit $I = \mathbb{Z}^d$.

eine T_α-invariante Teilmenge $\Omega(\alpha)$ als Abschluss (in der Produkttopologie) der Menge $\Omega^0(\alpha) = \Psi \circ \Pi(\Omega) = \Psi(\alpha_T)$. Er heißt der zu α gehörige Teilschift. Man erhält so ein kommutatives Diagramm

$$
\begin{array}{ccc}
\Omega & \xrightarrow{\ T\ } & \Omega \\
\Big\downarrow{\scriptstyle \Pi} & & {\scriptstyle \Pi}\Big\downarrow \\
\alpha_T & \xrightarrow{\ T_{|\alpha}\ } & \alpha_T \\
\Big\downarrow{\scriptstyle \Psi} & & {\scriptstyle \Psi}\Big\downarrow \\
\Omega^0(\alpha) & \xrightarrow{\ T_\alpha\ } & \Omega^0(\alpha)
\end{array}
$$

In vielen Fällen kann Ψ^{-1} auf $\Omega(\alpha)$ erweitert werden (z.B. unter gleichmäßiger Stetigkeit). Besonders interessant sind solche Zerlegungen, in denen jede Menge in α_T nur einen Punkt enthält, denn dann ist die Abbildung $(\Psi \circ \Pi)^{-1}$ wohldefiniert und bijektiv. Ein solches α nennt man einen Erzeuger. Für eine nicht invertierbare Abbildung T wird ein analoger Faktor $\alpha_0^\infty =: \alpha \vee \alpha^-$ als gemeinsame Verfeinerung von α und $\alpha^- = \bigvee_{i \in \mathbb{N}} T^{-i}\alpha$ definiert. Er ist isomorph zu einer Teilmenge des einseitigen Schiebungsraumes $\Omega_\alpha^+ = \alpha^{\mathbb{N}_0}$. Entsprechend wird auch der Begriff des einseitigen Erzeugers definiert.

Der Gedanke einer Schiebungsdynamik findet eine weitere Anwendung in der *Rochlin-Erweiterung* eines dynamischen Systems (Ω, T). Sie wird als Teilmenge $\widetilde\Omega \subset \Omega^{\mathbb{N}_0}$,

$$
\widetilde\Omega = \{(x_k)_{k \in \mathbb{N}_0} \in \Omega^{\mathbb{N}_0} : T(x_{k+1}) = x_k, \quad k \in \mathbb{N}_0\},
$$

definiert. Die Transformation T kann in kanonischer Weise erweitert werden: $\widetilde T(x_k)_{k \in \mathbb{N}_0} = (y_k)_{k \in \mathbb{N}_0}$ mit $y_k = T(x_k) = x_{k-1}$ $(k \geq 1)$ und $y_0 = T(x_0)$. $\widetilde T$ ist bijektiv, und das Diagramm

$$
\begin{array}{ccc}
\widetilde\Omega & \xrightarrow{\ \widetilde T\ } & \widetilde\Omega \\
\Big\downarrow{\scriptstyle \Pi_1} & & {\scriptstyle \Pi_1}\Big\downarrow \\
\Omega & \xrightarrow{\ T\ } & \Omega
\end{array}
$$

kommutiert, wobei Π_1 die Projektion auf die erste Koordinate (x_0-Koordinate) bezeichnet. Die Rochlin-Erweiterung ist also ein inverser Limes ([24] Bd.I, S. 28). Sie erlaubt es, ein nicht-invertierbares System in ein invertierbares zu verwandeln. $\widetilde T$ ist offenbar stetig in der Produkttopologie, sofern T selbst schon stetig ist. Ähnliches gilt für messbare Abbildungen.

Wie aus diesen Anwendungen ersichtlich ist, sind abgeschlossene invariante Teilmengen der Schiebungsräume von besonderem Interesse. Sie heißen Teilschifts.

Definition 17. *Sei (Ω_X, T) ein Schiebungsraum mit endlichem oder abzähl-barem Alphabet X. Eine abgeschlossene[3], T-invariante Teilmenge $\Omega \subset \Omega_X$ definiert einen Teilschift als dynamisches System $(\Omega, T_{|\Omega})$.*

Man schreibt kurz T anstelle der Einschränkung $T_{|\Omega}$. Im Folgenden werden nur endliche Mengen X betrachtet, d.h. Teilschifts in $X^{\mathbb{Z}}$ oder $X^{\mathbb{N}_0}$. Jeder Bahnabschluss $\Omega = \overline{\mathcal{O}(x)}$ $(x \in \Omega_X)$ definiert einen Teilschift. Da mit einem Punkt $x \in \Omega_X$ auch dessen Bahn genau bekannt ist, können Eigenschaften von Bahnen beispielhaft studiert werden.

Zur Veranschaulichung seien $X = \{0, 1\}$ und $x = (x_k)_{k \in \mathbb{Z}} = (...000111...)$. Dann konvergiert, für $k \to \infty$, $T^k(x)$ gegen den Punkt $x^{(1)}$, dessen Koordinaten nur aus Einsen bestehen, während für $k \to -\infty$ Konvergenz gegen den Punkt $x^{(0)}$ vorliegt, der nur aus Nullen besteht. $x^{(1)}$ ist ein anziehender Fixpunkt, $x^{(0)}$ nennt man einen abstoßenden Fixpunkt. Der Teilschift besteht also genau aus der Bahn von x und den beiden genannten Punkten. Nur die beiden Punkte $x^{(i)}$ besitzen die Eigenschaft, dass sie Häufungspunkte ihrer Vorwärts- und Rückwärtsbahn sind. Die Dynamik hier ist also genauso trivial, wie für die Abbildung $x \to x^2$ des Einheitsintervalles.

Interessantere Beispiele von Bahnstrukturen erhält man durch algorithmische Konstruktionen. Die *Substitution* ist eine dieser Konstruktionsmethoden, die zu wichtigen Beispielen interessanter kombinatorischer Objekte führt (mit Anwendungen in der Informationstechnologie). Eine Substitution wird durch eine *Blockabbildung* definiert. Seien etwa W_1 und W_2 zwei endliche Mengen von Wörtern (d.h. $W_1 \subset \bigcup_{n=1}^{\infty} X^n$ und $W_2 \subset \bigcup_{n=1}^{\infty} Y^n$). Eine Abbildung $\varphi : W_1 \to W_2$ nennt man eine Blockabbildung. Einen einfachen Fall einer Substitution erhält man mit $W_1 = X$ und beliebigem W_2. Einem Punkt $x = (x_k)$ wird dann der Punkt $y \in \Omega_Y$,

$$y = ...\varphi(x_0)\varphi(x_1)...$$

zugeordnet, wobei die nullte Koordinate von y der Beginn von $\varphi(x_0)$ ist. Dieser sogenannte *Block-Kode* kommutiert mit den Schiebungsdynamiken, wenn $W_2 = Y$. Durch Übergang von Y zu dem neuen Alphabet W_2 kann man dies jedoch stets annehmen. Eine weitere Verwendung der Substitution besteht in ihrer iterierten Anwendung auf endliche Wörter, so dass als Grenzprozess ein Teilschift definiert wird.

Beispiel 25. Es sei $X = \{0, 1\}$ und W_1 bestehe aus den beiden Wörtern der Länge 1, also $= X$. Definiert man eine Blockabbildung durch $\varphi(0) = 01$ und $\varphi(1) = 11$, so kann man beginnend mit der Folge $x^{(0)}$ sukkzessiv die Folgen 01010101..., 011101110111..., usw. erzeugen, die gegen 01111... konvergieren. Alternativ kann man mit 0 beginnen und erhält nacheinander 0, 01, 0111 usw.

Eine weitere Konstruktionsmethode erhält man mit der sog. *Dualität*. Sei wiederum $X = \{0, 1\}$, und es bezeichne $\oplus$ die Addition in $X = \mathbb{Z}_2$. Man definiert

---

[3] in der Produkttopologie

dann für ein Wort $w = w_0...w_s$ das neue Wort $w \oplus i$ als die koordinatenweise Addition mit $i \in X$, also $w_0 \oplus i\ w_1 \oplus i...w_s \oplus i$. Die Operation vertauscht in w gerade nur die Nullen und Einsen, wenn $i = 1$ gilt; sonst bleibt das Wort unverändert. Ist nun $v = v_0 v_1...v_t$ ein weiteres Wort, so wird $w \oplus v$ als die Hintereinanderschaltung der Wörter $w \oplus v_0,...,w \oplus v_t$ festgesetzt. Ist z.B. $w = 01$ so wird $w \oplus w = 0110$ und weiterhin $(w \oplus w) \oplus w = 01101001$. Die Wortlänge wächst also an, und der Beginn des Wortes bleibt konstant. Diese Prozedur führt zur Definition einer Symbolfolge, die als *Morse-Folge* bezeichnet wird. In Abschnitt 3.4 wird eine äquivalente, ebenfalls gebräuchliche Notation für diesen Algorithmus eingeführt. Die Eigenschaften der Morse-Folge sind nicht mehr elementar zu überblicken. Man sieht aber sofort ein, dass ein Teilwort v, das im n-ten Konstruktionsschritt erhalten wird, auch als duales Wort $v \oplus 1$ im $n+1$ten Konstruktionsschritt vorkommt. Der Algorithmus wiederholt dieses Wort in festen Abständen, entweder in seiner ursprünglichen oder aber in seiner dualen Form. Damit erscheint das Wort in festen Abständen, die durch die Wiederholungen innerhalb des n-ten Konstruktionsschrittes für das Wort selbst oder ihr duales festgeschrieben werden. Diese Eigenschaft bedeutet (s. Abschnitt 3.1), dass der Bahnabschluss der Morse-Folge minimal sein muss (vgl. Satz 48).

Im Allgemeinen denke man sich eine unendlich lange Symbolfolge durch Blöcke dargestellt. Natürlich ist dies in verschiedener Weise möglich, aber vorzugsweise wird man aussagekräftige Darstellungen nehmen. Einer solchen Darstellung liegt auch der *Lempel-Ziv Algorithmus* zugrunde. Viele Kompressionsalgorithmen der Informatik basieren auf dieser Idee. Ihr liegt das Prinzip zugrunde, das nächste Wort als das kürzeste neue Wort zu deklarieren, also das nächste Wort in der Darstellung mit dem kürzesten, noch nicht verwendeten Wort zu kodieren. Formal sei also eine Symbolfolge in der Form $x = x_1 x_2...$, $(x_i \in X)$, vorgegeben. Da man x_1 kodieren muss, wird man dies durch irgendein Symbol tun, also als erstes Wort in einer gesuchten Darstellung $x = w^{(1)} w^{(2)}...$ $w^{(1)} = x_1$ setzen. Ist nun $x_1...x_{j_n}$ in sukzessive Wörter $w^{(1)},..., w^{(n)}$ schon aufgeteilt, so wird das nächste Wort $w^{(n+1)}$ zu $x_{j_n+1}...x_{j_n+m+1}$ bestimmt, wobei m die kleinste natürliche Zahl ist, so dass $x_{j_n+1}...x_{j_n+m}$, aber nicht $x_{j_n+1}...x_{j_n+m+1}$ unter den bereits konstruierten Wörtern vorkommt. Diese Zerlegung von x in eine Folge von Wörtern mit den beschriebenen Eigenschaften nennt man *parsing*. Sie lässt eine Komprimierung nach dem Lempel-Ziv Algorithmus zu.

Diese Kodierung, manchmal auch Präfix-Kode genannt (dieser Begriff wird dann in einer etwas anderer Form als üblich benutzt), basiert auf der Beobachtung, dass jedes neue Wort durch die Stelle markiert wird, an der der bekannte Teil schon einmal vorgekommen ist, und durch die Kodierung des letzten neuen Symbols. Formal sieht der Algorithmus dann so aus: Sei $x \in X^n$ ein endliches Wort, und es wird ein parsing durch $w^{(j)}$ $(j = 1,...,c)$ wie oben bestimmt, wobei wegen der Endlichkeit der Folge auch einen Restblock $w^{(c+1)}$ übrig bleiben kann, der nicht mehr durch das parsing aufgespaltet werden kann. Kodiert wird durch Symbolfolgen über dem binären Alphabet $\{0,1\}$. Es seien $\tau : \{0,1,...,n\} \to \{0,1\}^{[\log n]+1}$ und $\rho : X \to \{0,1\}^{[\log |X|]+1}$ feste Kodierungen (d.h. Bijektionen)[4]. x wird dann durch $y = v^{(1)}v^{(2)}...v^{(c+1)} \in \bigcup_{m=0}^{\infty}\{0,1\}^m$ wie folgt kodiert.

1. $w^{(j)} = a \Rightarrow v^{(j)} = 0\rho(a)$, $j = 1,...,c$.
2. $w^{(j)} = w^{(i)}a$, $i < j \Rightarrow v^{(j)} = 1\tau(i)0\rho(a)$, $j = 1,...,c$.
3. $v^{(c+1)} = v^{(i)}$, $i < j \Rightarrow v^{(c+1)} = 1\tau(i)$.

Man überlegt sich leicht, dass es dieser Kode erlaubt, aus der Kenntnis von $v^{(1)}, v^{(2)},...$ die ursprüngliche ‚Nachricht' x zu berechnen. Die Länge des Kodes ist nach oben durch die Größe

$$|A|(2 + [\log |A|]) + c([\log n] + [\log |A|] + 4) + [\log n]$$
$$\leq (c+1)\log n + c(4 + \log |A|) + |A|(2 + \log |A|)$$

beschränkt. Natürlich ist c variabel und kann maximal den Wert n annehmen. Die Größenordnung der Kodierungslänge ist also durch $O(n \log n)$ beschränkt. In der Tat ist diese Schranke noch ein wenig zu groß. Betrachtet man unendliche Symbolfolgen x, und bezeichnet $c(x,n)$ die Anzahl der Worte, die man für das parsing von $x_1...x_n$ benötigt, so gilt der Satz von Lempel und Ziv, dass für ein ergodisches Maß (vgl. Definition 4 in Abschnitt 1.1)

$$\frac{1}{n}c(x,n)\log n \to h,$$

fast sicher gegen eine Konstante h konvergiert. Die typische Kodierungslänge eines Wortes der Länge n ist gerade durch nh gegeben. h wird als Entropie des Maßes bezeichnet (s. Abschnitt 5.4). Details dieser Aussage findet man in [93], S.132.

Bis jetzt wurde die Idee verfolgt, Punkte eines Schiebungsraumes durch Blockkonstruktionen zu gewinnen, um so ihren Bahnabschluss als Beispiel eines Teilschiftes zu erhalten. Stattdessen kann die Blockbildung direkt zur Gewinnung von Teilschifts benutzt werden. Man betrachte einen Schiftraum X^I mit endlichem Alphabet X und Indexmenge $I = \mathbb{N}_0$ oder $= \mathbb{Z}$. Man definiert das *Blocksystem* eines Teilschifts (Ω, T) als die Familie $\mathcal{A}(\Omega)$ aller Wörter $w = w_0 w_1 ... w_n$, so dass die offenen Mengen (Zylinder)

$$[w] = \{x = (x_i)_{i \in I} : x_i = w_i \quad 0 \leq i \leq n\}$$

Ω anschneiden. Analog definiert man ihr Komplement als das ausschließende Blocksystem $\mathcal{A}^a(\Omega)$.

Satz 19. *Sei (Ω, T) ein Teilschift. Dann gilt*

$$\Omega = \{x = (x_k)_{k \in I} : \forall k \in I, n \geq 0 \quad \text{gilt} \quad x_k x_{k+1}...x_{k+n} \in \mathcal{A}(\Omega)\}$$
$$= \{x = (x_k)_{k \in I} : \forall k \in I, n \geq 0 \quad \text{gilt} \quad x_k x_{k+1}...x_{k+n} \notin \mathcal{A}^a(\Omega)\}.$$

---

[4] $[z]$ bedeutet hier die Gaußklammer, also den ganzzahligen Anteil, von z.

Umgekehrt, ist $\mathcal{A}$ ein Blocksystem, so definiert

$$\Omega = \{x = (x_k)_{k \in I} : \forall k \in I, n \geq 0 \quad \text{gilt } x_k x_{k+1} \ldots x_{k+n} \notin \mathcal{A}\}$$

jeweils einen Teilschift (sofern die rechte Seite nicht leer ist).

Beweis. 1. Die Inklusion $\subset$ ist offensichtlich richtig, so dass nur die Umkehrung zu zeigen ist. Sei $x = (x_k) \in X^I$ und $[x_k, \ldots, x_{k+n}] \cap \Omega \neq \emptyset$ für jedes $k \in I$ und $n \geq 0$. Dann gibt es eine Folge $x^{(m)} \in \Omega$ ($m \geq 1$), die gegen x konvergiert. Da Ω abgeschlossen ist, folgt auch $x \in \Omega$.
2. Die Vereinigung aller offenen Mengen der Form $T_X^{-i}[w]$ ($i \in I$) mit $w \in \mathcal{A}$ ist offen und invariant. Ihr Komplement ist daher ein Teilschift, sofern es nicht leer ist.

Zwei Blocksysteme können natürlich den gleichen Teilschift im Sinne der Umkehrung im letzten Satz (also als ausschließendes Blocksystem) definieren. Tun sie dies, definiert ihr Durchschnitt ebenfalls denselben Teilschift. Die einen festen Teilschift definierenden ausschließenden Blocksysteme sind also absteigend gefiltert und besitzen ein minimales System, aus dem man keinen Block entfernen kann, ohne den Teilschift zu vergrößern. Insbesondere ist mit einem Block auch jeder längere Block ausgeschlossen; anders ausgedrückt man kann zu einem Block in $\mathcal{A}$ jeden längeren Fortsetzungsblock entfernen.

Definition 18. *Ein Teilschift (Ω, T) heißt topologische Markoff-Kette (Teilschift endlichen Typs), falls es ein endliches ausschließendes Blocksystem gibt.*

Satz 20. *Sei X endlich und (Ω, T) eine topologische Markoff-Kette. Dann gibt es ein endliches Blocksystem $\mathcal{A}$ von Wörtern (der Länge n), so dass*

$$\Omega = \{(x_k)_{k \in I} : \forall k \in I; \; x_k \ldots x_{k+n-1} \in \mathcal{A}\}.$$

Beweis. Die topologische Markoff-Kette sei durch das endliche ausschließende Blocksystem $\mathcal{A}^a$ definiert. Indem man Blöcke in Unterblöcke hinreichend großer Länge aufteilt, kann man annehmen, dass $\mathcal{A}^a$ aus Wörtern der Länge n besteht. Sei $\mathcal{A}$ ihr Komplement. Es ist nicht schwer zu sehen, dass $\mathcal{A}$ den Teilschift wie verlangt beschreibt.

Ist in Satz 20 $n = 1$, so erhält man den vollen Schiebungsraum X^I, und im Falle $n = 2$ kann man $\mathcal{A}$ durch eine Matrix $A = (a_{ij})_{i,j \in X}$ mit Nullen und Einsen darstellen, nämlich $a_{ij} = 1$ genau dann wenn $ij \in \mathcal{A}$, und man erhält die Darstellung

$$\Omega = \{(x_k)_{k \in I} : \forall k \in I \quad a_{x_k x_{k+1}} = 1\}.$$

Die Matrix A wird als *Übergangsmatrix* bezeichnet. In diesem Fall ist es möglich, eine topologische Markoff-Kette durch einen endlichen Graphen zu repräsentieren. Sei (E, K) ein Graph mit Ecken E und gerichteten Kanten K definiert durch $E = X$ und $(i, j) \in K \subset X^2 \iff ij \in \mathcal{A}$: Jeder Punkt in der topologischen Markoff-Kette entspricht dabei einem unendlich langem Pfad entlang gerichteter Kanten des Graphen. Die Folge der durchlaufenen Ecken entspricht dabei einem Punkt in der Markoff-Kette. Betrachtet man dagegen die Menge der Kanten des Graphen als neues Alphabet, so kann man ebenso die Folge der durchlaufenen Kanten einem Punkt der Markoff-Kette zuordnen. Diese Zuordnung ist stetig und eineindeutig. Auch die Umkehrung dieses Algorithmus ist stetig, und somit sind beide topologischen Markoff-Ketten konjugiert.

Beispiel 26. Die Matrix $\begin{pmatrix} 0 & 1 \\ 1 & 1 \end{pmatrix}$ definiert die topologische Markoff-Kette mit Punkten der Form ...0111...1101111...101011..., wobei die Nullen singulär und in variablen Abständen auftreten. Der zugehörige Graph hat die Ecken $E = \{0, 1\}$ und die Kanten $a = (0, 1)$, $b = (1, 1)$ und $c = (1, 0)$. Die Bijektion zwischen der topologischen Markoff-Kette und der Kanten-Markoff-Kette führt einen typischen Punkt wie oben in den Punkt *abb...bcabbb...cacab..* über.

Im Allgemeinen definiert ein endlicher Graph eine topologische Markoff-Kette durch die Menge der unendlich langen Pfade, die man im Graphen durchlaufen kann, und die durch eine Folge von Kanten beschrieben wird. Markoff-Ketten, die eine solche Darstellung besitzen, nennt man *Kanten-Markoff-Ketten.* Jeder dieser Graphen kann durch eine Matrix $A = (a_{ij})_{i,j \in X}$ mit $a_{ij} \in \mathbb{N}_0$ in der folgenden Weise dargestellt werden: a_{ij} ist die Anzahl der gerichteten Kanten von i nach j. Diese Zuordnung zwischen Graphen und Matrizen mit ganzzahligen, positiven Einträgen ist offenbar bijektiv. Der oben beschriebene Algorithmus einer topologischen Markoff-Kette eine Kanten-Markoff-Kette zuzuordnen, liefert das folgende Resultat.

Satz 21. *Jede topologische Markoff-Kette ist konjugiert zu einer Kanten-Markoff-Kette.*

Es sei an dieser Stelle angemerkt, dass die Konjugation im letzten Satz eine Kanten-Markoff-Kette mit derselben Matrix A liefert. Besondere Bedeutung erhalten damit auch Zerlegungen α eines dynamischen Systems (Ω, T), deren assoziierter Teilschift eine topologische Markoff-Kette bildet. Die logistische Abbildung $T(z) = 4z(1 - z)$ des Einheitsintervalles in sich besitzt eine Zerlegung α, die durch die Punkte $a_1 = 0 < a_2 < a_3 = \frac{1}{2} < a_4 < a_5 = 1$ mit $T(a_2) = T(a_4) = \frac{1}{2}$ bestimmt ist. Es gilt dann $T[a_1, a_2] = T[a_4, a_5] = [0, a_3]$ und $T[a_2, a_3] = T[a_3, a_4] = [a_3, 1]$. Werden die vier Intervalle mit 1,...,4 durchnummeriert, so ist der assoziierte Teilschift Ω_α eine topologische Markoff-Kette mit Übergangsmatrix

$$A = \begin{pmatrix} 1 & 1 & 0 & 0 \\ 0 & 0 & 1 & 1 \\ 0 & 0 & 1 & 1 \\ 1 & 1 & 0 & 0 \end{pmatrix}.$$

Zerlegungen mit dieser Eigenschaft heißen Markoff-Zerlegungen (s. Definitionen 11 und 35). Sie erlauben, kombinatorische Konstruktionen in einem dynamischen System, etwa die Konstruktion periodischer Punkte.

Es sei (Ω, T) eine topologische Markoff-Kette mit Übergangsmatrix $A = (a_{ij})_{i,j \in X}$. Ist dann $a_{ij} a_{ji} = 1$, so gibt es einen periodischen Punkt in Ω, etwa $(...ijijij...)$. Er hat die Primperiode 2, sofern $i \neq j$ gilt. Allgemein gilt: Es gibt einen periodischen Punkt der Periode n in der Menge $[i]$, falls Buchstaben $i_1, ..., i_{n-1} \in X$ mit

$$a_{ii_1} a_{i_1 i_2} ... a_{i_{n-1} i} = 1$$

existieren. Sei P_n die Menge aller periodischen Punkte der Periode n in Ω. Da der Eintrag $a_{ii}^{(n)}$ der Matrix A^n gerade aus Summen mit allen Summanden der Form $a_{ii_1} a_{i_1 i_2} ... a_{i_{n-1} i} = 1$ besteht, zählt er die Anzahl der periodischen Punkte der Periode n in $[i]$. Es folgt damit

$$p_n := |P_n| = \mathrm{Spur}(A^n).$$

Satz 22. *Sei (Ω, T) eine topologische Markoff-Kette mit Übergangsmatrix A. Dann gilt für die Anzahl p_n der periodischen Punkte der Periode n die Beziehung*

$$\lim_{n \to \infty} \frac{1}{n} \log p_n = \log \lambda,$$

wobei λ den größten Eigenwert der Matrix A bezeichnet.

Beweis. Die bekannte Tatsache, dass

$$\lim_{n \to \infty} \frac{1}{n} \log \mathrm{Spur}(A^n) = \log \lambda,$$

zusammen mit der vorangestellten Bemerkung liefert die Behauptung.

2.3 Homöomorphismen der Kreislinie

Ein klassisches Resultat von Poincaré und Denjoy charakterisiert Homöomorphismen T der Kreislinie $S^1 = \{z \in \mathbb{C} : |z| = 1\}$. Um diese Charkterisierung durchzuführen, betrachtet man Überlagerungsabbildungen ([13], S.18) $f : \mathbb{R} \to \mathbb{R}$, stetige Funktionen, die T als Faktor unter der Exponentialabbildung besitzen, d.h. das Diagramm

$$\begin{array}{ccc} \mathbb{R} & \xrightarrow{\ f\ } & \mathbb{R} \\ {\scriptstyle \exp}\downarrow & & \downarrow{\scriptstyle \exp} \\ S^1 & \xrightarrow{\ T\ } & S^1 \end{array}$$

kommutativ machen. Es gilt also $T(\exp[2\pi i x]) = \exp[2\pi i f(x)]$. Da T ein Homöomorphismus ist, muss f umkehrbar eindeutig auf jedem Intervall der

Länge 1 sein. Ferner gilt $f(x+1) = f(x) \bmod 1$, folglich $f(x+1) = f(x) \pm 1$, je nachdem f die Orientierung erhält oder umkehrt. Durch Induktion folgert man hieraus

$$f^n(x+1) = f(f^{n-1}(x+1)) = f(f^{n-1}(x) \pm 1) = f^n(x) \pm 1$$

und

$$f^n(x+r) = fn(x+r-1) \pm 1 = f^n(x) \pm r.$$

Satz 23. *Sei $f : \mathbb{R} \to \mathbb{R}$ eine zu T gehörige Überlagerungsabbildung.*

1. Der Grenzwert $\rho_f = \lim_{|n| \to \infty} \frac{1}{|n|} f^n(x)$ existiert für beliebige $x \in \mathbb{R}$.

2. ρ_f ist genau dann rational, wenn T einen periodischen Punkt besitzt.

O.E. sei f stets als orientierungstreu angenommen.

Beweis. 1. Es seien $m, r \in \mathbb{Z}$ so gewählt, dass $r \le f^m(0) < r+1$ gilt. Aus der Monotonie von f erhält man unmittelbar

$$f^n(0) + f^m(0) - 1 \le f^n(0) + r = f^n(r) \le f^n(f^m(0)) = f^{n+m}(0)$$
$$\le f^n(r+1) = f^n(0) + r + 1 \le f^n(0) + f^m(0) + 1.$$

Die Folge $a_n = f^n(0)$ erfüllt also die Bedingung $a_{n+m} - 1 \le a_n + a_m \le a_{n+m} + 1$, und damit konvergiert $\frac{1}{|n|} a_n$ (s. [6], S.123). Für beliebiges $x \in \mathbb{R}$ wählt man $k \in \mathbb{Z}$ mit $k \le x \le k+1$. Die gewünschte Konvergenz erhält man sofort aus

$$f^n(0) + k \le f^n(x) \le f^n(0) + k + 1.$$

Der Grenzwert ist natürlich unabhängig von $x \in \mathbb{R}$.

2. Sei zunächst $z = \exp[2\pi i x] \in S^1$ ein periodischer Punkt von T, etwa der Periode p: $T^p(z) = \exp[2\pi i f^p(x)] = z$. Da $n := f^p(x) - x \in \mathbb{Z}$ gelten muss, folgt induktiv

$$f^{kp}(x) = f^p(f^{(k-1)p}(x)) = f^p(x + (k-1)n) = f^p(x) + (k-1)n = x + kn,$$

folglich auch $\lim_{k \to \infty} \frac{1}{kp} f^{kp}(x) = \frac{n}{p}$.

Schließlich sei $\rho_f = -\frac{k}{m} \in \mathbb{Q}$, $k, m \in \mathbb{Z}$. Man definiert $g(x) = f^m(x) + k$ als eine Überlagerungsabbildung von T^m und rechnet sofort nach, dass $g^n(x) = f^{nm}(x) + kn$ für beliebige $n \in \mathbb{Z}$ gilt. Angenommen, g besitzt keinen Fixpunkt. Da f orientierungstreu ist, muss $g^n(0)$ monoton wachsen und besitzt keinen Häufungspunkt, denn ein solcher wäre ein Fixpunkt von g. Ist nun n_0 so gewählt, dass $g^{n_0}(0) > 1$, so gilt auch $g^{r n_0}(0) > r$ ($r \in \mathbb{N}$). Es folgt

$$\frac{1}{n_0} \le \frac{1}{r n_0} g^{r n_0}(0) = \frac{1}{r n_0}[f^{rmn_0}(0) + rkn_0] \to m\rho_f + k = 0.$$

Das ist ein Widerspruch. Es gibt also ein $x \in \mathbb{R}$ mit $g(x) = x$ und somit folgt auch $T^m(\exp[2\pi i x]) = \exp[2\pi i g(x)] = \exp[2\pi i x]$.

Ist f eine feste Überlagerungsabbildung für T, so erhält man jede andere Überlagerungsabbildung durch Addition einer ganzen Zahl. Offenbar ändert sich der Grenzwert ρ_f beim Übergang zu einer anderen Überlagerungsabbildung nicht. Dieser gemeinsame Grenzwert $\rho(T) = \rho_f$ in Satz 23 wird als *Rotationszahl* von T bezeichnet.

Beispiel 27. Es sei $T(z) = z \exp[2\pi i \alpha]$ eine Rotation. Eine Überlagerungsabbildung ist $x \mapsto x + \alpha$ und deshalb folgt

$$\rho(T) = \alpha.$$

Definition 19. *Ein stetiges dynamisches System* (Ω, T) *heißt minimal, falls jede Bahn dicht in* Ω *liegt (also* $\overline{\mathcal{O}(x)} = \Omega \; \forall x \in \Omega$*).*

Minimalität ist ein wesentlicher Begriff der topologischen Dynamik und wird in Abschnitt 3.1 näher besprochen. Eines der einfachsten Beispiele stellen irrationale Rotationen der S^1 dar. In Beispiel 1 wurde dies bereits gezeigt. Ein weiterer wichtiger Begriff der topologischen Dynamik ist die Konjugation von stetigen dynamischen Systemen, die in Definition 15 eingeführt wurde. Sind zwei Systeme konjugiert, besitzen sie dieselben dynamischen Eigenschaften, sofern sie nur durch die Topologie definiert werden. Solche Eigenschaften sind z.B. Existenz periodischer Punkte und Minimalität.

Satz 24. [POINCARÉ] *Die Rotationszahl ist eine vollständige Invariante der Konjugation in der Klasse aller orientierungstreuer, minimaler Homöomorphismen der* S^1.

Beweis. Es seien zunächst S und T vermöge Π konjugiert. Wählt man Überlagerungsabbildungen f von T, g von S und π von Π, so bedeutet die Kojugation, dass

$$\pi \circ f = g \circ \pi \quad \mod 1$$

gilt. Es folgt

$$\frac{\rho_f}{\rho_g} = \lim_{n \to \infty} \frac{f^n(x)}{g^n(\pi(x))} = \lim_{n \to \infty} \frac{f^n(x)}{\pi(f^n(x))} = 1,$$

da $\lim_{z \to \infty} \frac{\pi(z)}{z} = \lim_{z \to \infty} \frac{\pi(z - [z])}{z} + \frac{[z]}{z} = 1$. Also besitzen konjugierte Abbildungen die gleiche Rotationszahl.
Zur Vorbereitung des Umkehrschlusses beweist man am besten das folgende

Lemma 4. *Ist* ρ_f *irrational, so sind die Mengen* $\{n\rho_f + m : n, m \in \mathbb{Z}\}$ *und* $\{f^n(0) + m : n, m \in \mathbb{Z}\}$ *vermöge der Abbildung* $h(n\rho_f + m) = f^n(0) + m$ *isomorph.*

Beweis. Es genügt offenbar zu zeigen, dass h eine strikt monotone Abbildung ist, denn dann ist h auch eine Bijektion auf sein Bild. Seien $n, m, k, l \in \mathbb{Z}$ mit

$n\rho_f + m < k\rho_f + l$ gewählt. Da stets $\frac{1}{N}[f^N(0)] \leq \rho_f \leq \frac{1}{N}([f^N(0)] + 1)$ ($N \in \mathbb{Z}$) gilt, folgt

$$f^n(0) = f^k(f^{n-k}(0)) \leq f^k((n-k)\rho_f) \leq f^k(l-m) = f^k(0) + l - m.$$

Im Falle der Gleichheit gibt es einen periodischen Punkt; da jedoch ρ_f irrational ist, folgt das Lemma mit Satz 23.

Der Beweis von Satz 24 wird nun auf folgende Weise beendet. Man definiert einen Homöomorphismus $\pi : \mathbb{R} \to \mathbb{R}$ durch

$$\pi(x) = \lim_{f^n(0)+m \uparrow x} h^{-1}(f^n(0) + m).$$

(Da T minimal ist, gibt es zu $\epsilon > 0$ ein $n \in \mathbb{Z}$, derart dass $|T^n(0) - \exp[2\pi i x]|$ so klein ist, dass $|f^n(0) - x| < \epsilon$ mod 1 gilt. Daher ist x wie behauptet approximierbar.) Der Grenzwert existiert nach Lemma 4 und π kommutiert mit der Überlagerungsabbildung $x \mapsto x + \rho_f$ der irrationalen Rotation um den Winkel ρ_f, denn

$$\pi(f(x)) = \lim_{f^n(0)+m \uparrow x} h^{-1}(f^{n+1}(0) + m)$$
$$= \lim_{f^n(0)+m \uparrow x} (n+1)\rho_f + m = \pi(x) + \rho_f.$$

Die Abbildung $\Pi(\exp[2\pi i x]) = \exp[2\pi i \pi(x)]$ ist dann der gesuchte Homöomorphismus zwischen T und der irrationalen Rotation um den Winkel ρ_f.

Der letzte Satz zeigt unter anderem, dass zwei verschiedene irrationale Rotationen nicht konjugiert sein können. Es genügt für den letzten Satz die Existenz einer dichten Bahn vorauszusetzen, um die Konjugiertheit zu beweisen. In der Tat zeigt das Argument des Beweises, dass die Konjugation auf jedem Bahnabschluß gilt und global eine Semi-Konjugation definiert. Eine Funktion $f : S^1 \to \mathbb{R}$ heißt von *beschränkter Variation*, wenn

$$Var(f) = \sup\{\sum_{k=1}^{n} |f(e^{ix_k}) - f(e^{iy_k})| : 0 \leq x_k < y_k \leq x_{k+1} \leq 2\pi, n \geq 1\}$$

endlich ist.

Satz 25. [DENJOY] *Ein C^1-Diffeomorphismus der S^1 mit einer Ableitung von beschränkter Variation und mit irrationaler Rotationszahl ρ ist zur Rotation um den Winkel ρ konjugiert.*

Beweis. Sei $T : S^1 \to S^1$ wie im Satz und T_ρ die irrationale Rotation um den Winkel $\rho \in \mathbb{R} \setminus \mathbb{Q}$. Angenommen, T ist nicht zu T_ρ konjugiert. Sei $x \in S^1$ ein Punkt mit $\overline{\mathcal{O}(x)} \neq S^1$ (vgl. das Theorem von Poincaré). Dann ist $\overline{\mathcal{O}(x)}$ eine abgeschlossene Menge in S^1, deren Komplement in abzählbar viele Intervalle zerfällt (da $\rho \notin \mathbb{Q}$, kann es keine periodischen Punkte geben, und somit ist die Anzahl der Zusammenhangskomponenten von $S^1 \setminus \overline{\mathcal{O}(x)}$ nicht endlich). Aus demselben Grund ist jeder Endpunkt einer Komponente auch Häufungspunkt anderer Komponenten. Es folgt daraus, dass T diese Komponenten vertauscht, und zwar so, dass für eine feste Komponente $I = (x, y)$ sämtliche Mengen $T^k(I)$ $(k \in \mathbb{Z})$ paarweise disjunkt sind.

Sei $u \in I$ und eine Folge $n_k \to \infty$ durch

$$d(T^{n_k}(u), u) < \min_{-|n_k| < l < |n_k|} d(T^l(u), u)\}$$

erklärt. Dann sind die Bilder des Intervalls J_k mit Endpunkten u und $T^{n_k}(u)$ unter Iteration mittels T^l für $0 \leq |l| \leq |n_k|/2$ paarweise disjunkt. Ebenso sind die Mengen $T^l(J_k)$ für jeweils $|n_k|/2 \leq l \leq 3|n_k|/2$ und $-3|n_k|/2 \leq l \leq -|n_k|/2$ paarweise disjunkt.

Bezeichnet nun $V = 3Var(\log|T'|)$ das Dreifache der Variation von $\log|T'|$, so folgt für $v, w \in I$ oder $v, w \in J_k$ und $-n_k \leq K < L \leq n_k$ durch Aufspalten in bis zu drei Teilsummen

$$V \geq \sum_{k=K}^{L} \left|\log|T'(T^k(v))| - \log|T'(T^k(w))|\right|$$

$$\geq \left|\log \prod_{k=K}^{L} \left|\frac{T'(T^k(v))}{T'(T^k(w))}\right|\right| = \left|\log \frac{(T^{L-K})'(T^K(v))}{(T^{L-K})'(T^K(w))}\right|.$$

Sei $I_0 = I \cap J_k$. Es folgt einerseits für $n = L$ und $K = 0$

$$|T^{\pm n}(I_0)| = \int_{I_0} |(T^{\pm n})'(v)|dv \geq e^{-V}|I_0||(T^{\pm n})'(u)|,$$

aber auch andererseits

$$|(T^{n_k})'(u)||(T^{-n_k})'(u)| \geq e^{-V}.$$

Zusammenfassend bedeutet dies, dass

$$|T^{n_k}(I)| + |T^{-n_k}(I)| \geq |T^{n_k}(I_0)| + |T^{-n_k}(I_0)|$$

$$= \int_{I_0} |(T^{n_k})'(v)| + |(T^{-n_k})'(v)|du$$

$$\geq \exp[-V]|I_0| \left(|(T^{n_k})'(u)| + |(T^{-n_k})'(u)|\right)$$

$$\geq \exp[-V]|I_0|\sqrt{|(T^{n_k})'(u)(T^{-n_k})'(u)|}$$

$$\geq |I_0| \exp[-3V/2].$$

Das ist ein Widerspruch zur Wahl von I, denn die Intervalle $T^k(I)$ besitzen keine untere Schranke für ihre Länge, da sie paarweise disjunkt sind.

Im Falle einer rationalen Rotationszahl gilt der folgende Satz. Sei $T : S^1 \to S^1$ ein Diffeomorphismus mit einer endlichen Anzahl m von periodischen Punkten. Man überlegt sich leicht, dass alle Primperioden gleich sein müssen, etwa gleich p sind. Es bezeichne $I_1, ..., I_m$ die Intervalle, die durch diese periodischen Punkte als Randpunkte definiert werden, paarweise disjunkt sind, und für die $I_j \cap I_{j+1 \bmod 1}$ einpunktig ist. Es folgt für ein $\iota > 0$, dass $T I_j = I_{j+\iota}$ für alle $1 \le j \le m$ gelten muss. $\iota = \iota_T$ heißt der *Sprungindex* von T.

Satz 26. *Seien S und T zwei Diffeomorphismen der S^1 mit m periodischen Punkten der Primperiode p, die sämtlich Senken oder Quellen sind. Es sei ferner $\iota_S = \iota_T$. Dann sind S und T konjugiert.*

Beweis. Seien $I_1, ..., I_m$ und $J_1, ..., J_m$ die zu den Diffeomorphismen S und T gehörigen Intervalle, so wie es gerade beschrieben wurde. Man kann annehmen, dass entsprechende Endpunkte von J_1 von demselben Typ wie von I_1 sind (also z.B. ein Endpunkt eine Quelle, und die Intervalle besitzen dann die gleiche Orientierung). Es kann keine periodischen Punkte in I_1 und J_1 geben, und daher gibt es einen Homöomorphismus $h_0 : I_1 \to J_1$ der S^p und T^p konjugiert. Man setzt nun

$$h(x) = T^i \circ h_0 \circ S^{-i}(x) \qquad x \in S^i(I_1) = I_{i\iota_S+1}.$$

Dann bildet h die Menge $I_{i\iota_S+1}$ auf die Menge $J_{i\iota_T+1}$, und da beide Sprungindizes gleich sind, erhält man, dass h I_k auf J_k orientierungstreu abbildet. Man überlegt sich leicht, dass h ein Homöomorphismus ist, der S und T konjugiert.

2.4 Rationale Abbildungen

Die Iterationstheorie rationaler Funktionen gestaltet sich besonders elegant. Der Grund dafür ist die Ausnutzung konformer Strukturen. Es wird hier ein kurzer Einblick in die Grundlagen der Theorie vorgestellt, und ein Ausblick auf die Sullivansche Theorie der Fatou Komponenten angefügt. Eine wichtige Motivation der Theorie ist das bekannte Newton Verfahren.
Es sei $P : \mathbb{C} \to \mathbb{C}$ ein Polynom, also $P(z) = a_0 z^n + ... a_{n-1} z + a_n$. Die Lösung des Nullstellenproblems

$$P(z) = 0$$

mittels des *Newton-Verfahrens* führt auf die Iteration der rationalen Funktion (der *Newton-Abbildung*)

$$R(z) = z - \frac{P(z)}{P'(z)}.$$

Ein Wert z_0 ist nämlich genau dann eine Nullstelle von P, wenn er ein superanziehender Fixpunkt von R ist. In der Tat ist $R'(z_0) = 0$, wie man sofort nachrechnet. Startet der Iterationsprozess $z_n = R(z_{n-1})$ mit z_1 in der Nähe des Fixpunktes z_0, so konvergieren die Punkte z_n gegen z_0. Man weiss jedoch, dass nicht alle Startwerte zu einer Lösung führen.

Beispiel 28. Das Polynom $P(z) = z^3 - 2z + 2$ vom Grad 3 besitzt die Newton-Abbildung $R(z) = (2z^3 - 2)/(3z^2 - 2)$. Es gilt $R(1) = 0$ und $R(0) = 1$, also ist $\{0, 1\}$ ein periodischer Orbit der Periode zwei. Ferner gilt $R'(z) = \frac{6z^2}{3z^2 - 2} - \frac{6z(2z^3 - 2)}{(3z^2 - 2)^2}$, es ist also $R'(0) = 0$ und daher die Bahn des periodischen Orbits superanziehend. Natürlich ist weder 0 noch 1 eine Lösung des Nullstellenproblems.

Eine rationale Funktion

$$R(z) = \frac{P(z)}{Q(z)} \qquad (z \in \mathbb{C})$$

mit Polynomen $P(z)$ und $Q(z)$ lässt sich holomorph auf die Riemannsche Fläche S^2 fortsetzen. Diese Fortsetzung sei wiederum mit $R(z)$ bezeichnet. Natürlich kann man stets annehmen, dass die Polynome teilerfremd sind. Umgekehrt entsteht auch jeder analytische Endomorphismus auf diese Art und Weise. Der *Grad* von R ist $\deg(R) = \max\{\deg(P), \deg(Q)\}$ (vgl. die Definition des Grades vor Korollar 8 in Abschnitt 3.5, die hiermit übereinstimmt), wobei der Grad eines Polynoms wie üblich definiert ist. Ist $\deg(R) = 1$, so ist R eine Möbius-Transformation

$$R(z) = \frac{az + b}{cz + d} \qquad ad - bc \neq 0 \tag{2.6}$$

oder konstant.

Satz 27. *Eine Möbius-Transformation ist eine biholomorphe Abbildung der* S^2.

Beweis. Die Inverse zu R, das wie in (2.6) gegeben sei, ist $\frac{dz - b}{a - cz}$ $(z \in \mathbb{C})$.

Im Folgenden sei R stets vom Grad ≥ 2. Jede Möbius-Transformation φ konjugiert rationale Abbildungen zu einer weiteren rationalen Abbildung. Ein *kritischer* Punkt z ist dadurch definiert, dass die Ableitung in z verschwindet.

Satz 28. *Eine rationale Abbildung vom Grad d besitzt höchstens $2d - 2$ kritische Punkte in S^2. Ein Polynom besitzt höchstens $d - 1$ kritische Punkte in* $\mathbb{C}$.

Beweis. Für $z_0 \in S^2$ sei $k = k(z_0)$ durch $\lim_{z \to z_0} \frac{R(z) - R(z_0)}{(z - z_0)^k} \in (0, \infty)$ definiert. Der Satz von Riemann-Hurwitz ([41], S.43) besagt, dass $\sum k(z) - 1 = 2d - 2$. Da $k(z) > 1$ für kritische Punkte und $k(\infty) = d$ für ein Polynom gelten, folgt der Satz unmittelbar.

Einen Punkt $z \in S^2$ nennt man bekanntlich *normal* bzgl. R, falls es eine Umgebung von z gibt, auf der die Familie $\{R^n : n \geq 1\}$ gleichgradig stetig ist. Nach dem Satz von Montel ([97], S.3) ist ein Punkt $z \in S^2$ genau dann normal, wenn die Bilder von R und seiner Iterierten, eingeschränkt auf beliebig kleine Umgebungen, drei Werte auslassen. Auf Grund dieser Eigenschaft lässt sich die Sphäre in zwei komplementäre Mengen zerlegen:

Definition 20. *Die Fatou-Menge $F(R)$ besteht aus allen bzgl. der Familie $\{R^n : n \geq 0\}$ normalen, und die Julia-Menge $J(R)$ aus allen bzgl. der Familie $\{R^n : n \geq 0\}$ nicht normalen Punkten.*

Eine Teilmenge A eines dynamischen Systems (Ω, T) heißt *vollständig invariant*, wenn $T(A) = A = T^{-1}(A)$ gilt.

Proposition 5. *Sei E eine abgeschlossene, vollständig R-invariante Teilmenge in S^2. Dann besitzt E entweder die Mächtigkeit ≤ 2 oder $J(R) \subset E$.*

Beweis. Es sei $|E| \geq 3$ und $X = S^2 \setminus E$. X ist offen und vollständig invariant. Daher lassen die Iterierten R^n, $n \geq 0$, die Werte in E aus, d.h. $R^n(z) \notin E$ für jedes $n \geq 1$ und $z \in X$. Nach dem Satz von Montel ist daher jedes $z \in X$ normal, also $X \subset F(R)$, oder $J(R) \subset E$.

Proposition 6. *1. $J(R)$ ist vollständig invariant.*
2. $J(R)$ ist nicht leer, kompakt und besitzt keine isolierten Punkte.
3. Für jedes $m \geq 1$ ist $J(R) = J(R^m)$.

Beweis. 1. Es genügt, die Invarianz der Fatou-Menge zu zeigen. Unmittelbar aus der Definition der Normalität folgt, dass mit einem Punkt auch sein Bild und jedes Urbild normal ist. Daher folgt $R^{-1}(F) = F = R(F)$. Da R surjektiv ist, ist alles gezeigt.
2. Da $F = F(R)$ offen ist, muss $J(R)$ kompakt sein.
Ist $J(R)$ die leere Menge, so ist $R^n(z)$ in jedem Punkt $z \in S^2$ normal. Daher ist jeder Häufungspunkt $\overline{R}$ von $\{R^n : n \geq 0\}$ analytisch auf S^2, also auch rational. Man kann also annehmen, dass R^n gegen $\overline{R}$ gleichmäßig konvergiert, und ∞ keine Nullstelle von $\overline{R}$ ist (nach einem eventuellen Koordinatenwechsel). Aus dem Satz von Rouche ([2], S.152) folgt für hinreichend großes n, dass R^n und $\overline{R}$ die gleiche Anzahl von Nullstellen besitzen. (Das ist zunächst auf kleinen Kugeln richtig, deren Zentrum eine Nullstelle von $\overline{R}$ ist. Ferner ist R^n auf dem Komplement der Vereinigung dieser Kugeln von Null weg beschränkt.) Es folgt, dass $\overline{R}$ und R^n den gleichen Grad besitzen, sofern n hinreichend groß ist. Da jedoch $\deg(R^n) = [\deg(R)]^n$ für jedes $n \geq 1$ gelten muss, folgt ein Widerspruch, da $\deg(R) \geq 2$ vorausgesetzt wurde. Somit ist $J(R)$ nicht leer.
Ein Punkt z heißt bekanntlich *isoliert*, wenn er nicht als Häufungspunkt einer Folge $z_n \neq z$ ($n \geq 1$) erhalten werden kann. Sei X die Menge aller Häufungspunkte von $J(R)$. X ist abgeschlossen und vollständig invariant nach 1., und daher gilt $J(R) = X$ nach Proposition 5.
3. Ist x normal für die Familie $\{R^n : n \geq 0\}$, so auch für $\{R^{mn} : n \geq 0\}$. Umgekehrt, ist x normal für $\{R^{nm} : n \geq 1\}$, so auch für jede Familie $\{R^{nm+l} : n \geq 1\}$ mit $l = 0, 1, ..., m-1$. Daher ist x auch normal für $\{R^n : n \geq 1\}$.

Beispiel 29. Eine Möbius-Transformation, die S^1 invariant lässt, hat die Gestalt $B(z) = e^{i\phi}(z-a)/(\overline{a}z-1)$ mit $a \in \mathbb{D} = \{z \in \mathbb{C} : |z| < 1\}$. Ein endliches Produkt solcher Funktionen nennt man ein *Blaschke-Produkt*, und falls sein

Grad ≥ 2 und einer der Koeffizienten $a = 0$ sind, folgt schon $F(R) = S^2 \setminus S^1$. Es ist ebenfalls leicht zu sehen, dass die Funktion $z \to z + z^{-1} - 1$ eine Julia-Menge besitzt, die eine Cantor-Menge ist und ganz in $\mathbb{R}$ enthalten ist.

Aus Proposition 6 folgt, dass $F(R)$ offen und vollständig invariant ist; R operiert sowohl auf $F(R)$ als auch auf $J(R)$.

Definition 21. *Sei (Ω, T) ein stetiges dynamisches System. Es heißt topologisch mischend, wenn für alle nicht leeren, offenen Mengen $U, V \subset \Omega$ und für schließlich alle $m \in \mathbb{N}$ $V \cap T^{-m}(U) \neq \emptyset$ gilt. Es heißt topologisch exakt, wenn für alle nicht leeren, offenen Mengen $U \subset \Omega$ ein $n \in \mathbb{N}$ existiert, so dass $T^n(U) = \Omega$.*

Satz 29. *Das System $(J(R), R)$ ist topologisch mischend und topologisch exakt.*

Beweis. Es genügt zu zeigen, dass $(J(R), R)$ topologisch exakt ist. Da $J(R)$ aus nicht normalen Punkten besteht, gilt für eine offene, nicht leere Menge W, dass $\bigcup_{n=0}^{\infty} R^n(W) \supset J(R)$.

Seien nun $U \neq \emptyset$ offen und $z \in U \cap J(R)$ ein abstoßender periodischer Punkt der Periode m. Man findet dann eine offene Menge $z \in V \subset U$ mit $V \subset R^m(V)$. Es folgt, dass

$$\bigcup_{n \geq 0} R^{nm}(V) \supset J(R^m)$$

und, da die Folge $R^{nm}(V)$ monoton wächst und $J(R^m)$ kompakt ist, gibt es ein n_0, so dass $R^{mn_0}(V) \supset J(R^m)$, also auch $R^{mn_0}(U) \supset J(R^m)$. Mit Proposition 6, 3., ist die Behauptung gezeigt, wenn die abstoßenden periodischen Punkte dicht in $J(R)$ liegen. Diese Aussage ist aber Bestandteil des nächsten Resultates.

In der Tat ist diese Dichtheitsaussage eine weitere Beschreibung der Julia-Menge. Für einen periodischen Punkt z mit Primperiode $n \geq 1$ setzt man den *Multiplikator* als

$$\lambda = \lambda(z) = (R^n)'(z) = R'(z) \cdot R'(R(z)) \cdot \ldots \cdot R'(R^{n-1}(z))$$

fest[5]. z ist ein *abstoßender periodischer Punkt*, falls $|\lambda| > 1$ gilt. Gilt $\lambda(z) = 0$, so heißt z *superanziehend* (kritisch), für $0 < |\lambda(z)| < 1$ bezeichnet man z als *anziehend*. Schließlich, im Falle $\lambda(z) = \exp[2\pi i \alpha]$ $(\alpha \in \mathbb{R})$, heißt z *indifferent*; insbesondere heißt er rational indifferent oder parabolisch, wenn α rational ist.

Satz 30. *Die Julia-Menge einer rationalen Funktion enthält die Menge X aller abstoßender periodischer Punkte. Abstoßende periodische Punkte liegen dicht in $J(R)$.*

---

[5] Die Definition ist invariant gegenüber Konjugation mit beliebigen Möbius-Transformationen und kann so auf $z = \infty$ ausgedehnt werden.

Beweis. Ein abstoßender periodischer Punkt z kann nicht normal sein, da sonst die gleichgradige Stetigkeit von $\{R^n : n \geq 0\}$ im periodischen Punkt verletzt ist. Somit gilt $z \in J(R)$ und $X \subset J(R)$.

In einem nächsten Schritt wird gezeigt, dass periodische Punkte dicht in $J(R)$ liegen. Hierzu wird in jeder Umgebung U eines Punktes $z \in J(R)$ ein periodischer Punkt konstruiert. Da $J(R)$ perfekt ist (Proposition 6), und da es nur endlich viele kritische Punkte geben kann (Satz 28), existiert ein Punkt $w \in U \cap J(R)$, der kein kritischer Wert für die rationale Abbildung R^2 ist. Da dann $R^{-2}\{w\}$ mindestens vier Punkte enthält, können drei davon auswählt werden, etwa w_1, w_2 und w_3. Seien W_i offene Umgebungen von w_i ($1 \leq i \leq 3$), die alle auf das gleiche Bild W unter R^2 abbilden. Sei R_j^2 derjenige inverse Zweig der Umkehrabbildung R^{-2}, der W auf W_j abbildet.

Angenommen, für jedes $j = 1,2,3$, jedes $n \geq 1$ und jedes $w \in W$ ist $R^n(w) \neq R_j^2(w) = w_j$. Dann ist nach dem Satz von Montel $\{R^n : n \geq 1\}$ normal in W, im Widerspruch zu $w \in W \cap J(R)$. Es gibt also $p \in W$, $n \geq 1$ und $j \in \{1,2,3\}$ mit $R^n(p) = R_j^2(p)$, d.h. $R^{n+2}(p) = p$. Da U beliebig war, folgt zunächst $z \in X$, und da $z \in J(R)$ ebenfalls beliebig war, auch $J(R) \subset X$.

Ein periodischer Punkt mit Multiplikator vom Betrag < 1 ist sicherlich normal, gehört also nicht zu $J(R)$. Nach einem Satz von Fatou (s. die Diskussion am Schluss dieses Abschnitts) kann es nur endlich viele indifferente periodische Punkte in $J(R)$ geben. Hieraus folgt, dass $J(R)$ der Abschluss der abstoßenden periodischen Punkte ist.

Da eine Julia-Menge nicht leer und kompakt ist, zerfällt $F(R)$ in Zusammenhangskomponenten.

Satz 31. *Die Zusammenhangskomponente F_∞ von ∞ eines Polynoms P ist vollständig invariant.*

Beweis. Da ∞ ein anziehender Fixpunkt eines Polynoms ist, gilt $P^{-1}(F_\infty) \supset F_\infty$. Ist F irgendeine Komponente von $F(P)$ mit $P(F) \subset F_\infty$, so muss $P(F) = F_\infty$ gelten, denn ein Punkt im Rand von F gehört zu $J(P)$ und wird somit in $J(P)$ abgebildet. Da ∞ vollständig invariant ist, kann es keine Komponente außer F_∞ geben, die auf F_∞ abgebildet wird.

Aus den bis jetzt diskutierten Eigenschaften lassen sich Algorithmen zur Berechnung – und damit graphischen Darstellung – von Julia-Mengen ableiten. Man sucht sich beispielsweise einen passenden periodischen Punkt und iteriert rückwärts. Die folgenden Bilder zeigen eine Auswahl von Julia-Mengen quadratischer Polynome.

Die Struktur der Komponenten der Fatou-Menge ist bekannt. Als Ausblick sei an dieser Stelle ein kurzer Abriss dieser Fakten ohne Beweise angefügt. Die entsprechende Spezialliteratur findet man etwa in [41], [48], [87], oder [97]. Insbesondere folgt aus der Diskussion, dass es nur endlich viele indifferente Punkte in der Julia-Menge geben kann (vgl. den Beweis zu Satz 30).

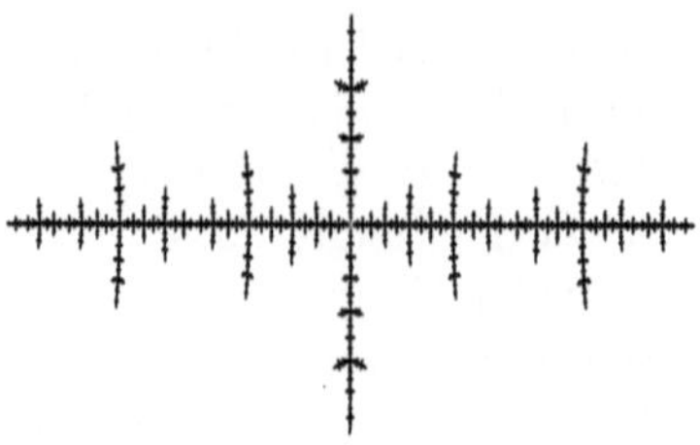

Abb. 2.3. $R(z) = z^2 - 1.54369...$ Dendrit; kritisch

Abb. 2.4. $R(z) = z^2 + 0.49 + (0.49)^2 i$ Cantor-Menge; hyperbolisch

Der Satz von Sullivan besagt, dass jede Zusammenhangskomponente der Fatou-Menge schließlich periodisch ist, es nur endlich viele periodische Komponenten geben kann, und die periodischen Komponenten klassifiziert werden können. Sei also U eine Komponente der Fatou-Menge einer rationalen Abbildung R. Dann gibt es n und m, so dass $R^m(R^n(U)) = R^n(U)$. Die Bahnen von Punkten der Fatou-Menge verlaufen schließlich ganz in periodischen Komponenten; es genügt also, die Dynamik innerhalb solcher Komponenten zu beschreiben. Sei U eine periodische Komponente (mit Periode m und somit gilt $R^m : U \to U$). Gemäß der Klassifikation der holomorphen Abbildungen auf hyperbolischen Riemannschen Flächen ([3] und [41], S.157) können nur die folgenden Fälle auftreten:

1. [Unmittelbarer Anziehungsbereich] U ist der *unmittelbare Anziehungsbereich* eines (super)anziehenden periodischen Punktes. Es gibt einen periodischen Punkt $z_0 \in U$ mit Periode m und $R^{nm}(z) \to z_0$ für jedes $z \in U$.

Falls der Multiplikator λ von $R^m(z_0)$ vom Betrag $0 < |\lambda| < 1$ ist, so ist die Aussage von Kœnigs Satz die lokale Konjugation der rationalen Funktion R zur Abbildung $w \to \lambda w$ in einer Umgebung von 0 (s. Satz 10). Zum Beispiel ist $z \to z^2 + z/2$ von diesem Typus. Im kritischen (superanziehenden) Fall $\lambda = 0$ ergibt Bötkers Satz die Konjugation zu $w \to w^n$ für ein $n \geq 1$. (Beispielhaft sei hierfür die rationale Funktion $z \to z^2$ erwähnt).

2. [Anziehungsbereich eines parabolischen Punktes] U ist der *Anziehungsbereich eines Blattes* für einen rational indifferenten periodischen Punkt.

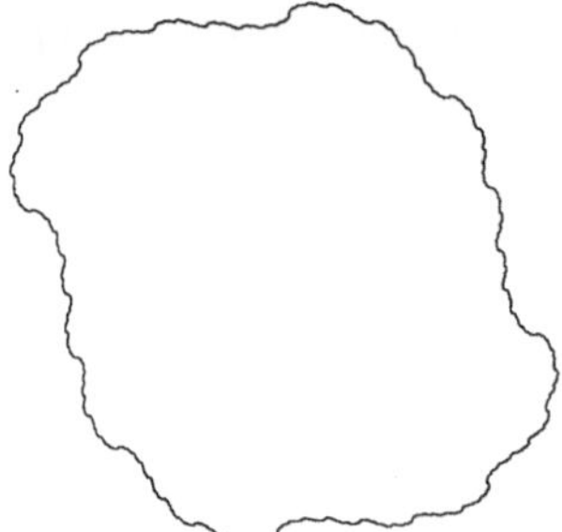

Abb. 2.5. $R(z) = z^2 + 0.15 + 0.2i$ Jordan-Kurve; hyperbolisch

Dies bedeutet, dass es einen periodischen Punkt z_0 im Rand von U gibt, etwa $R^m(z_0) = z_0$ und der Multiplikator von $R^m(z_0)$ ist von der Form $\lambda = \exp[2\pi i\frac{p}{q}]$ mit $p, q \in \mathbb{Z}$. In diesem Fall gilt $R^{nm}(z) \to z_0$ für jedes $z \in U$. U wird ein Blatt (*petal*) des parabolischen periodischen Punktes $z_0 \in \partial U$

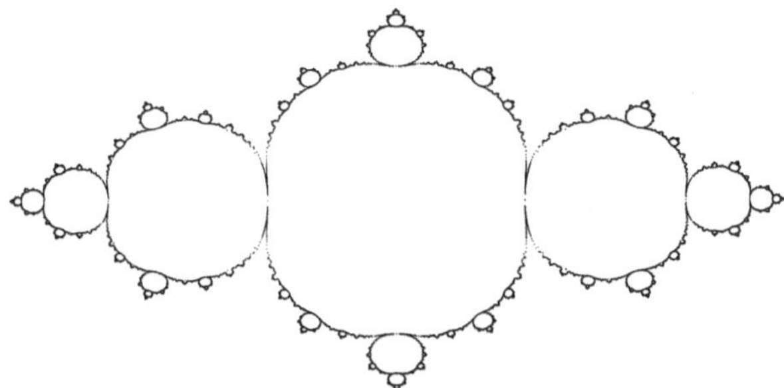

Abb. 2.6. $R(z) = z^2 - \frac{3}{4}$ parabolisch mit 2 Blättern

genannt. Fatous Flower Theorem besagt, dass R^m in einer Umbebung von z_0 zur Abbildung $w \to \lambda w(1 + w^n)$ für ein $n \geq 1$ konjugiert ist. Es gibt n abstoßende Richtungen $L_1, ..., L_n$ und ebenso viele anziehende Richtungen, und $J(R)$ ist tangential in z_0 zu den abstoßenden Richtungen L_j. Hierbei ist n so bestimmt, dass der analytische inverse Zweig von R^m, der $z_0 = 0$ fest lässt, die Form $z \to z + az^{n+1} + ...$ besitzt.

3. [Siegel Scheibe] U ist eine *Siegel-Kreisscheibe*, und $R^m_{|U}$ ist zu einer irrationalen Rotation auf $\mathbb{D} = \{z : |z| < 1\}$ konjugiert.

Dies bedeutet, dass es einen periodischen Punkt z_0 der Periode m mit Multiplikator $\lambda = \lambda(z_0) = \exp[2\pi i\alpha]$, α irrational, gibt, und R^m zu $w \to \lambda w$ konjugiert ist.

Beispielsweise besitzt die Abbildung

$$R_\kappa(z) = z^2 + \kappa z$$

für fast alle $\kappa \in S^1$ eine Komponente dieses Typus, genauer, falls das zu κ gehörige α Diophantisch ist (s. Definition 12). Allerdings besitzt die Familie R_κ generisch keine Siegel-Kreisscheibe.

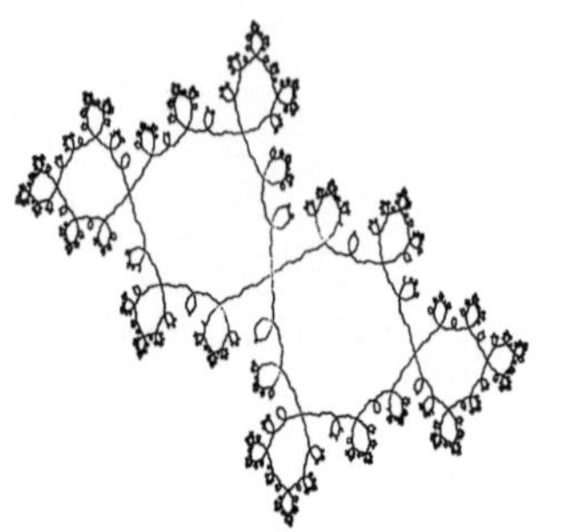

Abb. 2.7. $R(z) = z^2 + z \exp[2\pi i\sqrt{2}]$ Siegel-Kreisscheibe

4. [Herman-Ring] U ist ein *Herman-Ring*, d.h. $R_{|U}^m$ ist zu einer irrationalen Rotation auf einem Kreisring $\{z : a < |z| < 1\}$ konjugiert.

3 Topologische Dynamik

Topologische Dynamik beschäftigt sich mit stetigen dynamischen Systemen (Ω, G), ihren dynamischen Eigenschaften und ihrem strukturellen Aufbau. Sie besitzt daher grundlegende Bedeutung.

Man legt das allgemeine Modell zu Grunde, wie es in Abschnitt 1.1 beschrieben wurde, und studiert zunächst einmal Rekurrenzeigenschaften. Im ersten Abschnitt wird dieses Ziel anhand der Begriffe Minimalität, Fastperiodizität, Proximalität und Distalität verfolgt. Insbesondere besitzen distale Flüsse eine besonders schöne Struktur über fastperiodische Erweiterungen. Dies besagt der Furstenbergsche Struktursatz von 1967. Der Poincarésche Rekurrenzsatz ist das klassische Resultat der topologischen Dynamik. Es erfuhr eine entscheidende Verallgemeinerung in dem Satz von Furstenberg und Weiss 1978, der eine multiple Rekurrenz beinhaltet. Der Satz von van der Waerden (1905–1996) über arithmetische Progressionen von 1924 ist nur eine von vielen Anwendungen der sich darauf aufbauenden Theorie.

Neben dem Furstenbergschen Struktursatz ist der Satz von Williams über die Struktur homöomorpher topologischer Markoff-Ketten ein herausragendes Resultat der Konjugationstheorie. Er wurde 1973 veröffentlicht, gehört zum Kernbereich der symbolischen Dynamik und wird in Abschnitt 3.4 vorgestellt. Die weitergehende Vermutung, dass die Konjugation durch Schiebungs-Äquivalenz ausgedrückt werden kann, hat sich als nicht richtig erwiesen. Eigentlich ist symbolische Dynamik zur Zeit Poincarés entstanden. Folgen von „Buchstaben" erscheinen u.a. in den Arbeiten von Sturm und Toeplitz um 1900. Die Benutzung solcher symbolischen Beschreibungen in der differenzierbaren Dynamik geht auf Hadamard zurück, gefolgt von Hedlund und Morse in den 30er Jahren (Morse-Theorie), vgl. Kapitel 4. In der Ergodentheorie und messbaren Dynamik spielen symbolische Systeme eine zentrale Rolle, denn sie sind stets als kanonisches Modell anzusehen (s. Abschnitt 1.2 und 5.5).

Zentrale Bereiche der toplogischen Dynamik, die für eindimensionale Gruppenwirkungen wesentlich sind, werden in den restlichen Abschnitten dargestellt. Der Begriff des Attraktors spielt eine dominierende Rolle, und das Auffinden verschiedener Attraktoren hat die Theorie nachhaltig beeinflusst, wie etwa der Lorenz-Attraktor, Hénon-Attraktor, Solenoid und Smale's Hufeisen. Dies findet man zusammen mit einer klassischen Darstellung von Li-

mesmengen und Attraktoren in Abschnitt 3.2. Die in Sektion 2.4 eingeführten
Julia-Mengen sind Repeller (Attraktoren des durch inverse Zweige definierten
konformen iterierten Funktionensystems (vgl. Abschnitt 1.2)).

Die Benutzung von Verzerrungseigenschaften erscheint zum ersten Mal in
der Arbeit von Denjoy 1932. Sie ist mittlerweile ein fester Bestandteil der
Theorie, und es wird in Abschnitt 3.3 darauf eingegangen, fortgeführt in den
Abschnitten 5.2 und 5.6. Kern der Theorie ist die Eigenschaft einer (nicht
invertierbaren) Transformation, offen und expandierend zu sein. Einseitige topologische Markoff-Ketten und hyperbolische rationale Abbildungen auf ihrer
Julia-Menge fallen beispielsweise in diese Kategorie. Der eigentliche Begriff
der topologischen Dynamik, unter den Expansion fällt, ist jedoch Expansivität, denn nur er ist eine Konjugationsinvariante. Die Unterscheidung beider
Begriffe ist wesentlich.

Schließlich enthält der letzte Abschnitt den Begriff der topologischen Entropie, der in wichtigen Fällen das asymptotische Wachstum der Anzahlen periodischer Punkte einer festen Periode beschreibt (s. Abschnitte 2.1 oder 4.6).
Er wurde von Adler, Kohnheim und McAndrew eingeführt, die hier gewählte
Darstellung stammt von Bowen (modifiziert nach Nitecki). In Abschnitt 6.1
erfährt diese Begriffsbildung eine wichtige Erweiterung im Sinne des thermodynamischen Formalismus. Dort wird auch bewiesen, dass die topologische
Entropie die maßtheoretische des Abschnitts 5.4 dominiert.

3.1 Topologische Transformationsgruppen

Der allgemeine Rahmen, in dem die generelle Theorie angesiedelt ist, wurde
bereits mit den Definitionen des Abschnittes 1.1 beschrieben. Sei Ω ein topologischer Raum und G eine topologische Gruppe, beide verknüpft durch eine
stetige Abbildung

$$\rho : \Omega \times G \to \Omega$$

die $\rho(\rho(x,g),h) = \rho(x,hg)$ und $\rho(x,e) = x$ erfüllt[1] (vgl. Definition 1). In
diesem Fall spricht man von einer *linken Transformationsgruppe* oder Gruppenwirkung. Gilt $\rho(\rho(x,g),h) = \rho(x,gh)$, so handelt es sich um eine *rechte
Transformationsgruppe* oder Gruppenwirkung. Um die Notation zu verein-
fachen, wird die Abbildung kurz mit gx, beziehungsweise xg, bezeichnet.
Das einfachste Beispiel ist die Gruppe $G = S^1$ die vermöge Rotationen auf
S^1 operiert, also $\rho : S^1 \times S^1 \to S^1$ wird durch $\rho(z,y) = zy$ erklärt. Wegen der Kommutativität der Gruppe S^1 ist sie sowohl rechte wie auch linke
Transformationsgruppe. Offenbar ist für jede topologische Gruppe durch die
Vorschrift $(h,g) \mapsto hg$ eine rechte Transformationsgruppe definiert (hier ist
mit hg zunächst die Verknüpfung der Gruppenelemente h und g gemeint, die
dann jedoch mit der Gruppenoperation identifiziert wird).

---

[1] e bezeichnet die Einheit in G; hg wird für die Verknüpfung von h und g in G
geschrieben.

Komplizierter werden Beispiele, in denen die Gruppe nicht auf sich selbst operiert.

Beispiel 30. Betrachtet man die obere Halbebene der komplexen Ebene, so operiert auf ihr die Gruppe $\mathrm{PSL}(2,\mathbb{R})$ der Möbius-Transformationen $T(z) = \frac{az+b}{cz+d}$ (vgl. Abschnitt 1.6).

Beispiel 31. Die Gruppe $\mathrm{O}(d)$ aller orthogonaler $d \times d$-Matrizen operiert isometrisch sowohl auf dem $\mathbb{R}^d$ wie auch auf der $d-1$-dimensionalen Sphäre $S^{d-1} \subset \mathbb{R}^d$ in kanonischer Weise. Dies ist eine direkte Verallgemeinerung irrationaler Rotationen. Man beachte, dass $\mathrm{O}(d)$ eine kompakte Gruppe ist.

Beispiel 32. Die Gruppe $\mathbb{R}$ der reellen Zahlen operiert auf $\mathrm{SL}(2,\mathbb{R})$ vermöge Matrizenmultiplikation

$$(A,t) \mapsto A \begin{pmatrix} e^{\frac{t}{2}} & 0 \\ 0 & e^{-\frac{t}{2}} \end{pmatrix},$$

denn die Bildmatrix besitzt ebenfalls die Determinante Eins. Diese Operation definiert den geodätischer Fluss auf $\mathrm{SL}(2,\mathbb{R})$.

Beispiel 33. Die Gruppe $\mathbb{Z}^d$ operiert als Gruppe von Schiftabbildungen auf dem verallgemeinerten Schiftraum $\Omega = X^{\mathbb{Z}^d}$, und zwar ist für $x = (x_k)_{k \in \mathbb{Z}^d} \in \Omega$ und $a \in \mathbb{Z}^d$ $\rho(x,a) = (y_k)_{k \in \mathbb{Z}^d}$ mit $y_k = x_{k+a}$, $k \in \mathbb{Z}^d$. Ω wird als d-dimensionaler Konfigurationsraum und die Gruppenoperation als Schift bezeichnet.

Eine Gruppe G wirkt *frei* auf einem Raum Ω, falls $xg \neq x$ für jedes $x \in \Omega$ und $e \neq g \in G$ gilt. Der Isomorphiebegriff wird kanonisch definiert. Eine rechte Transformationsgruppe (Ω, G) ist ein *Faktor* der rechten Transformationsgruppe $(\tilde{\Omega}, G)$, falls es eine stetige und surjektive Abbildung $\Pi : \tilde{\Omega} \to \Omega$ gibt, die $\Pi(xg) = \Pi(x)g$ $(x \in \tilde{\Omega}, g \in G)$ erfüllt. Π heißt dann ein Homomorphismus. Ist Π ein Homöomorphisus, so ist auch die Bezeichnung Monomorphismus gebräuchlich. Diese Begriffe werden analog für linke Transformationsgruppen erklärt.

Im Folgenden sei (Ω, G) stets eine rechte Transformationsgruppe. Die Bahn eines Punktes $x \in \Omega$ ist xG, somit bedeutet $\overline{xG}$ ihren Bahnabschluss. Die Menge $R = \{(x,y) \in \Omega \times \Omega : y \in xG\}$ ist eine Äquivalenzrelation (ersetzt man xG durch den Bahnabschluss, so definieren die entsprechenden Mengen i.a. keine Äquivalenzrelation). Ein Fixpunkt des dynamischen Systems (Ω, G) ist ein Punkt, der unter der Wirkung von G fest bleibt. Ist $x \in \Omega$, so bezeichnet $\mathrm{Stab}(x) = \{g \in G : xg = x\}$ den *Stabilisator* von x. Es ist sofort ersichtlich, dass $\mathrm{Stab}(x)$ eine Untergruppe bildet. Der Stabilisator eines periodischen Punktes (hier ist $G = \mathbb{Z}$) ist von der Form $n\mathbb{Z}$, wobei n die Primperiode des periodischen Punktes ist.

Zur weiteren Vereinfachung der Darstellung sei im Folgenden Ω ein separabler metrischer Raum. Die Metrik wird wie gewohnt mit d bezeichnet.

Die Struktur periodischer Bahnen ist in dem Sinne trivial, dass jeder ihrer Punkte nach endlicher Zeit in sich überführt wird. Die gebräuchlichste Abschwächung dieser Eigenschaft ist Fastperiodizität.

Definition 22. *1. Eine Teilmenge $A \subset G$ heißt syndetisch, falls eine kompakte Teilmenge $K \subset G$ existiert, so dass $G = AK$ gilt.*

2. Ein Punkt $x \in \Omega$ heißt fastperiodisch, wenn die Menge $\{g \in G : xg \in U\}$ für jede Umgebung U von x syndetisch ist.

3. Eine Teilmenge $A \subset \Omega$ ist minimal, wenn sie abgeschlossen, G-invariant und nicht leer ist, und minimal (bzgl. der Mengeninklusion) mit allen diesen drei Eigenschaften ist.

Es ist evident, dass Fastperiodizität und Minimalität Invarianten unter Monomorphismen (Konjugation) sind.

Proposition 7. *Ist Ω kompakt, so enthält sie eine minimale Menge.*

Beweis. Man benutzt Zorns Lemma ([18], S.14) für die Familie aller G-invarianter, kompakter und nicht leerer Teilmengen, geordnet vermöge Inklusion. Ω selbst gehört zu dieser Familie. Ist Σ eine totalgeordnete Teilfamilie, so ist ihr Durchschnitt kompakt, invariant und nicht leer, also ‚maximal' für die Kette. Somit gibt es ein maximales Element, d.i. eine kompakte invariante und nicht leere Teilmenge, die natürlich die gesuchte minimale Teilmenge ist.

Proposition 8. *Sei Ω lokalkompakt. Ein Punkt $x \in \Omega$ ist genau dann fastperiodisch, wenn sein Bahnabschluss kompakt und minimal ist.*

Beweis. Seien x fastperiodisch und U eine kompakte Umgebung von x. Die Menge $A = \{g \in G : xg \in U\}$ ist syndetisch, also gibt es eine kompakte Menge $K \subset G$ mit $\overline{xG} = \overline{xAK} \subset UK$, d.h. $\overline{xG}$ ist kompakt. Sei nun $y \in \overline{xG}$ beliebiger Punkt. Wegen $y \in UK$ ist $yG \cap U \neq \emptyset$, also auch $x \in \overline{yG}$. Es folgt $\overline{xG} = \overline{yG}$, und $\overline{xG}$ ist minimal.

Sei nun $\overline{xG}$ minimal und U eine offene Umgebung von x. Dann ist $\overline{xG} \setminus UG$ eine abgeschlossene invariante Teilmenge, die wegen der Minimalitätsannahme leer sein muss. Daher gilt $\overline{xG} \subset UG$, und wegen der Kompaktheit von $\overline{xG}$ gibt es eine endliche Teilmenge $H \subset G$ mit $\overline{xG} \subset UH$, d.h. x ist fastperiodisch.

Damit ist der folgende Satz ebenfalls bewiesen.

Satz 32. *Jede G-invariante kompakte Teilmenge $\emptyset \neq \Omega_0 \subset \Omega$ besitzt einen fastperiodischen Punkt.*

Satz 33. *Sei Ω lokalkompakt. Genau dann ist jeder Punkt fastperiodisch, wenn $\{\overline{xG} : x \in \Omega\}$ eine Zerlegung von Ω in kompakte Teilmengen ist.*

Beweis. Nach Proposition 8 ist $\overline{xG}$ kompakt und minimal. Das bedeutet, dass zwei Mengen $\overline{x_iG}$ $(i = 1, 2)$ entweder gleich oder disjunkt sein müssen. Der umgekehrte Schluss folgt ähnlich unter Benutzung derselben Proposition.

Im Folgenden sei Ω stets kompakt (und metrisch wie bisher).

Definition 23. *Eine Transformationsgruppe (Ω, G) heißt gleichmäßig fastperiodisch, falls für jedes $\epsilon > 0$ eine syndetische Menge $A \subset G$ mit $xA \subset K(x, \epsilon)$ für jedes $x \in \Omega$ existiert.*

Man sollte beachten, dass in einer gleichmäßig fastperiodischen Transformationsgruppe jeder Punkt fastperiodisch ist. (Die Transformationsgruppe heißt in diesem Fall *punktweise fastperiodisch*.) Die Umkehrung ist nicht richtig. Man nehme etwa die abgeschlossene Einheitskreisscheibe $\overline{\mathbb{D}} = \{z \in \mathbb{C} : |z| \leq 1\}$ und definiere T als Rotation um den Winkel $\alpha(r)$ auf der Kreislinie $\{z : |z| = r\}$. Strebt $\alpha(r)$ gegen Null für $r \to 0$, so ist $(\overline{\mathbb{D}}, \mathbb{Z})$ punktweise fastperiodisch, aber nicht gleichmäßig fastperiodisch.

Definition 24. *Ein dynamisches System (Ω, G) heißt distal, falls für beliebige, aber verschiedene $x, y \in \Omega$ die Abstände $d(xg, yg)$ $(g \in G)$ von Null weg beschränkt sind. Zwei Punkte $x, y \in \Omega$ heißen proximal, wenn $\inf_{g \in G} d(xg, yg) = 0$ gilt.*

Die *einhüllende Halbgruppe $E(G)$* einer Transformationsgruppe G ist der Abschluss aller Abbildungen der Form $\pi_g : \Omega \to \Omega$, $x \mapsto \pi_g(x) = xg$, $(g \in G)$ in der Produkttopologie auf Ω^Ω, der Menge aller Selbstabbildungen von Ω.

Lemma 5. *1. $E(G)$ ist eine Halbgruppe.*

2. Die Multiplikation von links ist eine stetige Operation auf $E(G)$.

3. Die Multiplikation von rechts durch stetige Elemente in $E(G)$ ist eine stetige Operation auf $E(G)$.

4. $x, y \in \Omega$ sind genau dann proximal, wenn es ein $g \in E(G)$ mit $xg = yg$ gibt.

5. Für $x \in \Omega$ gilt $\overline{xG} = xE(G)$.

Beweis. 1. Seien $u, v \in E(G)$, $\pi_{g_s} \to u$ und $\pi_{h_t} \to v$ $(s, t \to \infty, g_s, h_t \in G)$. Dann gilt $\pi_{g_s} \circ \pi_{h_t}(x) = x(h_t g_s) = \pi_{h_t g_s}(x) \to u(v(x))$ und $u \circ v \in E(G)$.

2. Ist $x \in \Omega$ und $u \in \Omega^\Omega$, so gilt für $\pi_{g_s} \to v$, dass $(xu)\pi_{gs} = x(u\pi_{g_s}) \to (xu)v = x(uv)$. Daher ist die Abbildung $v \mapsto uv$ eine stetige Abbildung $\Omega^\Omega \to \Omega^\Omega$.

3. Sei $v \in \Omega^\Omega$ stetig, und $u_s \to u$. Für festes $x \in \Omega$ gilt dann $x(u_s v) = (xu_s)v \to (xu)v = x(uv)$, also ist $u \mapsto uv$ stetig.

4. Seien $g_t \in G$ mit $d(xg_t, yg_t) \to 0$. Sei $u \in E(G)$ ein Häufungspunkt der Familie $\{\pi_{g_t}\}$. Dann folgt schon $d(xu, yu) = 0$. Die Umkehrung wird analog gezeigt.

5. Der Schluss ist ähnlich wie der in 4.

Beispiel 34. Sei $G = S^1$, die auf sich selbst durch Multiplikation operiert. Sie ist gleichmäßig fastperiodisch, gleichmäßig stetig und distal. Die einhüllende Halbgruppe ist G selbst und ist daher eine Gruppe. Alle diese Eigenschaften sind äquivalent.

Satz 34. *Die folgenden Aussagen sind äquivalent:*

1. (Ω, G) *ist gleichmäßig fastperiodisch.*
2. (Ω, G) *ist gleichmäßig stetig.*

Beweis. Sei (Ω, G) gleichmäßig fastperiodisch und $\epsilon > 0$. Dann gibt es eine syndetische Menge A, so dass für jedes $x \in \Omega$ $xA \subset K(x, \epsilon)$. Sei $d(x, y) < \epsilon$. Es folgt für $g \in A$, dass $d(xg, yg) \leq d(xg, x) + d(yg, y) + d(x, y) \leq 3\epsilon$. Da die Abbildung $(x, g) \mapsto xg$ stetig ist, ist auch für kompaktes $K \subset G$ die Abbildung $\Omega \times K \to \Omega$, $(x, g) \mapsto xg$, gleichmäßig stetig (Ω ist als kompakt vorausgesetzt). Seien nun K kompakt mit $G = AK$ und $\delta > 0$ so klein gewählt, dass $d(xg, yg) < \epsilon$ sofern $d(x, y) < \delta$ ($g \in K$). Also folgt für beliebiges $g = g_1 g_2 \in G$, $g_1 \in A$ und $g_2 \in K$, dass $d(xg, yg) < 3\epsilon$ gilt, sofern $d(x, y) < \min\{\delta, \epsilon\}$ ist.

Es sei nun (Ω, G) gleichmäßig stetig. Da Ω kompakt ist, existiert nach Propositionen 7 und 8 ein fastperiodischer Punkt z in jedem Bahnabschluss $\overline{xG}$. Da G eine Gruppe ist und gleichmäßig stetig operiert, ist dann x selbst auch fastperiodisch (denn $d(xg, z) < \eta$ impliziert $d(x, zg^{-1}) < \epsilon(\eta)$). (Ω, G) ist also punktweise fastperiodisch.

Als nächstes bemerkt man, dass (Ω^n, G) für jedes $n \geq 1$ ebenfalls gleichmäßig stetig ist, wenn G koordinatenweise operiert. Nach dem soeben Bewiesenen ist dann jeder Punkt fastperiodisch. Sind also $x_i \in \Omega$ ($i = 1, 2, ..., n$) und $\epsilon > 0$, so gibt es eine syndetische Menge $A \subset G$ mit der Eigenschaft

$$x_i A \subset K(x_i, \epsilon) \qquad i = 1, 2, ..., n. \tag{3.1}$$

Schließlich seien $\epsilon > 0$ beliebig und $\eta > 0$ so klein, dass mit $d(x, y) < \eta$ auch $\sup_{g \in G} d(xg, yg) < \epsilon$ gilt. Man wählt eine Überdeckung von Ω mit endlich vielen Kugeln $K(x_i, \eta)$ ($i = 1, 2, ..., n$) und eine syndetische Menge A mit (3.1). Dann folgt für $g \in A$ und beliebiges $x \in K(x_i, \eta)$

$$d(xg, x) \leq d(x_i g, xg) + d(x_i g, x_i) + d(x_i, x) < 2\epsilon + \eta.$$

Dann gilt aber auch, dass die Menge $\{g \in G : xg \subset K(x, 2\epsilon + \eta)\}$ die Menge A umschließt und damit selbst syndetisch ist.

Satz 35. *Ein dynamisches System ist genau dann gleichmäßig stetig, wenn $E(G)$ eine Gruppe von Homöomorphismen ist.*

Beweis. Da G gleichgradig stetig ist, muss jeder Häufungspunkt der Abbildungen $\pi_g : \Omega \to \Omega$, $\pi_g(x) = xg$, in Ω^Ω eine stetige Abbildung sein. Nach dem Satz von Arzela-Ascoli ([11], S.268) ist aber auch $E(G)$ im Raum $C(\Omega, \Omega)$ aller stetigen Abbildungen von Ω in sich, versehen mit der Topologie der gleichmäßigen Konvergenz, kompakt. Es ist auch leicht zu zeigen, dass $E(G)$ eine topologische Gruppe ist und auf Ω operiert, denn mit $\pi_{g_n} \to \phi$ und $\pi_{h_n} \to \psi$ in der gleichmäßigen Topologie gilt auch $\pi_{g_n} \pi_{h_n} \to \phi\psi$ (und entsprechende Argumente für $(\phi, \psi) \mapsto \phi\psi^{-1}$ und $(x, \phi) \mapsto x\phi$). Somit ist in der Tat $(\Omega, E(G))$ ein stetiges dynamisches System im Sinne der Definition 1.

Um die Umkehrung zu beweisen, beachte man, dass Ω^Ω in der Produkttopologie $\mathfrak{T}_p$ kompakt ist, also auch $E(G)$ eine kompakte Gruppe ist. Es genügt zu zeigen, dass $E(G)$ in der Topologie $\mathfrak{T}_u$ der gleichmäßigen Konvergenz von $C(\Omega, \Omega)$ kompakt ist, denn dann operiert $E(G)$ vermöge gleichgradig stetiger Abbildungen nach dem Satz von Arzela-Ascoli.

Sei $\phi : E(G) \to C(\Omega, \Omega)$ die kanonische Einbettung. Es muss gezeigt werden, dass ϕ stetig ist, wobei $E(G)$ die Topologie $\mathfrak{T}_p$ und $C(\Omega, \Omega)$ die Topologie $\mathfrak{T}_u$ besitzt. Diese Topologie wird von ihren Kugeln $K(x, \epsilon)$ erzeugt.

Sei $\epsilon > 0$. Es soll zunächst bewiesen werden, dass es eine $\mathfrak{T}_p$-offene und dichte Menge $U \subset E(G)$ gibt, so dass für $g \in U$ die Menge $\phi^{-1}(K(g, \epsilon))$ $\mathfrak{T}_p$-offen ist.

Sei $U = \bigcup_{g \in E(G)} \left(\phi^{-1}(K(g, \epsilon))\right)^\circ$, wobei $\circ$ für das Innere in $\mathfrak{T}_p$ steht. Als Vereinigung offener Mengen ist U offen in $\mathfrak{T}_p$. Um zu zeigen, dass U dicht liegt, nimmt man an, dass dies nicht der Fall ist. Dann gibt es eine nicht leere, $\mathfrak{T}_p$-offene Menge V, die $\overline{U}$ nicht anschneidet. Es gilt also für jedes $g \in V$, dass $g \in \overline{V \setminus K(g, \epsilon)}$. Sei B eine abzählbare Teilmenge solcher g's, und $\overline{B}$ ihr Abschluss in $\mathfrak{T}_p$. Sei $D \subset \overline{B}$ eine in der $\mathfrak{T}_u$ Topologie abzählbare dichte Teilmenge. Es gilt dann $\overline{B} \subset \bigcup_{d \in D} \overline{K(d, \epsilon)}$. Da $\overline{B}$ ein Bairescher Raum ist, gibt es eine in $\mathfrak{T}_u$-offene Menge W, die $\emptyset \neq W \cap \overline{B} \subset \overline{B} \cap K(g_0, \epsilon)$ für ein $g_0 \in D$ erfüllt. Ist dann $g \in W \cap B$, so ist auch $g \notin \overline{B \setminus K(g, \epsilon)}$. Das ist ein Widerspruch, da $g \in \overline{V \setminus K(g, \epsilon)}$ gelten muss.

Abschließend wird gezeigt, dass ϕ stetig ist. Seien $g \in G$ fest und $h \in G$ mit $gh \in U$. Folglich ist dann $\phi^{-1}(K(gh, \epsilon))$ offen in $\mathfrak{T}_p$; somit ist $\phi^{-1}(K(gh, \epsilon))h^{-1}$ offene Umgebung von g. ϕ ist damit stetig.

Satz 36. *1. Ein distales dynamisches System ist punktweise fastperiodisch.*
2. Ein dynamisches System (Ω, G) ist genau dann distal, wenn $(\Omega \times \Omega, G \times G)$ punktweise fastperiodisch ist.

Beweis. 1. Sei (Ω, G) distal und $x \in \Omega$. Es ist zu zeigen, dass x punktweise fastperiodisch ist. Die Gruppe G operiert auf jedem Produktraum Ω^D koordinatenweise, wenn Ω^D die Produkttopologie erhält. Man betrachtet nun Teilmengen $A \subset \Omega$ mit der Eigenschaft, dass der Punkt $z_A \in \Omega^A$ definiert durch $z_A(a) = a$ für $a \in A$ fastperiodisch für das System (Ω^A, G) ist. Mengen mit dieser Eigenschaft nennt man fastperiodisch.

Eine solche Menge kann nach Zorns Lemma in eine maximale einbettet werden. In der Tat ist das System aller fastperiodischen Mengen $B \supset A$ vermöge Inklusion geordnet, und die Vereinigung von Mengen einer aufsteigenden Kette besitzt die Fastperiodizitätseigenschaft ebenso, da man die Produkttopologie betrachtet, und damit eine Basis offener Mengen existiert, die durch endlich viele Koordinaten bestimmt sind.

Da (Ω, G) mindestens einen fastperiodischen Punkt z enthält, gibt es eine maximale fastperiodische Menge $A \subset \Omega$, die z enthält. Angenommen $x \notin A$. Dann enthält der Bahnabschluss $\overline{(z_A, x)G} \subset \Omega^A \times \Omega$ einen fastperiodischen

Punkt (z_A, x^*). Da A maximal ist, gilt $x^* \in A$, d.h. x^* ist eine der Koordinaten von z_A. Sei $g_n \in G$ so bestimmt, dass $(z_A, x)g_n \to (z_A, x^*)$ strebt. Es folgt, dass $d(xg_n, x^*g_n) \leq d(xg_n, x^*) + d(x^*, x^*g_n) \to 0$, d.h. x und x^* sind proximal. Da (Ω, G) als distal vorausgesetzt war, folgt also $x = x^*$ und somit ist x fastperiodisch.

2. Es muss nur die Aussage gezeigt werden, dass ein fastperiodischer Punkt $(x, y) \in \Omega^2$ entweder die Gleicheit von x und y oder ihre Distalität impliziert. Dazu nimmt man am besten an, dass x und y proximal sind. Das bedeutet, dass es eine Folge $g_n \in G$ und ein $z \in \Omega$ mit $(xg_n, yg_n) \to (z, z)$ $(n \to \infty)$ gibt. Aus der Fastperiodizität folgt die Minimalität von $(x, y)G$, und somit ist $(x, y)G = (z, z)G$. Letztere Menge ist aber in der Diagonalen $\Delta \subset \Omega^2$ enthalten, und daher muss schon $x = y$ gelten.

Beispiel 35. Ein Beispiel einer distalen, aber nicht gleichmäßig fastperiodischen Transformationsgruppe ist durch die Rotation um einen variablen Winkel gegeben (s. die Diskussion nach Definition 23). Man kennt auch Beispiele, die darüber hinaus minimal sind (s. [40], S.79).

Der Struktursatz für distaler Flüsse ist eines der wichtigsten Resultate. Man findet ihn z.B. in [40], S.96ff, oder in [54], S.150ff.

Seien (Ω_i, G) zwei dynamische Systeme mit kompakten Hausdorff-Räumen Ω_i, $i = 1, 2$. Sie besitzen eindeutig bestimmte uniforme Strukturen $\mathcal{U}_{\Omega_i}$ (s. [21] S.197). Eine Faktorabbildung $\pi : \Omega_1 \to \Omega_2$ heißt gleichmäßig stetig, falls für jede Nachbarschaft $\alpha \in \mathcal{U}_{\Omega_1}$ eine weitere Nachbarschaft $\beta \in \mathcal{U}_{\Omega_1}$ existiert, so dass $(xg, yg) \in \alpha$ für jedes $g \in G$ gilt, sofern $(x, y) \in \beta$ und $\pi(x) = \pi(y)$ gewählt sind. Man sagt in diesem Fall, dass (Ω_1, T) eine *gleichmäßig stetige Erweiterung* (oder fastperiodische Erweiterung) von (Ω_2, G) ist. Man kann sich durch eine einfache Nachprüfung davon überzeugen, dass eine fastperiodische Erweiterung eines distalen Flusses wiederum distal ist. Die Klasse der distalen Flüsse ist also invariant unter diesen Erweiterungen.

Ein *projektives System* von minimalen Flüssen $\{(\Omega_\iota, G) : \iota \leq \kappa\}$, indiziert mit allen Ordinalzahlen $\iota \leq \kappa$, besitzt die folgenden definierenden Eigenschaften:

1. Für $\iota < \iota' \leq \kappa$ gibt es Faktorabbildungen $\pi_\iota^{\iota'} : \Omega_{\iota'} \to \Omega_\iota$, so dass für $\iota < \iota' < \kappa'$
$$\pi_\iota^{\kappa'} = \pi_{\iota'}^{\kappa'} \circ \pi_\iota^{\iota'}.$$

2. Ist $\iota \leq \kappa$ eine Limes-Ordinalzahl, so ist
$$\Omega_\iota = \{(x_{\iota'})_{\iota' < \iota} \in \prod_{\iota' < \iota} \Omega_{\iota'} : x_{\iota'} = \pi_{\iota'}^{\kappa'}(x_{\kappa'}) \ (\iota' < \kappa' < \iota)\}$$

und $\pi_{\iota'}^{\iota} : X_\iota \to X_{\iota'}$ ist die Projektion.

(Ω, G) nennt man schließlich eine *quasi-isometrische Erweiterung* von $(\widetilde{\Omega}, G)$, falls es ein projektives System $(\Omega_\iota, G)_{\iota \leq \kappa}$ existiert, so dass für jede Ordinalzahl $\iota + 1 \leq \kappa$ $\pi_\iota^{\iota+1} : (\Omega_{\iota+1}, G) \to (\Omega_\iota, G)$ eine fastperiodische Erweiterung ist. Ein Fluss nennt man *quasi-isometrisch*, falls er quasi-isometrische Erweiterung eines Ein-Punkt-Flusses ist.

Nun lässt sich das Resultat einfach formulieren.

Satz 37. [FURSTENBERG] *Jeder minimale und distale Fluss ist quasi-isometrisch.*

3.2 Rekurrenz und Attraktion

Der Rekurrenzbegriff besitzt zentrale Bedeutung in der topologischen Dynamik. Er beschreibt intuitiv die Rückkehr in einen bereits einmal erreichten Zustand. Man kann Rekurrenz in verschiedener Weise präzisieren. Tritt derselbe Zustand exakt in derselben Weise zu einem späteren Zeitpunkt wieder ein, so heißt er periodisch. Er kann aber auch wiederholt in die Nähe seines ursprünglichen Zustandes gelangen und sich dabei diesem immer mehr annähern. Je nachdem wie man diese Annäherung misst, erhält man unterschiedliche Begriffe. Mehr noch, diese Eigenschaften können punktweise oder aber gleichmäßig für alle Punkte auftreten. Ein Beispiel hierfür ist Fastperiodizität (siehe Abschnitt 3.1). Eine hierzu konträre Eigenschaft wird durch wandernde Mengen beschrieben, die Rekurrenz sicherlich ausschließt. Obwohl viele der in diesem Abschnitt eingeführten Begriffe in allgemeineren Systemen möglich sind, sollen hier nur die Fälle $G = \mathbb{N}_0, \mathbb{Z}$, oder $\mathbb{R}$ betrachtet werden.

Definition 25. *Es sei (Ω, T) ein dynamisches System. Eine Menge W nennt man wandernd, falls die Familie $\{T^{-n}(W) : n \in \mathbb{N}_0\}$ aus paarweise disjunkten Mengen besteht.*

Ausgehend von diesem Begriff heißt ein Punkt x in einem topologischen Raum Ω *wandernd*, wenn es eine wandernde offene Umgebung dieses Punktes gibt. Damit ist auch jeder andere Punkt in dieser Umgebung wandernd, und die Menge Ω_w aller wandernder Punkte ist offen. Ihr Komplement heißt die *nichtwandernde Menge*. Dagegen heißt ein Punkt $x \in \Omega$ *regional rekursiv*, wenn zu jeder Umgebung U von x ein $n \geq 1$ mit $U \cap T^{-n}(U) \neq \emptyset$ existiert (eine ausführliche Darstellung findet man in [59]). Rekurrenz ist stärker als regional rekursiv:

Definition 26. *Sei Ω ein topologischer Raum. Ein Punkt $x \in \Omega$ heißt rekurrent, wenn für jede Umgebung U von x die Menge $U \cap \mathcal{O}^+(T(x))$ nicht leer ist.*

In der Kategorie der maßtheoretischen dynamischen Systeme $(\Omega, \mathcal{B}, m, T)$ definiert man den *dissipativen* Teil $\mathcal{D}(T)$ des Systems als messbare Vereinigung der wandernden Mengen[2]. Ihr Komplement $\mathcal{C}(T)$ nennt man den *konservativen* Teil des Systems. Die Zerlegung eines Systems in ihren dissipativen

---

[2] also eine messbare Menge D mit der Eigenschaft, dass jede wandernde Menge positiven Maßes f.s. in D enthalten ist.

und konservativen Teil nennt man die *Hopf-Zerlegung*. Die Transformation T selbst heißt dissipativ (konservativ), wenn der dissipative (konservative) Teil volles Maß besitzt.

Beispiel 36. Sei

$$T(x) = \begin{cases} 4x(1-x) & 0 \le x \le 1 \\ 2x-2 & 1 \le x \le 2 \end{cases}$$

Der dissipative Teil ist hier das Intervall $(1,2)$. $(1,\frac{3}{2})$ ist eine wandernde Menge. Man beachte zudem, dass das System ergodisch bzgl. des Lebesgue-Maßes ist (s. Abschnitt 1.1, Definition 4).

Ist $f : \Omega \to \mathbb{R}$ messbar, so bezeichnet $S_n f = f + f \circ T + \ldots + f \circ T^{n-1}$ ($n \ge 1$, unendlich eingeschlossen) die n-te Partialsumme der Folge $\{f \circ T^k : k \ge 0\}$.

Satz 38. [HALMOS] *Sei $(\Omega, \mathcal{B}, T, m)$ ein maßtheoretisches dynamisches System, so dass T^{-1} Nullmengen erhält. Besitzt $A \in \mathcal{B}$ positives Maß, so gilt:*

$$A \subset \mathcal{C}(T) \quad \text{f.s.} \iff S_\infty 1_B = \infty \quad \text{f.s. auf } B \text{ für jedes } B \subset A \cap \mathcal{B}.$$

Beweis. „$\Rightarrow$" Seien A, B wie im Satz und $W = B \cap \bigcap_{k=1}^{\infty} T^{-k}(B^c)$. Dann gibt es zu jedem $x \in \Omega$ höchstens ein $n \in \mathbb{N}$ mit $T^n(x) \in W$, also ist W wandernd und besitzt verschwindendes Maß nach Voraussetzung. Es folgt also, dass $B \subset \bigcup_{k=1}^{\infty} T^{-k}(B)$ f.s., und dies gilt auch für die n-ten Urbilder beider Mengen, da T^{-1} Nullmengen erhält. Es folgt $T^{-n}(B) \subset \bigcup_{k=n+1}^{\infty} T^{-k}(B)$ für jedes $n \in \mathbb{N}$. Es gibt also zu f.a. $x \in B$ eine aufsteigende Folge $n_k \uparrow \infty$ mit $T^{n_k}(x) \in B$, d.h. $\sum_{k \in \mathbb{N}} 1_B(T^k(x)) = \infty$.
„$\Leftarrow$" Hat $B = A \cap W$ positives Maß für eine wandernde Menge W, so folgt trivialerweise $S_\infty 1_B = 1$ auf B.

Satz 39. [POINCARÉ] *Sei $(\Omega, \mathcal{B}, T, m)$ ein konservatives dynamisches System, für das die Abbildung T^{-1} Nullmengen erhält. Ist $f : \Omega \to \mathbb{R}$ messbar, so folgt*

$$\liminf_{n \to \infty} |f(x) - f(T^n(x))| = 0 \qquad \text{f.s.}$$

Insbesondere ist die Menge der rekurrenten Punkte vom vollen Maß.

Beweis. Sei $B \subset \mathbb{R}$ eine messbare Menge mit $m(f^{-1}(B)) > 0$ und vom Durchmesser $< \epsilon$. Der Satz von Halmos impliziert, dass $S_\infty 1_{f^{-1}(B)} = \infty$, also

$$\liminf_{n \to \infty} |f(z) - f(T^n(z))| < \epsilon \quad \text{f.s. auf } f^{-1}(B). \tag{3.2}$$

Überdeckt man Ω mit Mengen der Form $f^{-1}(B)$ vom Durchmesser $< \epsilon$, so gilt (3.2) f.s., und der Satz folgt für $\epsilon \to 0$.

Zwei fundamentale topologisch-dynamische Begriffe sind durch topologische Transitivität und Minimalität gegeben. Letzterer wird durch Fastperiodizität beschrieben, wie aus Proposition 8 bekannt ist.

Definition 27. *Sei (Ω, T) ein stetiges dynamisches System. Ein Punkt $x \in \Omega$ ist transitiv, wenn seine Bahn $\mathcal{O}(x)$ dicht in Ω liegt. Das System heißt topologisch transitiv, wenn es einen transitiven Punkt gibt.*

Die Spezialisierung der Definition 22 für ein stetiges dynamisches System (Ω, T) bedeutet, dass ein Punkt $x \in \Omega$ fastperiodisch ist, falls zu jeder Umgebung U von x ein $L \in \mathbb{N}$ existiert, so dass für jedes $N \in \mathbb{N}$

$$U \cap \{T^N(x), T^{N+1}(x), ..., T^{N+L}(x)\} \neq \emptyset.$$

Satz 40. *Seien Ω kompakt, metrisch und $T : \Omega \to \Omega$ ein Homöomorphismus. Ist (Ω, T) topologisch transitiv, so ist die Menge aller transitiven Punkte eine dichte G_δ-Menge.*

Beweis. Sei U eine nicht leere offene Menge. Die Menge $\bigcup_{n=-\infty}^{\infty} T^{-n}U$ ist offen und dicht, denn es gibt einen Punkt mit dichter Bahn. Folglich ist der Durchschnitt abzählbar vieler solcher Mengen eine G_δ-Menge. Man muss zum Beweis des Satzes nur U in einer abzählbaren Familie wählen, die die Topologie erzeugt.

Es folgt sofort aus dem letzten Beweis, dass T genau dann topologisch transitiv ist, wenn für je zwei nicht leere offene Mengen U und V der Schnitt $U \cap T^n(V)$ für ein $n \in \mathbb{Z}$ nicht leer ist. Im Falle, dass T nicht invertierbar ist, gilt die entsprechende Aussage für $n \leq 0$. Offensichtlich ist in einem topologisch transitiven dynamischen System jeder Punkt regional rekursiv. Die folgenden beiden Aussagen sind Korollare zu den Propositionen 7 und 8.

Korollar 3. *Ist x ein fastperiodischer Punkt, so ist sein Bahnabschluss minimal. Umgekehrt, ist das dynamische System minimal und kompakt, so ist jeder Punkt fastperiodisch.*

Korollar 4. *Jedes kompakte dynamische System besitzt eine minimale Teilmenge.*

Besitzt ein dynamisches System also einen transitiven und fastperiodischen Punkt, so ist es bereits minimal.
Multiple Rekurrenz ist eine natürliche Erweiterung der Wiederkehreigenschaft für mehrere Transformationen. Man beginnt am besten mit der folgenden Bemerkung:

Korollar 5. [BIRKOFF] *Ist (Ω, T) ein stetiges dynamisches System mit kompaktem Raum Ω, so gibt es einen rekurrenten Punkt $x \in \Omega$.*

Beweis. Nach Korollar 4 besitzt (Ω, T) eine nicht leere, minimale Teilmenge, und nach Korollar 3 ist jeder Punkt dieser minimalen Teilmenge fastperiodisch, also auch rekurrent.

Satz 41. [Multipler Rekurrenzsatz] *Sei (Ω, G) eine stetiges dynamisches System mit kompaktem metrischem Raum Ω und durch T_i ($1 \leq i \leq l$) endlich erzeugter, abelscher Halbgruppe G. Dann gibt es einen Punkt $x \in \Omega$ und eine Folge $(n_k)_{k \in \mathbb{N}} \to \infty$ mit*

$$\lim_{k \to \infty} \max_{1 \leq i \leq l} d(T_i^{n_k}(x), x) = 0.$$

Der Satz sagt aus, dass es einen Punkt gibt, der für jedes System (Ω, T_i) rekurrent ist, sogar zu denselben Zeiten die Rückkehr gestattet.

Beweis. Das Resultat soll an dieser Stelle nur für Homöomorphismen T_i gezeigt werden; es ist also G eine abelsche Gruppe. Die Ausweitung auf den nicht invertierbaren Fall erfolgt durch eine Rochlin-Erweiterung.

Nach Proposition 7 existiert eine minimale Teilmenge, so dass man o.E. die Minimalität von (Ω, G) annehmen kann. Für $l = 1$ ist die Aussage Birkhoffs Rekurrenzsatz (Korollar 5). Ist die Aussage für $l - 1 \geq 1$ schon bewiesen, definiert man $\Omega' = \Omega^{\{1, \ldots, l\}}$ und $T : \Omega' \to \Omega'$ durch $T((x_1, \ldots, x_l)) = (T_1(x_1), \ldots, T_l(x_l))$. Außer T wirkt noch die Gruppe G auf Ω' koordinatenweise. Die Diagonale $\Delta \subset \Omega'$ ist dann unter G invariant und minimal. G kommutiert mit T. Nach Induktionsannahme gibt es einen rekurrenten Punkt $y \in \Omega$ bzgl. der kommutierenden Transformationen $T_j \circ T_l^{-1}$, $j = 1, \ldots, l - 1$, also gilt

$$\liminf_{n \to \infty} d_{\Omega'}((T_1^n(T_l^{-n}(y)), \ldots, T_{l-1}^n(T_l^{-n}(y)), y), (y, \ldots, y)) = 0. \tag{3.3}$$

Es muss gezeigt werden, dass Δ einen unter T rekurrenten Punkt enthält. Da G minimal auf Δ operiert und mit T_l kommutiert, gilt die Eigenschaft (3.3) auf dem Bahnabschluß von y unter T_l. Seien $\eta > 0$ beliebig, $y_0 = (y, \ldots, y) \in \Delta$ und $0 < \eta_1 < \eta$. Nach (3.3) gibt es k_1, so dass für $y_1 = (T_l^{-k_1}(y), \ldots, T_l^{-k_1}(y))$ der Abstand von $T^{k_1}(y_1) \in \Omega'$ zu y_0 kleiner als η_1 ist. y_1 gehört zur Bahn von y_0 unter $(T_l, \ldots, T_l)$. Daher gilt (3.3) auch für $T_l^{-k_1}(y)$ anstelle von y selbst. Sei nun η_2 so klein gewählt, dass aus $d(y_1, z) < \eta_2$ bereits $d(y_0, T^{k_1}(z)) < \eta_1$ folgt.

Iterative Anwendung dieser Konstruktion liefert eine Folge von Punkten $y_n \in \Delta$, $\eta > \eta_n > 0$ und natürliche Zahlen k_n, so dass

$$d(T^{k_n}(y_n), y_{n-1}) < \eta_n \tag{3.4}$$

$$d(y_n, z) < \eta_{n+1} \Rightarrow d(y_{n-1}, T^{k_n}(z)) < \eta_n.$$

Wiederholtes Anwenden dieser Ungleichungen ergibt dann für $i < j$

$$d(T^{k_{i+1} + \ldots + k_j}(y_j), y_i) \leq \eta_i.$$

In der Tat ist $d(T^{k_j}(y_j), y_{j-1}) < \eta_j$ und, wenn $d(T^{k_{l+2} + \ldots + k_j}(y_j), y_{l+1}) \leq \eta_{l+1}$, erhält man $d(T^{k_{l+1} + \ldots + k_j}(y_j), y_l) \leq \eta_l$ aus (3.4) mit $z = T^{k_{l+2}}(y_j)$ und $y_n = y_{l+1}$. Da Δ kompakt ist, gibt es ein Paar $i < j$ mit $d(y_i, y_j) < \eta$. Es folgt nun $d(T^{k_{i+1} + \ldots + k_j}(y_j), y_j) \leq 2\eta$.

Angenommen, T besitzt keinen rekurrenten Punkt in Δ. Dann verschwindet die Funktion

$$U(x) = \inf_{n \in \mathbb{N}} d(T^n(x), x)$$

in keinem Punkt $x \in \Delta$. Da diese Funktion nach oben halbstetig ist (d.h. wenn $U(x) \leq a$ und $\eta > 0$ sind, muss $U \leq a + \eta$ auf einer Umgebung von x gelten), ist dann $U \geq a$ für ein passendes $a > 0$ auf einer passenden offenen Menge V. Da G minimal auf Δ operiert, gibt es endlich viele $g \in G$, unter denen die Urbilder von V die Diagonale Δ überdecken. Sei nun $\delta > 0$ so klein, dass $d(x, x') < \delta$ schon $d(xg, x'g) < a$ für diese endlich vielen g's impliziert. Ist dann x einer der Punkte y_j, so wie oben konstruiert, und für den $U(x) < \delta$ gilt, so ist $U(xg) < a$. Insbesondere gilt dies für dasjenige g mit $x \in Vg^{-1}$. Widerspruch!

Satz 42. [V. DER WAERDEN] *Sei α eine Zerlegung von $\mathbb{Z}$ in endlich viele Teilmengen. Dann besitzt mindestens eine dieser Mengen arithmetische Progressionen beliebiger Länge.*

Die Aussage des Satzes bedeutet in formaler Sprache: Es gibt ein $A \in \alpha$, so dass

$$\forall l = 1, 2, 3, ... \exists a \in \mathbb{Z}, b \in \mathbb{N} \text{ mit } \{a, a + b, a + 2b, ..., a + lb\} \subset A.$$

Für festes l heißen die Zahlen $a, a+b, ..., a+lb$ eine *arithmetische Progression* der Länge $l + 1$.

Beweis. Sei $\alpha = \{A_1, ..., A_L\}$. Es genügt zu zeigen, dass zu jedem $l = 2, 3, ...$ ein A_j existiert, das eine arithmetische Progression der Länge $l + 1$ enthält. In diesem Fall gibt es dann auch ein A_j, das arithmetische Progressionen beliebig großer Länge enthält. Mit einer arithmetischen Progression der Länge l enthält eine Menge aber auch arithmetische Progressionen jeder kleineren Länge.

Seien $X = \{1, 2, ..., l\}$ und $\Omega_X = X^{\mathbb{Z}}$ versehen mit der Schiebungsabbildung. Jede Folge $x = (x_k)_{k \in \mathbb{Z}}$ definiert eine Zerlegung von $\mathbb{Z}$ in l Mengen durch $A_j = \{k \in \mathbb{Z} : x_k = j\}$ $(j \in X)$ in eindeutiger Weise, und jede Zerlegung kann auch auf diese Weise erhalten werden. Somit enthält eine Menge der durch x repräsentierten Zerlegung eine arithmetische Progression der Länge $l + 1$, falls $x_a = x_{a+b} = x_{a+2b} = ... = x_{a+lb}$ für ein $a \in \mathbb{Z}$ und $b \in \mathbb{N}$ gilt. Formuliert man diese Aussage dynamisch, ist das folgende zu zeigen:

Sei Ω kompakt metrisch, T ein Homöomorphismus und $x \in \Omega$. Zu jedem $\eta > 0$ und $l \geq 1$ gibt es ein $y \in \mathcal{O}(x)$ und $n \geq 1$, so dass der Durchmesser der Menge $\{y, T^n(y), ..., T^{ln}(y)\}$ durch η beschränkt ist.

Um diese Aussage zu beweisen, wählt man $T_j = T^j$ in Satz 41 und schränkt sie auf den Bahnabschluß $\overline{\mathcal{O}(x)}$ ein. Es gibt also ein $z \in \overline{\mathcal{O}(x)}$ und eine Folge $n_k \to \infty$ mit $\lim_{k \to \infty} d(T_j^{n_k}(z), z) = 0$ $(j = 0, ..., l)$. Fixiert man n mit $d(T_j^n(z), z) < \eta$, und approximiert z durch ein $y = T^m(x)$ hinreichend gut, so folgt aus der Stetigkeit der T_j^n, dass auch $d(T_j^n(y), y) < \eta$ für jedes $j = 1, ..., l$.

In den ersten beiden Kapiteln tauchten verschiedentlich anziehende und abstoßende periodische Bahnen auf, die als spezielle anziehende und abstoßende Mengen angesehen werden können. Die dafür notwendigen Begriffsbildungen werden nun eingeführt und durch Beispiele verdeutlicht. Im Folgenden sei G stets $\mathbb{N}_0, \mathbb{Z}$ oder $\mathbb{R}$, und Ω ein lokalkompakter, metrischer Raum. Es ist zweckmäßig, an dieser Stelle die Notation xt ($x \in \Omega, t \in G$) für die (rechte) Wirkung von G zu benutzen (vgl. Abschnitt 3.1).

Definition 28. *Es sei (Ω, G) ein stetiges dynamisches System. Die ω-Limesmenge $\omega(x)$ eines Punktes $x \in \Omega$ ist die Menge aller Häufungspunkte der Vorwärtsbahn $\mathcal{O}^+(x)$. Die α-Limesmenge ist die ω-Limesmenge der Zeitumkehr (sofern sie wohldefiniert ist) .*

Es ist sofort klar, dass ein Punkt genau dann rekurrent ist, wenn er zu seiner Limesmenge gehört. Es ist auch evident, dass eine Limesmenge G-invariant (d.h. $\omega(x)G = \omega(x)$) und abgeschlossen ist, also $(\omega(x), G)$ als dynamisches System betrachtet werden kann.
Ein Punkt $y \in \Omega$ gehört offenbar genau dann zu $\omega(x)$, wenn es eine Folge $t_n \to \infty$ mit $xt_n \to y$ gibt. Allgemeiner definiert man $\Omega(x)$ als die Menge aller Punkte $y \in \Omega$, für die es Folgen $t_n \to \infty$ und $x_n \to x$ mit $x_n t_n \to y$ gibt. Hieraus erhält man die verschiedenen Konzepte für Anziehungsbereiche.

Definition 29. *Seien (Ω, G) ein stetiges dynamisches System und $Y \subset \Omega$.*

1. *Die Menge $\mathcal{A}_*(Y) = \{x \in \Omega : \omega(x) \cap Y \neq \emptyset\}$ heißt der schwache Anziehungsbereich von Y.*
2. *Die Menge $\mathcal{A}(Y) = \{x \in \Omega : \emptyset \neq \omega(x) \subset Y\}$ heißt der Anziehungsbereich von Y.*
3. *Die Menge $\mathcal{A}^*(Y) = \{x \in \Omega : \emptyset \neq \Omega(x) \subset Y\}$ heißt der gleichförmige Anziehungsbereich von Y.*

Liegt ein Punkt x im (schwachen, gleichförmigen) Anziehungsbereich der Menge Y, so sagt man auch, dass x von Y (schwach, gleichförmig) angezogen wird.

Lemma 6. *Sei Y eine kompakte Teilmenge eines stetigen dynamischen Systems (Ω, G). Ein Punkt $x \in \Omega$ wird genau dann gleichförmig von Y angezogen, wenn es zu jeder Umgebung V von Y eine Umgebung U von x und $t_0 > 0$ gibt, so dass $Ut \subset V$ für jedes $t \geq t_0$ gilt.*

Beweis. Sei zunächst $\emptyset \neq \Omega(x) \subset Y$, und es werde angenommen, die behauptete Schlussfolgerung sei nicht richtig. Dann gibt es eine offene Umgebung V von Y, so dass für jede Umgebung U von x eine Folge $t_n \to \infty$ mit $Ut_n \not\subset V$ existiert. Es gibt also eine Folge $x_n \to x$ und $t_n \to \infty$, so dass $x_n t_n \to y \notin V$. Aus $y \in \Omega(x) \subset Y$ folgt ein Widerspruch.

Sei V eine relativ kompakte Umgebung von Y. Nach Voraussetzung gilt $Ut \subset V$ für eine passende Umgebung U von x und alle hinreichend großen t. Es folgt $\Omega(x) \subset \bigcup_{s \geq t} Us \subset V$, also auch $\Omega(x) \subset \bigcap_{Y \subset V} V = Y$.

Definition 30. *Eine kompakte, nicht leere Teilmenge $A \subset \Omega$ heißt ein Attraktor (bzw. schwacher Attraktor, gleichförmiger Attraktor) des dynamischen Systems (Ω, G), wenn $\mathcal{A}(A)$ (bzw. $\mathcal{A}_*(A)$, $\mathcal{A}^*(A)$) eine Umgebung von A ist.*

Im Falle, dass A aus der endlichen Bahn eines Punktes besteht, spricht man von einem anziehenden oder abstoßenden periodischen Punkt (Fixpunkt). Ein Attraktor ist stets unter G vorwärts invariant, denn jedes $\omega(x)$ ist vowärts invariant. Die Menge Ω ist stets ein gleichförmiger Attraktor, wenn sie kompakt ist. Elementar, aber nützlich ist das folgende Resultat.

Proposition 9. *Sei (Ω, G) ein stetiges dynamisches System mit kompaktem Ω. Gibt es eine nicht leere offene Menge U mit $\overline{U}t \subset U$ für $t \geq 0$, so besitzt das System einen eindeutig bestimmten gleichförmigen Attraktor $A \subset U$ mit der Eigenschaft $U \subset \mathcal{A}(A)$. Es gilt*

$$A = \bigcap_{t \geq 0} Ut.$$

Beweis. Man kann annehmen, dass U kompakt ist. Sei $A = \bigcap_{t \geq 0} Ut \neq \emptyset$. Es wird zunächst gezeigt, dass A ein gleichförmiger Attraktor ist. Dazu muss nachgewiesen werden, dass U im gleichförmigen Anziehungsbereich von A liegt. Sind $x_n, x \in U$, $x_n \to x$ und $t_n \to \infty$ beliebig gewählt, so gilt $x_n t_n \in Ut_n$ $(n \geq 1)$, also gehört jeder Häufungspunkt der Folge $x_n t_n$ zu $\bigcap_{n=1}^{\infty} Ut_n = \bigcap_{t \geq 0} Ut = A$, also $\Omega(x) \subset A$.
Nun zur Eindeutigkeit: Zu jedem $y \in A$ gibt es Folgen $t_n \to \infty$ und $x_n \in U$ mit $x_n t_n \to y$. Man kann also auch annehmen, dass $x_n \to x \in U$ konvergiert. Damit folgt aber per Definiton, dass $x \in \mathcal{A}^*(A)$ und $y \in \Omega(x)$; also kann es keinen kleineren Attraktor mit gleichförmigem Anziehungsbereich geben, der U enthält. Da jeder gleichförmige Attraktor Teilmenge von Ut $(t \geq 0)$ sein muss, ist damit A eindeutig wie behauptet.

Analog zur Darstellung eines Attraktors in Proposition 9 wird ein Repeller wie folgt definiert:

Definition 31. *Eine kompakte, nicht leere Teilmenge $A \subset \Omega$ heißt ein Repeller, wenn es eine offene Umgebung U von A gibt, so dass $\overline{U} \subset Ut$ für $t > 0$ gilt.*

Eine *Liapunoff-Funktion* einer kompakten Teilmenge A ist eine reellwertige positive Funktion g, die auf einer Umgebung U von A definiert ist und die folgenden Eigenschaften besitzt: (1) $g(x) = 0$ genau dann, wenn $x \in A$ gilt. (2) Ist $x \notin A$ und $xs \in U$ (für jedes $0 \leq s \leq t$), so folgt $g(xt) < g(x)$.
Eine Teilmenge A von (Ω, G) heißt *stabil*, wenn es in jeder Umgebung von A eine weitere, vorwärts invariante Umgebung von A gibt.

Satz 43. *Sei A eine kompakte Teilmenge A des stetigen dynamischen Systems (Ω, G) mit lokalkompaktem Ω. Dann sind folgende Aussagen äquivalent:*

1.) A ist ein stabiler Attraktor.

2.) Es gibt eine Liapunoff-Funktion für A.

Beweis. Sei A ein stabiler Attraktor. Man definiert $h(x) = \sup_{t \geq 0} \operatorname{dist}(xt, A)$ auf $\mathcal{A}(A)$. Es ist nicht schwer zu sehen, dass h wohldefiniert ist, und dass die Aussagen $h(xt) \leq h(x)$, $h(x) = 0$ ($x \in A$; A ist G-invariant!) und $h(x) > 0$ ($x \notin A$) gelten.

Die Stetigkeit von h zeigt man so: Ist $\eta > 0$, so gibt es eine Umgebung $V \subset K(A, \eta)$, die vorwärts invariant ist (da A stabil ist). Für $y \in V$ gilt also $h(y) = \sup_{t \geq 0} \operatorname{dist}(yt, A) \leq \eta$, und h ist damit stetig in jedem $x \in A$. Ist $x \notin A$, wählt man $\epsilon < \eta$ und t_0, so dass $K(x, \epsilon)t_0 \subset V$. Da V invariant ist, folgt $K(x, \epsilon)t \subset V$ für $t \geq t_0$. Somit ist

$$\begin{aligned}
|h(x) - h(y)| &\leq |\sup_{0 \leq t \leq t_0} \operatorname{dist}(xt, A) - \sup_{0 \leq t \leq t_0} \operatorname{dist}(yt, A)| + 2\eta \\
&\leq |\sup_{0 \leq t \leq t_0} \operatorname{dist}(xt, A) - \operatorname{dist}(yt, A)| + 2\eta \\
&\leq 3\eta,
\end{aligned}$$

sofern ϵ klein genug gewählt wird.

Die Funktion

$$g(x) = \int_0^\infty h(tx)e^{-t}dt$$

erfüllt dann die Eigenschaften einer Liapunoff-Funktion.

Sei nun g eine Liapunoff-Funktion für die kompakte Menge A, definiert auf der Umgebung U von A. Seien $\epsilon > 0$, $K(A, \epsilon) \subset U$ und $V = \{x \in K(A, \epsilon) : g(x) \leq m\}$. Ist $m = \inf\{g(y) : y \in U \backslash K(A, \epsilon)\} > 0$, so folgt $g(xt) < g(x) \leq m$ für $x \in V$. V ist also eine vorwärts invariante Umgebung in $K(A, \epsilon)$, und da ϵ beliebig angenommen war, folgt die Stabilität von A.

Um zu zeigen, dass die Menge A in ihrem Anziehungsbereich liegt, genügt es nachzuweisen, dass ihr Anziehungsbereich eine Umgebung von A enthält. Die Menge V ist gleichermaßen eine kompakte Umgebung von A. Da für $x \in V$ die Funktion $t \to g(xt)$ strikt monoton fällt, kann auf $\omega(x)$ die Funktion g nur konstant sein. Jedes $y \in \omega(x)$ muss dann aber schon in A liegen, denn sonst wäre $g(y) > g(yt)$ ein Widerspruch.

Die Liste der Beispiele für Attraktoren und Repeller umfasst eine Reihe sehr bekannt gewordener Dynamiken.

Beispiel 37. Die Julia-Menge $J = J(R)$ einer hyperbolischen rationalen Abbildung R ist ein Repeller. Da in diesem Fall die Julia-Menge keinen Häufungspunkt der Bahnen kritischer Punkte und keinen parabolischen Punkt enthält (vgl. Abschnitt 2.4), liegt jeder Punkt der Fatou-Menge im

Anziehungsbereich periodischer Punkte. Es gibt also eine hinreichend kleine Umgebung U von J, die $R(U) \supset U$ erfüllt. Kein Punkt der Fatou-Menge kann auf Dauer in U verweilen, also ist J ein Repeller.

Beispiel 38. Das Solenoid, manchmal auch Smale-Attraktor genannt, erhält man durch eine Abbildung des vollen Torus $\mathbb{T}^2 = S^1 \times \overline{\mathbb{D}}$, die in der S^1-Koordinate verdoppelt und in der $\mathbb{D}$-Koordinate kontrahiert. Dabei ist $\mathbb{D} = \{z \in \mathbb{C} : |z| < 1\}$. Parametrisiert man $\mathbb{T}^2$ durch (z, u, v) mit $0 \leq z < 1$ und $u^2 + v^2 \leq 1$, so ist die Abbildung durch

$$T(z, u, v) = (2z \bmod 1, au + b\cos(2\pi z), av + b\sin(2\pi z))$$

definiert, wobei $0 < a, b < 1$ feste Faktoren sind, die $a^2 + b^2 + 2\sqrt{2}ab < 1$ erfüllen. Man kann leicht ausrechnen, dass T invertierbar ist, wenn $b^2 < 2a^2$ gilt. Nach Proposition 9 besitzt T einen Attraktor, den man das Solenoid

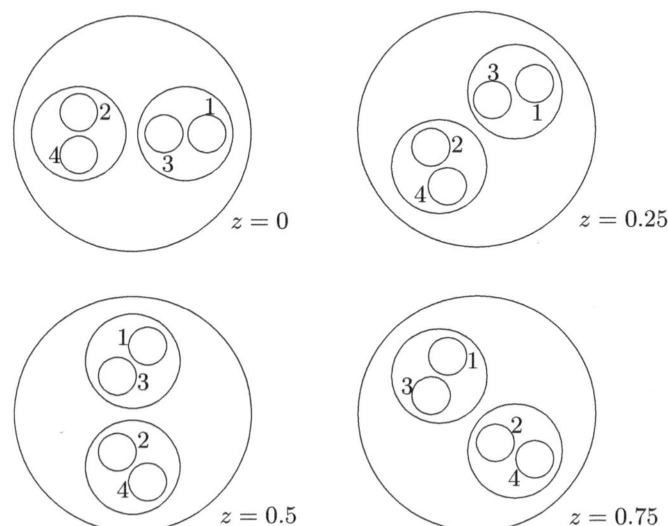

Abb. 3.1. Bilder des Torus $\mathbb{T}^2$ unter den Abbildungen T und T^2 für $a = 0.4$ und $b = 0.45$, geschnitten mit der $\mathbb{D}$-Koordinate des Solenoids in $z = 0, \frac{1}{4}, \frac{1}{2}, \frac{3}{4}$. Die Numerierung 1-4 gibt die Reihenfolge an, in der $T^2(\mathbb{T}^2)$ diese Schnitte durchläuft.

nennt, und der in der Form $A = \bigcap_{n \geq 1} T^n(\mathbb{T}^2)$ darstellbar ist. Es ist sofort zu sehen, dass $T(\mathbb{T}^2)$ einen gestreckten vollen Torus darstellt, der zweimal in den vollen Torus $\mathbb{T}^2$ hineingelegt wurde. $T^2(\mathbb{T}^2)$ legt den vollen Torus viermal in $\mathbb{T}^2$ hinein (vgl. Abb. 3.2). Iteration dieses Algorithmus zeigt, dass das Solenoid in jedem Schnitt vertikal zur S^1 eine Cantormenge C ist und mit $S^1 \times C$ parametrisiert werden kann.

$T : A \to A$ ist hyperbolisch. Die unstabilen Mannigfaltigkeiten (vgl. Abschnitt 1.4) besitzen die Form $W^u((z, u, v)) = S^1 \times \{(u, v)\}$ und die stabilen die Form $W^s((z, u, v)) = \{z\} \times C$ $((z, u, v) \in A)$.

Abb. 3.2. Bild des Torus $\mathbb{T}^2$ unter der Abbildung T^2 für $a = 0.4$ und $b = 0.45$. Der Schnitt $z = 0$ liegt rechts!

Beispiel 39. Der Lorenz-Attraktor wird durch eine dreidimensionale gewöhnliche Differentialgleichung bestimmt, die eine vertikale Konvektion beschreibt. Die Gleichungen sind

$$\begin{aligned}
\dot{x} &= \sigma(y - z) & \sigma &> 0 \\
\dot{y} &= rx - y - xy & r &> 0 \\
\dot{z} &= xy - bz & b &> 0.
\end{aligned}$$

Für die Werte $\sigma = 10, 3b = 8$ und $r = 28$ erhält man einen Attraktor, der in

Abb. 3.3. Lorenz-Attraktor

Abbildung 3.3 dargestellt ist.

Beispiel 40. Der Hénon-Attraktor wird durch eine zweidimensionale Abbildung gewonnen, und zwar durch die Vorschrift

$$T((x,y)) = (y + 1 - ax^2, bx) \qquad (x,y) \in \mathbb{R}^2.$$

Die Werte $a = 1.4$ und $b = 0.3$ sind in Darstellungen gebräuchlich.

Abb. 3.4. Hénon-Attraktor für $a = 1.41$ und $b = 0.31$

Beispiel 41. Smales Hufeisen. Ein weiterer, sehr oft dargestellter Attraktor stammt von Smale und wird üblicherweise als Hufeisen bezeichnet (vgl. Satz 18). Man fixiert ein Rechteck in $R \subset \mathbb{R}^2$ mit Seiten parallel zu den Koordinatenachsen, streckt es um einen Faktor $\lambda > 1$ in der x-Richtung und staucht es um einen Faktor $\mu < 1$ in y-Richtung. Daraus bildet man ein Hufeisen, und bettet es so in den $\mathbb{R}^2$ wieder ein, dass es das Originalrechteck R so wie in der Abbildung 3.5 überdeckt. Dies kann mit einer Abbildung $T \in \mathrm{Diff}^1(\mathbb{R}^2)$ erreicht werden. T^{-1} streckt die Seite des Rechtecks R in der y-Richtung um den Faktor μ^{-1} und kontrahiert die Seite in x-Richtung um den Faktor λ^{-1}. Dann ist es nicht schwer zu sehen, dass

$$A^+ = \bigcap_{n \in \mathbb{N}_0} T^n(R) \text{ bzw. } A^- = \bigcap_{n \in \mathbb{N}_0} T^{-n}(R)$$

ein Attraktor (bzw. Repeller) ist: das sog. Hufeisen ist dann gerade $A = A^+ \cap A^-$.

Die Existenz von schwachen Attraktoren für Flüsse kann unter recht allgemeinen Bedingungen nachgewiesen werden. Bekanntlich heißt eine Funktion $h : U \to \mathbb{R}$ unterhalb stetig, wenn für jedes $x \in U \subset \mathbb{R}^d$

$$\liminf_{y \to x} h(y) \geq h(x)$$

gilt.

Satz 44. *Es sei $(\mathbb{R}^d, (\phi_t)_{t \in \mathbb{R}})$ ein differenzierbares dynamisches System, das durch das Vektorfeld $\Phi : \mathbb{R}^d \to \mathbb{R}^d$ definiert wird. Seien A eine kompakte Teilmenge des $\mathbb{R}^d$ und $h : A^c \to \mathbb{R}$ eine unterhalb stetige Funktion. Es gelten die folgenden Annahmen*

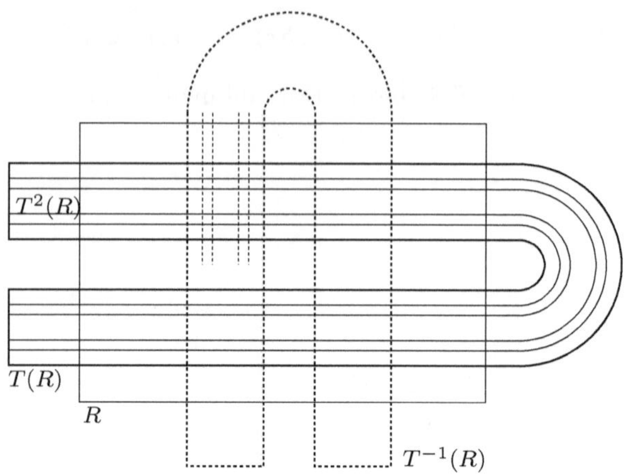

Abb. 3.5. Smales Hufeisen

1. $h^*(x) = \liminf_{t \to 0^+; z \to \Phi(x)} t^{-1}[h(x + tz) - h(x)]$ *ist durch eine stetige, strikt negative Funktion g dominiert,*
2. *für alle $m \in \mathbb{R}$ ist $A \cup \{x : h(x) \le m\}$ kompakt oder gleich $\mathbb{R}^d$.*

Dann gilt für jedes $x \in \mathbb{R}^d$ entweder $\phi_{t_n}(x) \in A$ für eine Folge $t_n \to \infty$ oder $\omega(x) \subset A$. Insbesondere ist A ein schwacher Attraktor.

Beweis. Angenommen, es gibt keine Teilfolge $t_n \to \infty$, so dass $\phi_{t_n}(x) \in A$. Dann existiert ein t_0, so dass $\phi_t(x) \in A^c$ für $t > t_0$. Die Bedingung 1. bedeutet insbesondere, dass $h \circ \phi_t$ strikt monoton fällt, daher ist für $m = h(\phi_{t_1}(x)) < h(\phi_{t_0}(x))$ die Menge $A \cup \{x : h(x) \le m\}$ kompakt und enthält $\{\phi_t(x) : t \ge t_1\}$. Es folgt, dass $\omega(x) \ne \emptyset$. Es muss also gezeigt werden, dass $\omega(x) \subset A$. Sei y ein Häufungspunkt von $\mathcal{O}^+(x)$, der nicht zu A gehört. Auf einer kleinen Kugel $K(y, 2r)$, die A nicht schneidet, ist dann die Funktion g in 1. strikt negativ, etwa durch $-\delta$ beschränkt. Besitzt der Punkt $\phi_t(x)$ einen Abstand r von y, so hat $\phi_s(x)$ einen Abstand $2r$ von y, solange $|s - t| \le r/a$, wobei $a = \|\Phi 1_{K(y, 2r)}\|_\infty$ gesetzt wird. Man wählt nun eine Teilfolge $t_n \ge t_1$ $(n \ge 2)$ mit Abständen $t_n - t_{n-1} \ge r/a$, so dass $y = \lim_{n \to \infty} \phi_{t_n}(x)$ gilt.

Es folgt nun einerseits $h(y) \le h(\phi_{t_n}(x))$, da h unterhalb stetig und monoton fallend ist, andererseits aber auch

$$h(\phi_{t_{n+1}}(x)) - h(\phi_{t_1}(x)) \le \sum_{i=1}^{n} \int_{t_i}^{t_{i+1}} g(\phi_s(x))ds \le -\delta nr/a \to -\infty,$$

ein Widerspruch.

3.3 Expansivität

Im Gegensatz zu Attraktion beschreibt Expansivität das Auseinanderstreben von Bahnen. Man betrachtet ausschließlich stetige dynamische Systeme mit kompaktem metrischem Zustandsraum Ω.

Definition 32. *Ein stetiges dynamisches System (Ω, G) heißt expansiv, falls es eine Konstante $a > 0$ mit der Eigenschaft $\sup_{g \in G} d(xg, yg) > a$ für alle $x \neq y \in \Omega$ gibt. Die Konstante a nennt man eine Expansionskonstante.*

Im Folgenden sei G stets $\mathbb{Z}$ oder $\mathbb{N}_0$. Im letzteren Fall sagt man auch, dass (Ω, T) *vorwärts expansiv* ist. Ist (Ω, G) expansiv, so heißt T selbst (vorwärts) expansiv. Da hier nur kompakte Räume betrachtet werden, ist diese Definition von der Metrik unabhängig (in beliebigen metrischen Räumen ist das offenbar nicht richtig). Daraus folgt sofort, dass Expansivität eine Konjugationsinvariante ist.

Beispiel 42. Schiftabbildungen (Abschnitte 1.1 und 2.2) auf Teilschifts sind expansiv. Um das einzusehen, betrachte man die Metrik

$$d(x, y) = \inf\{n^{-1} : n > 0, \ x_j = y_j \ \forall |j| < n\}.$$

Es gilt nämlich für zwei verschiedene Punkte mit $d(x, y) = n^{-1}$, dass $d(T^{\pm n}(x), T^{\pm n}(y)) > 1/2$, wobei $\pm$ für die unterschiedlichen Fälle steht, je nachdem ob $x_n \neq y_n$ oder $x_{-n} \neq y_{-n}$.
Natürlich gelten die analogen Überlegungen in einseitigen Schiebungsdynamiken.

Beispiel 43. Die Abbildung $T : S^1 \to S^1$ definiert durch $T(z) = z^n$ $(n \geq 2)$ ist expansiv.

Beispiel 44. Sei $T : M \to M$ eine differenzierbare Abbildung, so dass für ein $n \geq 1$ und für jedes $p \in M$ die Ableitung $D_p T^n$ nur Eigenwerte vom Betrag > 1 besitzt. Dann ist T expansiv. Dies ist beispielsweise für eine hyperbolische rationale Abbildung (vgl. Abschnitt 2.4) auf ihrer Julia-Menge der Fall.

Alle diese Beispiele sind ebenfalls expandierend (s. Definition 33 weiter unten). Um ein nicht triviales Beispiel eines expansiven, aber nicht expandierenden Systems zu erhalten, werden im nächsten Satz rationale Abbildungen auf S^2 betrachtet, wie sie in Abschnitt Abschnitt 2.4 eingeführt wurden. In dieser Klasse findet man Beispiele, die die verschiedenen Expansionskonzepte verdeutlichen. Für den Beweis werden Sullivans Satz und das Flower Theorem benutzt. Sie werden benötigt, um die Eigenschaften (i)-(iii) zu beweisen, die weiter unten formuliert sind. Man kann (i)-(iii) bei manchen explizit gegebenen Transformationen direkt zeigen (wie etwa in Beispiel 45), und so den folgenden Satz unter den Voraussetzungen (i)-(iii) benutzen.

Satz 45. *Eine rationale Funktion* $R : S^2 \to S^2$ *ist genau dann vorwärts expansiv auf ihrer Julia-Menge* $J(R)$, *wenn* $J(R)$ *keinen kritischen Punkt von* R *enthält.*

Beweis. Es sei R expansiv auf $J(R)$. Angenommen $J(R)$ enthält den kritischen Punkt z.
Da $J(R)$ perfekt ist (Proposition 6), findet man eine Folge untereinander verschiedener Punkte $\{z_n : n \geq 1\}$ in $J(R)$, die gegen z konvergieren. Da z ein kritischer Punkt ist, gibt es zu jedem $R(z_n)$ ein von z_n verschiedenes Urbild y_n, so dass die Folge der y_n ebenfalls gegen z konvergiert. Da $J(R)$ nach Proposition 6 vollständig invariant ist, gehören die Punkte y_n zur Julia-Menge. Folglich ist R auf $J(R)$ nicht vorwärts expansiv, ein Widerspruch.

Der Beweis der Umkehrung erfordert einige Vorbereitungen. Es bezeichne P_{par} die Menge der parabolischen periodischen Punkte von R.

(i) Nach Fatou's Satz (s. Sullivan's Satz in Abschnitt 2.4) ist sie endlich, und es gibt daher $L \geq 1$, so dass $R^L(p) = p$ für jedes $p \in P_{\mathrm{par}}$ gilt.

Sullivans Resultat besagt ferner, dass jede Zusammenhangskomponente der Fatou-Menge $F(R)$ schließlich periodisch ist. Benutzt man zudem die Klassifizierung periodischer Komponenten, wie sie in Abschnitt 2.4 beschrieben ist, erhält man die Aussage, dass nur Punkte in parabolischen Gebieten unter Iteration von R gegen einen Randpunkt konvergieren können, und die Grenzpunktmenge nur aus einer einzigen parabolischen Bahn bestehen kann. Daraus folgt:

(ii) Zu jeder Konstanten $\Theta > 0$ gibt es ein $\delta = \delta(\Theta) > 0$, so dass für jedes $z \in J(R) \setminus K(P_{\mathrm{par}}, \Theta)$, die Kugel $K(z, \delta)$ nicht von der Vorwärtsbahn kritischer Punkte getroffen wird. Insbesondere existieren auf dieser Kugel alle analytischen inversen Zweige von R^n ($n = 1, 2, \ldots$).

Das Verhalten von R in hinreichend kleinen Umgebungen rational indifferenter Fixpunkte zeigt, dass es $\epsilon > 0$ gibt, so dass folgendes gilt:

(iii) Ist $z \in J(R)$ und ist für ein $p \in P_{\mathrm{par}}$, $R^{Ln}(z) \in K(p, \epsilon) \cap J(R)$ für jedes $n = 0, 1, \ldots$, dann ist schon $z = p$.

Beispiel 45. Man betrachte die rationale Funktion

$$R(z) = \frac{1}{2}z - \frac{1}{z} + \sqrt{2}.$$

Nach Proposition 5 gilt $J(R) \subset \mathbb{R}$, denn $\mathbb{R}$ ist vollständig invariant. Die kritischen Punkte sind $\pm\sqrt{2}i$, und $\sqrt{2}$ ist ein parabolischer Fixpunkt mit zweitem Urbild $-\sqrt{2}$. Man rechnet ebenfalls leicht nach, dass $\Re R(\pm\sqrt{2}i) = \sqrt{2}$ und

$$\Re R(z) = \left(\frac{1}{2} - \frac{1}{|z|^2}\right) \Re z + \sqrt{2}.$$

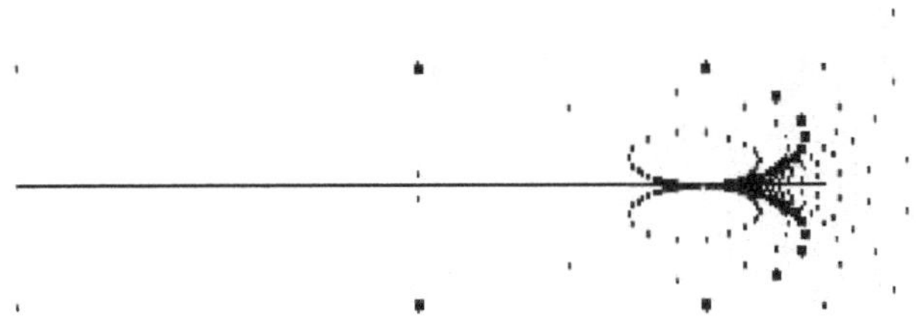

Abb. 3.6. Lokales Verhalten der Abbildung $R(z) = 0.5z - z^{-1} + \sqrt{2}$ mit hervorgehobenen Bahnen der beiden kritischen Punkte.

Daher können kritische Punkte nur den parabolischen Punkt $\sqrt{2}$ approximieren. Es ist daher nicht schwer zu sehen, dass die Eigenschaften (ii) und (iii) gelten. Im Beweis des Satzes wird lediglich benötigt, dass die Anzahl der parabolischen Punkte, die in der ω-Limesmenge eines kritischen Punktes liegen, endlich ist.

Es soll nun die Umkehrung mittels (i)-(iii) gezeigt werden. Man beginnt am besten damit, ein paar Fakten vorauszuschicken.

Mit der Stetigkeit von $R : S^2 \to S^2$ findet man $0 < \Theta \le \eta$, so dass

$$R^L(K(p, \Theta)) \cap K(q, \Theta) = \emptyset \quad \forall p \ne q \in P_{\mathrm{par}}. \tag{3.5}$$

Angenommen, $z \in J(R)$ und $R^{Ln}(z) \in K(P_{\mathrm{par}}, \Theta)$ für jedes hinreichend große n. Wegen (3.5) gibt es dann $p(z) \in P_{\mathrm{par}}$ mit $R^{Ln}(z) \in K(p(z), \Theta)$ für alle hinreichend großen n. Es folgt, dass $R^{Lm}(z) = p(z) \in P_{\mathrm{par}}$ für ein $m \ge 1$ und $z \in \bigcup_{n \ge 0} R^{-n} P_{\mathrm{par}}$.

Für $z \in J(R) \setminus \bigcup_{n=0}^{\infty} R^{-n}(P_{\mathrm{par}})$ ist also $R^{Ln}(z) \in J(R) \setminus K(P_{\mathrm{par}}, \Theta)$ für unendlich viele n.

Da $J(R)$ kompakt ist und keinen der endlich vielen kritischen Punkte enthält (s. Theorem 28), gibt es $\beta > 0$, so dass für jedes $z \in J(R)$ die Abbildung R auf der Kugel $K(z, \beta)$ injektiv ist.

Für jedes $y \in J(R) \setminus K(P_{\mathrm{par}}, \Theta)$ ist nach (ii) die Familie der inversen Zweige $\{R_\nu^{-n} : n \ge 1; 1 \le \nu \le d^n\}$ auf $K(y, \delta(\Theta))$ normal, und daher konvergiert jede konvergente Teilfolge gegen eine Konstante.

Überdeckt man $J(R) \setminus K(P_{\text{par}}, \Theta)$ mit endlich vielen Kugeln vom Radius $\delta = \delta(\Theta) > 0$, etwa $K(y_1, \delta), \ldots, K(y_s, \delta)$, so gibt es m_0 mit

$$\operatorname{diam} R_\nu^{-n}(K(y_i, \delta)) < \beta \qquad \forall 1 \leq i \leq s;\ n \geq m_0;\ 1 \leq \nu \leq d^n.$$

Sei $2\eta < \delta$ eine Lebesgue-Zahl[3] für die Überdeckung $\{K(y_1, \delta), \ldots, K(y_s, \delta)\}$ und so klein gewählt, dass zu $y \in J(R) \setminus K(P_{\text{par}}, \Theta)$, $0 \leq n < m_0$ und $1 \leq \nu \leq d^n$

$$\operatorname{diam} R_\nu^{-n}(K(y, 2\eta)) < \beta.$$

Es soll nun gezeigt werden, dass

$$a = \min(\Theta, \eta, \beta) \tag{3.6}$$

eine Expansionskonstante ist.

Es seien $z_1, z_2 \in J(R)$ zwei Punkte, die

$$\rho(R^n(z_1), R^n(z_2)) < a \quad \text{für jedes}\ n = 0, 1, 2, \ldots \tag{3.7}$$

erfüllen. Hierbei bezeichnet ρ den Abstand auf $\mathbb{C}$, der durch die oben benutzte Riemannsche Metrik induziert wird. Es ist zu zeigen, dass stets $z_1 = z_2$ gilt, und dies wird durch Unterscheidung zweier Fälle geschehen:

1. Fall: $R^{Lm}(z_1) = p$ für ein $p \in P_{\text{par}}$ und ein $m \in \{0, 1, 2, \ldots\}$
2. Fall $R^{Ln}(z_1) \notin P_{\text{par}}$ für jedes $n \geq 0$.

Im ersten Fall ist $R^{Ln}(z_2) \in K(p, a)$ für jedes $n \geq m$. Da $a \leq \Theta \leq \Theta_1$ folgt, wie bereits bemerkt, dass $R^{Lm}(z_2) = p = R^{Lm}(z_1)$. Sei $1 \leq \ell \leq mL$ eine natürliche Zahl mit $R^\ell(z_2) = R^\ell(z_1)$. Dann ist $R^{\ell-1}(z_2) = R^{\ell-1}(z_1)$, weil nach (3.6) ihr Abstand $< a \leq \beta$, und weil R auf Kugeln vom Radius a injektiv ist. Es folgt also $z_1 = z_2$.

Im zweiten Fall ist $R^n(z_1) \notin P_{\text{par}}$ für $n \geq 0$. Deshalb gibt es eine wachsende Folge $\{n_j\}_{j=1}^\infty$ positiver ganzer Zahlen, so dass

$$R^{Ln_j}(z_1) \notin K(P_{\text{par}}, \Theta) \quad \forall\, j = 1, 2, \ldots, \tag{3.8}$$

$$\lim_{j \to \infty} R^{Ln_j}(z_1) = y \quad \text{für ein}\ y \in J(R) \tag{3.9}$$

und

$$R^{Ln_j}(z_1) \in K(y, \tfrac{1}{2}\eta) \quad \forall\, j = 1, 2, \ldots. \tag{3.10}$$

Aus (3.8)–(3.10) folgt nun $y \in J(R) \setminus K(P_{\text{par}}, \Theta)$. Es gibt daher für jedes $j \geq 1$ einen eindeutigen analytischen inversen Zweig $R_\nu^{-Ln_j} : K(y, 2\eta) \to \overline{\mathbb{C}}$ von R^{Ln_j}, der $R_\nu^{-Ln_j}(R^{Ln_j}(z_1)) = z_1$ erfüllt. Mit (3.7) und (3.10) erhält man nun $R^{Ln_j}(z_1), R^{Ln_j}(z_2) \in K(y, \tfrac{3}{2}\eta)$ für jedes $j = 1, 2, \ldots$ Seien nun noch

---

[3] d.h. Kugeln vom Radius 2η sind vollständig in einem Element der Überdeckung enthalten

$y_j = R_\nu^{-Ln_j}(R^{Ln_j}(z_2))$ und $0 \leq \ell \leq Ln_j - 1$ so bestimmt, dass $R^{\ell+1}(y_j) = R^{\ell+1}(z_2)$. Da $R^\ell \circ R_\nu^{-Ln_j} : K(y, 2\eta) \to \overline{\mathbb{C}}$ ein analytischer inverser Zweig von $R^{Ln_j - \ell}$ ist, der $R^\ell(R_\nu^{-Ln_j}(R^{Ln_j}(z_1))) = R^\ell(z_1)$ erfüllt, folgt nach Wahl von η und δ, dass

$$\operatorname{diam} R^\ell \circ R_\nu^{-Ln_j}(K(y, 2\eta)) < \beta.$$

Da sowohl $\rho(R^\ell(z_1), R^\ell(y_j)) < \beta$ wie auch $\rho(R^\ell(z_1), R^\ell(z_2)) < a \leq \beta$, erhält man aus der Wahl von ℓ und der Injektivität von R auf Kugeln vom Radius β, dass $R^\ell(y_j) = R^\ell(z_2)$. Es folgt $y_j = z_2$ und, da

$$\lim_{j \to \infty} \operatorname{diam} R_\nu^{-Ln_j}(K(y, 2\eta)) = 0,$$

ist folglich $z_1 = z_2$.

Definition 33. *Ein dynamisches System (Ω, T) heißt expandierend, falls es eine äquivalente Metrik d gibt, und Konstanten $\Lambda > 1$ und $a > 0$ existieren, so dass*

$$d(T(x), T(y)) \geq \Lambda d(x, y) \qquad \forall x, y \in \Omega \text{ mit } d(x, y) < a.$$

Dieser Begriff ist keine Invariante unter Konjugation, wie man sich anhand der weiterhin dargestellten Resultate überlegt.

Korollar 6. *Ein expansiver holomorpher Endomorphismus $R : S^2 \to S^2$ ist genau dann nicht expandierend, wenn $P_{\mathrm{par}} \neq \emptyset$.*

Beweis. Ist $P_{\mathrm{par}} \neq \emptyset$, so ist sofort klar dass $R : J(R) \to J(R)$ nicht expandierend sein kann. Ist $P_{par} = \emptyset$, so folgt aus Sullivans Satz (Abschnitt 2.4), dass der Abschluß der Vorwärtsbahnen kritischer Punkte von $R : \overline{\mathbb{C}} \to \overline{\mathbb{C}}$ die Julia-Menge nicht schneidet. Gleichbedeutend damit ist jedoch, dass R selbst expandierend sein muss (nach Wahl einer passenden Metrik).

Korollar 7. *Es gibt eine expansive, aber nicht expandierende rationale Abbildung $R : J(R) \to J(R)$.*

Beweis. Die rationale Funktion $R(z) = \frac{1}{2}z - \frac{1}{z} + \sqrt{2}$ ist nach dem letzten Satz expansiv. Da $\sqrt{2}$ ein parabolischer Fixpunkt mit Multiplikator Eins ist, kann die Abbildung nicht expandierend sein.

Beispiel 46. Die rationale Funktion $R(z) = z^2 + \frac{1}{4}$ besitzt den indifferenten Fixpunkt $1/2$ und die einzigen kritischen Punkte $z = 0$ und $z = \infty$. $z = \infty$ ist ein anziehender Fixpunkt, während die Blätter von $p = 1/2$ einen weiteren kritischen Punkt im Inneren enthalten müssen, also $z = 0$. $z = 0$ und $z = \infty$ liegen also nicht in der Julia-Menge. Da es keinen weiteren kritischen Punkt gibt, und die Bahn von 0 in $\mathbb{R}$ liegt und gegen $1/2$ strebt, ist dies ein weiteres Beispiel für die Anwendung von Satz 45.

Abb. 3.7. Julia-Menge der Abbildung $R(z) = z^2 + \frac{1}{4}$ mit der Vorwärtsbahn des kritischen Punktes.

Proposition 10. *Ein expandierendes dynamisches System ist (vorwärts) expansiv.*

Beweis. Ist der Abstand zweier Punkte durch a beschränkt, so wird ihr Abstand bei jeder Iteration von T auf ihre Bilder um den festen Faktor Λ gestreckt, und zwar solange bis ihre Bilder einen Abstand $\geq a$ besitzen. Es folgt, dass jede positive Zahl $< a$ eine Expansionskonstante ist.

Definition 34. *Ein dynamisches System (Ω, T) heißt R-expandierend, falls es expandierend ist, und die Transformation T eine offene Abbildung ist.*

Beispiel 47. Ein Teilschift endlichen Typs (Ω, T) (oder auch topologische Markoff-Kette genannt) ist R-expandierend. Nach Beispiel 42 ist T expandierend. T ist auch eine offene Abbildung, wie man leicht verfiziert (s. Abschnitt 2.2).

Lemma 7. *Ein dynamisches System (Ω, T) ist genau dann R-expandierend, wenn es die folgende Eigenschaft besitzt:*
Es gibt Konstanten $a > 0$ und $\Lambda > 1$, so dass für $x, y' \in \Omega$, $d(T(x), y') < a$ ein eindeutig bestimmter Punkt $y \in \Omega$ mit $d(x, y) < a$ und $T(y) = y'$ existiert; ferner gilt $d(T(x), T(y)) \geq \Lambda d(x, y)$.

Beweis. Sei (Ω, T) R-expandierend. Dann ist T auf jeder Kugel $K(x, a/2)$ injektiv, denn $0 = d(T(z), T(y)) \geq \Lambda^{-1} d(z, y)$. Da T eine offene Abbildung ist, kann man $a/2 > a' > 0$ so klein wählen, dass $T(K(x, a/2)) \supset K(T(x), a')$. Hieraus folgt aber sofort die behauptete Eigenschaft.
Für die Umkehrung ist nur zu zeigen, dass T offen ist. Angenommen, $y \in T(K(x, a/2))$ kann durch eine Folge $y_n \notin T(K(x, a/2))$ approximiert werden. Dann gibt es Urbilder $z_n \in K(x, a)$ von y_n, die gegen das Urbild z von y in $K(x, a/2)$ konvergieren, ein Widerspruch.

Zu $n \geq 1$, $r > 0$ und $x \in \Omega$ sei

$$K_n(x, r) = \{y \in \Omega : d(T^j(y), T^j(x)) < r \quad \text{für jedes } 0 \leq j < n\}$$

die Kugel mit Radius r und Zentrum x in der *Bowen-Metrik*.

Lemma 8. *Sei (Ω, T) vorwärts expansiv mit Expansionskonstanter θ^*. Dann gibt es eine Konstante $0 < \theta \le \theta^*$ mit*

$$\lim_{n \to \infty} \sup_{x \in \Omega} \{\operatorname{diam}(K_n(x, \theta))\} = 0.$$

Im Folgenden sei unter einer Expansionskonstanten stets eine solche mit der zusätzlichen Eigenschaft des Lemma 8 verstanden.

Beweis. Seien $\{K(x_i, \theta^*) : 1 = 1, ..., s\}$ eine endliche offene Überdeckung von Ω und θ eine Lebesgue-Zahl.

Angenommen, die Aussage des Lemmas gilt nicht. Dann gibt es $a > 0$ und zu jedem $n \ge 1$ Punkte x_n, y_n mit $d(x_n, y_n) \ge a$ und $y_n \in K_n(x_n, \theta)$. Da Ω kompakt ist, kann man annehmen, dass $x = \lim_{n \to \infty} x_n$ und $y = \lim_{n \to \infty} y_n$ existieren.

Ist $j \ge 0$ fest, so ist $d(T^j(x_n), T^j(y_n)) < \theta$ für jedes $n \ge j$, und es gibt ein $i = i(j)$, so dass für unendlich viele n $T^j(x_n), T^j(y_n) \in K(x_i, \theta^*)$. Es folgt $d(T^j(x), T^j(y)) < \theta^*$. Da T vorwärts expansiv ist, folgt $x = y$.

Satz 46. [COVEN, REDDY] *Ein expansives dynamisches System (Ω, T) besitzt eine Metrik, die es expandierend macht.*

Beweis. Sei $3\theta > 0$ eine Expansionskonstante für (Ω, T). Man wendet das Metrisierungslemma von Frink an (s. [21], S.185):
Sei U_n ($n \ge 0$) eine Folge offener Umgebungen der Diagonalen $\Delta \subset \Omega \times \Omega$ mit folgenden Eigenschaften:

1. $U_0 = \Omega \times \Omega$.
2. $\bigcap_{n=1}^{\infty} U_n = \Delta$.
3. $U_n \circ U_n \circ U_n \subset U_{n-1}$ ($n \ge 1$),
   d.h. $(u, v), (v, w), (w, x) \in U_n \implies (u, x) \in U_{n-1}$.

Dann gibt es eine Metrik ρ, die mit der Topologie auf Ω verträglich ist, so dass für beliebiges $n \ge 1$

$$U_n \subset \{(x, y) : \rho(x, y) < 2^{-n}\} \subset U_{n-1}. \tag{3.11}$$

Für jedes $n \ge 1$ und $\gamma > 0$ sei

$$V_n(\gamma) = \{(x, y) \in \Omega \times \Omega : d(T^j(x), T^j(y)) < \gamma \quad \text{für alle } j = 0, \dots, n\}.$$

Mit Lemma 8 findet man $M \ge 1$, so dass

$$V_M(3\theta) \subset \{(x, y) : d(x, y) < \theta\}.$$

Mit den Festsetzungen $U_0 = \Omega \times \Omega$ und $U_n = V_{Mn}(\theta)$ ($n \ge 1$), folgen die Eigenschaften 1. unmittelbar, und 2. aus der Expansivität. Die Eigenschaft 3. zeigt man durch Induktion.

Der Fall $n = 1$ ist klar. Seien also 3. für n erfüllt und (x, u), (u, v), $(v, y) \in U_{n+1}$. Es gilt dann $d(T^j(y), T^j(x)) < 3\theta$ für alle $j = 0, \ldots, (n+1)M$, folglich ist auch $d(T^j(y), T^j(x)) < \theta$ für alle $j = 0, \ldots, Mn$, oder $(x, y) \in V_{Mn}(\theta) = U_n$.

Frink's Metrisierungslemma zeigt die Existenz einer Metrik ρ auf Ω mit (3.11).

Es genügt zu zeigen, dass T^{3M} expandierend bzgl. ρ ist. Angenommen, $x, y \in \Omega$ erfüllen $0 < \rho(x, y) < \frac{1}{16}$. Dann gibt es ein $n \geq 0$ mit $(x, y) \in U_n \setminus U_{n+1}$. Es muss $n \geq 3$ wegen $0 < \rho(x, y) < \frac{1}{16}$ und (3.11) sein. Weiterhin erhält man mit der Wahl von n und der Definition von U_n und $V_{Mn}(\theta)$, dass es ein $Mn < j \leq (n+1)M$ mit $d(T^j(y), T^j(x)) \geq \theta$ gibt. Wegen $3 \leq n$ schließt man nun, dass $d(T^i(T^{3M}(x)), T^i(T^{3M}(y))) \geq \theta$ für ein $0 \leq i \leq (n-2)M$ ist, und deshalb gilt auch $(T^{3M}(x), T^{3M}(y)) \notin U_{n-2}$. Benutzt man nun nochmals (3.11), folgt das Resultat aus

$$\rho(T^{3M}(x), T^{3M}(y)) \geq 2^{-(n-1)} = 2 \cdot 2^{-n} > 2\rho(x, y).$$

Das folgende Lemma ist Grundlage für den thermodynamischen Formalismus.

Lemma 9. *Ein R-expandierendes dynamisches System (Ω, T) besitzt die folgenden Eigenschaften:*

1. *Die Anzahl der Urbilder von T ist gleichmäßig beschränkt und lokal konstant.*

2. *Der Frobenius-Perron Operator (Transfer-Operator) für $\phi \in C(\Omega)$,*

$$\mathcal{F}_\phi : C(\Omega) \to C(\Omega), \qquad \mathcal{F}_\phi f(x) = \sum_{T(y)=x} f(y) \exp[-\phi(y)]$$

ist wohldefiniert, stetig und positiv.

Beweis. R-expandierende Systeme sind in Lemma 7 charakterisiert. Ist $d(x, y) < a/2$, so hat jedes Urbild von x ein Urbild von y im Abstand $< a/2\Lambda$. Ist ein Urbild von y zwei Urbildern von x zugeordnet, so haben diese Urbilder von x einen Abstand kleiner als a, müssen also gleich sein. Daher ist die Zuordnung der Urbilder injektiv. Aus Symmetriegründen folgt, dass die Anzahl der Urbilder lokal konstant ist. Da Ω kompakt ist, ist der Nachweis von 1. erbracht. Der Beweis von 2. ist nun einfach.

Definition 35. *Eine (topologische) Zerlegung $\mathcal{Z}$ von Ω ist eine Familie von Teilmengen $A \subset \Omega$, die Ω überdeckt, so dass jede Menge A der Abschluß ihres Inneren A° ist, und die Familie $\{A^\circ : A \in \mathcal{Z}\}$ aus paarweise disjunkten Mengen besteht. Sie heißt Markoffsch, wenn jedes Bild $T(A)$ Vereinigung von Elementen aus $\mathcal{Z}$ ist, und die Durchmesser der Mengen in $\mathcal{Z} \vee T^{-1}\mathcal{Z} \vee \ldots \vee T^{-n}\mathcal{Z}$ exponentiell schnell gegen 0 streben.*

Das abschließende Resultat zeigt, dass jedes R-expandierende System im wesentlichen eine topologische Markoff-Kette ist. Dies folgt aus Beispiel 47, Lemma 7 und dem folgenden Satz.

Satz 47. *Ein R-expandierendes dynamisches System besitzt eine endliche Markoff-Zerlegung.*

Beweis. Seien a und Λ durch die R-Expansion gegeben, und $\lambda = 1/\Lambda$ gesetzt. Seien δ so klein, dass $\frac{\delta}{1-\lambda} < a$, und $\mathcal{U}_0$ eine endliche offene Überdeckung von Ω, die aus Mengen vom Durchmesser $\leq \delta$ besteht.
Für jedes $U \in \mathcal{U}_0$ wird

$$\mathcal{U}(U) = \{V \in \mathcal{U}_0 : V \cap T(U) \neq \emptyset\}$$

und rekursiv

$$\Psi_0(U) = U$$
$$\Psi_n(U) = \{y \in \Omega : \ T(y) \in \Psi_{n-1}(V) \text{ für ein } V \in \mathcal{U}(U) \text{ und } d(y, U) < a\}$$

gesetzt. Es ist dann unmittelbar klar, dass

1. $U \subset \Psi_{n-1}(U) \subset \Psi_n(U) \subset K(U, (\lambda + ... + \lambda^n)\delta)$
2. $T(\Psi_n(U)) = \bigcup_{V \in \mathcal{U}(U)} \Psi_{n-1}(V)$.

Der Satz folgt nun kanonisch. Mit $\Psi(U) = \lim_{n \to \infty} \Psi_n(U)$ erhält man

$$U \subset \Psi(U) \subset K(U, \frac{\lambda}{1-\lambda}\delta)$$
$$T(\Psi(U)) = \lim_{n \to \infty} T(\Psi_n(U))$$
$$= \lim_{n \to \infty} \bigcup_{V \in \mathcal{U}(U)} \Psi_{n-1}(V) = \bigcup_{V \in \mathcal{U}(U)} \Psi(V).$$

Die Markoff-Zerlegung $\mathcal{Z}$ wird nun wie folgt definiert: Ist $\mathcal{U}_0 = \{U_1, ..., U_s\}$ ($s \geq 1$), so werden die Elemente G von $\mathcal{Z}$ durch $I(G) \subset \{1, ..., s\}$ und

$$G = \bigcap_{j \in I(G)} \Psi(U_j) \cap \bigcap_{j \notin I(G)} \Psi(U_j)^c$$

bestimmt. Ist $H = \bigcap_{j \in I} \Psi(U_j)$ für ein $\emptyset \neq I \subset \{1, ..., s\}$, so folgt aus der Invertierbarkeit von T auf Mengen vom Durchmesser $< a$

$$T(H) = \bigcap_{j \in I} T(\Psi(U_j)) = \bigcap_{j \in I} \bigcup_{V \in \mathcal{U}(U_j)} \Psi(V) = \bigcup_{V_j \in \mathcal{U}(U_j)} \bigcap_{j \in I} \Psi(V_j),$$

also ist $T(H)$ Vereinigung von Elementen in $\mathcal{Z}$. Daraus erhält man durch Differenzenbildung die gewünschte Markoff-Eigenschaft.
Es muss also nur noch gezeigt werden, dass die Durchmesser der Mengen der Verfeinerung von $\mathcal{Z}$ exponentiell schnell gegen 0 streben. Da jedes $G \in \mathcal{Z}$ einen Durchmesser kleiner als a besitzt, folgt aus Lemma 7

$$\operatorname{diam}\left(\bigcap_{j=0}^{n-1} T^{-j}(G_{i_j})\right) = \operatorname{diam}\left(T^{-n+1}(G_{i_{n-1}})\right) \leq \lambda^{n-1}a.$$

3.4 Symbolische Dynamik

Ein symbolisches dynamisches System ist ein dynamisches System (Ω, T), das durch die Restriktion T der Schiebungsabbildung auf eine abgeschlossene, invariante Teilmenge $\Omega \subset \Omega_X^+ = X^{\mathbb{N}_0}$ oder $\Omega \subset \Omega_X = X^{\mathbb{Z}}$ definiert ist. Man spricht dann von einem einseitigen bzw. zweiseitigen Teilschift. Eine topologische Markoff-Kette ist durch eine 0-1-wertige Matrix A und den dazugehörigen Teilschift Σ_A definiert (vgl. Abschnitt 2.2).

Beispielsweise ist die Morse-Folge (auch Morse-Thue-Folge genannt) als Bahnabschluss des folgenden Punktes in $\{0, 1\}^{\mathbb{N}_0}$ definiert:

$$\omega = 0110100110010110\ldots$$

Der Algorithmus zur Erzeugung der Morse-Folge wurde in Abschnitt 2.2 beschrieben. In anderer Notation liest sich das wie folgt: Seien $0^0 = 1^1 = 0$ und $0^1 = 1^0 = 1$. Sind $w = w_1 w_2 \ldots w_s$ und $v = v_1 v_2 \ldots v_t$ zwei Wörter über dem Alphabet $\{0, 1\}$, so wird w^v durch die Hintereinanderschaltung aller Wörter $w_1^{v_1} \ldots w_s^{v_1} w_1^{v_2} \ldots w_1^{v_t} \ldots w_s^{v_t}$ definiert. Man startet nun die Konstruktion mit $w = 01$ und bildet w^w. Ist das Wort w schon gebildet, so setzt man w^w als nächstes Wort fest. Man beachte, dass das Wort w^w stets mit w beginnt! Es sei Ω der Bahnabschluß von ω.

Satz 48. (Ω, T) *ist minimal.*

Beweis. Sei ω die Morse-Folge. Man zeigt am besten, dass ω fastperiodisch ist, denn dann folgt die Aussage aus Korollar 3. Sei w ein Anfangsblock von ω, so dass die Konstruktion von ω über w, w^w usw. stattfindet. Da w den Buchstaben 1 enthält, kommt in w^w der Block w^1 vor, also kommt w sowohl in $(w^w)^0$ wie auch in $(w^w)^1$ vor. Da ω eine unendlich lange Hintereinanderkettung von $(w^w)^0$ und $(w^w)^1$ ist, gibt es in jedem Teilblock von ω eine Kopie von w, sofern der Teilblock eine Länge besitzt, die das zweifache der Länge von w^w beträgt. Es folgt daraus, dass $\{j : T^j(\omega) \in [w]\}$ syndetisch ist. Da w beliebig große Länge haben kann, folgt hieraus die Fastperiodizität.

Dieser Satz ist ein Beispiel dafür, in welcher Weise Teilschifts benutzt werden können, um Beispiele mit spezifischen dynamischen Eigenschaften zu konstruieren.

Die Anzahlen periodischer Punkte mit einer festen Periode sind unter Konjugation offensichtlich invariant. Konjugation zwischen Teilschifts unterliegen weiteren Restriktionen, weil sie total unzusammenhängend sind. Beispielsweise kann eine nicht-invertierbare topologische Markoff-Kette nicht zu einem Teilschift konjugiert sein, der nicht Markoffsch ist. In der Tat ist eine solche topologische Markoff-Kette R-expandierend, also insbesondere ist der Schift selbst auf dieser Menge eine offene Abbildung. Umgekehrt ist ein einseitiger Teilschift, auf dem der Schift als offene Abbildung operiert, selbst eine topologische Markoffkette: Da ein Zylinder der Länge 1 offen und abgeschlossen ist, muss sein Bild ebenfalls diese Eigenschaft besitzen. Damit ist das Bild eine endliche Vereinigung von Zylindermengen.

Die Konjugationsprobleme im invertierbaren und nicht-invertierbaren Fall sind sehr verschieden. Eine einfache Konsequenz der Definitionen ist der folgende Satz.

Satz 49. *1. Sind zwei Teilschifts konjugiert, so ist entweder jeder von beiden oder keiner von beiden eine topologische Markoff-Kette.*
2. Ein einseitiger Teilschift ist genau dann eine topologische Markoff-Kette, wenn das System R-expandierend in der Metrik $d(\mathbf{x}, \mathbf{y}) = \sum_{k=0}^{\infty} 2^{-k} 1_{\{x_k\}^c}(y_k)$ ist.

Beweis. 1. Eine offen-abgeschlossene Menge wird unter einem Homöomorphismus in eine solche Menge abgebildet. Somit ist das ausschließende Blocksystem in beiden Teilschifts nur zusammen endlich.
2. Sei der Teilschift (Ω, T) R-expandierend. Ist n so groß gewählt, dass Zylindermengen der Länge n einen Durchmesser $< a$ besitzen, wobei a gemäß Lemma 7 gewählt ist, so gilt: Erfüllen zwei n-Zylinder C und D die Bedingung $C \cap T^{-1}(D) \neq \emptyset$, so gibt es zu jedem $y' \in D$ ein Urbild $y \in K(C, \operatorname{diam} D/\Lambda)$ mit $T(y) = y'$. Somit ist (Ω, T) homöomorph zu der topologischen Markoff-Kette mit Alphabet $X = \{C : C \text{ ist } n\text{-Zylinder}; C \cap \Omega \neq \emptyset\}$ und Übergangsmatrix $a_{C,D} = 1 \implies C \cap T^{-1}(D) \neq \emptyset$.
Die Umkehrung folgt aus Beispiel 47, bzw. der Vorbemerkung.

Die Konjugation von invertierbaren topologischen Markoff-Ketten kann aus der Struktur der zugehörigen Matrizen abgeleitet werden. Allerdings benötigt man hier die Darstellung als Kanten-Markoff-Kette (s. Satz 21 in Abschnitt 2.2).

Definition 36. *Zwei irreduzible, nicht negative, quadratische Matrizen A und B mit ganzzahligen Einträgen heißen stark Schiebungs-äquivalent, wenn es nicht negative Matrizen $R_1, ..., R_l$ und $S_1, ..., S_l$ mit ganzzahligen Einträgen gibt, so dass die folgenden Relationen erfüllt sind:*

$$A = R_1 S_1, \, S_1 R_1 = R_2 S_2, ..., S_l R_l = B.$$

Es ist unmittelbar klar, dass starke Schiebungs-Äquivalenz eine Äquivalenzrelation auf der Menge aller quadratischen, nicht negativen Matrizen mit ganzzahligen Einträgen ist.

Satz 50. [WILLIAMS] *Seien A und B zwei irreduzible, nicht negative, quadratische Matrizen mit ganzzahligen Einträgen. Die zweiseitigen Kanten-Markoff-Ketten Σ_A und Σ_B sind genau dann konjugiert, wenn A und B stark Schiebungs-äquivalent sind.*

Beweis. Es seien $A = (a_{ii'})_{i,i' \in I}$ und $B = (b_{jj'})_{j,j' \in J}$ stark Schiebungs-äquivalent. Es genügt offenbar die Konjugation von Σ_A und Σ_B zu beweisen, wenn $A = RS$ und $B = SR$ gelten. Seien $R = (r_{ij})_{i \in I, j \in J}$ und $S = (s_{ji})_{j \in J, i \in I}$.

Seien I die Ecken des durch A gegebenen Graphen G_A und J diejenigen, die durch B bestimmt sind (also die Indexmengen der Matrizen A und B). Man definiert einen Graphen G durch die Ecken $I \cup J$ mit r_{ij} Kanten von $i \in I$ nach $j \in J$ und s_{ji} Kanten von $j \in J$ nach $i \in I$. Da $a_{ii'} = \sum_{j \in J} r_{ij} s_{ji'}$ gilt, gibt es eine eineindeutige Zuordnung von Kanten a des Graphen G_A zu Pfaden der Länge 2 im Graphen G, etwa $a \mapsto (r(a), s(a))$, die Start- und Endpunkte respektieren. Jeder unendliche Pfad $...a_{-1}a_0a_1...$ im Graphen G_A wird bijektiv auf einen unendlichen Pfad $...r(a_{-1})s(a_{-1})r(a_0)s(a_0)r(a_1)s(a_1)...$ in G abgebildet, so dass die Schiebung auf Σ_A mit T^2 kommutiert, wobei T die Schiebung auf der zu G gehörigen Kanten-Markoff-Kette bedeutet. Da

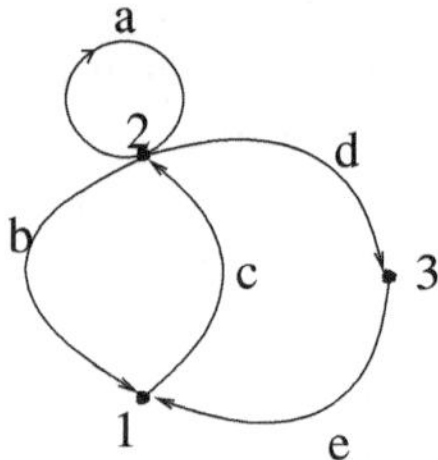

Abb. 3.8. Kanten-Markoff-Kette

$s(a_l)r(a_{l+1})$ die Hintereinanderschaltung einer Kante von einer Ecke in J zu einer in I und von dieser wiederum zu einer in J ist, kann derselbe Schluss wiederholt werden, und eine Bijektion auf die Kanten des Graphen G_B, die durch B bestimmt sind, gefunden werden, so dass der dazu gehörige 2-Block Kode zu Σ_B konjugiert.

Die Umkehrung der Aussage des Satzes erfordert ein wenig Vorarbeit.

Lemma 10. *Sei ϕ ein Homöomorphismus zwischen zwei Teilshifts $\Sigma_i \subset \Omega_{X_i}$ ($i = 1, 2$). Dann ist ϕ ein Block-Kode, d.h. für jedes $s \in X_2$ gibt es eine Familie von Zylindermengen $C \subset \Sigma_1$, so dass die nullte Koordinate von $\phi(x)$ ($x \in C$) gerade s ist.*

Beweis. Das Urbild des durch $s \in \Sigma_2$ bestimmten Zylinders unter ϕ ist offen und abgeschlossen, also eine Vereinigung von Zylindermengen.

Jeder Teilschift endlichen Typs ist nach Satz 21 zu einer Kanten-Markoff-Kette konjugiert, und nach dem soeben bemerkten Lemma ein Block-Kode. Ein Block-Kode $\phi : \Sigma_1 \to \Sigma_2$ lässt sich durch eine Block-Abbildung φ darstellen. Man wählt hierzu $m, n \geq 0$, so dass $(\phi(x))_0$ auf der Zylindermenge $[x_{-m}, \ldots, x_n]_{-m,n}$ konstant ist. Dieser Wert wird als $\varphi(x_{-m}...x_n)$ festgesetzt. Somit lässt sich $\phi(x) = (\varphi(x_{k-m}...x_{k+n}))_{k \in \mathbb{Z}}$ schreiben. Die Abbildung φ definiert zugleich eine kanonische Konjugation zwischen Σ_1 und

$$\Sigma = \{((a_{k-m}, ..., a_{k+n}))_{k \in \mathbb{Z}} : \exists x \in \Sigma_1 : x = (...a_{-1}a_0a_1, ...)\}.$$

Man kann also stets annehmen, dass ein solcher Block-Kode ein 1-Block-Kode ist. Die Inverse eines 1-Block-Kodes ist im Allgemeinen kein 1-Block-Kode. Ist dies jedoch erfüllt, so wird dieser Kode trivial, denn er benennt lediglich die Symbole der Alphabete um.

Ein Spalt-Kode ϕ wird auf die folgende Art definiert; andere Terminologie in diesem Zusammenhang ist ,splitting code' und ,amalgamation code' für die inverse Operation. Seien I die Ecken des durch A gegebenen Graphen G und K seine Kanten. Es gebe eine Zerlegung $\mathcal{Z}$ der Kantenmenge K, so dass jede Kante in einem beliebigen, festen $Z \in \mathcal{Z}$ in ein und derselben Ecke beginnt. Diese Ecke sei mit i_Z bezeichnet. Es sei ferner $t(k)$ (bzw. $b(k)$) diejenige Ecke in I, in der die Kante k endet (bzw. beginnt). Der Graph $G_{\mathcal{Z}}$ wird nun durch seine Ecken $I_{\mathcal{Z}} = \mathcal{Z}$ und seine Kanten $K_{\mathcal{Z}} = \{(k, Z) : b(k) = i_Z, Z \subset \{k' : b(k') = t(k)\}\}$ definiert. Zwei Ecken Z und Z' in $G_{\mathcal{Z}}$ sind also genau dann miteinander verbunden, wenn es eine Kante k in Z gibt, die zu $i_{Z'}$ verbindet. Diese Kante wird mit (k, Z') bezeichnet. Die Abbildung 3.9 verdeutlicht diese Definition. Der Spalt-Kode $\phi : \Sigma_G \to \Sigma_{G_{\mathcal{Z}}}$ ist nun durch die Block Abbildung

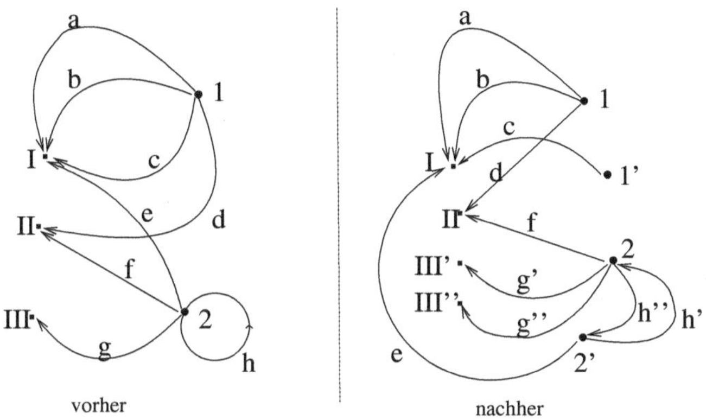

Abb. 3.9. Spalt-Kode

$\varphi^{-1}((k, Z)) = k$ definiert.

Lemma 11. *Ein Spalt-Kode ist eine Konjugation zwischen Σ_G und $\Sigma_{G_{\mathcal{Z}}}$.*

Beweis. Sei $(k, Z)(k', Z')$ ein Block der Länge zwei in $\Sigma_{G_{\mathcal{Z}}}$. Dann ist k' eine Kante in G, die in $t(k)$ beginnt, und somit ist kk' ein Block der Länge zwei in Σ_G. Daher ist auch $\phi^{-1}(x)$ ein Pfad in G sofern x ein Pfad in $\Sigma_{G_{\mathcal{Z}}}$ ist.

Sei nun kk' ein Block der Länge zwei in Σ_G. Die Kanten k und k' gehören dann zu wohlbestimmten $Z, Z' \in \mathcal{Z}$ mit $t(k) = i_{Z'}$. Somit ist $\psi(kk') = (k, Z')$ eindeutig festgelegt und definiert eine 2-Block Abbildung $\Psi : \Sigma_G \to \Sigma_{G_{\mathcal{Z}}}$. Es ist nicht schwer zu sehen, dass ϕ^{-1} und Ψ zueinander invers sind, also $\phi = \Psi$ gilt.

Der Beweis des Umkehrschlusses in Satz 50 basiert nun auf der Idee, jeden
Kode als Hintereinanderschaltung von Spalt-Kodes zu schreiben. Dann kann
nämlich das folgende Lemma angewendet werden.

Lemma 12. *Seien A und B zwei irreduzible, nicht negative, quadratische
Matrizen mit ganzzahligen Einträgen und $\phi : \Sigma_A \to \Sigma_B$ eine Hintereinanderschaltung von Spalt-Kodes. Dann sind A und B stark Schiebungs-äquivalent.*

Beweis. Nach Voraussetzung gibt es eine Darstellung $\phi = \phi_1 \circ \phi_2 \circ \dots \circ \phi_s$
von ϕ als Hintereinanderschaltung von Spalt-Kodes. Offenbar genügt es, den
Beweis im Falle $s = 1$ zu führen. Seien $A = (a_{ij})_{i,j \in I}$ und $B = (b_{Z,Z'})_{Z \in \mathcal{Z}}$
die beschreibenden Matrizen der beiden Kanten-Markoff-Ketten Σ_A und Σ_B.
Dann ist I die Menge der Ecken des Graphen G_A für Σ_A und $I_{\mathcal{Z}}$ diejenigen
für den Graphen $G_{\mathcal{Z}}$.
Man definiert die Zerlegungsmatrix $D : I \times I_{\mathcal{Z}} \to \{0,1\}$ durch $D(i, Z) = 1$
falls $i = i_Z$, und $D(i, Z) = 0$ andernfalls. Die Kantenmatrix $E : I_{\mathcal{Z}} \times I \to \mathbb{N}$
wird als $E(Z, i) = |Z \cap \{k : t(k) = i\}|$ erklärt. Es gilt dann

$$(DE)(i,j) = \sum_Z D(i,Z)E(Z,j) = \sum_{Z:i=i_Z} E(Z,j)$$

$$= \sum_{Z:i=i_Z} |Z \cap \{k : t(k) = j\}|$$

$$= |\{k : b(k) = i;\ t(k) = j\}| = a_{ij};$$

andererseits ist

$$(ED)(Z,Z') = \sum_i E(Z,i)D(i,Z') = E(Z,i_{Z'})D(i_{Z'},Z')$$

$$= |Z \cap \{k : t(k) = i_{Z'}\}|$$

$$= |\{(k,Z') : b(k) = i_Z;\ t(k) = i_{Z'}\}| = b_{ZZ'},$$

wobei $b_{ZZ'}$ die Anzahl der Kanten (k, Z') in $G_{\mathcal{Z}}$ bezeichnet, die Z mit Z'
verbinden.

Lemma 13. *Sei $\phi : \Sigma_G \to \Sigma_H$ ein 1-Block-Kode, so dass für ein $m \geq 0$ und
$n \geq 1$*

$$(\phi^{-1}(x))_0 = \varphi^{-1}(x_{-m}...x_n) \quad x \in \Sigma_H \tag{3.12}$$

*erfüllt. Dann gibt es Spalt-Kodes $\phi_G : \Sigma_G \to \Sigma_{G_{\mathcal{Z}}}$ und $\widetilde{\phi}_H : \Sigma_H \to \Sigma_{H_{\mathcal{Y}}}$
und einen 1-Block-Kode $\widetilde{\phi} : \Sigma_{G_{\mathcal{Z}}} \to \Sigma_{H_{\mathcal{Y}}}$, so dass das folgende Diagramm
kommutativ ist:*

$$
\begin{array}{ccc}
\Sigma_G & \xrightarrow{\ \phi_G\ } & \Sigma_{G_{\mathcal{Z}}} \\
{\scriptstyle \phi}\downarrow & & \downarrow{\scriptstyle \widetilde{\phi}} \\
\Sigma_H & \xrightarrow{\ \widetilde{\phi}_H\ } & \Sigma_{H_{\mathcal{Y}}}
\end{array}
$$

Weiterhin ist $\widetilde{\phi}^{-1}$ ein 1-Block-Kode der Form

$$\widetilde{\phi}^{-1}(x)_0 = \widetilde{\varphi}^{-1}(x_{-m}...x_{n-1}) \quad x \in \Sigma_{H_{\mathcal{Y}}}.$$

Beweis. Es sei $\mathcal{Y}$ die Zerlegung der Kantenmenge von H in die einzelnen Kanten. Der Graph $H_{\mathcal{Y}}$ besitzt dann die Ecken $\mathcal{Y}$ und die Kanten (h, k), wobei k eine Kante ist, die in der Ecke h beginnt. Da ϕ ein 1-Block-Kode ist, gibt es eine Abbildung $\varphi : K_G \to K_H$ der Kanten K_G von G auf die Kanten K_H von H. Sei $\mathcal{Z}$ die Zerlegung der Kantenmenge K_G in die Urbilder der Kanten von H, die in denselben Ecken $i \in I$ des Graphen G starten, also besteht $\mathcal{Z}$ aus Mengen der Form $Z = \varphi^{-1}(h) \cap \{g \in K_G : t(g) = i\}$. Man definiert sodann eine Blockabbildung $\widetilde{\varphi} : \{(k, Z) : b(k) = i_Z, Z \subset \{k' : t(k') = t(k)\}\} \to \{(j, Y) : b(j) = i_Y, Y \subset \{j' : t(j') = t(j)\}\}$ durch $\widetilde{\varphi}((k, Z)) = (\varphi(k), Y)$, wenn $Z \subset \varphi^{-1}(Y)$. Das folgende Diagramm veranschaulicht die Konstruktion

$$
\begin{array}{ccc}
\Sigma_G \ni ...k_{-1}k_0k_1... & \xrightarrow{\Psi_G} & ...(k_{-2}, Z_{-2})(k_{-1}, Z_{-1})(k_0, Z_0)... \in \Sigma_{G_{\mathcal{Z}}} \\
\phi=(..\varphi..) \downarrow & & \downarrow \widetilde{\phi} \\
\Sigma_H \ni ...h_{-1}h_0h_1... & \xrightarrow{\Psi_H} & ...(h_{-2}, \{h_{-1}\})(h_{-1}, \{h_0\})(h_0, \{h_1\})... \in \Sigma_{G_{\mathcal{Y}}}
\end{array}
$$

mit $h_i = \varphi(k_i)$ und $\widetilde{\varphi}_2(Z_i) = \{h_{i+1}\}$. Dies definiert offenbar einen 1-Block-Kode $\widetilde{\phi}$.

Es muss abschließend gezeigt werden, dass $\widetilde{\varphi}^{-1}$ die Bedingung (3.12) mit m und $n - 1$ erfüllt. Sei $(h_k, Y_k)_{k \in \mathbb{Z}} \in \Sigma_{H_{\mathcal{Y}}}$, also das Bild von $(h_k)_{k \in \mathbb{Z}} \in \Sigma_H$ unter $\widetilde{\phi}_H$. Da (h_{n-1}, Y_{n-1}) auch h_n als Kante von $t(h_{n-1})$ und mit dem Endpunkt der (einzigen) Kante in Y_{n-1} bestimmt, ist $h_{-m}...h_n$ durch $((h_{-m}, Y_{-m})...(h_{n-1}, Y_{n-1}))$ festgelegt. Dieser Block bestimmt wiederum g_0 im Urbild $\phi^{-1}((...h_{-2}h_{-1}h_0h_1h_2...))$, also auch die nullte Koordinate in $\phi_G((...g_{-2}g_{-1}g_0g_1g_2...))$, und damit $(\widetilde{\phi}^{-1}(x))_0$.

Nun kann man den Beweis von Satz 50 vollenden. Mit Lemma 13 erhält man eine Folge von Kanten-Markoff-Ketten Σ_{G_i} und Σ_{H_i} $(1 \leq i \leq n)$, und ein kommutatives Diagramm

$$
\begin{array}{ccccccccc}
\Sigma_G & \xrightarrow{\phi_G} & \Sigma_{G_1} & \xrightarrow{\phi_{G_1}} & ... & \xrightarrow{\phi_{G_{n-2}}} & \Sigma_{G_{n-1}} & \xrightarrow{\phi_{G_{n-1}}} & \Sigma_{G_n} \\
\phi \downarrow & & \phi_1 \downarrow & & & & \phi_{n-1} \downarrow & & \downarrow \phi_n \\
\Sigma_H & \xrightarrow{\widetilde{\phi}_H} & \Sigma_{H_1} & \xrightarrow{\widetilde{\phi}_{H_1}} & ... & \xrightarrow{\widetilde{\phi}_{H_{n-2}}} & \Sigma_{H_{n-1}} & \xrightarrow{\widetilde{\phi}_{H_{n-1}}} & \Sigma_{H_n}.
\end{array}
$$

Die Abbildungen in der oberen und unteren Zeile sind Spalt-Kodes, und die Abbildung ϕ_n ist ein Block-Kode, der (3.12) mit m und $n = 0$ erfüllt.

Der transponierte Graph besteht aus denselben Ecken und denselben Kanten mit umgedrehter Orientierung. Das entspricht einem Schift, bei dem die Symbolfolge rückwärts gelesen wird. Wendet man das Lemma 13 auf die transponierten Graphen zu G_n und H_n an, erhält man das analoge kommutative Diagramm

$$\Sigma_{G_n} \xrightarrow{\phi_{G_n}} \Sigma_{G_{n+1}} \xrightarrow{\phi_{G_{n+1}}} \ldots \Sigma_{G_{n+m-1}} \xrightarrow{\phi_{G_{n+m-1}}} \Sigma_{G_{n+m}}$$

$$\phi_n \downarrow \qquad \phi_{n+1} \downarrow \qquad \qquad \downarrow \phi_{n+m-1} \qquad \qquad \downarrow \phi_{n+m}$$

$$\Sigma_{H_n} \xrightarrow{\tilde{\phi}_{H_n}} \Sigma_{H_{n+1}} \xrightarrow{\tilde{\phi}_{H_{n+1}}} \ldots \Sigma_{H_{n+m-1}} \xrightarrow{\tilde{\phi}_{H_{n+m-1}}} \Sigma_{H_{n+m}}.$$

Die Abbildungen in beiden Zeilen sind wiederum Spalt-Kodes, und die Abbildung ϕ_{n+m} ist ein Block-Kode, der (3.12) mit $m = n = 0$ erfüllt. Die Abbildung ist damit ein 1-Block-Kode, d.h. sie definiert lediglich die Symbole um.

Werden beide Diagramme am rechten, bzw. linken Ende zusammengefügt, entsteht die gewünschte Darstellung von ϕ als Hintereinanderschaltung von Spalt-Kodes.

3.5 Topologische Entropie

Topologische Entropie ist, kurz ausgedrückt, ein Maß für die Unordnung eines dynamischen Systems. Gleichgradig stetige Systeme besitzen eine unkompliziertere Bahnstruktur als z.B. hyperbolische Torusautomorphismen. Im ersten Fall bleiben die Abstände $d(T^k(x), T^k(y))$ im wesentlichen durch den Abstand zwischen x und y beschränkt. Im zweiten Fall ist dies auf jeden Fall nicht richtig. Topologische Entropie misst das asympototische Wachstum der Anzahlen der Bahnen (bis zur Zeit n), die in diesem Sinne unterschiedlich sind.

In diesem Abschnitt seien (Ω, T) ein stetiges dynamisches System und Ω ein kompakter, metrischer Raum mit Metrik d.

Sei $\mathbf{a} = (a_n)_{n \geq 1}$ eine positive reelle Zahlenfolge. Man nennt dann

$$W(\mathbf{a}) := \limsup_{n \to \infty} \frac{1}{n} \log a_n$$

ihr *asymptotisches Wachstum*. Ist δ irgendeine Metrik auf Ω, so heißt eine Menge $E \subset \Omega$ (δ, η)-*getrennt*, falls

$$\inf\{\delta(x, y) : \ x, y \in E; x \neq y\} > \eta \qquad (3.13)$$

gilt, und E nicht durch Hinzufügen von weiteren Punkten vergrößert werden kann, ohne die Trennungseigenschaft (3.13) zu verlieren. Da Ω kompakt ist, muss die Mächtigkeit dieser Menge stets endlich sein. Ist $\delta = (\delta_n)_{n \geq 1}$ eine Folge von Metriken, so bezeichnet $W((|E_n|)_{n \geq 1})$ das asymptotische Wachstum der n-ten Wurzel der Mächtigkeiten von fest gewählten (δ_n, η)-getrennten Mengen E_n.

Lemma 14. *Sei δ_n eine Folge von Metriken und $2\epsilon \leq \eta$. Seien E_n (bzw. F_n) (δ_n, η)- (bzw. (δ_n, ϵ)-) getrennte Mengen. Dann gilt*

$$|E_n| \leq |F_n|.$$

Beweis. Seien E_n und F_n $(n \geq 1)$ wie im Lemma. Jeder Punkt von E_n besitzt dann einen Abstand $\leq \epsilon$ zu F_n, denn sonst könnte F_n vergrößert werden. Die Abstände von zwei verschiedenen Punkten in E_n zu einem beliebigen Punkt in F_n können aber auch beide gleichzeitig nicht kleiner als ϵ sein, da $2\epsilon < \eta$ vorausgesetzt ist. Also gibt es eine injektive Abbildung $E_n \mapsto F_n$.

Lemma 15. *Ist $\delta = (\delta_n)_{n \geq 1}$ eine Folge von Metriken und $\mathcal{E}_\eta = (E_n(\eta))_{n \geq 1}$ $(\eta > 0)$ eine Familie (δ_n, η)-getrennter Mengen $E_n(\eta)$, so existiert das infinitesimale asymptotische Wachstum der Familie*

$$W(\delta) = \lim_{\eta \downarrow 0} W(\mathcal{E}_\eta),$$

und dieser Grenzwert ist unabhängig von der gewählten Familie $\mathcal{E}$.

Beweis. Lemma 14 zeigt, dass für eine weitere solche Folge $F_n(\epsilon)$ $(n \geq 1, \epsilon > 0)$

$$\limsup_{n \to \infty} \frac{1}{n} \log |E_n(\eta)| \leq \inf_{2\epsilon < \eta} \limsup_{n \to \infty} \frac{1}{n} \log |F_n(\epsilon)|.$$

Betrachtet man die Folge $F_n(\epsilon) = E_n(\epsilon)$, so erhält man die Existenz des Limes für $\eta \to 0$. Da diese Ungleichung aber auch für beliebige getrennte Mengen $F_n(\epsilon)$ gilt, ist der Limes von der speziellen Wahl der getrennten Mengen unabhängig.

Ausgehend von der Metrik d auf Ω wird die *Bowen-Metrik* durch

$$d_n(x, y) = \max_{0 \leq k < n} d(T^k(x), T^k(y)) \qquad n \geq 1$$

definiert. Eine η-getrennte Menge unter der Metrik d_n besteht also aus Punkten, die paarweise ‚η-expansiv‘ bis zur Zeit n sind. Das infinitesimale asymptotische Wachstum $W(\delta)$ in Lemma 15 ist unabhängig von der Wahl der getrennten Mengen und kann daher der Folge δ von Metriken zugeordnet werden. Daher wird die folgende Definiton sinnvoll.

Definition 37. *Das infinitesimale asymptotische Wachstum $W(\delta)$ der Folge $\delta = (d_n)_{n \geq 1}$ der Bowen-Metriken wird als topologische Entropie $h(T) = h_{\mathrm{top}}(T)$ von T bezeichnet und ist durch*

$$h_{\mathrm{top}}(T) = W(\delta)$$

definiert.

Eine unter der Bowen Metrik d_n η-getrennte Menge wird kurz als (n, η)-getrennte Menge bezeichnet.

Beispiel 48. Die topologische Entropie einer Isometrie verschwindet, denn eine $(1, \eta)$-getrennte Menge ist auch (n, η)-getrennt.
Sei (Ω, T) gleichgradig stetig. Sei $\epsilon > 0$ und η so klein, dass die Abstände $T^j(x)$ und $T^j(y)$ kleiner als ϵ für jedes $j \geq 0$ sind, wenn $d(x, y) < \eta$ gilt. Dann ist jede $(1, \eta)$-getrennte Menge auch (n, ϵ)-getrennt. Also gilt $h_{\mathrm{top}}(T) = 0$.

Satz 51. *Ist (Ω_2, T_2) ein Faktor von (Ω_1, T_1), so gilt*

$$h_{\mathrm{top}}(T_2) \leq h_{\mathrm{top}}(T_1).$$

Insbesondere ist topologische Entropie eine Invariante unter Konjugation, und die topologische Entropie hängt nicht von der die Topologie erzeugenden Metrik ab.

Beweis. Sei $\pi : \Omega_1 \to \Omega_2$ die Faktorabbildung von Ω_1 auf Ω_2. Seien d die Metrik auf Ω_1 und d' die auf Ω_2. Zu $\eta > 0$ gibt es $\epsilon(\eta) > 0$, so dass mit $d'(\pi(x), \pi(y)) \geq \eta$ auch $d(x, y) \geq \epsilon(\eta)$ ist. Das überträgt sich sofort auf die Metriken d'_n und d_n mit denselben n, η und $\epsilon(\eta)$. Ferner gilt $\lim_{\eta \to 0} \epsilon(\eta) = 0$. Es folgt zunächst, dass das Urbild einer (n, η)-getrennten Menge $E_n(\eta) \subset \Omega_2$ zu einer $(n, \epsilon(\eta))$-getrennten Menge $F_n(\epsilon(\eta)) \subset \Omega_1$ erweitert werden kann, und weiterhin, dass

$$h_{\mathrm{top}}(T_2) = \lim_{\eta \to 0} \limsup_{n \to \infty} \frac{1}{n} \log |E_n(\eta)|$$

$$\leq \lim_{\eta \to 0} \limsup_{n \to \infty} \frac{1}{n} \log |F_n(\epsilon(\eta))| = h_{\mathrm{top}}(T_1).$$

Satz 52. *1. Sind (Ω_i, T_i), $i = 1, 2$, stetige dynamische Systeme, so gilt*

$$h_{\mathrm{top}}(T_1 \times T_2) = h_{\mathrm{top}}(T_1) + h_{\mathrm{top}}(T_2).$$

2. Ist (Ω, T) ein stetiges dynamisches System, so gilt $h_{\mathrm{top}}(T^n) = n h_{\mathrm{top}}(T)$ für $n \geq 0$. Ist zudem T invertierbar, so gilt ferner $h_{\mathrm{top}}(T^{-1}) = h_{\mathrm{top}}(T)$.

Beweis. 1. Da die topologische Entropie unabhängig von der Metrik ist, wählt man am besten die Maximumsmetrik auf $\Omega_1 \times \Omega_2$. Seien E_n und F_n jeweils (n, η)-getrennt in Ω_1 und Ω_2. Dann ist $G_n = E_n \times F_n \subset \Omega_1 \times \Omega_2$ in einer (n, η)-getrennten Menge A_n enthalten. Daraus folgt unmittelbar $h_{\mathrm{top}}(T_1) + h_{\mathrm{top}}(T_2) \leq h_{\mathrm{top}}(T_1 \times T_2)$.
Angenommen, A_n enthält einen weiteren Punkt $(x, y) \notin G_n$. O.E. sei $y \notin F_n$. Dann gibt es zu jedem $(u, v) \in E_n \times F_n$ ein $0 \leq j < n$ mit (i) $d(T^j(x), T^j(u)) > \eta$ oder (ii) $d(T^j(y), T^j(v)) > \eta$. Für jedes feste u kann (ii) nicht für jedes v gelten, denn sonst wäre $F_n \cup \{v\}$ eine trennende Erweiterung von F_n. Also gilt (i) für jedes u, und es folgt $x \in E_n$. Setzt man nun $u = x$, ergibt sich ein Widerspruch.
2. Sei E eine (m, η)-getrennte Menge für die Transformation T^n und die Metrik $d'(x, y) = \max_{0 \leq j < n} d(T^j(x), T^j(y))$. Dann ist E auch eine (nm, η)-getrennte Menge für die Transformation T bzgl. der Metrik d. Daraus folgt der erste Teil der Aussage.
Falls T invertierbar ist, ist $T^{n-1} E$ genau dann eine (n, η)-getrennte Menge für T^{-1}, wenn E (n, η)-getrennt für T ist. Damit ist alles gezeigt.

Satz 53. *Ist (Ω, T) expansiv mit Expansionskonstanter $\epsilon > 0$, so wird die topologische Entropie durch das asymptotische Wachstum von (n, ϵ)-getrennten Mengen in der Bowen Metrik $d = (d_n)_{n \geq 1}$ gegeben.*

Beweis. Nach Lemma 14 gilt $W((E_n(\epsilon))_{n\geq 1}) \leq h_{\mathrm{top}}(T)$, wenn $E_n(\epsilon)$ eine (n, ϵ)-getrennte Menge bezeichnet. Da T expansiv ist, gibt es nach Lemma 8 zu $\eta > 0$ ein $m \in \mathbb{N}$, so dass aus $d(T^j(x), T^j(y)) \leq \epsilon$ $(j = 0, 1, ..., m,\ x, y \in \Omega)$ schon $d(x, y) \leq \eta$ folgt. Ist $F_n(\eta)$ eine $(m + n, \epsilon)$-getrennte Menge, so folgt für $x \neq y \in F_n(\epsilon)$ die Abschätzung $\sup_{0 \leq j < n+m} d(T^j(x), T^j(y)) > \epsilon$. Also kann $F_n(\eta)$ zu einer $(n + m, \epsilon)$-getrennten Menge erweitert werden, und es folgt $W((F_n(\eta))_{n\geq 1}) \leq W((E_n(\epsilon))_{n\geq 1})$, und daraus die Behauptung.

Beispiel 49. Sei T die Schiebung auf dem kompakten Raum $\Omega_X = X^{\mathbb{Z}}$. Sie ist expansiv. Nimmt man die Metrik $d(\mathbf{x}, \mathbf{y}) = \sum_{k\in\mathbb{Z}} 2^{-|k|}(1 - 1_{x_k}(y_k))$, so ist $1/2$ eine Expansionskonstante, und jede Teilmenge E, die mit jedem n-Zylinder genau eine Punkt gemeinsam hat, ist offenbar eine $(n, 1/2)$-getrennte Menge. Da es $|X|^n$ solcher Zylinder gibt, ist $h_{\mathrm{top}}(T) = \log |X|$. Man bemerkt sofort, dass die topologische Entropie das asymptotische Wachstum der Folge $\mathbf{p} = (p_n)_{n\geq 1}$ der Mächtigkeiten p_n der periodischen Punkte der Periode n ist.

Satz 54. *Sei (Ω, T) ein stetiges dynamisches System. Es gebe ein Wahrscheinlichkeitsmaß m, so dass m und $m \circ T$ gegenseitig absolut stetig sind $(m \circ T \ll m \ll m \circ T)$ und eine stetige beschränkte Jacobische $J = \frac{dm\circ T}{dm}$ besitzen ([12], S.277-279). Sei N eine untere Schranke für die Anzahl der Urbilder von Punkten in einer Menge vom vollen Maß. Dann gilt*

$$h_{\mathrm{top}}(T) \geq \log N.$$

Beweis. Die Menge aller Punkte, in denen T nicht lokal invertierbar ist, ist kompakt. Sei Ω_0 ihr Komplement. Sei $a \in (0, 1)$ beliebig gewählt und $X = \{x \in \Omega_0 : |J(x)| \geq \epsilon\}$, wobei $\epsilon = \|J\|_\infty^{-\frac{a}{a-1}}$ gesetzt wird. T ist lokal invertierbar auf X, und da X kompakt ist, gibt es ein $\delta > 0$, so dass zwei verschiedene Punkte im Abstand $< \delta$ auch verschiedene Bilder besitzen müssen.

Sei nun $A_n = \{x \in \Omega : |X \cap \{T^j(x) : 0 \leq j < n\}| \leq an\}$. Sei $J(T^n)$ die Jacobische $\frac{dm\circ T^n}{dm}$ von T^n. Für $x \in A_n$ gilt dann

$$|J(T^n)(x)| = \prod_{j=0}^{n-1} |J(T^j(x))| < \epsilon^{(1-a)n}\|J\|_\infty^{an} = 1,$$

und damit

$$m(T^n(A_n)) \leq \int_{A_n} J(T^n)dm < \epsilon^{(1-a)n}\|J\|_\infty^{an} = 1.$$

Es gibt also einen Punkt $x \in \Omega \setminus T^n(A_n)$, so dass jeder Punkt $z \in \bigcup_{j=0}^{n-1} T^{-j}(\{x\})$ mindestens N Urbilder unter T besitzt. (Das sieht man wie folgt ein: Sei C die Menge aller Punkte, die weniger als N Urbilder haben. Es ist dann $m(T^{-1}(C)) = 0$, denn $m(T(T^{-1}(C))) = m(C) = 0$.) Daher hat auch x mindestens N^n Urbilder unter T^n.

Da $T^{-n}(\{x\}) \subset A_n^c$, besucht jedes Urbild von x unter T^n die Menge X mindestens an-mal. Durch Einschränkung auf eine Teilmenge kann man immer annehmen, dass $T^n(x)$ genau N^n Urbilder unter T^n besitzt. Man definiert eine Äquivalenzrelation $z \sim y$ auf der Menge $T^{-n}(\{x\})$ durch $T^j(z), T^j(y) \in X^c$ und $T^{j+1}(z) = T^{j+1}(y)$ für ein $j = 0, 1, ..., n-1$. Dann hat jede Äquivalenzklasse höchstens $N^{(1-a)n}$ Elemente. Ein Repräsentantensystem E_n enthält also mindestens N^{an} Elemente, und es genügt nun nachzuweisen, dass E_n zu einer (n, δ)-getrennten Menge erweitert werden kann. Angenommen, $z \neq y \in E_n$ und $\sup_{0 \leq j < n} d(T^j(z), T^j(y)) < \delta$. Ist einer der Punkte $T^j(z)$ oder $T^j(y)$ in X, so folgt $T^{j+1}(z) \neq T^{j+1}(y)$ nach Wahl von δ. Da $T^n(z) = T^n(y)$ gilt, muss es ein größtes $j < n$ geben, so dass $T^j(z), T^j(y) \in X^c$ und folglich $T^{j+1}(z) = T^{j+1}(y)$ gelten. Dann ist aber $z \sim y$, ein Widerspruch, und E_n ist in einer (n, δ)-getrennten Menge enthalten.

Unter Benutzung von Lemma 14 folgt die Aussage des Satzes aus

$$h_{\text{top}}(T) \geq \limsup_{n \to \infty} \frac{1}{n} \log |E_n| = a \log N,$$

wenn man $a \to 1$ streben lässt.

Sei $T : M \to N$ eine differenzierbare Abbildung zwischen zwei orientierbaren, kompakten, glatten Mannigfaltigkeiten M und N. Ein Punkt $x \in X$ heißt *regulär*, wenn $D_y T$ für jedes Urbild y von x invertierbar ist. Sei $\epsilon(y)$ entweder 1 oder -1, je nachdem $D_y T$ die Orientierung erhält oder umkehrt. Jeder reguläre Punkt x besitzt nur endlich viele Urbilder. Der *Grad* von T ist durch

$$\deg(T) = \deg_x(T) := \sum_{T(y)=x} \epsilon(y)$$

wohldefiniert, da die rechte Seite unabhängig von x ist.

Korollar 8. [MISIUREWICZ, PRZYTYCKI] *Sei Ω eine kompakte, orientierbare glatte Mannigfaltigkeit und $T : \Omega \to \Omega$ eine differenzierbare Abbildung. Dann gilt*

$$h_{\text{top}}(T) \geq \log |\deg(T)|.$$

Beweis. Die Volumenform auf Ω ist nichtsingulär und nach Sard's Satz ([34], S.37) besitzt die Menge der nicht regulären Punkte das Maß Null. Sei x ein regulärer Punkt von T. Er besitzt wenigstens $D = |\deg(T)|$ Urbilder.

Beispiel 50. Sei T eine rationale Abbildung der S^2 vom Grad d. Dann gilt

$$h_{\text{top}}(T) \geq \log d.$$

Satz 55. *Seien (Ω, T) ein expansives dynamisches System und P_n die Menge der periodischen Punkte mit Periode n. Dann gilt*

$$h_{\text{top}}(T) \geq \limsup_{n \to \infty} \frac{1}{n} \log |P_n|.$$

Beweis. Sei $\epsilon > 0$ eine Expansivitätskonstante. Da P_n zu einer (n, ϵ)-getrennten Menge erweitert werden kann, folgt die Ungleichung sofort.

Anmerkung 2. Gleichheit gilt im letzten Satz in folgenden Fällen:
(i) Rationale Funktionen, denn die topologische Entropie ist $\log d$ (das verschärft Beispiel 50) und die Anzahl der periodischen Punkte der Periode n proportional zu d^n ist, wenn d der Grad der rationalen Abbildung ist.
(ii) Topologisch mischende Markoff-Ketten, denn jede Zylindermenge der Länge n enthält nur eine beschränkte Anzahl periodischer Punkte der Periode $n + n_0$, n_0 fest. Für passend gewähltes n_0, unabhängig von n, gibt es zudem mindestens einen periodischen Punkt der Periode $n + n_0$. Man vergleiche auch Satz 22.
(iii) Allgemeiner kann man ein R-expandierendes System betrachten. Nach Satz 47 besitzt es eine Markoff-Zerlegung. Daher kann dasselbe Argument wie in (ii) angewendet werden.

Satz 56. *Sei $T(g) = a + A(g) \bmod \mathbb{Z}^d$ eine auf dem d-dimensionalen Torus $\mathbb{T}^d$ durch eine affine Transformation induzierte, invertierbare Abbildung. Dann gilt*

$$h_{\mathrm{top}}(T) = \sum_{|\lambda_i| > 1} \log |\lambda_i|,$$

wobei $\lambda_1, ..., \lambda_d$ die Eigenwerte der Matrix A bezeichnen.

Beweis. Zunächst bemerkt man, dass die Projektion $\Pi : \mathbb{R}^d \to \mathbb{T}^d$ eine lokale Isometrie ist: Es gibt $\delta > 0$, so dass Π, eingeschränkt auf eine beliebige Kugel vom Radius δ, eine Isometrie auf ihr Bild ist. Es gilt also lokal für $x, y \in \mathbb{R}^d$ die Beziehung $\|x - y\| = d(\Pi(x), \Pi(y)) < \delta$.
Sei $K \subset \mathbb{R}^d$ eine kompakte Menge vom Durchmesser $< \delta\|A\|^{-1}$. Sei ferner F eine (n, ϵ)-getrennte Menge in K für die lineare Abbildung A, wobei $\epsilon < \delta\|A\|^{-1}$. Dann ist $\Pi(F)$ eine (n, ϵ)-getrennte Menge in $\Pi(K)$ für T. Das kann man so beweisen: Ist $x \neq y \in F$, so gibt es ein minimales $0 \leq i \leq n - 1$ mit $\|A^i(x) - A^i(y)\| \geq \epsilon$. Dann ist $\|A^{i-1}(x) - A^{i-1}(y)\| < \epsilon \leq \delta\|A\|^{-1}$ und folglich $\|A^i(x) - A^i(y)\| < \delta$, also wegen der lokalen Isometrie von Π erhält man $d(T^i(x), T^i(y)) \geq \epsilon$. Sei $F' \supset \Pi(F)$ eine maximale Erweiterung von $\Pi(F)$ in $\Pi(K)$. Ist dann $z \in F' \setminus \Pi(F)$, so gibt es einen eindeutig bestimmten Punkt $y \in K$ mit $\Pi(y) = z$. Da F maximal ist, gibt es ein $x \in F$ mit

$$\epsilon > \|A^i(x) - A^i(y)\| = d(T^i(\Pi(x)), T^i(z))$$

für jedes $0 \leq i < n$.
Man betrachtet nun die Jordansche Normalform von A, deren Untermatrizen auf der Diagonalen mit A_j ($j = 1, ..., s$) bezeichnet werden. Jede Matrix besitzt nur Eigenwerte λ_l vom gleichen Betrag, und man kann $A_j = \kappa_j I_j$ als Vielfaches einer Isometrie I_j schreiben. Da die Jordansche Normalform durch Konjugation mit einer orthogonalen Matrix erhalten wird (die eine Isometrie ist), kann man annehmen, dass

$$\mathbb{R}^d = \mathbb{R}^{d_1} \times ... \times \mathbb{R}^{d_s} \qquad A((x_1, ..., x_s)) = (A_j(x_j))_{1 \leq j \leq s}$$

mit $d = d_1 + ... + d_s$ gilt. Sei nun K eine kompakte Menge wie oben und F_j eine (n, ϵ)-getrennte Menge für K_j, die Projektion von K auf $\mathbb{R}^{d_j}$. Ist $\kappa_j \leq 1$, so ist die Mächtigkeit von F_j von n unabhängig, also konstant (in n). Ist $\kappa_j > 1$, so ist $A_j^{-n} B(x, \epsilon/2)$ eine disjunkte Familie von Mengen, die in $B(K_j, \epsilon)$ enthalten ist, und $A_j^{-n} B(x, \epsilon)$ ist eine Familie von Mengen, die K_j überdeckt. Daher gilt mit gewissen Konstanten C_1 und C_2, dass

$$C_2 \leq |F_j| \kappa_j^{-nd_j} \inf_{u \in \mathbb{R}^{d_j}} \mathfrak{L}(B(u, \epsilon)) \leq |F_j| \kappa_j^{-nd_j} \sup_{u \in \mathbb{R}^{d_j}} \mathfrak{L}(B(u, \epsilon)) \leq C_1.$$

Das asymptotische Wachstum der Folge $|F_j|$ (wenn $n \to \infty$ und ϵ fest ist) berechnet sich also zu $d_j \log \kappa_j = \sum_{|\lambda_l| = \kappa_j} \log |\lambda_l|$.

Schließlich betrachtet man $F = F_1 \times ... \times F_s$. Dann ist F (n, ϵ)-getrennt für K und die Transformation A, denn mit der Maximumsnorm auf $\mathbb{R}^d$ gelten:

1. $x = (x_1, ..., x_s), y = (y_1, ..., y_s) \in F$, $x_j \neq y_j$ bedeutet, dass ein $0 \leq l < n$ mit $\|A^l(x) - A^l(y)\| \geq \|A_j^l(x_j) - A_j^l(y_j)\| \geq \epsilon$ existiert.
2. Ist $z = (z_1, ..., z_s) \in K$, so gibt es für jedes $1 \leq j \leq s$ ein $x_j \in F_j$ mit $\|A_j^i(x_j) - A_j^i(z_j)\| < \epsilon$ $(0 \leq i < n)$, da F_j maximal ist. Es folgt dann auch für $x = (x_1, ..., x_d)$, dass

$$\|A^i(x) - A^i(z)\| = \max_{1 \leq j \leq s} \|A_j^i(x_j) - A_j^i(z_j)\| < \epsilon.$$

Das asymptotische Wachstum der Folge $|F|$ (wenn n gegen unendlich strebt) ist also durch $\sum_{|\lambda_j| > 1} \log |\lambda_j|$ gegeben. Die Folge $\Pi(F)$ besitzt das gleiche Wachstumsverhalten und ist eine Folge (n, ϵ)-getrennter Mengen für $\Pi(K)$ und die Transformation $T : \mathbb{T}^d \to \mathbb{T}^d$. Überdeckt man $\mathbb{T}^d$ mit endlich vielen kompakten Mengen der Form $\Pi(K)$, so ist das infinitesimale asymptotische Wachstum einer Folge (n, ϵ)-getrennter Mengen gleich dem infinitesimalen asymptotischen Wachstum von $|F \cap \Pi(K)|$. Dies folgt mit dem Argument im Beweis von Lemma 15.

4 Differenzierbare Dynamik

Differenzierbare dynamische Systeme leben im Allgemeinen auf endlich dimensionalen Mannigfaltigkeiten. Durch die Differenzierbarkeit erhält man eine natürliche Faserung der Systeme durch eingebettete Mannigfaltigkeiten. Die Dynamik auf diesen Untermannigfaltigkeiten bestimmt weitgehend die globale Dynamik. Das wird besonders im Abschnitt 4.6 deutlich, wenn das System nur kontrahierende und expandierende Faserungen besitzt.
Grundlage der modernen differenzierbaren Dynamik ist die lokale Faserung des Systems in invariante Untermannigfaltigkeiten. Der Satz über die Existenz stabiler und unstabiler Mannigfaltigkeiten in Abschnitt 4.3 geht auf Jacques Hadamard (1901) zurück. Eine alternativer Zugang wurde auf Ideen von Oskar Perron 1928 aufgebaut. Er ist Grundlage vieler weiterer Entwicklungen in jüngerer Zeit. Auf seiner Basis kann man das von Hartman 1963 und Grobman 1962 gefundene Resultat verstehen, das bereits in Abschnitt 1.4 formuliert wurde.
Eine zentrale Rolle in der Entwicklung spielen geodätische Flüsse. Sie sind am besten auf Flächen konstanter negativer Krümmung verstanden; Abschnitt 1.6 beschreibt ein Beispiel, im Allgemeinen gibt Abschnitt 4.7 eine erste Einführung in die Grundlagen. Artins Satz von 1924 über die topologische Transitivität wird gezeigt, dagegen sind die Arbeiten von E. Hopf um 1940 nicht erwähnt, sie führten jedoch zur Entwicklung der Anosov-Systeme in den 60er Jahren; der Begriff des Anosov-Diffeomorphismus entstand im Jahre 1962 durch Dmitrii Anosov. Es gibt einen direkten Zusammenhang zu Hamiltonschen Systemen, der im Anschluß dargestellt wird. Insbesondere wird der Satz von Liouville (1809-1882) angewendet, um invariante Maße zu erhalten.
Etwas später entstand in der Forschungsgruppe um Smale eine Verallgemeinerung. Ausgehend von den Morse-Smale Systemen wurde der Begriff des Axiom-A-Diffeomorphismus (-Flusses) geprägt. Dies führte zu weiteren wesentlichen Begriffsbildungen, etwa dem Schließungsbegriff (Anosov 1970), der Spektralzerlegung (Smale 1967) oder der Spezifizierung (Bowen 1971). Verschiedene Schließungslemmata und Spezifizierungseigenschaften werden in den Abschnitten 4.3 und 4.6 behandelt.
Symbolische Dynamik als Hilfsmittel zur Untersuchung dynamischer Systeme wurden zuerst von Hadamard und später von Morse benutzt. Besondere

Bedeutung erhält ein solcher Zugang durch Markoff-Zerlegungen. Die ersten Zerlegungen dieser Art stammen von Adler und B. Weiss (1967) für Torusautomorphismen, dann von Sinai für Anosov Diffeomorphismen 1968 und schließlich von Bowen 1970 für Axiom-A-Diffeomorphismen.

In den Abschnitten 4.4 und 4.5 werden die wohl wichtigsten Begriffsbildungen beschrieben. Anosovs Sätze zur Strukturstabilität aus den 60er Jahren sind klassisch, ebenso das Arnoldsche Resultat im Fall von Diffeomorphismen der S^1. Wiederum zeitgleich wurde ein anderes Konzept entwickelt, das die Struktur der Diffeomorphismen und Flüsse klären soll. Man kann es generell über generische Eigenschaften beschreiben. Der grundlegende Satz, der dieser Betrachtungsweise zum Durchbruch verhalf stammt von Kupka 1963 (für Flüsse) und Smale 1963 (auch für Diffeomorphismen). Der finale Satz benutzt Transversalitätstheorie, die auf Thom zurückgeht. An dieser Stelle wird diese Theorie nicht entwickelt, jedoch wird der Beweis des Satzes von Kupka und Smale in seiner Grundstruktur in Abschnitt 4.5 beschrieben.

Neben der Faserung der Mannigfaltigkeit in invariante Untermannigfaltigkeiten erweist sich der Satz von Oseledets aus dem Jahr 1968 als grundlegender Baustein einer Theorie differenzierbarer Systeme. Abschnitt 4.2 enthält dieses Resultat, allerdings nicht in seiner schärfsten Form. Man kann es als eine Art Ergodensatz verstehen (s. Abschnitt 5.2), wenn man die Additivität des Kozykels durch Subadditivität ersetzt. Der Kingmannsche subadditive Ergodensatz, hier in Form des Satzes von Furstenberg und Kesten (1960) gebracht, ist Grundlage für diesen Satz. In Abschnitt 6.3 wird eine spezielle Anwendung dieses Satzes vorgestellt.

Im ersten Abschnitt werden Kozykel behandelt. Sie spielen in der Dynamik eine wesentliche Rolle, allerdings wird an dieser Stelle nur ihre Bedeutung für Schiefprodukte und zufällige Dynamiken angedeutet. Der Satz von Livsic von 1971 über die 0-Kohomologie eines Kozykels ist klassisch, aber auch recht einfach.

4.1 Diffeomorphismen und Flüsse

Es sei M eine im Allgemeinen kompakte, glatte Mannigfaltigkeit. Ein Diffeomorphismus $T : M \to M$ ist eine invertierbare differenzierbare Abbildung der Mannigfaltigkeit in sich, deren Inverse ebenfalls differenzierbar ist. Wie in Abschnitt 1.3 bereits eingeführt (siehe auch [1], Kapitel I und II; oder [22]), bezeichne $D_x T : T_x M \to T_{T(x)} M$ die Ableitung im Punkte $x \in M$, die zwischen den Tangentialräumen von x und $T(x)$ operiert. Der Raum aller C^r-Abbildungen $T : M \to M$ werde mit $C^r(M)$ und der Unterraum aller C^r-Diffeomorphismen mit $\mathrm{Diff}^r(M)$ bezeichnet. Schließlich bezeichnet $\phi = (\phi_t)_{t \in \mathbb{R}}$ stets einen differenzierbaren Fluss mit Vektorfeld Φ.

Beispiel 51. Die Rotation $T(z) = ze^{2\pi i \alpha}$ ist ein Diffeomorphismus der S^1 (vgl. Beispiel 1), und ein Torusautomorphismus $T : \mathbb{T}^d \to \mathbb{T}^d$ ist ebenfalls ein Diffeomorphismus, wenn also die sie erzeugende lineare Abbildung die Determinante ± 1 besitzt (vgl. Beispiel 5). Allgemeiner, ist $f : [0,1] \to [0,1]$ ein Diffeomorphismus mit $f'(0) = f'(1)$, so ist auch $T(e^{2\pi i x}) = e^{2\pi i f(x)}$ ein Diffeomorphismus der S^1.

Beispiel 52. Sei $M = S^2 = \{(x,y,z) : x^2 + y^2 + z^2 = 1\}$ die zweidimensionale Sphäre und $\Phi : S^2 \to \mathbb{R}^3$ durch

$$\Phi((x,y,z)) = (xz, yz, -x^2 - y^2) \qquad (x,y,z) \in S^2 \subset \mathbb{R}^3$$

definiert. Der hierdurch erzeugte Fluss $\phi = (\phi_t)_{t\in\mathbb{R}}$ ist in Abbildung 4.1 dargestellt. Ein Meridian auf der S^2 ist durch den Locus $\{(x,y,z) \in S^2 : \frac{x}{y} = c\}$ ($c \in \mathbb{R}_+$) festgelegt, wenn $(0,0,\pm 1)$ die beiden Pole bezeichnet. Daher liegt $\Phi((x,y,z))$ in der durch den Meridian von x und y festgelegten Ebene. Man sieht auch sofort, dass $\Phi((x,y,z))$ orthogonal zu (x,y,z) ist, also tangential zur S^2 liegt. ϕ heißt deshalb *Gradientenfluss*. Die Bahn eines jeden Punktes, ausgenommen des Nordpols, wird vom Südpol angezogen. Das Vektorfeld verschwindet in den beiden Polen. Sie sind daher zeitlich stationär (kritisch). Diese Art von Flüssen kann man auf allgemeineren Mannigfaltigkeiten definieren. Sie werden ebenfalls Gradientenflüsse genannt.

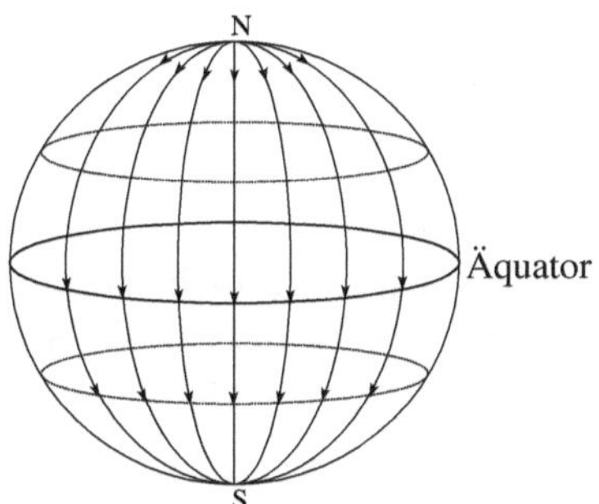

Abb. 4.1. Gradientenfluss auf S^2

Beispiel 53. Die Hénon-Abbildung wurde bereits in Beispiel 40 eingeführt. Sie ist ein Diffeomorphismus $T : \mathbb{R}^2 \to \mathbb{R}^2$ und wird durch die Gleichung $T((x,y)) = (y + 1 - ax^2, bx)$ mit $b \neq 0$ beschrieben. Betrachtet man die Gleichung in $\mathbb{C}^2$, so ist die Abbildung sogar holomorph.

Beispiel 54. Das Solenoid wurde ebenfalls schon eingeführt (Beispiel 38). Hier ist die differenzierbare Abbildung $T : \mathbb{T}^2 \to \mathbb{T}^2$,

$$T((z,u,v)) = (2z_{\text{mod } 1}, au + b\cos[2\pi z], av + b\sin[2\pi z]),$$

kein Diffeomorphismus, obwohl sie für die Parameter $0 < a,b < 1$; $b^2 < 2a^2 < 2/7$ injektiv ist.

Beispiel 55. Die Differentialgleichung

$$\ddot{x} + ag(x)\dot{x} + x = bp(t)$$

bezeichnet man als *van-der-Pol-Gleichung*. Sie beschreibt einen Oszillator mit nichtlinearer Dämpfung. Man kann dieses nichtautonome System in ein autonomes überführen (vgl. Beispiel 16):

$$\dot{x} = y - ag(x)$$
$$\dot{y} = -x + bp(z)$$
$$\dot{z} = 1 \qquad\qquad (x, y, z) \in \mathbb{R}^2 \times S^1$$

Für $b = 0$ und kleines a reduziert sich das System auf eine Störung des *harmonischen Oszillators*

$$\dot{x} = y \qquad \dot{y} = -x.$$

Es sei $\phi_t : M \to M$ ($t \in \mathbb{R}$) ein Fluss auf einer kompakten Mannigfaltigkeit M. Dann ist jede Abbildung ϕ_t ein Diffeomorphismus. Jedoch ist nicht jeder Diffeomorphismus als Zeit-t-Abbildung ϕ_t eines Flusses für ein $t \in \mathbb{R}$ darstellbar. Sei etwa $f : [0,1] \to [0,1]$ orientierungstreuer Diffeomorphismus mit $f(1/2) = 1/2$ und $f(x) > x$ für $x \notin \{0, 1/2, 1\}$, der durch $T(e^{2\pi i x}) = e^{2\pi i (f(x) + 1/2)}$ als Diffeomorphismus der S^1 betrachtet werden kann. Nimmt man an, dass T als eine Abbildung ϕ_t eines Flusses der S^1 dargestellt werden kann, so ist jeder Punkt der Bahn von 1 periodisch mit Periode $2t$, denn $\phi_{2t+s}(1) = \phi_s(\phi_{2t}(1)) = \phi_s(1)$. Nach Konstruktion von T ist aber jeder Punkt der S^1, $\neq \pm 1$, sicherlich nicht periodisch mit der Periode 2. Man kann jedoch Diffeomorphismen in anderer Weise über Flüsse darstellen, bzw. Flüsse über Diffeomorphismen modellieren.

Definition 38. *Der Fluss ϕ_t sei durch das Vektorfeld Φ definiert, und es sei $x \in M$. Eine Untermannigfaltigkeit $N \subset M$ der Kodimension 1 heisst ein lokaler transversaler Schnitt in x, falls $x \in N$ und $\Phi(y) \notin T_y N$ gelten.*

Satz 57. *Sei N ein lokaler transversaler Schnitt in dem periodischen Punkt $x \in M$. Dann gibt es eine in N offene Umgebung $U \subset N$ von x, so dass die Poincaré-Abbildung $T_U : U \to N$,*

$$T_U(y) = \phi_{t_N(y)}(y), \qquad t_N(y) = \inf\{s \geq 0 : \phi_s(y) \in N\},$$

wohldefinierte differenzierbare Abbildung ist.
Zwei Poincaré-Abbildungen sind lokal diffeomorph.

Beweis. Sei t_0 die Periodenlänge der Bahn von x. Da der Satz eine lokale Aussage ist, nimmt man an, dass N in einer Karte enthalten ist. Nach geeigneter Koordinatenwahl ist $N = \{z \in \mathbb{R}^d : z_d = 0\}$, $x = 0$ und $\Phi(\phi_{t_0}(x)) = e_d$,

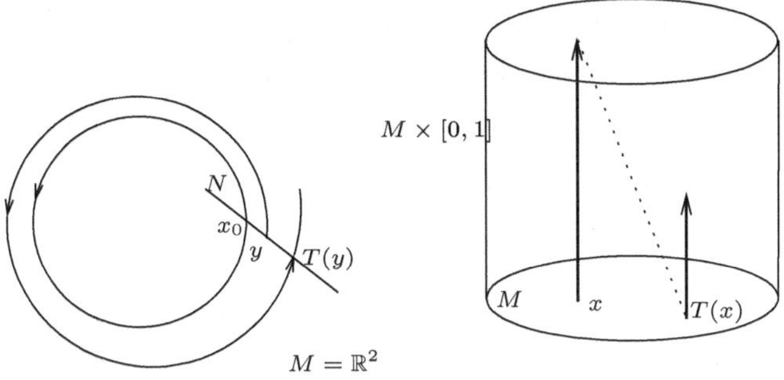

Abb. 4.2. Poincaré-Abbildung und Suspension

der d-te Einheitsvektor. Hierbei ist d die Dimension der Mannigfaltigkeit. Sei $\phi_t(y) = (\phi_t^1(y), ..., \phi_t^d(y))$ eine lokale Darstellung des Flusses. Es gilt also $\phi_t(y) \in N$ genau dann, wenn $\phi_t^d(y) = 0$ gilt. Da $x = 0$ ein periodischer Punkt mit einer Primperiode t_0 ist, gilt

$$\frac{d\phi_t}{dt}(t_0, 0) = \Phi(\phi_{t_0}(0)) = e_d,$$

und folglich findet man nach Anwendung des Satzes über implizite Funktionen (siehe [15], S.97) eine offene Umgebung $U \subset N$ von 0, ein hinreichend kleines $\epsilon > 0$ und eine C^1-Funktion $t_N(\cdot)$, so dass für $y \in U$

$$\phi_{t_N(y)}^d(y) = 0 \quad \text{und} \quad |t_N(y) - t_0| < \epsilon.$$

Somit ist $T_U(y) = \phi_{t_N(y)}(y)$ wohldefiniert. Angenommen, $t_N(y)$ ist nicht die erste Rückkehrzeit nach N. Dann besitzt aber auch t_0 diese Eigenschaft nicht, sofern ϵ klein genug ist. Das ist ein Widerspruch, und der erste Teil der Aussage ist bewiesen.
Seien (U, T_U) und (V, T_V) zwei Poincaré-Abbildungen der lokalen transversalen Schnitte N_U und N_V in x. Der zweite Teil der Aussage folgt durch lokale Konjugation mit $y \mapsto \phi_{s(y)}$, wenn $s(y)$ die erste Eintrittszeit von $y \in U_0 \subset U$ in V bezeichnet, wobei U_0 hinreichend klein gewählt ist.

Jeder Fluss kann also durch die Betrachtung der Zeit t-Diffeomorphismen und durch Poincaré-Abbildungen untersucht werden. Umgekehrt kann man aber auch zu jedem Diffeomorphismus Flüsse konstruieren, die den Diffeomorphismus als Poincaré-Abbildung beschreiben. Eine dieser Darstellungsmöglichkeiten ist der Suspensionsfluss eines Diffeomorphismus.

Proposition 11. *Sei $T : M \to M$ ein Diffeomorphismus der Mannigfaltigkeit M der Dimension d. Dann wird $M \times [0,1]$ durch die Identifikation von $(x, 1)$ mit $(T(x), 0)$ zu einer Mannigfaltigkeit der Dimension $d+1$. Durch die Vorschriften*

$$\phi_t(x, s) = (x, s + t) \qquad s, t \geq 0, s + t \leq 1 \tag{4.1}$$

wird der sog. Suspensionsfluss eindeutig definiert.

Beweis. Man muss eigentlich nur zeigen, dass durch (4.1) ein Fluss für alle Zeiten eindeutig definiert ist. ϕ_0 ist sicherlich die Identität. Man setzt für beliebiges $t \in \mathbb{R}$

$$\phi_t(x, s) = (T^n(x), s + t - n),$$

wobei $n \in \mathbb{Z}$ stets eindeutig durch $0 \leq s + t - n < 1$ bestimmt ist. Mit dieser Festsetzung folgt sofort, dass $\phi_{t+r}(x, s) = \phi_t(\phi_r(x, s))$ gilt. Die Stetigkeit der Abbildung $M \times S^1 \times \mathbb{R} \to M \times S^1$, $(x, s, t) \mapsto \phi_t(x, s)$ ist ebenfalls einfach zu verifizieren.

Der Begriff des Kozykels spielt eine wichtige Rolle in der Dynamik. Er wird benutzt, um stochastische Flüsse einzuführen, taucht aber auch in natürlicher Weise im Satz von Oseledets (s. Abschnitt 4.2) und im thermodynamischen Formalismus (s. Kapitel 6) auf.

Definition 39. *Seien (Ω, G) ein dynamisches System mit $G = \mathbb{R}, \mathbb{Z}$ oder $\mathbb{N}_0$ (als rechte Transformationsgruppe geschrieben) und Γ eine Halbgruppe mit Verknüpfung $\circ$. Ein Kozykel γ ist eine Abbildung*

$$\gamma : \Omega \times G \to \Gamma$$

mit der Eigenschaft, dass für beliebige $g_1, g_2 \in G$ und $x \in \Omega$ die Kozykel-Relation

$$\gamma(x, g_1 g_2) = \gamma(x g_2, g_1) \circ \gamma(x, g_2)$$

gilt.

Beispiel 56. Sei $f : \Omega \to \mathbb{R}^d$ eine Funktion. Dann definiert $\gamma(x, n) = S_n f(x) = f(x) + f(T(x)) + \ldots + f(T^{n-1}(x))$ einen Kozykel (über $\mathbb{N}_0$) mit Werten in $\Gamma = \mathbb{R}^d$. Umgekehrt, ist γ ein Kozykel mit Werten in $\mathbb{R}^d$, so gilt $\gamma(y, n) = \gamma(T(y), n - 1) + \gamma(y, 1) = \sum_{k=0}^{n-1} \gamma(T^k(y), 1)$. Setzt man also $f(y) = \gamma(y, 1)$, so erhält man $S_n f(x) = \gamma(x, n)$. Besitzt f die Gestalt $f(x) = g(T(x)) - g(x)$, wobei g zu dem Funktionenraum $\mathfrak{F}$ gehört, so schreibt sich der Kozykel als $\gamma(x, n) = g(T^n(x)) - g(x)$ und man spricht von einem *Korand* in $\mathfrak{F}$. Ein weiteres Beispiel eines Kozykels ist durch die Matrizenmultiplikation gegeben, wenn also $A : \Omega \to \mathrm{GL}(\mathbb{R}^d)$ den Kozykel $\gamma(x, n) = A(T^{n-1}(x)) \cdots A(x)$ definiert.

Definition 40. *Es seien (Ω, T) ein stetiges dynamisches System und $\gamma : \Omega \to C(M, M)$, $x \mapsto \gamma_x$, eine stetige Abbildung. Das Schiefprodukt $(\Omega \times M, T_\gamma)$ von (T, γ) (genauer von (Ω, T, M, γ)) wird durch die Abbildung*

$$T_\gamma : \Omega \times M \to \Omega \times M; \qquad T_\gamma(x, z) = (T(x), \gamma_x(z))$$

$(x \in \Omega, z \in M)$ definiert.

Je nach Eigenschaften von (Ω, T) und γ spricht man von einem stetigen oder differenzierbarem Schiefprodukt. Die Ausformulierung dieser Begriffe sei dem Leser überlassen.

Die Abbildung $\gamma(x, 1) = \gamma_x$ definiert einen Kozykel mit Werten in $C(M, M)$ durch $\gamma(x, n) = \gamma_{T^{n-1}(x)} \circ \dots \circ \gamma_x$. Es folgt

$$T_\gamma^n(x, z) = (T^n(x), \gamma(x, n)(z)).$$

Beispiel 57. Es seien G eine Gruppe mit Verknüpfung $\circ$, (Ω, T) ein dynamisches System und $\gamma : \Omega \to G$ eine stetige Abbildung. Das Schiefprodukt $(\Omega \times G, T_\gamma)$ schreibt sich dann als

$$T_\gamma : \Omega \times G \to \Omega \times G; \qquad T_\gamma(x, g) = (T(x), \gamma(x) \circ g).$$

Man identifiziert G mit der Untergruppe aller Automorphismen von G, die als Linksmultiplikationen auf G geschrieben werden können. Der Kozykel $\gamma(n, x) = \gamma(T^{n-1}(x)) \circ \gamma(n - 1, x)$ erlaubt es, die Iterierten von T_γ als $T_\gamma^n(x, g) = (T^n(x), \gamma(n, x) \circ g)$ zu schreiben.

Beispiel 58. Ist $\gamma : \Omega \to C(M, M)$ konstant (etwa $S : M \to M$), so reduziert sich das Schiefprodukt zu der Produktabbildung $T_\gamma = T \times S$.

Beispiel 59. Seien $T(x) = 2x \bmod 1$ und für $x \in [0, 1]$ $R_x : \mathbb{C} \to \mathbb{C}$ das quadratische Polynom $z \mapsto z^2 + \frac{x}{5}$. Das zugehörige Schiefprodukt ist dann

$$S : [0, 1] \times \mathbb{C} \to [0, 1] \times \mathbb{C}$$
$$S(x, z) = (T(x), R_x(z)) = (2x \bmod 1, z^2 + \frac{x}{5}).$$

Diese Abbildung besitzt einen Repeller, dessen Schnitt an den periodischen Punkten von T eine Jordan-Kurve darstellt (vgl. Abschnitt 2.4). Man kann sie deshalb auf diesen Repeller einschränken; dann ist die Abbildung jedoch kein Schiefprodukt mehr, sondern lediglich nach der x-Koordinate gefasert. Der Repeller ist in Abbildung 4.3 dargestellt.

Ist man eigentlich nur an der Dynamik auf M interessiert, führt der Begriff des Schiefprodukts zu

Definition 41. *Seien (Ω, G) ein dynamisches System, M eine Menge und $G = \mathbb{N}_0$, $\mathbb{Z}$ oder $\mathbb{R}$. Eine Abbildung*

$$\varphi : \Omega \times M \times G \to M$$

heißt ein (durch (Ω, G)) gesteuertes dynamisches System, falls

$$\varphi(\omega, x, g + h) = \varphi(\omega g, \varphi(\omega, x, g), h)$$

gilt (d.h. ein (Ω, G)-Kozykel $\gamma(\omega, g) = \varphi(\omega, \cdot, g)$ definiert wird), und für jedes $\omega \in \Omega$ $\varphi(\omega, \cdot, 0)$ die identische Abbildung auf M ist.
Das gesteuerte dynamische System heißt

Abb. 4.3. Repeller eines Schiefproduktes

1. *stetig gesteuert, wenn φ stetig ist (Ω ist dann natürlich ein topologischer Raum).*
2. *zufällig gesteuert (zufälliges dynamisches System), wenn (Ω, G) mit einem G-invariantem Wahrscheinlichkeitsmaß versehen ist, und φ messbar ist. Ist $G = \mathbb{R}$, so heißt φ ein stochastischer Fluss.*

Beispiel 60. Seien T_i $(i \in X)$ endlich viele Homöomorphismen des metrischen Raumes M. Definiert man

$$\varphi : X^{\mathbb{Z}} \times M \times \mathbb{Z} \to M$$

durch

$$\varphi((x_k)_{k \in \mathbb{Z}}, z, n) = T_{x_{n-1}} \circ T_{x_{n-2}} \circ \ldots \circ T_{x_0}(z),$$

so wird hierdurch ein stetig gesteuertes dynamisches System erklärt. Die Steuerung geschieht durch die Schiebungsdynamik auf $\Omega_X = X^{\mathbb{Z}}$, $(T(x))_k = x_{k+1}$ $(k \in \mathbb{Z})$ für $x = (x_j)_{j \in \mathbb{Z}} \in \Omega_X$. Die Kozykel-Relation ist dabei für festes $x = (x_j)_{j \in \mathbb{Z}} \in \Omega_X$ durch

$$\varphi(x, z, n + m) = T_{x_{n+m-1}} \circ \ldots \circ T_0(z) = \varphi(T^n(x), \varphi(x, z, n), m)$$

gegeben.

Beispiel 61. Es seien $\Omega = M = S^1$ und $T_t(z)$ ein Fluss auf S^1. Definiert man nun

$$\varphi(z, x, t) = \frac{xz}{T_t(z)} e^{it} \qquad x, z \in S^1, t \in \mathbb{R},$$

so rechnet man leicht nach, dass

$$\varphi(z, x, t + s) = \frac{zx}{T_{t+s}(z)} e^{i(t+s)} = \varphi(T_t(z), \varphi(z, x, t), s).$$

Beispiel 62. Seien M eine d-dimensionale Mannigfaltigkeit und $\phi = (\phi_t)_{t \in \mathbb{R}}$ ein Fluss zum Vektorfeld Φ. Setzt man $\Omega = M$ und $G = \mathbb{R}$, so wird durch

$$\varphi : M \times \mathbb{R}^d \times \mathbb{R} \to \mathbb{R}^d; \qquad \varphi(x, v, t) = D_x \phi_t v$$

ein stetig gesteuerter Fluss erzeugt (man identifiziere in stetiger Weise jeden Raum $\mathcal{T}_x M$ mit $\mathbb{R}^d$). In der Tat ist nach der Kettenregel

$$\varphi(x, v, s + t) = D_{\phi_t(x)}\phi_s \circ D_x\phi_t v.$$

Einen Existenzsatz für stetig gesteuerte Flüsse gewinnt man aus Differentialgleichungen nicht autonomen Typs. Es bezeichne $L(\mathbb{R}, \mathrm{Diff}^k(M))$ den Raum aller messbarer Funktionen $f : \mathbb{R} \times M \to M$, so dass für jedes $t \in \mathbb{R}$ $f(t, \cdot) \in \mathrm{Diff}^k(M)$ und für jede Wahl von $a < b \in \mathbb{R}$

$$\int_a^b \|f(t, \cdot)\|_{\mathrm{Diff}^k(M)} dt < \infty.$$

Satz 58. *Seien $(\Omega, \phi = (\phi_t)_{t\in\mathbb{R}})$ ein stetiger Fluss und M eine kompakte Mannigfaltigkeit. Sei $\Psi : \Omega \to \mathcal{F}^k(M)$ eine stetige Abbildung, so dass für $\omega \in \Omega$ die Abbildung $(t, x) \mapsto \Phi_{\phi_t(\omega)}(x) = \Psi(\phi_t(\omega))(x)$ zu $L(\mathbb{R}, \mathrm{Diff}^k(M))$ gehört.*
Dann gibt es einen eindeutig bestimmten, stetig gesteuerten Fluss φ auf M, der die Differentialgleichungen

$$\dot{x}_t = \Phi_{\phi_t(\omega)}(x_t) \qquad \omega \in \Omega \tag{4.2}$$

löst.

Beweis. Eine lokale Lösung der Differentialgleichung (4.2) in $x \in M$ bei festem $\omega \in \Omega$ besteht aus einem $\epsilon > 0$, einer offenen Umgebung U von x und einer Abbildung

$$\psi_\omega : [-\epsilon, \epsilon]^2 \times U \to M$$

mit der Eigenschaft, dass die Abbildung $t \to \psi_\omega(s, t, x)$ eine Lösung im Carathéodoryschen Sinn ist, d.h. für jedes $|t - s| < \epsilon$ gilt

$$\psi_\omega(s, t, x) = x + \int_s^t \Phi_{\phi_u(\omega)}(\psi_\omega(s, u, x)) du.$$

Zur Existenz der lokalen Lösung der Differentialgleichung (4.2) (bei festem ω) benötigt man nach [9], Kapitel I, gerade die Bedingung, dass die Abbildung $(t, x) \mapsto \Phi_{\phi_t(\omega)}(x)$ zu $L(\mathbb{R}, \mathrm{Diff}^k(M))$ gehört. Unter dieser Voraussetzung ist die Lösung auch eindeutig.
Da M kompakt ist, kann die Lösung auf $(s, t) \in \mathbb{R}^2$ erweitert werden. Man definiert $\varphi(\omega, x, t) = \psi_\omega(0, t, x)$ und muss zeigen, dass die Kozykel-Relation gilt. Zunächst erhält man für $s \leq t$

$$\varphi(\phi_s(\omega), x, t - s) = \psi_{\phi_s(\omega)}(0, t - s, x)$$
$$= x + \int_0^{t-s} \Phi_{\phi_{u+s}(\omega)}(\psi_{\phi_s(\omega)}(0, u, x)) du$$
$$= x + \int_s^t \Phi_{\phi_u(\omega)}(\psi_{\phi_s(\omega)}(0, u - s, x)) du.$$

Die Abbildung

$$\widetilde{\psi}_\omega(s,t,x) = \begin{cases} \psi_{\phi_s(\omega)}(0, t-s, x) & t \geq s \\ \psi_\omega(s,t,x) & t \leq s \end{cases}$$

löst also die Differentialgleichung (4.2) und ist damit wegen der Eindeutigkeit der Lösungen gleich der Lösung $\psi_\omega(s,t,x)$. Es folgt daher für $s,t > 0$ und wiederum unter Benutzung der Eindeutigkeit der Lösungen

$$\varphi(\omega, x, t+s) = \psi_\omega(0, t+s, x)$$
$$= x + \int_0^{s+t} \Phi_{\phi_u(\omega)}(\psi_\omega(0,u,x))du$$
$$= x + \int_0^s \Phi_{\phi_u(\omega)}(\psi_\omega(0,u,x))du + \int_s^{s+t} \Phi_{\phi_u(\omega)}(\psi_\omega(0,u,x))du$$
$$= \varphi(\omega, x, s) + \int_0^t \Phi_{\phi_u(\phi_s(\omega))}(\psi_\omega(0, s+u, x))du$$
$$= \varphi(\omega, x, s) + \int_0^t \Phi_{\phi_u(\phi_s(\omega))}(\psi_\omega(s, s+u, \psi_\omega(0,s,x)))du$$
$$= \varphi(\omega, x, s) + \int_0^t \Phi_{\phi_u(\phi_s(\omega))}(\psi_{\phi_s(\omega)}(0, u, \psi_\omega(0,s,x)))du$$
$$= \varphi(\phi_s(\omega), \varphi(\omega, x, t), s)$$

Die anderen drei Fälle, $s > 0, t < 0$, $s < 0, t > 0$ und $s,t < 0$, zeigt man in ähnlicher Weise.

Auf der Menge aller $\mathbb{R}^d$-Kozykel wird durch den Begriff des Korandes eine Äquivalenzrelation eingeführt. Hinreichende Bedingungen für äquivalente Kozykel liefert dann der Satz von Livsic.

Definition 42. *1. Zwei Kozykel $\gamma_1, \gamma_2 : \Omega \times G \to \mathbb{R}^d$ heißen kohomolog, wenn ihre Differenz ein Korand ist.*
2. Zwei Kozykel $\gamma_1, \gamma_2 : \Omega \times \mathbb{N}_0 \to GL(d)$ heißen äquivalent, falls ein $\gamma \in GL(d)$ mit

$$\lim_{n\to\infty} \frac{1}{n} \log \|\gamma^{\pm 1}((x,n))\| = 0$$

und

$$\gamma_1((x,0)) = \gamma^{-1}((x,1))\gamma_2((x,0))\gamma((x,0))$$

existiert. γ heißt dann ein temperierter Kozykel.

Es ist aus der Definiton sofort klar, dass die Kohomologie-Relation eine Äquivalenzrelation ist, und dass diese Eigenschaft (im Fall $G = \mathbb{N}_0$) durch die Lösung der Kohomologie-Gleichung

$$\gamma = g \circ T - g$$

überprüft werden kann. Ist g integrierbar bzgl. des ergodischen Maßes μ auf Ω, so folgt aus dem Ergodensatz 1, dass $\lim_{n\to\infty} \frac{1}{n}|g(T^n(x))| = 0$ gilt. Ebenso kann man zeigen, dass Matrizen temperiert sind, wenn $\log \|\gamma((\cdot,1))\|$ integrabel ist.

Man sagt, ein Kozykel verschwindet auf periodischen Bahnen (in Ω), wenn $\sum_{y\in\mathcal{O}+(x)} \gamma(y,1) = 0$ für jedes periodische $x \in \Omega$ gilt. Ein Kozykel ist Hölderstetig, falls die Abbildung $\gamma(\cdot,1) : \Omega \to \mathbb{R}^d$ Hölder-stetig ist.

Ein dynamisches System (Ω,T) besitzt die α-schwache Spezifizierungseigenschaft ($\alpha > 0$), falls ein $\epsilon_0 > 0$ mit folgender Eigenschaft existiert: Zu jedem $0 < \epsilon < \epsilon_0$ gibt es ein $\rho(\epsilon) > 0$, so dass $\lim_{\epsilon\to 0} \rho(\epsilon) = 0$ gilt, und für jedes $x \in \Omega$ und $n \in \mathbb{N}$ mit $\mathrm{dist}(T^n(x),x) < \epsilon$ ein periodischer Punkt y der Periode n existiert, der die folgende Abschätzung erfüllt:

$$\sum_{k=0}^{n-1} \left[\mathrm{dist}(T^k(x),T^k(y))\right]^\alpha \leq \rho(\epsilon). \tag{4.3}$$

Satz 59. [LIVSIC] *Seien (Ω,T) ein topologisch transitives dynamisches System mit der α-schwachen Spezifizierungseigenschaft und γ ein $\mathbb{R}^d$-wertiger, Hölder-stetiger Kozykel mit Hölder-Exponenten $\leq \alpha$ und Hölder-Konstanten D_γ, der auf allen periodischen Bahnen verschwindet. Dann ist γ ein Korand in $C(\Omega)$.*

Beweis. Sei $x \in \Omega$ ein Punkt mit dichter Bahn unter G (hier ist $G = \mathbb{Z}$ oder $G = \mathbb{N}_0$, je nachdem ob T invertierbar ist oder nicht). Es wird $f(y) = \gamma(y,1)$ gesetzt ($y \in \Omega$). Man definiert g auf der Bahn von x durch

$$g(T^n(x)) = \gamma(x,n) \qquad (n \in G)$$

und muss zeigen, dass diese Funktion stetig fortgesetzt werden kann.

Seien ϵ_0 und α wie in der Definition der schwachen Spezifizierung, $\epsilon_0 > \epsilon > 0$ und $m,n \in G$, $n \leq m$, mit $d(T^n(x),T^m(x)) < \epsilon$ vorgegeben. Sei y ein periodischer Punkt der Periode $m - n$, der die Bahn von $T^n(x)$ wie in (4.3) approximiert. Dann gilt

$$|g(T^n(x)) - g(T^m(x))| = |\gamma(x,n) - \gamma(x,m)|$$

$$= \left|\sum_{k=n}^{m-1} f(T^k(x)) + \gamma(y,m-n)\right| = \left|\sum_{k=0}^{m-n-1} f(T^{n+k}(x)) - f(T^k(y))\right|$$

$$\leq \sum_{k=0}^{m-n-1} D_\gamma \left[\mathrm{dist}(T^{n+k}(x),T^k(y))\right]^\alpha \leq D_\gamma\rho(\epsilon).$$

Die Funktion g ist also gleichmäßig stetig auf der Bahn von x und kann daher stetig auf den Bahnabschluss von $\mathcal{O}(x)$ fortgesetzt werden.

Sei nun $z \in \Omega$ ein beliebiger Punkt. Es gibt dann eine Teilfolge $n_k \in G$ mit $\lim_{k\to\infty} T^{n_k}(x) = z$. Daher gilt

$$\gamma(z,1) = \lim_{k\to\infty} \gamma(T^{n_k}(x),1)$$
$$= \lim_{k\to\infty} \gamma(x,n_k+1) - \gamma(x,n_k) = g(T(z)) - g(z).$$

4.2 Der Satz von Oseledets

Ein erstes, allgemein für Diffeomorphismen und Flüsse gültiges Resultat ist der Satz von Oseledets. Grundlage hierfür ist der subadditive Ergodensatz, der hier für Matrizen als spezielle Form eines Kozykels formuliert wird.

Beispiel 63. Betrachtet man die lineare Differentialgleichung $\dot{x} = Ax$, so ergibt sich als Lösung der Fluss $\phi_t(x) = e^{tA}x$. Die Ableitung bestimmt sich zu $D_x\phi_t = e^{tA}$ und lässt sich unter Benutzung der Jordanschen Normalform $A = D^{-1}BD$ für A als $D_x\phi_t = D^{-1}e^{tB}D$ schreiben. Ist dann $\mu, \overline{\mu}$ ein konjugiertes Paar von Eigenwerten von A mit Realteil λ, so folgt für einen Vektor v im zugehörigen Eigenraum, dass

$$\lim_{t\to\infty} \frac{1}{t} \log \|D_x\phi_t D^{-1}v\| = \lambda.$$

Diese Eigenschaft ist Hauptbestandteil des Satzes von Oseledets. Im diskreten Fall, wenn also $T(x) = Ax$ gesetzt wird, erhält man $D_x T^n = A^n$ und

$$\lim_{n\to\infty} \frac{1}{n} \log \|A^n D^{-1}v\| = \log|\mu|.$$

Ist T ein Torusendomorphismus, so gilt dieses Resultat entsprechend.

Satz 60. [FURSTENBERG, KESTEN] *Sei $(\Omega, \mathcal{B}, T, \mu)$ ein normiertes, maßtreues und ergodisches dynamisches System. Sei ferner $A: \Omega \times \mathbb{N} \to \mathrm{GL}(\mathbb{R}^d)$ ein Kozykel mit $\log\|A(x,1)\| \in L_1(\mu)$. Dann existiert der Grenzwert*

$$\lim_{n\to\infty} \frac{1}{n} \log\|A(x,n)\| \qquad f.s. \; in \; x \in \Omega$$

Beweis. Die Kozykel-Relation bedeutet, dass

$$A(x,n+m) = A(T^m(x),n) \circ A(x,m) \qquad n,m \in \mathbb{N}, x \in \Omega$$

gilt. Dann ist $h_n = \log\|A(\cdot,n)\|$, $n \geq 0$ eine subadditive Folge, denn

$$h_{n+m}(x) \leq \log\|A(T^m(x),n)\|\|A(x,m)\| = h_n(T^m(x)) + h_m(x)$$

$n,m \in \mathbb{N}, x \in \Omega$.

Seien g_n ($n \geq 1$) eine beliebige subadditive Folge und $g_0 = 0$. Sei $G_m = \sum_{k=0}^{m-1} g_k$. Es folgt aus der Subadditivität, dass für $1 \leq n < m$

$$G_m - G_m \circ T^n \leq G_n + (m-n)g_n - \sum_{k=m-n}^{m-1} g_k \circ T^n$$

ist und weiterhin, dass

$$\sum_{i=0}^{n-1}(g_m + G_m - G_m \circ T) \circ T^i = \sum_{i=0}^{n-1} g_m \circ T^i + G_m - G_m \circ T^n$$

$$\leq G_n + (m-n)g_n + \sum_{i=0}^{n-1}(g_m - g_{m-n+i} \circ T^{n-i}) \circ T^i$$

$$\leq G_n + (m-n)g_n + \sum_{i=0}^{n-1} g_{n-i} \circ T^i$$

$$= mg_n + \sum_{i=0}^{n-1}(g_i + g_{n-i} \circ T^i - g_n). \tag{4.4}$$

Sei $f_m = \frac{1}{m}(g_m + G_m - G_m \circ T)$. Die Menge $E = \{x \in \Omega : \liminf_{n\to\infty} \frac{1}{n} g_n(x) < 0\}$ ist invariant, denn die Funktion $u = \liminf \frac{1}{n} g_n$ ist invariant: Aus der Subadditivität folgt $u \circ T \geq \liminf_{n\to\infty} \frac{1}{n+1}(g_{n+1} - g_1) = u$; es gilt daher die Gleichheit, da μ T-invariant ist.
Nun gilt

$$\int_E \frac{1}{m} g_m d\mu = \int_E \frac{1}{m}(g_m + G_m - G_m \circ T) d\mu$$

$$= \int_E f_m d\mu = \int_{E \cap E_{n,m}} f_m d\mu + \int_{E \cap E_{n,m}^c} f_m d\mu,$$

wobei man $E_{n,m} = \{\inf_{1 \leq k \leq n} \sum_{i=0}^{k-1} f_m \circ T^i < 0\}$ setzt. Da E invariant ist, gilt $E \cap E_{n,m} = \{\inf_{1 \leq k \leq n} \sum_{i=0}^{k-1} (1_E f_m) \circ T^i < 0\}$, und es folgt mit Hopfs Maximalungleichung (siehe (1.2))

$$\int_{E \cap E_{n,m}} f_m d\mu \leq 0.$$

Die Subadditivität liefert $f_m \leq g_1$ über (4.4). Man überzeugt sich auch leicht, dass $E \cap E_{n,m}^c \downarrow \emptyset$: Nach (4.4) ist

$$\sum_{i=0}^{k-1} f_m \circ T^i \leq g_k + \frac{1}{m} \sum_{i=0}^{k-1}(g_i + g_{k-i} \circ T^i - g_k)$$

für $k = 1, ..., m-1$; der letzte Summand strebt gegen Null, wenn k fest ist und $m \to \infty$. Es folgt daraus für passende Teilfolgen $n = n(m)$

$$\lim_{m\to\infty} \int_{E \cap E_{n,m}^c} f_m d\mu \leq \lim_{m\to\infty} \int_{E \cap E_{n,m}^c} g_1 d\mu = 0.$$

Man hat damit gezeigt, dass

$$\lim_{m\to\infty} \int_E \frac{1}{m} g_m \, d\mu \le 0$$

gilt.

Den Beweis wird man nun kanonisch beenden: Mit $\frac{1}{kn+j} h_{kn+j} \le \frac{1}{kn+j} \sum_{i=0}^{n-1}$ $h_k \circ T^{ik} + h_j \circ T^{nk}$ und dem Ergodensatz (Satz 1) folgt

$$\limsup_{n\to\infty} \frac{1}{n} h_n \le a := \lim_{k\to\infty} \frac{1}{k} \int h_k \, d\mu \qquad \text{f.s.}$$

Sei $\delta > 0$. Setzt man $E = \{\liminf_{n\to\infty} \frac{1}{n} h_n - a + \delta < 0\}$ und $g_n = h_n - n(a-\delta)$, so ist g_n subadditiv, und die vorangestellte Ungleichung zeigt in diesem Fall, dass

$$0 \ge \lim_{n\to\infty} \frac{1}{n} \int_E g_n \, d\mu = \lim_{n\to\infty} \int_E \frac{1}{n} h_n \, d\mu - a\mu(E) + \delta\mu(E).$$

Da E invariant und T ergodisch ist, kann nur $\mu(E) = 0$ oder $m(E) = 1$ gelten. Ist $m(E) = 1$, so ist der letzte Term dieser Ungleichungskette strikt positiv. Da dies ein Widerspruch wäre, muss $m(E) = 0$ gelten. Also folgt $\liminf_{n\to\infty} \frac{1}{n} h_n \ge a - \delta$. Mit $\delta \to 0$ ist der Beweis abgeschlossen.

Satz 61. [OSELEDETS] *Seien $T : M \to M$ ein Diffeomorphismus der d-dimensionalen Mannigfaltigkeit M und μ ein T-invariantes, ergodisches Maß auf M, so dass $\log \|D_x T\| \in L_1(\mu)$. Für $x \in M$ und $\lambda \in \mathbb{R}$ sei $E(x,\lambda) \subset T_x M$ als der Unterraum*

$$E(x,\lambda) = \{v \in T_x M : \limsup_{n\to\infty} \frac{1}{n} \log \|D_x T^n v\| \le \lambda\}$$

definiert. Dann gibt es d Konstanten $\lambda_i \in \mathbb{R}$ ($1 \le i \le d$) mit $\lambda_i \le \lambda_{i+1}$ und $s \le d$ Konstanten $d_j \in \{1,...,d\}$ mit $\lambda_{d_j} < \lambda_{d_j+1}$, $d_s = d$ und $\lambda_l = \lambda_{d_j}$ für $d_{j-1} < l \le d_j$. Für fast alle $x \in M$ gelten außerdem:

a. $\{0\} =: E(x,\lambda_0) \subset E(x,\lambda_1) \subset E(x,\lambda_2) \subset ... \subset E(x,\lambda_d) = T_x M$.
b. $\dim E(x,\lambda_i) = d_l$ $d_{l-1} < i \le d_l$ *($l \ge 2$) und* $i \le d_1$ *($l = 1$).*
c. Ist $v \in E(x,\lambda_{d_i}) \ominus E(x,\lambda_{d_{i-1}})$ *so gilt*

$$\lim_{n\to\infty} \frac{1}{n} \log \|D_x T^n v\| = \lambda_{d_i}.$$

Beweis. Man betrachtet $D_x T^n$ als Kozykel $\gamma : M \times \mathbb{Z} \to \mathbb{R}^d$, definiert durch $\gamma(x,n) = D_x T^n : T_x M \sim \mathbb{R}^d \to T_{T^n(x)} M$. Aus Satz 60 folgt, dass

$$\lim_{n\to\infty} \frac{1}{n} \log \|D_x T^n\| \qquad \text{f.s.}$$

existiert.

Sei $e_i(x)$ eine Orthogonalbasis von $T_x M$, die messbar von x abhängt. Im Folgenden bezeichnet $\|v\| = \sum_{i=1}^d |v_i|$ stets die 1-Norm des Vektors $v = \sum_{i=1}^d v_i e_i(x)$.

An dieser Stelle sind einige Fakten der linearen und multilinearen Algebra notwendig. Da $D_x T^n$ invertierbar ist, kann diese Abbildung mittels orthogonaler linearer Abbildungen diagonalisiert werden ([14], S.263). Dabei stehen auf der Diagonalen nur strikt positive Einträge. Dann gibt es zu jedem $n \geq 1$ und $x \in M$ orthogonale Matrizen $O_{n,x}$, $\tilde{O}_{n,x}$ und eine Diagonalmatrix $\Delta_{n,x} = \nu(n,x)\mathrm{I} = (\nu_1(n,x), ..., \nu_d(n,x))\mathrm{I}$, so dass $D_x T^n = \tilde{O}_{n,x} \circ \Delta_{n,x} \circ O_{n,x}$ gilt. Man überzeugt sich leicht, etwa anhand der Beschreibung des Verfahrens in [14], dass jeder Konstruktionsschritt in dem Diagonalisierungsverfahren messbar ist, so dass das Matrizenpaar ebenfalls messbar von $x \in M$ abhängt. Man kann auch annehmen, dass die $\nu_j(n,x)$ für feste x und n aufsteigend angeordnet sind.

Die natürlichen Erweiterungen der linearen Abbildung $D_x T^n$ auf den Vektorraum $\bigwedge^r \mathbb{R}^d$ aller äußerer r-Formen, $(D_x T^n)^r : \bigwedge^r \mathbb{R}^d \to \bigwedge^r \mathbb{R}^d$, wird bekanntlich durch

$$(D_x T^n)^r (v_1 \wedge ... \wedge v_r) = D_x T^n v_1 \wedge ... \wedge D_x T^n v_r \qquad v_1 \wedge ... \wedge v_r \in \bigwedge^r \mathbb{R}^d$$

definiert (vgl. [23], S.326). Sie erfüllen ebenfalls die Kozykel-Eigenschaft

$$(D_x T^n)^r \circ (D_{T^m(x)} T^n)^r = (D_x T^{n+m})^r.$$

Da $\|(D_x T)^r\| \leq \|(D_x T)\|^r$ gilt, ist $\log \|(D_x T)^r\| \in L_1(\mu)$, und Satz 60 findet Anwendung. Es existiert der Grenzwert

$$\lim_{n \to \infty} \frac{1}{n} \log \|(D_x T^n)^r\|$$

existiert fast sicher. Die Norm von $(D_x T^n)^r$ ist gerade $\prod_{d-r < i \leq d} \nu_i(n,x)$, und man erhält

$$\frac{1}{n} \log \|(D_x T^n)^r\| = \frac{1}{n} \sum_{d-r < i \leq d} \log \nu_i(n,x).$$

Da μ ergodisch ist, sind die Grenzwerte fast sicher konstant; es gibt also Konstanten $\lambda_1 \leq \lambda_2 \leq ... \leq \lambda_d$ mit

$$\lim_{n \to \infty} \frac{1}{n} \log |\nu_i(n)| = \lambda_i, \quad \text{f.s. } i = 1, ..., d. \tag{4.5}$$

Es seien $d_1 < d_2 < ... < d_s$ so gewählt, dass $\{\lambda_{d_j} : 1 \leq i \leq s\}$ die verschiedenen Werte der λ_i in aufsteigender Anordnung auflistet, und zwar so, dass $\lambda_{d_j} < \lambda_{d_j+1}$. Man definiert ferner die Unterräume $E(x,j,n) = O_{n,x}^{-1} \ll e_1(x), ..., e_{d_j}(x) \gg.$[1]
Es genügt nun offenbar, folgendes für fast alle x zu zeigen:

1. Die Unteräume $E(x,j,n)$ konvergieren gegen den Unterraum $E(x,j) = E(x, \lambda_{d_j})$, wenn n gegen unendlich strebt.

---

[1] $\ll v_1, ..., v_s \gg$ bezeichne den von $v_1, ..., v_s$ erzeugten Unterraum.

2. Für jedes $v \in E(x,j) \ominus E(x,j-1)$ gilt

$$\lim_{n \to \infty} \frac{1}{n} \log \|D_x T^n(v)\| = \lambda_{d_j}.$$

Seien $\eta > 0$ und $N \in \mathbb{N}$ so gewählt, dass $\kappa = \min_{1 \le j < r} \lambda_{d_{j+1}} - \lambda_{d_j} - 3\eta + \frac{\lambda_d}{N} > 0$. Ferner sei $n = n(x) \ge N$ so groß, dass die Folgen in (4.5) sich dem Grenzwert bis auf η genähert haben. Da nach dem Ergodensatz (Satz 1) $\lim_{n \to \infty} \frac{1}{n} \sum_{j=0}^{n-1} \log \|D_{T^j(u)} T\| = \int \log \|D_y T\| \mu(dy)$ für fast alle $u \in M$ gilt, erhält man unmittelbar auch

$$\lim_{n \to \infty} \frac{1}{n} \log \|D_{T^n(u)} T\| = 0 \qquad \text{f.s.}$$

Es gibt also $n_1(x) > n(x)$ mit $\frac{1}{n} \left| \log \|D_{T^n(x)} T\| \right| < \eta$ für $n \ge n_1(x)$. Man betrachtet nun eine Menge vom Maß Eins, auf der die Funktion n_1 endlich ist.

Sei $v \in E(x,j,n)$ ein Einheitsvektor. Dann besitzt $O_{n+1,x} v$ eine Darstellung $O_{n+1,x} v = w' + \sum_{i \ge d_j+1} b_i e_i(x)$ mit $w' \in \ll e_1(x), ..., e_{d_j}(x) \gg$. Es ist $v' = O_{n+1,x}^{-1} w' \in E(x,j,n+1)$ und

$$\|v - v'\| = \|O_{n+1,x}(v - v')\| \le \sum_{i \ge d_j+1} |b_i|.$$

Ist $n \ge n_1(x)$, so folgt für $d_{l-1} < i \le d_l$, $l \ge j+1$

$$
\begin{aligned}
|b_i| e^{(n+1)(\lambda_i - \eta)} &\le |b_i| |\nu_{d_l}(n+1,x)| \\
&= |b_i| \|\Delta_{n+1,x} e_i(x)\| = \|\Delta_{n+1,x} b_i e_i(x)\| \\
&\le \|\Delta_{n+1,x} O_{n+1,x} v\| = \|D_x T^{n+1} v\| \\
&\le \|D_{T^n(x)} T\| \|D_x T^n v\| \le e^{n(\lambda_{d_j} + 2\eta)}.
\end{aligned}
$$

Daraus erhält man mit $0 < \kappa \le \lambda_{d_l} - \lambda_{d_j} - 3\eta - \lambda_d/n$ (η klein genug und n groß genug)

$$|b_i| \le e^{-n(\lambda_{d_l} - \lambda_{d_j} - 3\eta - \frac{1}{n}\lambda_d)} \le e^{-n\kappa}, \tag{4.6}$$

und folglich

$$\|v - v'\| \le \sum_{i \ge d_j+1} |b_i| \le d e^{-n\kappa}.$$

Seien nun $v \in E(x,j,n+1)$ und $O_{n,x}(v) = w' + \sum_{i \ge d_j+1} b_i e_i(x)$ mit $w' \in \ll e_1(x), ..., e_{d_j}(x) \gg$. Dann ist $v' = O_{n,x}^{-1}(w') \in E(x,j,n)$ und

$$\|v - v'\| = \|O_{n,x}(v - v')\| \le \sum_{i \ge d_j+1} |b_i|.$$

Ist $n \ge n_1(x)$, so folgt für $d_{l-1} < i \le d_l$, $l \ge j+1$

$$|b_i|e^{n(\lambda_i-\eta)} \le |b_i||\nu_{d_l}(n,x)| = |b_i|\|\Delta_{n,x}e_i\| \le \|D_xT^n(v)\| \le e^{n(\lambda_{d_j}+\eta)}.$$

Daraus erhält man

$$|b_i| \le e^{-n(\lambda_{d_l}-\lambda_{d_j}-2\eta)} \le e^{-n\kappa},$$

und folglich ebenfalls

$$\|v-v'\| \le \sum_{i \ge i_j+1} |b_i| \le de^{-n\kappa}.$$

Aus der ersten Abschätzung folgt nun, dass es eine Folge $\{v_n^i : 1 \le i \le d_{j+1}-1\}$ von Basen der Unterräume $E(x,j,n)$ gibt, die

$$\|v_n^i - v_{n+1}^i\| \le Ke^{-n\kappa}$$

für ein $K > 0$ erfüllen. Sie konvergieren also gegen Vektoren v^i, die linear unabhängig sind, wenn bei der Konstruktion mit einer Basis $v_{n_0}^i$ bei hinreichend großem n_0 begonnen wird. Aus beiden Abschätzungen folgt, dass die Unterräume $E(x,j,n)$ gegen einen Unterraum $E(x,j)$ der Dimension d_j konvergieren. Die Identifikation dieses Raumes mit $E(x,\lambda_{d_j})$ folgt aus der nachfolgenden Rechnung. Damit ist 1. gezeigt

Um die verbleibende Aussage der ersten Behauptung und die zweite Behauptung zu zeigen, seien $v \in E(x,j)$ und $v_n \in E(x,j,n)$ Einheitsvektoren, die $\lim v_n = v$ und $\|v_n - v_{n+1}\| \le e^{-n\kappa}$ erfüllen. Es wurde bereits in (4.6) gezeigt, dass für $d_{l-1} < i \le d_l$ und b_i wie oben

$$\|D_xT^n b_i e_i(x)\| \le e^{n(\lambda_{d_l}+\eta)}e^{-n(\lambda_{d_l}-\lambda_{d_j}-3\eta-\lambda_d/n)}$$

gilt. Dann erhält man auch für $n \ge n_1(x)$

$$\begin{aligned}
\frac{1}{n}\log\|D_xT^n(v)\| &\le \frac{1}{n}\log\left(\|D_xT^n(v-v_n)\| + \|D_xT^n v_n\|\right) \\
&\le \frac{1}{n}\log\left(e^{n(\lambda_{d_j}+\eta)} + e^{n(\lambda_{d_j}+4\eta+\lambda_d/n)}\right) \\
&= O(\lambda_{d_j}+4\eta).
\end{aligned}$$

Mit $\eta \to 0$ folgt

$$\limsup_{n\to\infty}\frac{1}{n}\log\|D_xT^n v\| \le \lambda_{d_j}.$$

Ist zudem $v \in E(x,j) \ominus E(x,j-1)$, so gilt offenbar

$$\liminf_{n\to\infty}\frac{1}{n}\log\|D_xT^n v\| \ge \liminf_{n\to\infty}\frac{1}{n}\log\|\Delta_{n,x}v_n\| \ge \lambda_{d_j},$$

wobei v_n ein Einheitsvektor ist, der eine nicht verschwindende Projektion auf $E(x,j,n) \ominus E(x,j-1,n)$ besitzt.

Es bleibt zu erwähnen, dass die Annahme der Ergodizität im Satz von Oseledets nicht notwendig ist. Es genügt, die Invarianz des Maßes zu verlangen.
Ebenso kann man die Integrabilitätsbedingung zu

$$\log^+ \|D_x T\| \in L_1(\mu)$$

abschwächen. In beiden Fällen bleibt die Grundidee des Beweises erhalten.
In der Aussage des Satzes müssen in diesen Fällen die Konstanten λ_j und d_j
durch messbare, T-invariante Funktionen ersetzt werden. Auch können die
Funktionen λ_j den Wert $-\infty$ annehmen. Schließlich kann man diesen Satz
allgemein für maßtreue Transformationen und Kozykel formulieren.
Die hier dargestellte Form des Satzes von Oseledets ist auf das Allerwesent-
lichste beschränkt. Mit einigem Mehraufwand kann man beispielsweise folgendes zusätzlich zeigen: Der Grenzwert

$$\Lambda(x) = \lim_{n \to \infty} \left[(D_x T^n)^t D_x(T^n) \right]^{1/2n}$$

existiert fast sicher, und die Werte $\exp[\lambda_j] = \exp[\lambda_j(x)]$ sind gerade die Eigenwerte von $\Lambda(x)$ in aufsteigender Anordung.
Satz 61 besitzt ebenfalls eine Erweiterung für Flüsse, die ohne Beweis angegeben wird.

Satz 62. *Sei $(\phi_t)_{t \in \mathbb{R}}$ ein differenzierbarer Fluss mit invariantem Maß μ. Es
gelte*

$$\sup_{0 \le u \le 1} \log^+ \|D.\phi_u\| \in L_1(\mu) \ \ und \ \sup_{0 \le u \le 1} \log^+ \|D_{\phi_u(\cdot)}\phi_{1-u}\| \in L_1(\mu).$$

Für $x \in M$ und $\lambda \in \mathbb{R}$ sei $E(x, \lambda) \subset T_x M$ als der Unterraum

$$E(x, \lambda) = \{v \in T_x M : \limsup_{t \to \infty} \frac{1}{t} \log \|D_x \phi_t v\| \le \lambda\}$$

*definiert. Dann gibt es d messbare Funktionen $\lambda_i : M \to \mathbb{R} \cup \{-\infty\}$ mit $\lambda_i \le
\lambda_{i+1}$ und $r \le d$ messbare Funktionen $d_i : M \to \{1, ..., d\}$ mit $\lambda_{d_j} < \lambda_{d_j+1}$
und $d_r = d$, so dass die folgenden Eigenschaften für fast alle $x \in M$ gelten:*

1. $0 \ne E(x, \lambda_1) \subset E(x, \lambda_2) \subset ... \subset E(x, \lambda_d) = T_x M$
2. $\dim E(x, \lambda_i) = d_l \qquad falls \ d_{l-1} < i \le d_l, d_0 = 0.$
3. Ist $v \in E(x, \lambda_{d_j}) \ominus E(x, \lambda_{d_{j-1}})$, so gilt

$$\lim_{t \to \infty} \frac{1}{t} \log \|D_x \phi_t v\| = \lambda_{d_j}.$$

Definition 43. *Ist T ein Diffeomorphismus (bzw. $\phi = (\phi_t)_{t \in \mathbb{R}}$ ein Fluss), so
bezeichnen die Größen λ_j der Sätze 61 (bzw. 62) die Liapunoff-Exponenten
von T (bzw. ϕ) und $\{\lambda_{d_j}, d_j : 1 \le j \le s\}$ das Liapunoff-Spektrum von T
(bzw. ϕ).*

Beispiel 64. Der Liapunoff-Exponent der logistischen Abbildung $T_a(x) = ax(1-x)$ des Einheitsintervalls wird durch

$$\lambda(x) = \limsup_{n \to \infty} \frac{1}{n} \log |(T_a^n)'(x)|$$

bestimmt. Obwohl die Ableitung von T gerade $a(1-2x)$ ist, sieht man aus der Abbildung 4.4, dass diese einfache Abhängigkeit von a für Liapunoff-Exponenten nicht mehr gilt.

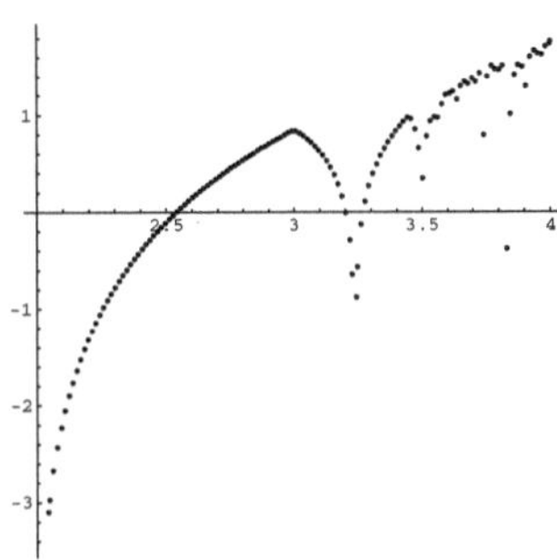

Abb. 4.4. Liapunoff-Exponenten der logistischen Familie $T_a(x) = ax(1-x)$

4.3 Stabile und unstabile Mannigfaltigkeiten

Neben Liapunoff-Exponenten spielen stabile und unstabile Mannigfaltigkeiten eine zentrale Rolle in differenzierbarer Dynamik. Sie tauchten bereits in den Beispielen des Abschnitts 1.1 auf (Beispiele 5, 7). In Definition 9 wurde ein Fixpunkt x eines Diffeomorphismus $T : U \to T(U) \subset M$ hyperbolisch genannt, wenn alle Liapunoff-Exponenten ungleich Null sind.

Sei $x \in M$ ein solcher hyperbolischer Fixpunkt. Die Eigenwerte von $D_x T$ werden mit $\mu_i \in \mathbb{C}$ ($1 \le i \le d$) bezeichnet. Der Eigenraum zum Eigenwert $\mu_i \in \mathbb{R}$ sei E_i, und zu einem Paar konjugierter Eigenwerte $\mu_i, \overline{\mu_i} \in \mathbb{C} \setminus \mathbb{R}$ definiert man E_i als den Schnitt des von beiden Eigenräumen aufgespannten Unterraumes mit $\mathbb{R}^d$, identifiziert als Unterraum in $T_x M$. Der Tangentialraum $T_x M$ besitzt also eine Darstellung

$$T_x M = \bigoplus_{j \in J} E_j,$$

wobei J eine Indizierung der rellen Eigenwerte und der Paare konjugierter komplexer Eigenwerte darstellt. Da alle Eigenwerte vom Betrag ungleich Eins sind, definiert man die Spaltung von $T_x M$ in die unstabilen und stabilen Teilräume E^u und E^s durch

$$\mathcal{T}_x M = E^u \oplus E^s; \quad E^u = \bigoplus_{j \in J:\, |\mu_j| > 1} E_j; \quad E^s = \bigoplus_{j \in J:\, |\mu_j| < 1} E_j.$$

Es folgt aus dem Satz von Oseledets (Satz 61), dass die Liapunoff-Exponenten gerade durch $\log |\mu_j|$ gegeben sind.

Der Satz von Hadamard und Perron bildet die Grundlage für Existenzsätze von Untermannigfaltigkeiten mit der Eigenschaft, dass E^u und E^s als ihre Tangentialräume interpretiert werden können.

Satz 63. [HADAMARD, PERRON] *Es sei $x_0 \in M$ ein hyperbolischer Fixpunkt des Diffeomorphismus $T : M \to M$ auf einer d-dimensionalen Mannigfaltigkeit M. Dann gibt es eine Umgebung U von x_0, so dass die Menge*

$$W_U^s := \{x \in U : T^n(x) \in U \text{ für jedes } n \geq 1\}$$

eine C^1-Untermannigfaltigkeit von M mit den beiden folgenden Eigenschaften ist:

1. Die Menge der Tangentialvektoren an W_U^s im Punkt x_0, $\mathcal{T}_{x_0} W_U^s$, ist E^s.
2. $W_U^s = \{x \in U : \lim_{n \to \infty} T^n(x) = x_0\}$

Der Satz besitzt die folgende Verschärfung: Ist T r-fach differenzierbar, so ist W_U^s eine C^r-Mannigfaltigkeit. Der nachstehende Beweis ist bewusst elementar gehalten und basiert lediglich auf dem Kontraktionsprinzip.

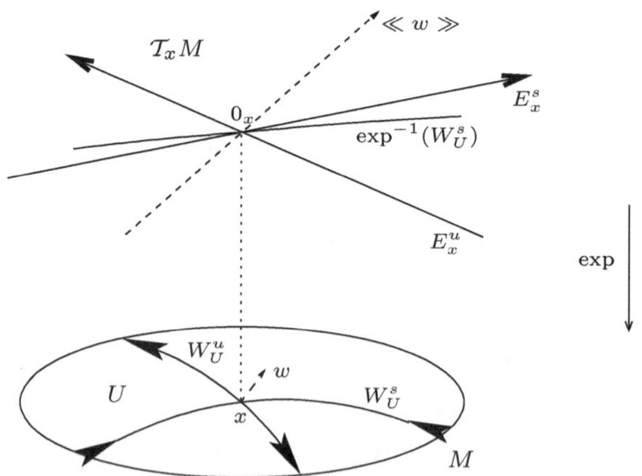

Abb. 4.5. Lokale stabile und unstabile Mannigfaltigkeiten

Beweis. Da die Aussage des Satzes lokalen Charakter hat, genügt es, den Beweis in einer Umgebung der $0 \in \mathbb{R}^d$ zu führen und anzunehmen, dass der hyperbolische Fixpunkt $x_0 = 0$ ist und E^u, E^s kanonisch lokal eingebettet sind und daher $\mathbb{R}^d$ aufspannen. Der Beweis besteht nun darin, eine Umgebung

U von x_0 und eine C^1-Abbildung $c : U \cap E^s \to E^u$ so zu konstruieren, dass ihr Graph gerade die gesuchte Menge ist. Das bedeutet, dass in der lokalen Darstellung von W_U^s als Teilmenge von $E^s \times E^u = \mathbb{R}^d$ die Punkte in W_U^s durch $(w, c(w))$ $(w \in E^s)$ beschrieben werden.

Linearisierung liefert zunächst eine Darstellung $T(x) = D_0 T x + f(x)$, $f(x) = (f^s(x), f^u(x))$, $f^i : \mathbb{R}^d \to E^i$ $(i = u, s)$, $D_0 T = \begin{pmatrix} D^s & 0 \\ 0 & D^u \end{pmatrix}$, wobei der $\mathbb{R}^d$ nach den Unterräumen E^s und E^u zerlegt wird. Es gilt also $D_0 T|_{E^i} = D^i$ $(i = s, u)$. Da die Eigenwerte von $(D^u)^{-1}$ und D^s einen Betrag < 1 besitzen, kann man annehmen, dass die Normen $\|(D^u)^{-1}\|$ und $\|D^s\|$ ebenfalls < 1 sind. Man kann ebenfalls voraussetzen, dass es beliebig kleine $\alpha, \beta > 0$ gibt, so dass $f(x) = 0$ für $\|x\| \geq \alpha$ und die partiellen Ableitungen $\partial_j f^i$ $(j = 1, 2, i = u, s)$ nach den Koordinaten in E^u und E^s gleichmäßig durch β beschränkt sind. Letztere Eigenschaft kann man so einsehen: Es gibt eine C^1-Funktion $\gamma : \mathbb{R}^d \to \mathbb{R}_+$ mit $\gamma(x) = 1$ für $\|x\| \leq r$ und $\gamma(x) = 0$ für $\|x\| \geq r' > r$. Dann ist $\widetilde{T}(x) = D_0 T x + \alpha(tx) f(x)$ ein Diffeomorphismus, der mit T auf der Kugel $K(0, tr)$ übereinstimmt und für hinreichend kleines $t > 0$ die gewünschten Eigenschaften besitzt. Die gesuchte lokale Untermannigfaltigkeiten für T und $\widetilde{T}$ stimmen überein.

Es bezeichne $C^1(N, N')$ den Raum der C^1-Abbildungen zwischen zwei Mannigfaltigkeiten N und N'. Sei U eine Umgebung von 0, die im Folgenden hinreichend klein gewählt wird. Man erklärt eine Abbildung

$$\Lambda : \mathcal{C}(U) := \{c \in C^1(U \cap E^s, E^u) : c(0) = 0\} \to C^1(U \cap E^s, E^u)$$

durch die Festsetzung

$$\Lambda(c)(w) = (D^u)^{-1} \left[c \left(D^s w + f^s((w, c(w))) \right) - f^u((w, c(w))) \right]. \qquad (4.7)$$

Es folgt für einen Fixpunkt c von Λ (der Übersichtlichkeit halber wird die Schreibweise $f(x, y)$ anstatt $f((x, y))$ benutzt)

$$\begin{aligned} T(w, c(w)) &= (D^s w + f^s(w, c(w)), D^u c(w) + f^u(w, c(w))) \\ &= (D^s w + f^s(w, c(w)), c(D^s w + f^s(w, c(w)))), \end{aligned}$$

und daher gilt $T\{(w, c(w)) : w \in E^s\} \subset \{(w, c(w)) : w \in E^s\}$.

Um die Existenz eines Fixpunktes für Λ zu bestimmen, zeigt man das folgende Lemma. Man beachte, dass Λ nicht von T, sondern nur von der Form (4.7) abhängt.

Lemma 16. *Es gibt eine Umgebung U von $x_0 = 0$ und $0 < \delta_0 < 1$ mit folgenden Eigenschaften:*

a. Mit $\|Dc\|_U = \sup_{w \in U \cap E^s} \|D_w c\| \leq \delta_0$ gilt auch $\|D\Lambda(c)\|_U \leq \delta_0$.
b. Für jedes c mit der Eigenschaft $\|Dc\|_U \leq \delta_0$ und $0 < \delta < \delta_0$ gilt

$$\sup_{w,v\in U\cap E^s;\|w-v\|\leq\delta} \|D_w\Lambda(c) - D_v\Lambda(c)\|$$

$$\leq \sup_{w,v\in U\cap E^s;\|w-v\|\leq\delta} \|D_w c - D_v c\| + 4\max_{i=u,s;j=1,2}\omega_{\partial_j f^i}(\delta).$$

$\omega_h(\cdot)$ bezeichnet hier den Stetigkeitsmodul von h bzgl. der Maximumsnorm $\|(x,y)\| = \max(\|x\|,\|y\|)$, $(x,y) \in E^s \times E^u$.

c. Λ ist eine Kontraktion auf der Menge $C_{\delta_0} = \{c \in \mathcal{C}(U) : \|Dc\| \leq \delta_0\}$ in der Norm $\|\cdot\|_\infty$ auf $C(U \cap E^s, E^u)$.

Beweis. a. Dies folgt aus einer direkten Abschätzung: Ist U klein genug gewählt (und damit β hinreichend klein) und ist $w \in U \cap E^s$, so folgt $w_0 = D^s w + f^s(w,c(w)) \in U$, denn D^s ist eine Kontraktion auf E^s. Daher erhält man unmittelbar

$$\|D_w\Lambda(c)\|$$
$$= \|(D^u)^{-1}[D_{w_0}c \circ (D^s + \partial_1 f^s(w,c(w)) + \partial_2 f^s(w,c(w))D_w c)$$
$$-\partial_1 f^u(w,c(w)) - \partial_2 f^u(w,c(w))D_w c]\|$$
$$\leq \|D^u\|^{-1}(\|D_{w_0}c\|(\|D^s\| + \|\partial_1 f^s\| + \|\partial_2 f^s\|\|D_w c\|)$$
$$+\|\partial_1 f^u\| + \|\partial_2 f^u\|\|D_w c\|)$$
$$\leq \delta_0\left[\frac{\|D^s\| + 3\beta}{\|D^u\|}\right] + \frac{\beta}{\|D^u\|} < \delta_0.$$

Dabei gilt die letzte Abschätzung, wenn δ_0 groß genug gewählt ist.

b. Dies folgt in ähnlicher Weise wie a.: Sei $c \in \mathcal{C}(U)$ und $\|Dc\|_U < \delta_0$. Ist U klein genug gewählt, verkleinert $x \mapsto x_0 = D^s x + f^s(x,c(x))$ die Abstände, da $\|Dc\|_U < \delta_0$ gilt. Daher ist für $\delta > 0$ und $v,w \in U \cap E^s$ mit $\|v - w\| < \delta$ auch $w_0, v_0 \in U$ mit $\|v_0 - w_0\| < \delta$, und es folgt

$$\|D_{w_0}c - D_{v_0}c\| \leq \sup_{z,z'\in U\cap E^s;\|z-z'\|\leq\delta} \|D_z c - D_{z'}s\|.$$

Weiterhin gilt $\|c(v) - c(w)\| \leq \delta_0\|v - w\| \leq \|v - w\|$. Eine einfache, aber längere Rechnung zeigt nun für alle $w,v \in U \cap E^s$ mit $\|w - v\| < \delta$

$$\|D_w\Lambda(c) - D_v\Lambda(c)\|$$
$$= \|(D^u)^{-1}[D_{w_0}c(D^s + \partial_1 f^s(w,c(w)) + \partial_2 f^s(w,c(w))D_w c)$$
$$-\partial_1 f^u(w,c(w)) - \partial_2 f^u(w,c(w))D_w c]$$
$$-(D^u)^{-1}[D_{v_0}c(D^s + \partial_1 f^s(v,c(v)) + \partial_2 f^s(v,c(v))D_v c)$$
$$+\partial_1 f^u(v,c(v)) + \partial_2 f^u(v,c(v))D_v c]\|$$
$$\leq \sup_{\|z-z'\|\leq\delta} \|D_z c - D_{z'}c\| + \sum_{i=u,s,j=1,2}\omega_{\partial_j f^i}(\delta).$$

c. Mit einer weiteren ähnlich elementaren Rechnung zeigt man für $c,c' \in C_{\delta_0}$:

$$\|\Lambda(c)(w) - \Lambda(c')(w)\|$$
$$= (D^u)^{-1}\left(c(D^s + f^s(w, c(w))) - c'(D^s + f^s(w, c'(w)))\right.$$
$$\left. - (f^u(w, c(w)) - f^u(w, c'(w)))\right)$$
$$\leq q\|c - c'\|_U,$$

sofern die Umgebung U nur klein genug gewählt ist. Dabei ist $q < 1$ eine Kontraktionskonstante.

Es sei U wie im Lemma gewählt. Dann ist Λ eine Kontraktion auf C_{δ_0} (bzgl. der Metrik $\|c\|_U$).

Die Nullfunktion c_0 gehört nun offenbar zu C_{δ_0}. Man definiert dann $c_n = \Lambda(c_{n-1}) \in C_{\delta_0}$, und bemerkt, dass c_n gemäß der Aussage c. des Lemma 16 eine Cauchyfolge definiert (vgl. den Beweis von Satz 3), also gegen eine stetige Funktion c konvergiert. Da die Ableitungen $D_w c$ normbeschränkt und gleichmäßig stetig nach Aussage b. sind, gibt es nach dem Satz von Arzela-Ascoli eine konvergente Teilfolge der Ableitungen Dc_n. Deshalb existiert die Ableitung Dc und ist stetig. Es folgt, dass $c \in C^1(U \cap E^s, E^u)$ und invariant unter Λ ist.

Es muss also nur noch gezeigt werden, dass die Eigenschaft 2. gilt. Sei $(w, c(w))$ ein beliebiger Punkt des Graphen von c, der auch in U liegt. Seien $(w_n, v_n) = T^n(w, c(w))$, also $w_n = D^s v_{n-1} + f^s(w_{n-1}, v_{n-1})$ und $v_n = c(w_n)$. Da D^s eine Kontraktion ist, konvergiert die Folge w_n gegen 0, sofern die Umgebung U klein genug ist. Somit ist gezeigt, dass $(w, c(w)) \in \{x \in U : \lim_{n\to\infty} T^n(x) = x_0 = 0\} \subset W_U^s$.

Schließlich betrachtet man $(w, v) \in W_U^s$, d.h. $T^n(w, v) = (w_n, v_n) \in U$ für alle $n \geq 0$. Da D^s eine Kontraktion ist, muss schon $w_n \to 0$ gelten. Weiterhin folgt

$$c(w_n) = c(D^s w_{n-1} + f^s(w_{n-1}, c(v_{n-1}))) = D^u c(w_{n-1}) + f^u(w_{n-1}, c(v_{n-1}))$$

und daher (wenn $\beta > 0$ hinreichend klein ist)

$$\|v_n - c(w_n)\|$$
$$= \|D^u v_{n-1} + f^u(w_{n-1}, v_{n-1}) - D^u c(w_{n-1}) - f^u(w_{n-1}, c(w_{n-1}))\|$$
$$\geq \|D^u(v_{n-1} - c(w_{n-1}))\| - \beta\|v_{n-1} - c(w_{n-1})\|$$
$$\geq \frac{1}{\|(D^u)^{-1}\|}\|(v_{n-1} - c(w_{n-1}))\| - \beta\|v_{n-1} - c(w_{n-1})\|$$
$$\geq K\|v_{n-1} - c(w_{n-1})\|. \qquad \left(K = \frac{1}{\|(D^u)^{-1}\|} - \beta > 1\right) \qquad (4.8)$$

Iteriert man diese Abschätzung, folgt sofort $\|v_n - c(w_n)\| \geq K^n\|v - c(w)\|$ für jedes $n \geq 1$; also muss $v = c(w)$ gelten, und (w, v) liegt im Graphen von c. Aus dem bisher Bewiesenen folgt bereits, dass der Graph von c eine C^1-Untermannigfaltigkeit ist.

Im Satz von Grobman-Hartman (Abschnitt 1.4, Satz 9) war die Existenz eines lokalen Homöomorphismus gefordert worden, der stabile und unstabile Mannigfaltigkeiten in Unterräume des Tangentialraumes einbettet. Diese Einbettung wird durch den Satz von Hadamard und Perron geliefert. Man setzt die Abbildung $E^s \to W_U^s$ durch $w \mapsto (w, c(w))$ fest und definiert $T^s(w) = \pi^s(T(w, c(w))$ mit $\pi^s(v, c(v)) = v$ und T^u entsprechend mittels T^{-1}. Dann sind T^s und T^u Störungen von $D_0 T_{|E^s}$ und $D_0 T_{|E^u}$ und erfüllen mit der Festsetzung $h(x) = (T^s(w), T^u(v))$ $(w \in E^s,\ v \in E^u,\ T^{-1}(x) = (w, v))$ die Gleichung

$$h(T(x)) = (\pi^s(T(w(x), c(w(x)))), \pi^u(T(c'(v(x)), v(x))))$$
$$= (T^s w(x), T^u(v(x))).$$

Die Abbildung h ist ein lokaler Homöomorphismus, denn sie ist nach Konstruktion stetig und offen, und die Injektivität folgt aus einer zu (4.8) analogen Rechnung (sofern β klein genug gewählt ist). Man erhält also die folgende Reformulierung.

Satz 64. [GROBMAN, HARTMAN] *Sei $T : U \to \mathbb{R}^d$ ein Diffeomorphismus, definiert auf einer offenen Umgebung $U \subset \mathbb{R}^d$ von 0. Es sei 0 ein hyperbolischer Fixpunkt von T. Dann gibt es Umgebungen U_i, V_i $(1 = 1, 2)$ von 0 und einen Homöomorphismus $\pi : U_1 \cup U_2 \to V_1 \cup V_2$, der $T_{|U_1}$ und $D_0 T_{|V_1}$ konjugiert.*

Definition 44. *Eine Menge W^s, die die Eigenschaften des Satzes 63 erfüllt, nennt man eine lokale stabile Mannigfaltigkeit. Die Untermannigfaltigkeit*

$$W_x^s = W^s(x, T) = \bigcup_{n \geq 0} T^{-n}(W^s)$$

ist unabhängig von der gewählten lokalen Untermannigfaltigkeit und wird als stabile Mannigfaltigkeit in x bezeichnet.
Die stabile Mannigfaltigkeit $W^s(x, T^{-1})$ heißt die unstabile Mannigfaltigkeit von x. Man schreibt sie als

$$W^u(x, T) = W^s(x, T^{-1}) = \bigcup_{n \geq 0} T^n(W^u).$$

Satz 65. *Sei $T : M \to M$ ein Diffeomorphismus der Mannigfaltigkeit M. Es sei ferner $x \in M$ ein hyperbolischer Fixpunkt mit stabiler Mannigfaltigkeit $W^s(x, T) = W_x^s$ und stabilem Unterraum $E^s = \{v \in T_x M : \lim_{n \to \infty} D_x T^n v = 0\}$ der Dimension k. Dann gilt $W_x^s = \{y \in M : \lim_{n \to \infty} T^n(y) = x\}$, und es gibt eine injektive Immersion $\iota : \mathbb{R}^k \to M$ mit folgenden Eigenschaften:*

1. $\iota(0) = x$
2. $\iota(\mathbb{R}^k) = W_x^s$

3. $\mathcal{T}_x(\iota(\mathbb{R}^k)) = E^s$

In gleicher Weise kann man die unstabile Mannigfaltigkeit im Punkt x einbetten: Es gelten $W^u(x,T) = \{y \in M : \lim_{n \to -\infty} T^n(y) = x\}$ und $E^u = \{v \in \mathcal{T}_x M : \lim_{n \to -\infty} D_x T^n v = 0\}$. Man beachte, dass sowohl die stabile wie auch die unstabile Mannigfaltigkeit im Allgemeinen keine Untermannigfaltigkeiten sind. Als Beispiel betrachte man eine hyperbolische Torusabbildung, etwa wie in Beispiel 5, Abb. 1.3, in Abschnitt 1.1.

Beweis. Sei W_U^s eine lokale stabile Mannigfaltigkeit in x. Es gilt also $W_x^s = \bigcup_{n=0}^{\infty} T^{-n} W_U^s$. Sei ferner $V \subset \mathbb{R}^k$ diffeomorph zu W_U^s, gegeben durch den Diffeomorphismus $g : V \to W_U^s$. Man kann annehmen, dass $g(0) = x$ gilt. Sei $G = g^{-1} \circ T \circ g$. Dann besitzen $D_0 G$ und $D_x T_{|E^s}$ dieselben Eigenwerte < 1, also kann angenommen werden, dass auch $\|D_0 G\| < 1$ gilt. Es ist nicht schwer eine Umgebung $V_0 \subset V$, $q < 1$ und eine C^1-Erweiterung $\widehat{G}$ von G auf $\mathbb{R}^k$ zu finden, so dass $\|D_v G\| \leq q < 1$ für $v \in V_0$ und $\|\widehat{D_v G}\| \leq q$ gelten. $\widehat{G}$ ist also eine Kontraktion auf $\mathbb{R}^k$ (mit Kontraktionsfaktor q). Man definiert nun ι durch

$$\iota(u) = T^{-n}(g(\widehat{G}^n(u))) \qquad u \in \widehat{G}^{-n} V_0.$$

Diese Festsetzung ist unabhängig von der Wahl von n, denn auf V_0 ist $\widehat{G}^n = g^{-1} \circ T^n \circ g$. Nach Definition von g und W_x^s ist ι eine Surjektion auf W_x^s mit $\iota(0) = x$ und $\mathcal{T}_x(\iota(\mathbb{R}^k)) = E^s$.

Definition 45. *Sei $x \in M$ ein hyperbolischer periodischer Punkt des Diffeomorphismus $T : M \to M$ der Primperiode n. Dann heißen*

$$W_x^s = W^s(x,T) = \bigcup_{j=0}^{n-1} W^s(T^j(x), T^n)$$

und

$$W_x^u = W^u(x,T) = \bigcup_{j=0}^{n-1} W^u(T^j(x), T^n)$$

die stabile und die unstabile Mannigfaltigkeit von x.

Die Erweiterung des Begriffes der stabilen Mannigfaltigkeit auf Flüsse ist kanonisch, aber nicht sofort ersichtlich. Ein Fixpunkt x eines Flusses $\phi_t : M \to M$ ist durch das Verschwinden des Vektorfeldes Φ charakterisiert, also ein kritischer Punkt des Vektorfeldes (siehe Definition 6).

Proposition 12. *Es gibt einen eindeutig bestimmten Operator $\dot{\Phi} : \mathcal{T}_x(M) \to \mathcal{T}_x(M)$, der*

$$D_x \phi_t = e^{t\dot{\Phi}}$$

erfüllt. In lokalen Koordinaten ergibt sich diese Matrix als Jacobische des Vektorfeldes (Hessesche Form).

Beweis. Man benutzt die Tatsache, dass die Mannigfaltigkeit M kanonisch diffeomorph zur Untermannigfaltigkeit $(TM)_0$ vermöge des 0-Schnittes $y \mapsto 0_y = 0 \in T_yM$ ist. T_yM kann daher mit $T_{0_y}(TM)_0$ identifiziert werden (lineare Isomorphie), und der Tangentialraum $T_{0_y}(TM)$ schreibt sich als direkte Summe $T_{0_y}(TM)_0 \oplus T_{0_y}(T_yM)$. Der letzte Unterraum ist wiederum linear isomorph zu T_yM, und man definiert die Abbildung $\tau : T_{0_y}(TM) \to T_yM$ als Projektion von $T_{0_y}(TM)$ auf die zweite Koordinate mit anschließender Identifikation der Räume. Das Vektorfeld $\Phi : M \to TM$ besitzt dann die Ableitung $D_y\Phi : T_yM \to T_{\Phi(y)}(TM)$. Für den kritischen Punkt x bedeutet dies, dass

$$\dot{\Phi} = \tau \circ D_x\Phi : T_xM \to T_xM$$

wohldefinierte lineare Abbildung ist (die sog. Hessesche Form).
Nun gilt offenbar $\frac{d}{ds}D_x\phi_{s|s=0} = \dot{\Phi}$ und daher

$$\frac{d}{ds}D_x\phi_{s|s=t} = D_x\phi_t \circ \dot{\Phi}.$$

Die Lösung dieser Differentialgleichung unter der Anfangsbedingung $D_x\phi_0 = I$ ist eindeutig, und daher folgt die Proposition.

Definition 46. *Ein kritischer Punkt $x \in M$ eines Vektorfeldes Φ heißt hyperbolisch, wenn der Operator $\dot{\Phi}$ keine rein imaginären Eigenwerte besitzt. Die Eigenwerte μ von $\dot{\Phi}$ heißen charakteristische Exponenten und ihre Exponenten e^μ chrakteristische Multiplikatoren.*

Propostion 12 zeigt, dass ein kritischer Punkt genau dann hyperbolisch ist, wenn er hyperbolischer Fixpunkt für jedes ϕ_t, $t \neq 0$, ist. Der stabile Unterraum E^s von x ist der Eigenraum in T_xM, der zu allen Eigenwerten μ von $\dot{\Phi}$ mit $\Re\mu < 0$ gehört.

Satz 66. *Sei Φ ein Vektorfeld und $\phi = (\phi_t)_{t \in \mathbb{R}}$ der von Φ erzeugte Fluss. Sei x ein hyperbolischer kritischer Punkt von Φ. Dann gibt es eine injektive Immersion $\iota : \mathbb{R}^k \to M$ mit folgenden Eigenschaften:*

1. $\iota(0) = x$
2. $\iota(\mathbb{R}^k) = W_x^s := \{y \in M : \lim_{t \to \infty} \phi_t(y) = x\}$
3. $T_x(\iota(\mathbb{R}^k)) = E^s$.

Beweis. Unter Beachtung von Satz 65 genügt es zu zeigen, dass $W_x^s = W^s(x, \phi_1)$. Die Inklusion $W_x^s \subset W^s(x, \phi_1)$ folgt sofort aus der Definiton und Satz 65.
Die umgekehrte Inklusion zeigt man so: Sei V eine beliebige kompakte Umgebung von x. Da ϕ gleichmäßig stetig auf der Menge $V \times [0,1]$ ist und x ein Ruhepunkt ist, gibt es eine weitere Umgebung $V_1 \subset V$ mit $\phi(V_1 \times [0,1]) \subset V$. Nach Definition von $W^s(x, \phi_1)$ gibt es ein $n_0 \geq 1$, so dass für $n \geq n_0$ $\phi_n(y) \in V_1$. Dann folgt aber auch $\phi_t(y) \in V$ für jedes $t \geq n_0$.

Die stabile Mannigfaltigkeit $W_x^s = W^s(x, \phi)$ des hyperbolischen kritischen Punktes x und des Flusses ϕ ist

$$W_x^s = \{y \in M : \lim_{t \to \infty} \phi_t(y) = x\}.$$

In analoger Weise wird die unstabile Mannigfaltigkeit definiert:

$$W_x^u = W^u(x, \phi) = \{y \in M : \lim_{t \to -\infty} \phi_t(y) = x\}.$$

Definition 47. *Es sei $T : U \to M$ ein C^1-Diffeomorphismus definiert auf der offenen Menge $U \subset M$. Eine kompakte, T-invariante Teilmenge $\Lambda \subset U$ heißt hyperbolisch, falls es $C > 0$, $\lambda < 1$ und eine Zerlegung $T_\Lambda(M) = E_\Lambda^u \oplus E_\Lambda^s$ mit folgenden Eigenschaften für beliebiges $x \in \Lambda$ gibt:*

1. *$D_x T(E_x^s) = E_{T(x)}^s$ und $(D_x T)^{-1}(E_x^u) = E_{T^{-1}(x)}^u$.*
2. *$\|D_x T^{-n}(v)\| \leq C\lambda^n \|v\|$ für jedes $v \in E_x^u$ und $n \geq 0$.*
3. *$\|D_x T^n(v)\| \leq C\lambda^n \|v\|$ für jedes $v \in E_x^s$ und $n \geq 0$.*

Die nachstehenden Aussagen sind einfache Folgerungen aus dieser Definition.

Proposition 13. *Sei $T : U \to M$ ein C^1-Diffeomorphismus und $\Lambda \subset U$ hyperbolisch. Dann gelten die folgenden Eigenschaften*

1. *Die Dimensionen der Unterräume E_x^s und E_x^u sind lokal konstant.*
2. *Die Abbildungen $x \mapsto E_x^u$ und $x \mapsto E_x^s$ sind stetig.*
3.

$$\inf_{x \in \Lambda} \inf_{v \in E_x^s, u \in E_x^u} \frac{\langle v, u \rangle}{\|v\| \|u\|} > 0$$

Beweis. 1. und 2. Sei $x \in \Lambda$ und $x_n \to x$. Es muss nur gezeigt werden, dass konvergente Folgen $v_n \in E_{x_n}^s \subset TM$ und $w_n \in E_{x_n}^u \subset TM$ nur gegen Tangentenvektoren in E_x^s und E_x^u konvergieren können, denn dann gelten

$$\limsup_{n \to \infty} E_{x_n}^i \subset E_x^i \qquad i = u, s,$$

und es muss Gleichheit gelten, da die Tangentialräume die Dimension d besitzen.

Es gilt nun mit $v = \lim_{n \to \infty} v_n \in T_x M$

$$\|D_x T^m v\| = \lim_{n \to \infty} \|D_{x_n} T^m v_n\| \leq \lim_{n \to \infty} C\lambda^m \|v_n\| = C\lambda^m \|v\|.$$

Die Gültigkeit dieser Relation für alle $m \geq 1$ zeigt schon $v \in E_x^s$, denn für $v \in E_x^u$ ist $\|D_x T v\| \lambda^m C \geq \|v\|$, d.h. $\|D_x T^m v\| \to \infty$, also ist eine Zerlegung $v = v^s + v^u$ mit $0 \neq v^u \in E_x^u$ unmöglich. Das analoge Resultat gilt natürlich für $w = \lim_{n \to \infty} w_n$ und E_x^u.

3. Die Funktion

$$x \mapsto \inf_{v \in E_x^s, w \in E_x^u} \frac{\langle v, w \rangle}{\|v\| \|w\|}$$

ist auf Λ stetig nach 2. Da Λ kompakt ist, folgt die Positivität.

Im Allgemeinen sind stabile und unstabile Mannigfaltigkeiten in der folgenden Weise definiert.

Definition 48. *Sei $T : \Omega \to \Omega$ ein Homöomorphismus, $x \in \Omega$ und*

$$W_\epsilon(x, T) = \{y \in M : \lim_{n\to\infty} d(T^n(x), T^n(y)) = 0, \sup_{n\geq 0} d(T^n(x), T^n(y)) \leq \epsilon\},$$

wobei $\epsilon > 0$ beliebig ist und d eine Metrik auf Ω bezeichnet. Dann heißen

1. *$W_\epsilon^s(x, T) = W_\epsilon(x, T)$ und $W^s(x, T) = \bigcup_{n\geq 0} T^{-n} W_\epsilon^s(T^n(x), T)$ die lokale stabile und die stabile Mannigfaltigkeiten im Punkt x.*
2. *$W_\epsilon^u(x, T) = W_\epsilon(x, T^{-1})$ und $W^u(x, T) = \bigcup_{n\geq 0} T^n W_\epsilon^u(T^{-n}(x), T)$ die lokale unstabile und die unstabile Mannigfaltigkeiten im Punkt x.*

Satz 67. *Sei $\Lambda \subset M$ eine hyperbolische Menge des Diffeomorphismus $T : M \to M$. Dann gibt es $\epsilon > 0$, so dass $W_\epsilon^s(x, T)$ als Untermannigfaltigkeit der Dimension $\dim E_x^s$ in M eingebettet werden kann. Ferner ist $T_x W_\epsilon^s(x, T) = E_x^s$ und*

$$d(T^n(x), T^n(y)) \leq \lambda^n d(x, y) \qquad y \in W_\epsilon^s(x, T),$$

wenn $\|D_x T_{|E^s}\| < \lambda < 1$ und die Metrik passend gewählt sind.
Es gibt $\beta > 0$ und eine Familie offener Mengen U_x, so dass

$$K(x, \beta) \subset U_x \qquad und \qquad W_\beta^s(x, T) = \{y \in \Lambda : T^n(y) \in U_x; n \geq 0\}.$$

Die Mannigfaltigkeit $W_\beta^s(x, T)$ besitzt den gleichen Grad der Differenzierbarkeit wie T.

Der Beweis dieses Satzes erfordert einige Modifikationen im Beweis des Satzes 63, die auch nur skizziert werden sollen. Es bezeichne $\exp_x : U \subset T_x M \to M$ die Exponentialabbildung, die ein lokaler Diffeomorphismus ist. Die lokalen Abbildungen, induziert durch T, sind nicht mehr konstant. Vielmehr ist T auf einer passenden Kartenumgebung von $y \in M$ durch

$$\exp_{T(y)} \circ [D_y T + f_y] \circ \exp_y^{-1}$$

gegeben. Daher wird die Abbildung Λ (und ihre Iterierten) durch die Familie $\Lambda = (\Lambda_y)$,

$$\Lambda_y : C^1(E_{T(y)}^s, E_{T(y)}^u) \to C^1(E_y^s, E_y^u)$$

ersetzt. Ist $c = (c_y)$ eine Familie von Abbildungen in $c_y \in C^1(E_y^s, E_y^u)$, so wird sie durch Λ in die Familie

$$\Lambda_y(c)_{T(y)}(w) = \left(D_y T_{|E_y^u}\right)^{-1} \Big[c_{T(y)}(D_y T_{|E_y^s} w + f_y^s(w, c_y(w)))$$
$$- f_y^u(w, c_y(w)) \Big]$$

überführt. Man wendet diese Abbildung auf die Familie aller Λ_y mit $y \in \mathcal{O}(x)$ an. Es gilt dann Lemma 16 analog, und man erhält eine Cauchyfolge $(\Lambda_n(c_0))_{n\geq 0}$, wenn c_0 die Nullfunktion ist. Sei c der Grenzwert dieser Funktionenfolge, der wiederum unter Λ invariant ist.

Korollar 9. *Die Einschränkung eines Diffeomorphismus auf eine hyperbolische Menge ist expansiv.*

Beweis. Die lokalen Mannigfaltigkeiten in x sind durch die Eigenschaft charakterisiert, dass $\operatorname{dist}(T^n(x), T^n(y)) < \eta$ gilt (für $y \in W_x^s$, wenn $n \geq 0$, und für $y \in W_x^u$, wenn $n \leq 0$). Dabei ist η unabhängig von x und y. Hat man daher ein Paar von Punkten $x, y \in \Lambda$ mit $\operatorname{dist}(T^n(x), T^n(y)) < \eta$ $(n \in \mathbb{Z})$, so liegt y im Schnitt der lokalen stabilen und unstabilen Mannigfaltigkeit von x. In lokalen Koordinaten besitzt y eine Darstellung $y = (w, c(w))$ mit $w \in E_x^s$ und $c : E_x^s \to E_x^u$. Es gibt aber auch eine Funktion $c^u : E_x^u \to E_x^s$ mit $y = (v, c^u(v))$. Die Abbildung $c^u \circ c : E_x^s \to E_x^s$ ist jedoch eine Kontraktion, besitzt also nur den einen Fixpunkt x.

4.4 Strukturstabilität

Stabiltät eines dynamischen Systems bedeutet stets, dass sich eine oder alle Bahnen bei kleinen Änderungen des Diffeomorphismus oder Flusses nur geringfügig unterscheiden. Diese intuitive Vorstellung hat zu verschiedenen mathematischen Begriffsbildungen geführt. Eine wichtige Aufgabe der differenzierbaren Dynamik ist die Klärung Frage, wann ein Fluss bzw. Diffeomorphismus strukturstabil ist.

Definition 49. *Ein C^r-Diffeomorphismus $T : M \to M$ heißt C^r-strukturstabil, wenn er im Inneren seiner Äquivalenzklasse unter topologischer Konjugation liegt.*

Definition 50. *Zwei Flüsse $\phi = (\phi_t)_{t \in \mathbb{R}}$ und $\psi = (\psi_t)_{t \in \mathbb{R}}$ heißen Bahnäquivalent, wenn es einen Homöomorphismus $h : M \to M$ gibt, der die Bahnen von ϕ in Bahnen von ψ überführt.*
Ein C^r-Vektorfeld Φ heißt C^r-strukturstabil, wenn es eine offene Umgebung von Φ gibt, so dass jedes Vektorfeld in dieser Umgebung einen Bahnäquivalenten Fluss erzeugt.

Beispiel 65. Seien $M = [0,1]$ und $T : M \to M$ ein orientierungstreuer Diffeomorphismus, der nur die Fixpunkte $0, 1/2$ und 1 besitzt. Die Ableitung von T in den drei Fixpunkten sei vom Betrag ungleich Eins. Ist S ein weiterer Diffeomorphismus, der in einer kleinen C^1-Umgebung von T liegt, so besitzt S ebenfalls drei Fixpunkte, etwa $0, z_0$ und 1. S und T sind dann konjugiert, denn man kann einen kommutierenden Homöomorphismus $h : M \to M$ folgendermaßen konstruieren:
Seien $x \in (1/2, 1)$ und $y \in (z_0, 1)$, $x_n = T^n(x)$ und $y_n = S^n(y)$. Sei $L : [x_0, x_1] \to [y_0, y_1]$ diejenige lineare Abbildung, die die Randpunkte ineinander überführt und orientierungstreu ist. Dann definiert man

$$h(w) = \begin{cases} z_0 & w = 1/2 \\ 1 & w = 1 \\ L(w) & x_0 \leq w \leq x_1 \\ S^n(L(T^{-n}(w))) & w \in [x_n, x_{n+1}]. \end{cases}$$

Auf dem Intervall $[0, 1/2]$ wird h in analoger Weise definiert. Man rechnet leicht nach, dass h mit T und S kommutiert und ein Homöomorphismus ist. Es ist damit gezeigt, dass T C^1-strukturstabil ist.

Beispiel 66. Eine irrationale Rotation ist nicht C^r-strukturstabil, denn in jeder Umgebung gibt es eine rationale Rotation. Diese ist nicht homöomorph, da unter Konjugation periodische Punkte erhalten bleiben.

Man nennt einen periodischen Punkt isoliert, wenn er isolierter Punkt in der Menge aller periodischer Punkte ist.

Lemma 17. *Sei T ein C^r-Diffeomorphismus der S^1 und $x \in S^1$ ein isolierter periodischer Punkt mit Periode $p \geq 1$ und $D_x T^p = 1$. Dann gibt es zu jedem $\epsilon > 0$ eine Umgebung U der Bahn von x und einen C^r-Diffeomorphismus $S : S^1 \to S^1$ mit folgenden Eigenschaften:*

1. *$\mathrm{dist}(S, T) < \epsilon$ in der C^r-Topologie.*
2. *$S = T$ auf der Menge $S^1 \setminus U$.*
3. *Die periodischen Punkte von S sind auch unter T periodisch.*
4. *Ist x einseitig anziehend und einseitig abstoßend unter T, so besitzt S keinen periodischen Punkt in U.*
5. *Ist x abstoßend unter T, so ist x auch unter S periodisch mit Periode p und $|D_x S^p| > 1$ (oder < 1).*
6. *Ist x anziehend unter T, so ist x auch unter S periodisch mit Periode p und $|D_x S^p| < 1$ (oder > 1).*

Beweis. Sei $T(e^{2\pi i x}) = e^{2\pi i f(x)}$, $f : \mathbb{R} \to \mathbb{R}$, eine C^r-Abbildung mit Überlagerungsabbildung f. Man kann annehmen, dass die isolierte periodische Bahn $\{x_0, x_1, ..., x_{p-1}\}$ im Inneren von $[0, 1]$ liegt. Man kann $p = 1$ annehmen.

Man wählt ein Intervall $a < x_0 < b$, so dass kein weiterer periodischer Punkt in $[a, b]$ liegt, und f auf den Intervallen $[a, x_0]$ und $[x_0, b]$ o.E. monoton wachsend ist. Es genügt offenbar eine C^r-Funktion g mit kleiner Norm zu finden, die außerhalb dieses Intervalls verschwindet und innerhalb die Eigenschaften 4., 5. oder 6. für die Abbildung $S(e^{2\pi i x}) = e^{2\pi i (f+g)(x)}$ besitzt. Im Fall, dass f in x_0 abstoßend ist, wählt man eine C^r-Abbildung g des Einheitsintervalls, die folgende Eigenschaften besitzt: $g(x) = 0$ für $x \notin [a, b]$; $\|g\|_{C^r} < \epsilon$; $g(x_0) = 0$; $g(x) < 0$ für $x < x_0$; $g(x) > 0$ für $x > x_0$; $g'(x) > -f'(x)$ $(a \leq x \leq b)$ und $g'(x_0) > 0$.
Alle anderen fünf Fälle werden ähnlich behandelt.

Satz 68. [ARNOLD] *Ein C^r-Diffeomorphismus $T : S^1 \to S^1$ ist genau dann C^r-strukturstabil, wenn die folgenden beiden Eigenschaften gelten:*

1. *T besitzt besitzt eine nicht verschwindende endliche Anzahl periodischer Punkte.*
2. *Für jeden periodischen Punkt $x \in S^1$ der Primperiode p gilt $D_x T^p \neq 1$.*

Beweis. Nach Satz 26 in Abschnitt 2.3 sind zwei Diffeomorphismen T und S der S^1, die beide s periodische Punkte derselben Primperiode besitzen, konjugiert, sofern alle periodischen Punkte Senken oder Quellen sind. Sei $x \in S^1$ ein periodischer Punkt für T der Primperiode p. Dann gibt es eine Umgebung U von x, so dass entweder $\overline{T^p(U)} \subset U$ oder $\overline{T^{-p}(U)} \subset U$. Diese Eigenschaft bleibt unter kleinen Störungen von T erhalten, und deshalb besitzt auch eine kleine Störung S einen periodischen Punkt der Primperiode p in U. Es folgt nun, dass beide Eigenschaften 1. und 2. (und zwar mit demselben Typ von periodischem Punkt) des Satzes in einer Umgebung von T erhalten werden, somit ist T strukturstabil.

Der Beweis der Umkehrung ist ein wenig aufwendiger. Man beginnt am besten damit, ein Schließungslemma zu zeigen. Sei $x \in S^1$ und $\eta > 0$, so dass $\mathrm{dist}(T^p(x), x) < \eta$ für ein $p \geq 1$ gilt. Sei $f : \mathbb{R} \to \mathbb{R}$ eine Überlagerungsabbildung zu T (s. Abschnitt 2.3), und sei $f_t(y) = f(y) + t$ eine kleine (analytische) Störung der Abbildung f. Ohne Einschränkung kann man annehmen, dass T orientierungstreu ist, also f wachsend ist. Daher ist für $t \geq 0$ und $n \geq 1$

$$f_t^{n+1}(y) - f^{n+1}(y) = f_t^n(f(y) + t) - f^n(f(y)) \geq t,$$

wie man leicht durch Induktion folgert. In gleicher Weise schließt man für $t < 0$, dass $f_t^n(y) - f^n(y) \leq t$ gilt. Setzt man $n = p$, so bildet die Menge $\{f_t^p(y) : -\eta \leq t \leq \eta\}$ ein Intervall. Nach der soeben durchgeführte Abschätzung ist sie in der Kugel mit Radius η um $f^p(y)$ enthalten. Ist nun y ein zu x gehöriger Punkt der Überlagerung, so liegt der Punkt $f^p(y)$ in diesem Intervall (mod 1), also gibt es auch ein t mit $f_t^p(y) = y \bmod 1$. Die Projektion von f_t auf S^1 liefert einen Diffeomorphismus, der in einer η-Umgebung von f liegt und einen periodischen Punkt der Periode p in x besitzt.

In einem nächsten Schritt wird gezeigt, dass die Diffeomorphismen, die 1. und 2. erfüllen, dicht in $C^r(M)$ liegen. Man benutzt hierzu die Tatsache, dass trigonometrische Polynome dicht liegen und nimmt an, dass die zu beliebigem $S_0 \in C^r(M)$ gehörige Überlagerungsabbildung f die Form $f(y) = y + \tau(y)$ besitzt, wobei τ ein passend gewähltes trigonometrisches Polynom ist. Die Gleichung $f^p(y) = y + m$ besitzt mindestens eine Lösung, also hat S_0 mindestens einen periodischen Punkt. Andererseits kann diese Gleichung auch nur endlich viele Lösungen in $(0, 1]$ besitzen, da f analytisch ist. Also kann man o.E. annehmen, dass S_0 eine nicht leere, endliche Menge von periodischen Punkten besitzt. Da T nur isolierte periodische Bahnen zulässt, kann man einen Diffeomorphismus S so finden, dass er nahe bei T in der C^r-Topologie liegt, und jede Ableitung $D_x S^p \neq 1$ ist, wenn x ein periodischer Punkt der Periode p von S ist (man benutzt hier Lemma 17). Dies zeigt die zweite Behauptung.

Schließlich betrachtet man einen strukturstabilen Diffeomorphismus. Es gibt dann einen Diffeomorphismus der eben beschriebenen Art, zu dem T konjugiert ist. T besitzt also ebenfalls nur endlich viele periodische Punkte (und auch mindestens einen). Es muss also nur noch gezeigt werden, dass $D_x T^p = 1$ mit Strukturstabilität unvereinbar ist. Ist x einseitig anziehend (und damit abstoßend auf der anderen Seite), so gibt es nach Lemma 17 beliebig kleine Störungen von T, die weniger periodische Punkte als T besitzen. Eine solche Störung kann aber nicht konjugiert zu T sein. Ist x anziehend, so sind die benachbarten periodischen Punkte abstoßend. Ist S eine beliebig kleine Störung wie in Lemma 17, so dass x ein abstoßender periodischer Punkt der Störung wird, so enthält jedes der einseitigen Intervalle um x mindestens einen weiteren periodischen Punkt unter der Störung. Das ist aber mit der Konjugation der beiden Diffeomorphismen unvereinbar. Im Fall, dass x ein abstoßender periodischer Punkt ist, argumentiert man analog.

Definition 51. *Ein Diffeomorphismus $T : M \to M$ heißt ein Anosov-Diffeomorphismus, falls M hyperbolisch ist. Er heißt ein Smale-Diffeomorphismus (oder Axiom-A-Diffeomorphismus), falls die nichtwandernde Menge hyperbolisch ist und die periodischen Punkte dicht in ihr liegen, und Morse-Smale-Diffeomorphismus, falls die nichtwandernde Menge aus endlich vielen hyperbolischen periodischen Punkten besteht.*

Beispiel 67. Jeder algebraische Automorphismus T des Torus $\mathbb{T}^d$ wird durch eine Matrix A beschrieben, die $\mathbb{Z}^d$ invariant lässt. Besitzt diese Matrix nur Eigenwerte vom Betrag ungleich Eins, so ist T offenbar ein Anosov-Diffeomorphismus. $\mathcal{T}_x \mathbb{T}^d$ spaltet in die Räume E^s und E^u auf, die durch die Eigenräume der Eigenwerte vom Betrag < 1 und > 1 definiert sind.

Satz 69. [ANOSOV] *Ein Anosov-Diffeomorphismus auf einer kompakten Riemannschen Mannigfaltigkeit ist strukturstabil.*

Beweis. Es bezeichne $\exp_x : \mathcal{T}_x M \to M$ die Exponentialabbildung in $x \in M$, die eine C^∞-Abbildung ist. Es gibt eine Umgebung $W \subset K(\mathrm{I}, \delta_1) \subset C^r(M, M)$ der Identität, so dass jeder C^r-Diffeomorphismen $f \in W$ in der Form $f(x) = \exp_x \Phi(x)$ (Φ ein C^r-Vektorfeld) dargestellt werden kann ([22], S.53).
Seien $T : M \to M$ ein Anosov-Diffeomorphismus und $S : M \to M$ ein Diffeomorphismus mit $T^{-1} \circ S \in W$. Es gibt also ein Vektorfeld $\Phi_0 \in \mathcal{F}^0(M)$ mit $\exp\Phi_0 = T^{-1} \circ S$. Ein Homöomorphismus $h \in W$ mit $S \circ h = h \circ T$ ist eindeutig durch die Bestimmung von $\Phi \in \mathcal{F}^0 M$ mit $\exp\Phi_0 \circ \exp\Phi = T^{-1} \circ \exp U_T \Phi$ erklärt, wobei $U_T \Phi = \Phi \circ T$ gesetzt wird.
Man betrachtet die Abbildungen $F, DF : \mathcal{F}^0(M) \to \mathcal{F}^0(M)$, die durch

$$\exp F(\Phi) = T^{-1} \circ \exp U_T \Phi \qquad \text{und} \qquad DF(\Phi) = DT^{-1} \circ TU_T \Phi \qquad (4.9)$$

definiert sind.

Sei $R = F - DF$. Wegen

$$D_{F(0)}\exp \circ D_0 F = D_{T(\cdot)}T^{-1} \circ D_0\exp_{T(\cdot)} \circ U_T$$

erhält man unter Benutzung von $D_0\exp = I$ und $F(0) = 0$, dass

$$[D_0 F]\Phi(x) = D_{T(x)}T^{-1}\Phi(T(x)) \qquad x \in M.$$

Es folgt $D_0 F = DF$ und $R(0) = 0$, $D_0 R = 0$. Es gibt also zu jedem $\epsilon > 0$ ein $\delta_2(\epsilon) > 0$ mit $\|R(\Phi)\| < \epsilon\|\Phi\|$ und $\|D_\Phi R\| < \epsilon$, falls $\|\Phi\| < \delta_2(\epsilon)$.
In ähnlicher Art und Weise kann man Vektorfelder mit kleiner Norm behandeln. Sei $\Psi \in \mathcal{F}^0(M)$, $\|\Psi\| < \delta$. Eine Abbildung $G : \mathcal{F}^0(M) \to \mathcal{F}^0(M)$ ist durch $\exp G(\Psi) = \exp\Phi_0 \circ \exp\Psi$ erklärt. Man rechnet leicht nach, dass es zu $\epsilon > 0$ ein $\delta_3(\epsilon) > 0$ gibt, derart dass $\|(G - I)(\Psi)\| \leq \|\Phi_0\| + \epsilon\|\Psi\|$ und $\|D_\psi(G - I)\| \leq \epsilon$ gelten, wenn $\|\Psi\| < \delta_3(\epsilon)$ und $\|\Phi_0\|_{\mathcal{F}^1(M)} < \delta_3(\epsilon)$ sind.
Nach diesen Vorbereitungen kann der Beweis geführt werden. Ein Vektorfeld Φ erfüllt die Gleichung $\exp F(\Phi) = \exp G(\Phi)$ genau dann, wenn

$$\exp G(\Phi) = \exp(DF(\Phi) + R(\Phi))$$

gilt. Es ist also die Gleichung

$$(I - DF)(\Phi) = R(\Phi) + (I - G)(\Phi)$$

zu lösen.
Da DF und $(DF)^{-1}$ jeweils Kontraktionen auf den durch E^u und E^s in $\mathcal{F}^0(M)$ erzeugten Unterräumen sind, ist $I - DF$ invertierbar und stetig. Sei $\epsilon > 0$ und $\delta = \min\{\delta_1, \delta_2(\epsilon), \delta_3(\epsilon)\} > 0$. Die Abbildung

$$\Lambda : \mathcal{F}^0(M) \to \mathcal{F}^0(M)$$

definiert durch

$$\Lambda(\Phi) = (I - DF)^{-1}(R(\Phi) + (I - G)(\Phi))$$

erfüllt die Abschätzungen

$$\|\Lambda(\Phi)\| \leq \|(I - DF)^{-1}\|(\|R(\Phi)\| + \|(I - G)(\Phi)\|)$$
$$\leq \|(I - DF)^{-1}\|(\|\Phi_0\| + 2\epsilon\|\Phi\|) \leq \|(I - DF)^{-1}\|3\epsilon\delta$$

und

$$\|\Lambda(\Phi) - \Lambda(\Psi)\| \leq \|(I - DF)^{-1}\|\,(\|R(\Phi) - R(\Psi)\| + \|(I - G)(\Phi - \Psi)\|)$$
$$\leq 2\epsilon\|(I - DF)^{-1}\|\|\Phi - \Psi\|,$$

sofern die Normen $\|\Phi\|$ und $\|\Psi\|$ kleiner als δ sind. Wählt man $3\epsilon < \|(I - DF)^{-1}\|^{-1}$, so bildet Λ die Menge aller Vektorfelder mit Norm $< \delta$ in sich ab und ist auf dieser Menge eine Kontraktion. Satz 3 liefert ein Vektorfeld Φ mit $\Lambda(\Phi) = \Phi$ und $\|\Phi\| < \delta$.

Die Abbildung $h = \exp\Phi$ erfüllt nun die Gleichung $S \circ h = h \circ T$. Man muss nun zeigen, dass h ein Homöomorphismus ist. Angenommen, h ist nicht injektiv. Da T nach Korollar 9 in Abschnitt 4.3 expansiv ist, gibt es $\alpha > 0$ mit $\inf_{x,y \in M} \sup_{n \in \mathbb{Z}} \mathrm{dist}(T^n(x), T^n(y)) \geq \alpha$. Wählt man in obiger Konstruktion von Φ δ ebenfalls klein genug, so folgt $\sup_{x \in M} \mathrm{dist}(h(x), x) \leq \alpha/3$. Angenommen, es gibt $x \neq y \in M$ mit $h(x) = h(y)$. Dann folgt ein Widerspruch aus

$$\begin{aligned}
\alpha &\leq \sup_{n \in \mathbb{Z}} \mathrm{dist}(T^n(x), T^n(y)) \\
&\leq \sup_{n \in \mathbb{Z}} \mathrm{dist}(T^n(x), h(T^n(x))) + \mathrm{dist}(h(T^n(x)), T^n(y)) \\
&= \sup_{n \in \mathbb{Z}} \mathrm{dist}(T^n(x), h(T^n(x))) + \mathrm{dist}(S^n(h(y)), T^n(y)) \leq 2\alpha/3.
\end{aligned}$$

h ist damit injektiv und stetig, also ein Homöomorphismus auf sein Bild $h(M)$, weil M kompakt ist. Schließlich muss noch $h(M) = M$ gezeigt werden. $h(M)$ ist invariant, offen und abgeschlossen ([25], S. 224). h führt außerdem Komponenten von M in sich über, da h eine kleine Störung der Identität ist (man verkleinere δ, falls nötig). Daher bildet h Komponenten auf sich ab, und es folgt $h(M) = M$, falls δ klein genug gewählt ist.

Proposition 14. *Sei $\Lambda \subset M$ eine hyperbolische Menge des C^r-Diffeomorphismus $T : M \to M$. Dann gibt es Umgebungen $\Lambda \subset U \subset M$ und $T \in V \subset \mathrm{Diff}^r(M)$, so dass jeder Diffeomorphismus in V nur hyperbolische invariante Teilmengen $K \subset U$ besitzen kann.*

Beweis. Sei $T_\Lambda M = E^s \oplus E^u$ die stetige Zerlegung des Tangentialbündels über Λ in seine stabilen und unstabilen Bündel. Sei ferner $\lambda < 1$ eine obere Schranke der Normen der Ableitung $D_x T$, bzw. $D_x T^{-1}$, auf E_x^s, bzw. E_x^u. $D_x T$ besitzt also die Gestalt

$$D_x T = \begin{pmatrix} A_x & 0 \\ 0 & B_x \end{pmatrix}.$$

Sei $\eta > 0$ beliebig gewählt. In einer hinreichend kleinen Umgebung U_0 von Λ kann man die Zerlegung in E_x^s und E_x^u stetig fortsetzen, und für $y \in U_0 \cap T^{-1}(U_0)$ hat die lineare Abbildung $D_y T : E_y^s \oplus E_y^u \to E_{T(y)}^s \oplus E_{T(y)}^u$ die Gestalt

$$D_y T = \begin{pmatrix} A_y & C_y \\ \widetilde{C}_y & B_y \end{pmatrix}$$

mit $\|A_y\|, \|B_y\| \leq \lambda + \eta$ und $\|C_y\|, \|\widetilde{C}_y\| \leq \eta$.

Sei nun U_1 eine weitere Umgebung von Λ mit der Eigenschaft, dass $\overline{U}_1 \cup T\overline{U}_1 \subset U_0$. Wählt man eine Umgebung V von T hinreichend klein, so kann man für $S \in V$ erreichen, dass $S(\overline{U}_1) \subset U_0$, und dass die lineare Abbildung $D_y S : E_y^s \oplus E_y^u \to E_{S(y)}^s \oplus E_{S(y)}^u$ die Gestalt

$$D_y S = \begin{pmatrix} A_y' & C_y' \\ \widetilde{C}_y' & B_y' \end{pmatrix}$$

mit $\|A_y'\|, \|B_y'\| \leq \lambda + 2\eta$ und $\|C_y'\|, \|\widetilde{C}_y'\| \leq 2\eta$ besitzt.

Man betrachtet nun $S \in V$ und eine S-invariante Teilmenge K, die in U_1 enthalten ist. Es ist zu zeigen, dass es eine stetige Zerlegung des Tangentialbündels über K in kontrahierende (expandierende) $D_x S$-invariante Unterräume gibt. Hierzu genügt es offenbar zu zeigen, dass eine lineare Bündelabbildung $F : E^s \to E^u$ (also $F(x) : E_x^s \to E_x^u$ linear und $x \mapsto F(x)$ stetig) existiert, die durch $\widetilde{E}_x^s = \{(v, F(x)v) : v \in E_x^s\}$ $D_x S$-invariante Unterräume erzeugt, und auf denen $D_x S$ kontrahierend operiert.

Die Invarianz unter $D_x F$ bedeutet

$$\begin{aligned} D_x S(v, F(x)v) &= (A_x' v + C_x' F(x)v, \widetilde{C}_x' v + B_x' F(x)v) \\ &= (A_x' v + C_x' F(x)v, F(S(x))(A_x' v + C_x' F(x)v)), \end{aligned}$$

oder, anders ausgedrückt, es ist ein Fixpunkt der Abbildung

$$\Sigma(F) = B'^{-1} \left[-\widetilde{C}' + F \circ S \circ A' + F \circ S \circ C' \circ F \right]$$

zu suchen. Ist η klein genug gewählt, so ist offenbar Σ eine Kontraktion auf der Menge $\{F : E^s \to E^u : \|F\| = \sup_{x \in M} \|F(x)\| \leq 1\}$ (Σ lässt diese Menge invariant, und es gilt $\|\Sigma(F) - \Sigma(F')\| \leq (\lambda^2 + 4\eta\lambda)\|F - F'\|$), besitzt also einen Fixpunkt in dieser Menge. Damit ist aber auch die Kontraktion von $D_x S$ auf E^s sofort aus der Darstellung von E^s ersichtlich.

Der entsprechende Schluss für die Existenz der unstabilen Unterräume folgt in derselben Weise.

Korollar 10. [ANOSOV] *Die Menge der C^r-Anosov-Diffeomorphismen ist offen und strukturstabil.*

Beweis. Der Satz 69 zeigt, dass ein Anosov-Diffeomorphismus strukturstabil ist. Um zu zeigen, dass Anosov-Diffeomorphismen eine offene Menge bilden, sei V die Umgebung von T der Proposition 14 für die hyperbolische Menge $\Lambda = M$. Dann ist Λ auch für jedes $S \in V$ invariant, also nach dieser Proposition auch hyperbolisch.

Die folgenden zwei Resultate sollen als Ausblick ohne Beweis angeführt werden. Das erste ist eine Verschärfung des letzten Satzes (siehe [94], S.101).

Satz 70. *Sei $\Lambda \subset M$ eine abgeschlossenen hyperbolische Menge des C^r-Diffeomorphismus $T : M \to M$. Dann gibt es eine offenen Umgebung $U \subset \mathrm{Diff}^r(M)$ von T und eine stetige Abbildung $G : U \to C(\Lambda, M)$, so dass die folgenden Eigenschaften gelten:*

1. $G(T)$ ist die Inklusionsabbildung $\Lambda \to M$.

2. Für jedes $S \in U$ ist $G(S)\Lambda$ eine invariante hyperbolische Menge von S.

3. $G(S)$ konjugiert die Systeme (Λ, T) und $(G(S)\Lambda, S)$.

4. G ist Lipschitz-stetig auf U.

Der Satz von Anosov über Strukturstabilität besitzt ebenfalls eine Version für Flüsse.

Definition 52. *Eine kompakte, invariante Menge $\Lambda \subset M$ eines differenzierbaren Flusses $\phi = (\phi_t)_{t \in \mathbb{R}}$ auf M heißt hyperbolisch (für ϕ), falls es eine Riemannsche Metrik auf einer Umgebung U von Λ, Konstanten $\lambda < 1 < \mu$ und eine Zerlegung $T_x M = E_x^0 \oplus E_x^s \oplus E_x^u$ für $x \in \Lambda$ gibt, so dass*

$$0 \neq \frac{d}{dt}\phi_t(x)_{|t=0} \in E_x^0 \qquad \dim E_x^0 = 1$$

$$D\phi_t E^i = E^i \qquad i = s, u$$

$$\|D\phi_{t|E^s}\| \leq \lambda \qquad \|D\phi_{-t|E^u}\| \leq \mu^{-t} \qquad t \in \mathbb{R}.$$

Der Fluss ϕ wird ein Anosov-Fluss genannt, wenn M hyperbolisch ist.

Satz 71. *Jeder Anosov-Fluss ist strukturstabil.*

Anmerkung 3. Die Menge aller C^1-strukturstabilen Diffeomorphismen auf $\mathbb{T}^3$ ist nicht dicht in der Menge aller Diffeomorphismen von M. Dies erhält man durch Smales Beispiel, in dem ein Diffeomorphismus T von $\mathbb{T}^3$ konstruiert wird, so dass in jeder offenen Menge nahe bei T ein nicht-strukturstabiler Diffeomorphismus liegt. Somit ist kein Diffeomorphismus in der Nähe von T strukturstabil.

4.5 Transversalität

Strukturstabilität beinhaltet, dass Eigenschaften, die unter Konjugation invariant bleiben, in strukturstabilen (offenen) Menge immer oder niemals gelten. Hierunter fällt z.B. die Hyperbolizitätseigenschaft periodischer Punkte. Ist keine Strukturstabilität vorhanden, versucht man, zumindest einzelne Eigenschaften für eine große Klasse von Transformationen nachzuweisen (etwa im Sinne generischer Gültigkeit). Hyperbolizität sämtlicher kritischer und periodischer Elemente ist ein solcher Begriff, der zum Begriff der Transversalität abgeschwächt werden kann. Er wurde bereits in einem Spezialfall in Definition 38 eingeführt und benutzt, um die Existenz von Poincaré-Abbildungen zu beweisen. Er lässt sich allgemein so fassen.

Definition 53. *A. Zwei Untermannigfaltigkeiten $X, Y \subset M$ heißen transversal in $x \in M$ $(X \pitchfork_x Y)$, falls $x \notin X \cap Y$ oder $T_x M = T_x X + T_x Y$ gelten. Sie heißen transversal $(X \pitchfork Y)$, falls sie in jedem Punkt $x \in M$ transversal sind.*

B. Eine differenzierbare Abbildung $T : M \to N$ zwischen Mannigfaltigkeiten M und N wird transversal zu der Untermannigfaltigkeit $X \subset N$ in $x \in M$ genannt, im Zeichen $T \pitchfork_x X$, falls $T(x) \notin X$ oder, im Falle $y = T(x) \in X$, die folgenden zwei Eigenschaften gelten:

1. Es gibt einen abgeschlossenen Unterraum $E \subset T_x M$ mit $T_x M = E \oplus (D_x T)^{-1}(T_y X)$

2. Es gibt einen abgeschlossenen Unterraum $F \subset D_x T(T_x M)$ mit $T_y N = F \oplus T_y X$.

Die Abbildung T heißt transversal zu X, wenn sie dies in jedem Punkt $x \in M$ ist.

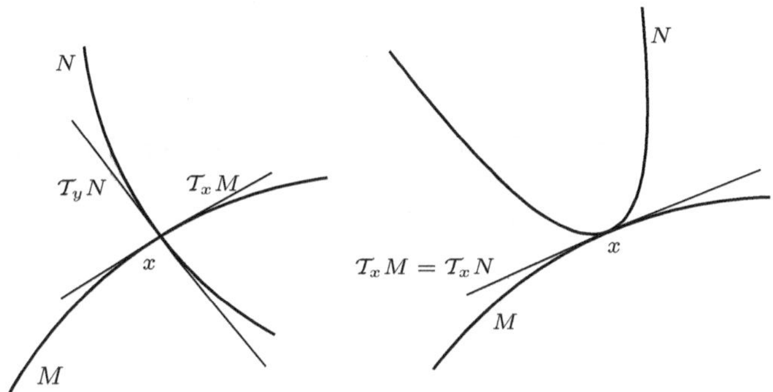

Abb. 4.6. transversale Mannigfaltigkeiten

Das Konzept der Transversalität erweist sich zunächst nützlich bei der Formulierung dynamischer Eigenschaften.

Definition 54. *Sei Φ ein Vektorfeld mit zugehörigem Fluss $\phi = (\phi_t)_{t \in \mathbb{R}}$. Seien $\Delta := \{(x, t, y) \in M \times \mathbb{R}_+ \times M : x = y\}$ und*

$$\widetilde{\Phi} : M \times \mathbb{R}_+ \to M \times \mathbb{R}_+ \times M, \qquad \widetilde{\Phi}(x, t) = (x, t, \phi_t(x)).$$

ϕ nennt man einen transversalen Fluss, wenn für ein $\tau \in \mathbb{R}_+ \cup \infty$ die Abbildung $\widetilde{\Phi}$ transversal zu Δ in jedem Punkt (x, t) mit $x \in M$ und $0 < t \leq \tau$ ist. Ein τ mit dieser Eigenschaft heißt eine Transversalitätszeit.

Für $\widetilde{\Phi}(x, t) \in \Delta$ bedeutet dies, dass x ein kritischer Punkt ist oder eine geschlossenen Bahn besitzt, so dass t ein Vielfaches seiner Länge ist. Der Tangentialraum des Bildes lässt sich stets als Summe des Bildes des Tangentialraums von $M \times \mathbb{R}_+$ und des Tangentialraumes an Δ schreiben. Es bezeichne $\mathfrak{G}_\Delta^r(\tau)$ die Menge aller C^r-Vektorfelder, die einen transversalen Fluss mit Transversalitätszeit τ bestimmen.

Proposition 15. *Für einen Fluss $\phi = (\phi_t)_{t\in\mathbb{R}}$ auf M mit Vektorfeld Φ gelten die folgenden Aussagen:*
1. Sei $x \in M$ ein stationärer Punkt. Genau dann ist $\widetilde{\Phi}$ transversal zu Δ im Punkt (x,τ), $\tau > 0$, wenn 1 kein Eigenwert von $D_x\phi_\tau$ ist.
2. Sei γ eine periodische Bahn des Flusses ϕ positiver Länge τ. Genau dann ist $\widetilde{\Phi}$ transversal zu Δ im Punkt (x,τ), $\tau > 0$, wenn 1 ein einfacher Eigenwert von $D_x\phi_\tau$ ist.

Beweis. Man schreibt zunächst

$$D_{(x,\tau)}\widetilde{\Phi}(u,v) = (u, v, D_x\phi_t(u) + \Phi(x)v)$$

für $(x,\tau) \in M \times \mathbb{R}$; $(u,v) \in T_xM \times T_\tau\mathbb{R}_+$. Sodann benutzt man, dass die folgenden Aussagen für einen Punkt $(x,\tau) \in M \times \mathbb{R}_+$, dessen Bild unter $\widetilde{\Phi}$ zu Δ gehört, äquivalent sind.
a.) $D_{(x,\tau)}\widetilde{\Phi}\big(T_{(x,\tau)}(X \times \mathbb{R}_+)\big) + T_{(x,\tau)}\Delta = T_{(x,\tau,x)}(M \times \mathbb{R}_+ \times M)$.
b.) Für beliebige $u_1, u_2 \in T_xM$ und $v \in T_\tau\mathbb{R}_+$ besitzen die Gleichungen

$$u_1 = w_1 + w_2$$
$$v = v_1 + v_2$$
$$u_2 = D_x\phi_\tau w_1 + \Phi(x)v_1 + w_2$$

eine Lösung $w_1, w_2 \in T_xM$ und $v_1, v_2 \in T_\tau\mathbb{R}_+$.
c.) Für jedes $u \in T_xM$ besitzt die Gleichung

$$u = D_x\phi_\tau w - w + \Phi(x)v$$

eine Lösung $w \in T_xM$ und $v \in T_\tau\mathbb{R}_+$.
Sei nun $\widetilde{\Phi}$ transversal zu Δ in (x,τ), wobei x ein stationärer Punkt ist. Nach Definiton ist dies aber gerade a.) Die Eigenschaft c.) besagt jedoch, dass $D_x\phi_\tau - \mathrm{I}$ surjektiv ist, also ist 1 kein Eigenwert von $D_x\phi_\tau$ und umgekehrt. Schließlich sei γ ein geschlossene Bahn mit Periode τ und mit $x \in \gamma$. Dann ist $\Phi(x) \neq 0$ ein Eigenvektor von $D_x\phi_\tau$ (siehe Proposition 1 in Abschnitt 1.3), also 1 ein Eigenwert. Dann schreibt sich c.) nach passender Wahl lokaler Koordinaten in der Matrixform

$$u = \left(\begin{pmatrix} 1 & \kappa...\kappa \\ 0 & A \end{pmatrix} - \mathrm{I}\right) w + (v, 0, ..., 0)'.$$

Es gilt also die Transversalitätsbedingung genau dann, wenn $\mathrm{I} - A$ nichtsingulär ist, d.h. es gibt keinen weiteren Eigenvektor zum Eigenwert 1.

Periodische Bahnen, bzw. Fixpunkte, mit der Eigenschaft der voranstehenden Proposition werden als *transversale Elemente* bezeichnet. Es bezeichne $P_\tau = P_\tau(\phi)$ die Menge aller Bahnen des Flusses $\phi = (\phi_t)_{t\in\mathbb{R}}$ mit Primperiode $\leq \tau$. Dabei seien alle kritischen Punkte eingeschlossen. Die Vereinigung aller Mengen in P_τ ist abgeschlossen

Satz 72. *Sei $\Phi \in \mathfrak{G}^r_\Delta(\tau)$, $\tau > 0$. Dann gelten*
1. *Die Bahnen in P_τ sind isoliert.*
2. *Ist M kompakt, so ist P_τ endlich.*
3. *Es gibt $\delta > 0$ mit der Eigenschaft, dass es keine geschlossenen Bahnen der Primperiode $s \in (\tau, \tau + \delta)$ gibt.*

Beweis. 1. Angenommen, die Bahn $\gamma \in P_\tau$ ist Häufungspunkt von Bahnen $\gamma \neq \gamma_n \in P_\tau$. Man wählt Punkte $x_n \in \gamma_n$, die gegen eine Punkt $x \in \gamma$ konvergieren. Man kann auch $t, t_n \geq \tau/2$ so bestimmen, dass $t_n \to t$, $\phi_{t_n}(x_n) = x_n$ und $\phi_t(x) = x$ gelten. Es ist ϕ_t transversal zu Δ in $\widetilde{\Phi}(x, t) \in \Delta$. Daher gibt es eine offene Umgebung von (x, t) in $M \times \mathbb{R}_+$, die $\widetilde{\Phi}^{-1}(\Delta)$ in einer eindimensionalen Untermannigfaltigkeit Y schneidet (da die Kodimension erhalten wird, rechnet man nur die Dimensionen nach: Δ besitzt die Kodimension n in $M \times \mathbb{R}_+ \times M$, und $M \times \mathbb{R}_+$ hat Dimension $n+1$). Ist I ein hinreichend kleines Intervall um Null, so ist die Menge X, definiert als $X = \{(x, t+s) : s \in I\}$ (falls x kritisch ist), bzw. $X = \{(\phi_s(x), t) : s \in I\}$ (falls x periodisch ist), eine zusammenhängende, eindimensionale Untermannigfaltigkeit in Y, die den Punkt (x, t) enthält. Man kann also annehmen, dass $X = V \cap \widetilde{\Phi}^{-1}\Delta$. Da jeder Punkt (x_n, t_n, ϕ_{t_n}) aber zu Δ gehört, müssen schon alle Bahnstücke $\{\phi_{t_n+s}(X_n) : 2s \in I\}$ in X enthalten sein, wenn n hinreichend groß ist; ein Widerspruch zu der Annahme, dass alle Bahnen disjunkt sind.
2. und 3. folgen unmittelbar aus 1., bzw. in derselben Art und Weise.

Die Frage, welche Eigenschaften typisch für dynamische Systeme sind, soll nun anhand des Satzes von Kupka und Smale diskutiert werden. Solche Theoreme werden am besten in der Form von kategoriellen Aussagen formuliert. Es bezeichne $\mathfrak{G}^r_1(M)$ die Menge aller C^r-Vektorfelder, für die alle kritischen Punkte hyperbolisch sind. Dann gilt der nachstehende Satz, dessen Beweis allerdings auf einigen Fakten der Transversalitätstheorie basiert.

Satz 73. $\mathfrak{G}^r_1(M)$ *ist offen und dicht im Raum der C^r-Vektorfelder.*

Beweis. Sei $\rho_\Phi(x)$ der 1-jet des Vektorfeldes Φ im Punkt $x \in M$ (die Äquivalenzklasse aller Vektorfelder Ψ, die lokal als Kartenabbildung dieselbe Ableitung in x besitzen). Sei (U, g) eine Karte von M. Dann kann das 1-jet Bündel $J^1(M)$ lokal als Produkt $g(U) \times \mathbb{R}^d \times \mathcal{L}(\mathbb{R}^d, \mathbb{R}^d)$ dargestellt werden. Man definiert die Menge $W \subset J^1(M)$ als die Menge aller Tripel $w = (x, \Phi, D_x\Phi)$, die in dieser Kartenumgebung die Form $(g(x), 0, A)$ besitzen, wobei A mindestens einen Eigenwert mit Realteil Null besitzt. Man weiss, dass W abgeschlossen ist und sich als endliche Vereinigung von Untermannigfaltigkeiten W_i ($1 \leq i \leq k$) der Kodimension $\geq d + 1$ schreiben lässt ([34], S.98).
Mit dieser Darstellung von W und dem Transversalitätssatz für Mannigfaltigkeiten kann der Beweis leicht erbracht werden. Zunächst gilt offenbar, dass Φ genau dann nur hyperbolische kritische Elemente besitzt, wenn $\rho_\Phi(M) \cap W = \emptyset$ gilt. Dann ist aber ρ_Φ trivialerweise transversal zu jedem

W_j. Umgekehrt, ist $\rho_\Phi(x) \in W_j$ für ein $1 \leq j \leq k$ und ρ_Φ transversal zu W_j, so gilt

$$D_x \rho_\Phi(T_x M) + T_w W_j = T_w J^1(M) \qquad (w = \rho_\Phi(x)).$$

Da die Kodimension von $T_w W_j$ jedoch $\geq d+1$ ist, kann diese Gleichung nicht bestehen, also ist die Voraussetzung $\rho_\Phi(x) \in W_j$ nicht erfüllbar. Nach dem Satz über die Offenheit transversaler Schnitte ([34], S.46/47) ist daher $\mathfrak{G}_1^r(M)$ offen. Schreibt man nun $\mathfrak{G}_1^r(M) = \bigcap_{j=1}^{k}\{\Phi : \rho_\Phi \pitchfork W_j\}$, so ist im Fall $r \geq 2$ (und damit ρ_Φ eine C^{r-1}-Abbildung) nach dem Dichtheitssatz der Transversalitätstheorie ([34], S.48) auch $\mathfrak{G}_1^r(M)$ residual (und damit dicht) in der Menge aller C^r-Vektorfelder. Im Fall $r = 1$ benutzt man die Tatsache, dass jede offene, nicht leere Menge in $\mathcal{F}^1(M)$ eine offene Menge im Raum aller C^2-Vektorfelder enthält. Damit enthält sie aber auch ein Vektorfeld in $\mathfrak{G}_1^r(M)$.

Grundlegend in dieser Theorie ist der folgende, nach Proposition 15 und Satz 72 intuitiv klare Satz, der eine erste Form des Satzes von Kupka und Smale darstellt.

Satz 74. *Für eine kompakte Mannigfaltigkeit M ist die Menge $\mathfrak{G}_2^r(\tau)$ aller C^r-Vektorfelder in $\mathfrak{G}_1^r(M)$, die nur hyperbolische Elemente der Periode $\leq \tau$ besitzen, offen und dicht im Raum $\mathcal{F}^r(M)$ aller C^r-Vektorfelder.*

Beweis. Nach Satz 73 ist $\mathfrak{G}_1^r(M)$ dicht in $\mathcal{F}^r(M)$, und daher genügt es zu zeigen, dass jedes Vektorfeld in $\mathfrak{G}_1^r(M)$, das die Bedingungen dieses Satzes erfüllt, eine in $\mathfrak{G}_2^r(\tau)$ enthaltene Umgebung besitzt.

1. Zunächst soll gezeigt werden, dass die Menge $\mathfrak{G}_2^r(\tau)$ offen ist.

Man bezeichnet mit $\mathcal{L}(TM, TM)$ den Raum aller linearen Abbildungen $T_x M \to T_y M$ für $x, y \in M$. Sei $V : \mathcal{F}^r(M) \times M \times \mathbb{R} \to \mathcal{L}(TM, TM)$ definiert durch $V(\Phi, x, t) = D_x \phi_t$, wobei ϕ den durch das Vektorfeld Φ definierten Fluss bezeichnet. Die Menge L aller Triple (x, y, A) $(x, y \in M, A \in \mathcal{L}(T_x M, T_y M))$ mit $x = y$ und mit einer Abbildung $A : T_x M \to T_x M$, die mindestens zwei Eigenwerte vom Betrag Eins (Vielfachheit wird hier mitgezählt) besitzt, ist eine abgeschlossene Teilmenge von $\mathcal{L}(TM, TM)$. Nach Proposition 15 besitzt offenbar Φ genau dann nur hyperbolische periodische Bahnen der Länge $\leq \tau$, wenn $V(\Phi, M, (0, \tau]) \cap L = \emptyset$. Ist $\Phi \in \mathfrak{G}_2^r(\tau)$, so gibt es nach Satz 72 eine offene Umgebung U von Φ, so dass sich die Längen periodischer Bahnen der zu Vektorfeldern in U gehörigen Flüsse nicht bei Null häufen, etwa $\geq \eta$ sind. Dann kann man U verkleinern, so dass $V(U \times M \times [\eta, \tau]) \cap L = \emptyset$ gilt (V ist stetig). Man kann auch annehmen (nach Satz 73), dass $U \subset \mathfrak{G}_1^r(\tau)$. Daher muss $\mathfrak{G}_2^r(\tau)$ auch offen sein.

2. Man zeigt nun, dass $\mathfrak{G}_2^r(\tau)$ dicht ist.

Sei $\Phi \in \mathfrak{G}_1^r(M)$ beliebig. Dann ist $\Phi \pitchfork (T(M))_0$ (letztere Mannigfaltigkeit ist der 0-Schnitt im Tangentialbündel), und nach Satz 72 sind die periodischen Bahnen isoliert. Daher gibt es eine Umgebung $V \subset \mathfrak{G}_1^r(M)$ von Φ und $a > 0$, so dass jedes Vektorfeld in V nur periodische Bahnen der Länge $\geq a$ besitzen kann, d.h. es gilt $\mathfrak{G}_2^r(a) \cap V = V$.

Der wesentliche Beweisschritt besteht darin zu zeigen, dass mit $\mathfrak{G}_2^r(b) \cap V$ auch $\mathfrak{G}_2^r(3b/2) \cap V$ dicht in V liegt, denn dann kann man induktiv schließen, dass $\mathfrak{G}_2^r(\tau) \cap V$ dicht in V ist.

Die Abbildung $G : \mathcal{F}^r(M) \times M \times \mathbb{R} \to M \times \mathbb{R} \times M$, definiert als $G(\Psi, x, t) = \widetilde{\Psi}(x, t)$, ist transversal zu Δ (s. Definition 54) in jedem Punkt $\Psi \in \mathfrak{G}_2^r(b), x \in M$ und $t \leq 3b/2$: Es gilt nämlich

$$D_{(\Psi, x, t)} G(\Psi_0, v, s) = (v, s, \partial_{(x,t)} \psi_t(x)(v, s) + \partial_\Psi \psi_t(x)(\Psi_0)),$$

und ist dann $G(\Psi, x, t) \in \Delta$, so kann x ein kritischer Punkt sein, eine periodische Bahn der Länge $\leq b$, oder es ist $t \in [b, 3b/2]$ eine Periode der durch x bestimmten periodischen Bahn. In den ersten beiden Fällen ist nach Voraussetzung t jeweils eine transversale Periode, und es ist nichts zu zeigen (Proposition 15). Im dritten Fall bemerkt man, dass die Abbildung $(\Psi, x, t) \mapsto \psi_t(x)$ C^1-Abbildung ist, und für jedes $t > 0$ die partielle Ableitung nach der Ψ-Koordinate (im Punkt (Ψ, x, t)) eine Surjektion auf $\mathcal{T}_{\psi_t(x)}(M)$ ist (s. [98], S.152). Daher folgt

$$\Delta + \{0\} \times \{0\} \times \partial_\Psi \psi_t(x)(\mathcal{F}^r(M)) = \mathcal{T}_{(x,t,x)}(M \times \mathbb{R} \times M).$$

Nach dem Satz über die Offenheit transversaler Schnitte ist die Abbildung G in einer Umgebung von $(\mathfrak{G}_2^r(b) \cap V) \times (0, 3b/2]$ transversal. Nach dem Dichtheitssatz transversaler Schnitte ist die Menge $\mathfrak{G}_{3/2}^r(2b/2)$ aller $\Psi \in \mathfrak{G}_2^r(b) \cap V$ mit $\widetilde{\Psi} \pitchfork \Delta$ für $(x, t) \in M \times (0, 3b/2]$ dicht in $\mathfrak{G}_2^r(b) \cap V$.

Um den Beweis von 2. abzuschließen, ist jetzt zu zeigen, dass $\mathfrak{G}_2^r(3b/2) \cap V$ dicht in $\mathfrak{G}_{3/2}^r(3b/2) \cap V$ liegt.

Man zeigt dies mit folgender Hilfsaussage: Ist $\Psi \in \mathfrak{G}_{3/2}^r(3b/2)$ und γ eine geschlossene Bahn unter Ψ mit Periode $t < 3b/2$, so gibt es eine Umgebung U von γ und ein Vektorfeld $\Psi_0 \in \mathcal{F}^r(M)$, so dass Ψ_0 auf γ und $M \setminus U$ verschwindet, und so dass γ eine hyperbolische periodische Bahn des Flusses zum Vektorfeld $\Psi + s\Psi_0$ für hinreichend kleine $s \in \mathbb{R}_+$ ist. Mit dieser Hilfsaussage und Satz 72 kann man in kanonischer Weise zu einem Vektorfeld $\Psi \in \mathfrak{G}_{3/2}^r(3b/2) \cap V$ Vektorfelder $\Psi + s\Psi_0 \in \mathfrak{G}_2^r(3b/2) \cap V$ $(0 < s \leq s_0)$ konstruieren.

Die Hilfsaussage soll nun abschließend gezeigt werden. Sei U eine tubusförmige Umgebung von γ, die eine Überlagerung der Form $\widetilde{U} = \{x \in \mathbb{R}^d : |x_i| < 1 (1 \leq i < d)\}$ mit Projektion $\pi(x) = (\pm x_1, x_2, ..., x_d)$ (je nachdem M orientierbar ist oder nicht) besitzt. Man kann annehmen, dass die Hochhebung von γ die Menge $\{x \in \mathbb{R}^d : x_1 = ... = x_{d-1} = 0\}$ ist, und dass der geliftete Fluss die Differentialgleichung

$$\frac{d\phi_s(x)}{ds} = f(\phi_s(x)) \tag{4.10}$$

mit $f(x) = (f_1(x), ..., f_{d-1}(x), f_d(x_d))$ erfüllt. Ist $U_1 \subset \widetilde{U}$, so gibt es ein $\epsilon > 0$, so dass mit $x \in K(0, \epsilon)$ auch bereits $\{\phi_s(x) : 0 \leq s \leq 2t\} \subset U_1$ gilt.

Differentiation von (4.10) nach x liefert $\frac{d}{ds}D_x\phi_s = D_{\phi_s(x)}fD_x\phi_s$, speziell für $x = 0$

$$\frac{d}{ds}D_0\phi_s = D_{(0,\ldots,0,s)}fD_0\phi_s. \tag{4.11}$$

Seien $U_2 \subset \overline{U}_2 \subset U_1$ eine offene Umgebung von $\tilde{\gamma}$ und g eine C^r-Funktion, die auf U_1^c verschwindet und auf U_2 gleich 1 ist. Dann besitzt das Vektorfeld $\Psi_\eta = \Psi + \eta g \cdot I$ ($\eta \in \mathbb{R}$) einen Fluss ψ^η, der die Differentialgleichung

$$\frac{d\psi_s^\eta(x)}{ds} = f(\psi_s(x)) + \eta g(\psi_s^\eta(x))\psi_s^\eta(x)$$

erfüllt. Differentiation bzgl. x und Auswertung für $x = 0$ ergibt $\frac{D_0\psi_s^\eta}{ds} = (D_{(0,\ldots,0,s)}f + \eta)\psi_s^\eta(0)$, und man prüft nun nach, dass $D_0\psi_s^\eta = e^{\eta s}D_0\psi_s$ eine Lösung ist. Daher ist für hinreichend kleines $\eta \in \mathbb{R}$ auch $\Psi + \eta g \cdot I$ ein Vektorfeld mit hyperbolischer Bahn γ.

Definition 55. *Eine Eigenschaft $\mathcal{E}$ nennt man generisch im topologischen Raum E, wenn $\mathcal{E}$ für Punkte einer residualen Menge in E gilt.*

Nach dem Satz von Baire ([21], S.200) sind abzählbare Durchschnitte offener und dichter Mengen in Baireschen Räumen residual.

Definition 56. *Seien $\iota_X : X \to M$ und $\iota_Y : Y \to M$ bijektiv eingebettete Mannigfaltigkeiten. $\iota_X(X)$ und $\iota_Y(Y)$ heißen transversal, falls die Abbildung $\iota_X \times \iota_Y$ transversal zur Diagonalen $\Delta \subset M \times M$ ist.*

Da Transversalität eine ‚offene' Eigenschaft ist und $\bigcap_{\tau>0} \mathfrak{G}_2^r(\tau)$ nach Satz 74 residual ist, erhält man die beiden folgenden Versionen des Satzes von Kupka und Smale für Flüsse und Diffeomorphismen, die ohne Beweis zum Schluss formuliert werden sollen.

Satz 75. [KUPKA-SMALE für Flüsse] *Ist M eine kompakte Mannigfaltigkeit, so sind die beiden folgenden Eigenschaften generisch im Raum der r-mal differenzierbaren Vektorfelder auf M:*

1. *Jeder kritische Punkt und jede periodische Bahn ist hyperbolisch.*
2. *Für jedes Paar kritischer Punkte p und q schneiden sich die Mannigfaltigkeiten $W^s(p)$ und $W^u(q)$ transversal.*

Satz 76. [KUPKA-SMALE für Diffeomorphismen] *Ist M eine kompakte Mannigfaltigkeit, so sind die folgenden Eigenschaften generisch im Raum aller r-mal differenzierbaren Diffeomorphismen auf M:*

1. *Jeder periodische Punkt ist hyperbolisch.*
2. *Für jedes Paar periodischer Punkte x und y schneiden sich die Mannigfaltigkeiten W_x^s und W_y^u transversal.*

4.6 Hyperbolische Dynamik

Eine Teilmenge $\Lambda \subset U \subset M$ ist nach Definition 47 in Abschnitt 4.3 hyperbolisch für den Diffeomorphismus $T : U \to U$, falls sie kompakt und invariant ist, und $T_\Lambda M$ in ein stabiles und ein unstabiles Bündel zerfällt. Aus dem Satz von der stabilen Mannigfaltigkeit erhält man daher einen lokalen Homöomorphismus $W_x^s \times W_x^u \to M$, der durch $(x, y) \mapsto [x, y]$ definiert ist, wobei $[x, y]$ den eindeutig bestimmte Punkt in $W_x^s \cap W_y^u$ bezeichnet (siehe Satz 67). Die Dynamik $T : \Lambda \to \Lambda$ ist dann expansiv (siehe Korollar 9 und Abschnitt 3.3). Weitere dynamische Eigenschaften werden in diesem Abschnitt abgeleitet. Ein Homöomorphismus $T : \Omega \to \Omega$ heißt ein *Axiom-A-Homöomorphismus* und Ω ein *Smalescher Raum*, wenn Ω stetige lokale Koordinatenabbildungen $[\cdot, \cdot] : W_x^s \times W_x^u \to \Omega$ besitzt, und T sowohl expansiv wie auch auf den stabilen, bzw. unstabilen Mannigfaltigkeiten kontrahierend, bzw. expandierend ist. Die folgende Diskussion hyperbolischer Dynamik benutzt eigentlich nur diese Eigenschaften, die in Proposition 16 auf etwas andere Art bewiesen werden (unabhängig von Korollar 9). Neben hyperbolischen Dynamiken, also insbesondere Anosov-Diffeomorphismen gehören dieser Klasse als nicht differenzierbare Beispiele auch Markoff-Ketten an.

Definition 57. *Eine η-Pseudobahn ist eine endliche oder abzählbare Teilmenge $x_k \in M$ ($k \in I$), so dass $\sup_{k \in I} \operatorname{dist}(T(x_k), x_{k+1}) < \eta$ gilt. Eine Pseudobahn ist eine η-Pseudobahn für ein $\eta \geq 0$. Eine Pseudobahn $(x_k)_{k \in I}$ wird von einer Bahn $\mathcal{O}(y)$ δ-beschattet, falls $\operatorname{dist}(T^k(y), x_k) < \delta$ für jedes $k \in I$.*

Lemma 18. *Seien $T : U \to U$ ein Diffeomorphismus, $U \subset M$ und $\Lambda \subset U$ hyperbolisch. Dann gibt es eine Umgebung U_1 von Λ und zu $\delta > 0$ ein $\epsilon > 0$ mit folgenden Eigenschaften: Ist x_n ($n \in I \subset \mathbb{Z}$) eine endliche oder abzählbare ϵ-Pseudobahn in U_1, so gibt es einen Punkt $x \in U_1$, dessen Bahn die Pseudobahn δ-beschattet. Ist $I = \mathbb{Z}$, so ist der Punkt x eindeutig, und sind alle $x_n \in \Lambda$, so ist auch $x \in \Lambda$.*
Sind $I = \{1, ..., N + 1\}$ endlich und $x_1 = x_{N+1}$, so kann x periodisch mit Periode N gewählt werden, und x ist dann auch eindeutig bestimmter periodischer Punkt mit $\operatorname{dist}(T^j(x), x_j) < \delta$.

Die zweite Aussage des Lemmas nennt man das Schließungslemma von Anosov.

Beweis. Sei o.E. $I = \mathbb{Z}$, denn man kann endliche Folgen x_k durch Urbilder des ersten Punktes oder Bilder des letzten Punktes zu einer zweiseitigen unendlichen Folge erweitern. Sei U_1 so klein gewählt, dass in jedem Punkt in U_1 der Tangentialraum eine expandierende und kontrahierende Aufspaltung besitzt. Man findet also die folgende lokale Darstellung für $T : V_k \to M$, V_k eine Karte von x_k, $k \in I$:

$$T((v, w)) = (A_k v + f_k(v, w), B_k w + g_k(v, w)) \quad v \in E_x^s, w \in E_x^u.$$

Dabei gilt $\|A_k\|, \|B_k\|^{-1} \leq \lambda$ mit $\lambda < 1$ (vgl. den Beweis zu Satz 63 in Abschnitt 4.3). Man definiert eine Abbildung

$$Q : \prod_{k \in I} V_k \to M^I$$

durch

$$(\mathbf{v}, \mathbf{w}) = (v_k, w_k)_{k \in I} \mapsto (T((v_{k-1}, w_{k-1})))_{k \in I}$$
$$= (A\mathbf{v}, B\mathbf{w}) + (f((\mathbf{v}, \mathbf{w})), g((\mathbf{v}, \mathbf{w}))).$$

Hier sind $A\mathbf{v} = (A_{k-1}v_{k-1})_{k \in I}$, $B\mathbf{w} = (B_{k-1}w_{k-1})_{k \in I}$, $f(\mathbf{v}, \mathbf{w}) = (f_{k-1}((v_{k-1}, w_{k-1})))_{k \in I}$ und $g(\mathbf{v}, \mathbf{w}) = (g_{k-1}((v_{k-1}, w_{k-1})))_{k \in I}$. Ein Fixpunkt von Q erfüllt die Gleichungen

$$(v_k, w_k) = T((v_{k-1}, w_{k-1})) \qquad k \in I.$$

Ist V_k vom Durchmesser $< \epsilon$, so folgt die erste Aussage des Lemmas.

Da T differenzierbar ist, gibt es eine Konstante C mit $\|f_k\|_{C^1(V_k, V_{k+1})} \leq C\epsilon$ und $\|g_k\|_{C^1(V_k, V_{k+1})} \leq C\epsilon$. Betrachtet man nun $V_k = K(x_k, \delta)$ und die Menge X aller Folgen $(v_k, w_k)_{k \in I}$ mit der Eigenschaft $T((v_k, w_k)) \in V_{k+1}$, so gilt nach Voraussetzung $X \neq \emptyset$, sofern ϵ klein genug ist. X ist außerdem ein vollständiger metrischer Raum mit der Metrik $d((\mathbf{v}, \mathbf{w}), (\mathbf{v}', \mathbf{w}')) = \sup_{k \in I} \mathrm{dist}((v_k, w_k), (v'_k, w'_k))$. $(\mathbf{v}, \mathbf{w})$ ist genau dann ein Fixpunkt von Q, wenn

$$(\mathbf{v}, \mathbf{w}) = -((A, B) - I)^{-1}(f, g)((\mathbf{v}, \mathbf{w}))) =: \widetilde{Q}((\mathbf{v}, \mathbf{w})).$$

Man bemerkt, dass $(A, B) - I$ invertierbar ist, und folglich ist

$$\left| ((A, B)^{-1} - I)^{-1}(f, g)((\mathbf{v}, \mathbf{w})) - ((A, B)^{-1} - I)^{-1}(f, g)((\mathbf{v}', \mathbf{w}')) \right|$$
$$\leq \left\| (A, B)^{-1} - I)^{-1} \right\| C\epsilon d((\mathbf{v}, \mathbf{w}), (\mathbf{v}', \mathbf{w}')).$$

$\widetilde{Q}$ ist also eine Kontraktion, wenn ϵ klein genug gewählt ist, und besitzt deshalb nach Satz 3 einen eindeutig bestimmten Fixpunkt. Dieser Fixpunkt erfüllt die Aussage des Lemmas. Umgekehrt ist jeder Punkt, der die Aussage des Lemmas erfüllt, auch ein Fixpunkt von $\widetilde{Q}$. Daher gilt Eindeutigkeit in der Aussage des Lemmas.

Sind alle $x_n \in \Lambda$, so kann das gleiche Argument auf $V_k \cap \Lambda$ angewendet werden, und man erhält dann, dass x schon selbst zu Λ gehört.

Ist $x_1 = x_{N+1}$, erweitert man die endliche Folge zu einer Folge x_k, $k \in \mathbb{Z}$, indem man beidseitig periodisch fortsetzt. Sei x derjenige Punkt, der $\mathrm{dist}(T^k(x), x_k) < \delta$ erfüllt. Dann folgt aber auch $\mathrm{dist}(T^{N+k}(x), x_k) < \delta$ und wegen der Eindeutigkeit von x schon $T^N(x) = x$.

Als unmittelbare Konsequenz dieses Lemmas erhält man

Proposition 16. *Es gibt $\eta > 0$, so dass die nachstehenden Eigenschaften gelten:*

1. *Sind $y, z \in \Lambda$ und $d(y, z) < \eta$, so besteht $W_\eta^s(y, T) \cap W_\eta^u(z, T)$ aus genau einem Punkt, der mit $[y, z]$ bezeichnet wird (s. Definition 48).*
2. *Die Abbildung $[\cdot, \cdot]_{x,y} : W_\eta^u(y, T) \times W_\eta^s(z, T) \to M$, definiert durch $[z_1, z_2]_{x,y} = [z_1, z_2]$, ist ein Homöomorphismus auf ihr Bild.*
3. *$T : \Lambda \to \Lambda$ ist expansiv mit Expansionskonstanter η.*
4. *$y \in W_\eta^s(x, T)$ gilt genau dann, wenn $x \in W_\eta^s(y, T)$.*

Beweis. Sei $\delta > 0$ beliebig und $\epsilon > 0$ wie in Lemma 18. Angenommen, es gilt $d(y, z) < \epsilon$. Man wendet das Lemma auf die Folge $x_n = T^n(y)$ für $n \geq 0$ und $x_n = T^n(z)$ für $n \leq -1$ an. Dann gibt es einen eindeutig bestimmten Punkt $x \in \Lambda$ mit

$$d(T^n(x), T^n(y)) < \delta \qquad d(T^{-n}(x), T^{-n}(z)) < \delta \qquad n \geq 0. \tag{4.12}$$

Man setzt $[y, z] := x$.

Man zeigt als nächstes 3. Angenommen, T ist nicht expansiv. Dann gibt es $\delta > \delta_1 > 0$ und $y \neq z$ mit $d(T^n(y), T^n(z)) \leq \delta_1$ für jedes $n \in \mathbb{Z}$. Es folgt also, dass y und z (4.12) erfüllen, also wegen der Eindeutigkeit gleich sein müssen. Sei $\delta' < \delta_1$ eine Expansionskonstante.

Eine Anwendung des Lemmas 8 im invertierbaren Fall liefert wegen

$$\lim_{m \to \infty} \sup_{-m \leq n \leq m} d(T^n(T^m(x)), T^n(T^m(y))) \leq \sup_{n \geq 0} d(T^n(x), T^n(y)) < \delta'$$

auch

$$\lim_{n \geq 0} d(T^n(x), T^n(y)) = 0,$$

also folgt $x \in W_{\delta'}^s(y, T)$. Die analoge Aussage ist für die unstabile Mannigfaltigkeit richtig. Es ist also 1. gezeigt, wenn $\eta \leq \min\{\delta', \epsilon\}$ gewählt ist.

Die Stetigkeit der Abbildung $[\cdot, \cdot]$ kann folgendermaßen gezeigt werden. Ist $\xi > 0$, so wählt man N so groß, dass $d(T^k(y), T^k(z)) < \eta/3$ für $-N \leq k \leq N$ schon $d(y, z) < \xi$ nach sich zieht. Sodann wählt man ξ_1, so dass aus $d(y, z) < \xi_1$ die Ungleichung $\max_{|k| \leq N} d(T^k(y), T^k(z)) < \eta/3$ für $d(y, z) < \xi_1$ folgt. Sind dann $y, y', z, z' \in \Lambda$ mit $d(y, y') < \xi_1$ und $d(z, z') < \xi_1$ beliebige Punkte, setzt man $x = [y, z]$ und $x' = [y', z']$. Man erhält für $0 \leq k \leq N$

$$d(T^k(x), T^k(x')) \leq d(T^k(x), T^k(y)) + d(T^k(y), T^k(y')) + d(T^k(y'), T^k(x')) \leq \eta$$

und für $-N \leq k \leq 0$

$$d(T^k(x), T^k(x')) \leq d(T^k(x), T^k(z)) + d(T^k(z), T^k(z')) + d(T^k(z'), T^k(x')) \leq \eta.$$

Daher ist $d(x, x') < \xi$.

Es ist also gezeigt, dass $[\cdot, \cdot]$ eine stetige Abbildung ist. Da die Exponentialabbildung ein lokaler Homöomorphismus ist und der Tangentialraum durch E^s und E^u aufgespannt wird, ist diese Abbildung auch ein Homöomorphismus, sofern η klein genug gewählt wurde.

Für Flüsse erhält man analoge Aussagen, es sei jedoch nur das entsprechende Schließungslemma zitiert.

Definition 58. *Sei $\phi = (\phi_t)_{t\in\mathbb{R}}$ ein differenzierbarer Fluss auf der Mannigfaltigkeit M. Eine Kurve $c : \mathbb{R} \to M$ heißt eine ϵ-Pseudobahn, falls $\sup_{t\in\mathbb{R}} \|\dot{c}(t) - \phi(c(t))\| < \epsilon$. Eine Pseudobahn wird von ϕ δ-beschattet, wenn es ein $x \in M$ und eine Reskalierung $s : \mathbb{R} \to \mathbb{R}$ mit den Eigenschaften $\left|\frac{ds}{dt} - 1\right| < \delta$ und $\mathrm{dist}(c(s(t)),\phi_t(x)) < \delta$ gibt.*

Lemma 19. *Es gibt zu $\delta > 0$ ein $\epsilon = \epsilon(\delta)$, so dass jede geschlossene ϵ-Pseudobahn von einer geschlossenen Bahn δ-beschattet wird.*

Satz 77. *Die Restriktion eines Diffeomorphismus T auf eine invariante hyperbolische Teilmenge Λ ist ein Faktor einer topologischen Markoff-Kette.*

Beweis. Seien $\delta > 0$ und ϵ passend zu δ wie in Lemma 18 gewählt. Dabei sei ϵ eine Expansionskonstante. Man betrachte weiterhin eine offene Überdeckung $\mathcal{U}$ von Λ aus so kleinen Mengen $U \in \mathcal{U}$ bestehend, dass sowohl $\mathrm{diam}U$ wie auch $\mathrm{diam}T(U)$ den Wert ϵ nicht überschreiten. Bezeichnen $A = (a_{U,V})_{U,V\in\mathcal{U}}$ die durch $a_{U,V} = 1 \iff f(U) \cap V \neq \emptyset$ definierte 0-1–Matrix und Σ_A die zugehörige topologische Markoff-Kette, so wird die Abbildung $\pi : \Sigma_A \to \Lambda$ auf die folgende Weise definiert. Es gibt zu $(U_n)_{n\in\mathbb{Z}} \in \Sigma_A$ eine Folge $x_n \in T(U_{n-1}) \cap U_n$, die eine ϵ-Pseudobahn bildet, also ist nach Lemma 18 einen Punkt $x \in \Lambda$ mit $\mathrm{dist}(T^n(x), x_n) < \delta$ nachgewiesen. Dieser Punkt ist eindeutig und wird als Bild von $(U_n)_{n\in\mathbb{Z}}$ unter π definiert. Offenbar ist diese Abbildung stetig und surjektiv.

Korollar 11. *Zu jedem $\eta > 0$ gibt es $n \in \mathbb{N}$ und eine Markoff-Kette mit topologischer Entropie $\leq h_{\mathrm{top}}(T^n) + n\eta$, so dass (Λ, T^n) ein Faktor ist.*

Beweis. Ist $\eta > 0$ beliebig vorgegeben, so gibt es nach dem Satz 53 in Abschnitt 3.5 eine (n, ϵ)-getrennte Menge mit $\log |E| \leq n h_{\mathrm{top}}(T) + n\eta$. Man betrachtet nun die offene Überdeckung

$$\{K_n(x,\epsilon) = \{y \in \Lambda : d(T^j(x), T^j(y)) < \epsilon; 0 \leq j < n\} : x \in E\}$$

und wendet den Beweis des letzten Satzes an. Die Entropie der Schiftabbildung ist durch $\log |E|$ beschränkt (Satz 53 und Beispiel 49), und wegen Satz 52 folgt die Behauptung.

Korollar 12. *Die periodischen Punkte liegen dicht in Λ.*

Beweis. Da die periodischen Punkte in jeder nichtwandernden topologischen Markoff-Kette dicht liegen, und die Abbildung π des Satzes 77 surjektiv ist, ist die Aussage sofort klar.

Definition 59. *Sei (Ω, T) ein stetiges dynamisches System. Es besitzt die Spezifizierungseigenschaft, wenn es zu jedem $\epsilon > 0$ ein $M_\epsilon \in \mathbb{N}$ gibt, so dass zu je endlich vielen Intervallen $I_k = [a_k, b_k] \subset \mathbb{Z}$ mit $M_\epsilon + b_k < a_{k+1}$ und je endlich vielen Punkten $x_k \in \Omega$, $k = 1, ..., n$, ein periodischer Punkt $x \in \Omega$ mit $\mathrm{dist}(T^{a_k+j}(x), T^j(x_k)) < \epsilon$ $(k = 1, ..., n, j = 0, ..., b_k - a_k)$ existiert.*

Satz 78. *Seien $T : U \to M$ ein Diffeomorphismus und $\Lambda \subset U$ hyperbolisch. Ist T topologisch mischend auf Λ, so besitzt (Λ, T) die Spezifizierungseigenschaft.*

Beweis. Sei $\epsilon > 0$ wie im Schattenlemma gewählt. Sei $\mathcal{U}$ eine endliche offene Überdeckung von Λ, die aus Mengen vom Durchmesser $< \epsilon$ besteht. Da T topologisch mischend ist, gibt es $n \geq 1$ mit $U \cap T^{-n}(V) \neq \emptyset$ für jedes $U, V \in \mathcal{U}$. Sei $x_{U,V} \in U \cap T^{-n}(V)$.
Ist $x_k, ..., T^{n_k}(x_k)$ $(k \in \{1, 2, ..., m\})$ eine endliche Folge von Bahnstücken, und $T^{n_k}(x_k) \in U_k$, $x_k \in V_k$, so definiert

$$x_1, ..., T^{n_1-1}(x_1), x_{U_1,V_2}, ..., T^{n-1}(x_{U_1,V_1}), x_2, ..., T^{n_m-1}(x_m),$$
$$x_{U_m,V_1}, ..., T^{n-1}(x_{U_m,V_1})$$

eine ϵ-Pseudobahn. Nach Lemma 18 gibt es also einen periodischen Punkt, der diese Pseudobahn beschattet.

Satz 79. *Die topologische Entropie eines Diffeomorphismus T auf einer topologisch mischenden hyperbolischen Teilmenge Λ ist das asymptotische Wachstum der Folge der Mächtigkeiten der periodischen Punkte der Periode $\leq n$.*

Beweis. Nach Proposition 16 (s. auch Korollar 9) ist $T_{|\Lambda}$ expansiv, deshalb gilt nach Satz 55

$$h_{\mathrm{top}}(T) \geq \limsup_{n \to \infty} \frac{1}{n} \log |P_n(T)|.$$

Sei 2η eine Expansionskonstante. Seien $E = E_n$ eine (n, η)-getrennte Menge und $x \in E$. Man betrachtet die Bahnstücke $x, T(x), ..., T^{n-1}(x)$ und x. Seien $\delta > 0$ und $\epsilon > 0$ wie in Lemma 18. Nach Satz 78 gibt es eine universelle Konstante $M_{\epsilon/2}$ und einen periodischen Punkt $y(x) \in \Lambda$ mit $\mathrm{dist}(T^k(y(x)), T^k(x)) < \epsilon/2$ $(k = 0, ..., n-1)$ und $\mathrm{dist}(T^{n-1+M_\epsilon}(y(x)), x) < \epsilon/2$. Es folgt, dass $\{y, ..., T^{n-1+M_\epsilon}(y), y\}$ eine ϵ-Pseudobahn ist, und daher gibt es mit Lemma 18 einen periodischen Punkt $z(x)$ der Periode $n + M_\epsilon$ mit $\mathrm{dist}(T^k(x), T^k(z(x))) \leq \delta + \epsilon/2$ für $k = 0, ..., n-1$. Ist δ (und damit auch ϵ) klein genug, ist die Abbildung $x \mapsto z(x)$ injektiv, denn für $x \neq x' \in E$ und $\mathrm{dist}(T^k(x), T^k(x')) \geq \eta$ folgt

$$\mathrm{dist}(T^k(z(x)), T^k(z(x'))) \geq \eta - \epsilon - 2\delta > 0.$$

Damit erhält man abschließend

$$h_{\mathrm{top}}(T) = \lim_{n \to \infty} \frac{1}{n} \log |E_n| \leq \lim_{n \to \infty} \inf \frac{1}{n} \log |P_{n+M_\epsilon}(T)|.$$

Definition 60. *Seien $T : U \to M$ ein Diffeomorphismus und $\Lambda \subset U$ hyperbolisch. Eine Teilmenge $R \subset \Lambda$ heißt ein Rechteck, wenn mit je zwei Punkten*

$x, y \in R$ auch der Punkt $[x, y]$ zu R gehört, und R im topologischen Abschluss seines Inneren $R°$ liegt.

Eine Überdeckung $\alpha = \{R_1, ..., R_s\}$ in Rechtecke nennt man eine Markoff-Zerlegung, falls die Mengen $R_i°$ paarweise disjunkt sind, und für $x \in R_i° \cap T^{-1}(R_j°)$ die Eigenschaften

$$W^u_{T(x)} \cap R_j \subset T(W^u_x \cap R_i) \qquad und \qquad T(W^s_x \cap R_i) \subset W^s_{T(x)} \cap R_j$$

gelten. $\max_{R \in \alpha} \operatorname{diam} R$ heißt die Größe der Markoff-Zerlegung α.

Satz 80. [BOWEN, SINAI] *Seien $T : U \to M$ ein Diffeomorphismus und $\Lambda \subset U$ eine hyperbolische Menge für T, so dass $T : \Lambda \to \Lambda$ topologisch mischend ist. Dann gibt es Markoff-Zerlegungen beliebig kleiner Größe.*

Beweis. Sei $\pi : \Sigma \to \Lambda$ die stetige, surjektive Abbildung, die in Satz 77 zusammen mit einer topologischen Markoff-Kette $\Sigma \subset X^{\mathbb{Z}}$ konstruiert wurde. Es bezeichne $S : \Sigma \to \Sigma$ die Schiebungsabbildung. Sei $R_i = \pi([i]_0)$ $(i \in X)$, wobei wie üblich $[i]_0 = \{(x_j) \in \Sigma : x_0 = i\}$ gesetzt wird. Dann ist jedes R_i ein Rechteck, denn für $x = \pi(\omega_x), y = \pi(\omega_y) \in R_i$ gilt $(\omega_x)_0 = (\omega_y)_0$, also gehört der Punkt $\omega' = (\omega'_k)_{k \in \mathbb{Z}}$ mit $\omega'_k = (\omega_x)_k$ $(k \geq 0)$, $\omega'_k = (\omega_y)_k$ $(k \leq 0)$ zu Σ, und $\pi(\omega') \in R_i$. Durch Übergang zu einer Verfeinerung kann man erreichen, dass der Durchmesser der Mengen R_i so klein ist, dass folgende Eigenschaften gelten (siehe Proposition 16)

$$W^u_x \cap R_i = W^u_y \cap R_i \qquad \forall y \in W^u_x \cap R_i \tag{4.13}$$

und

$$W^s_x \cap R_i = W^s_y \cap R_i \qquad \forall y \in W^s_x \cap R_i. \tag{4.14}$$

Es bezeichne $\alpha_0 = \{R_i : i \in X\}$ die so erhaltene Überdeckung von Λ. Seien $R_i \in \alpha_0$ und $x \in R_i$ mit $T(x) \in R_j \in \alpha_0$. Dann gibt es ein $\omega_x \in \Sigma$ mit $(\omega_x)_0 = i$ und $(\omega_x)_1 = j$. Ist dann $y \in R_i \cap W^s_x$, so existiert ein $\omega_y \in [i]_0$ mit $\pi(\omega_y) = y$. Wegen $y \in W^s_x \cap W^u_y$ besitzt y ebenfalls ein Urbild der Gestalt $(..., (\omega_y)_{-1}, i, j = (\omega_x)_1, ...)$. Es folgt $T(y) = T(\pi(\omega_y)) = \pi(S(\omega_y)) \in R_j$. Das entsprechende Argument kann für die unstabile Mannigfaltigkeit angewendet werden, und man erhält deshalb

$$T(R_i \cap W^s_x) \subset W^s_{T(x)} \cap R_j \qquad x \in R_i \cap T^{-1}(R_j) \tag{4.15}$$

$$T^{-1}(R_l \cap W^u_x) \subset W^u_{T^{-1}(x)} \cap R_k \qquad x \in R_l \cap T(R_k). \tag{4.16}$$

Man konstruiert nun eine feinere Zerlegung α_1, indem man zwei Rechtecke $R, \widetilde{R} \in \alpha_0$ fixiert, die sich mit nicht leerem Inneren schneiden. Dann ist $R' = R \cap \widetilde{R}$ ein Rechteck, und die Mengen $R \setminus R'$ und $\widetilde{R} \setminus R'$ können je in drei Rechtecke zerlegt werden: Man zerlegt $R \setminus R'$ in die drei Mengen

$$R^0 = \{x \in R : W^s_x \cap R' = \emptyset, W^u_x \cap R' = \emptyset\}$$
$$R^1 = \{x \in R : W^s_x \cap R' = \emptyset, W^u_x \cap R' \neq \emptyset\}$$
$$R^{-1} = \{x \in R : W^s_x \cap R' \neq \emptyset, W^u_x \cap R' = \emptyset\}.$$

und entsprechend $\widetilde{R} \setminus R'$ in die Mengen $\widetilde{R}^0$, $\widetilde{R}^1$ und $\widetilde{R}^{-1}$. Jede dieser Mengen ist in der Tat ein Rechteck. Das ist klar für R' und in jedem anderen Fall ist für $x, y \in R^l$, $l = -1, 0, 1$, und $\{z\} = W_x^s \cap W_y^u$ nach (4.13) und (4.14) $W_z^s \cap R = W_x^s \cap R$ und $W_z^u \cap R = W_y^u \cap R$. Also folgen auch $W_z^s \cap R^l = \emptyset \implies W_x^s \cap R^l = \emptyset$ und $W_z^u \cap R^l = \emptyset \implies W_y^u \cap R^l = \emptyset$.

Es sind also nur die Bedingungen (4.15) und (4.16) zu überprüfen. Da die zweite Relation in derselben Art bewiesen werden kann wie die erste, genügt es (4.15) zu zeigen. Für zwei Rechtecke A und B in α_1 und $x \in A \cap T^{-1}(B)$ ist nur der Fall zu betrachten, in dem B eines der neu konstruierten Rechtecke und A beliebig sind.

Sei also zunächst $B = R'$ und $A \subset R_i$, $x \in A \cap T^{-1}(R') = A \cap T^{-1}(R \cap \widetilde{R})$. Dann gilt mit (4.15)

$$T(W_x^s \cap A) \subset W_{T(x)}^s \cap R \cap \widetilde{R} = W_{T(x)}^s \cap R'.$$

Im Fall $B = R^0$ (oder $B = R^1$), $A \subset R_i$ und $x \in A \cap T^{-1}(B)$ erhält man

$$T(W_x^s \cap A) \subset T(W_x^s \cap R_i) \subset W_{T(x)}^s \cap R$$

und $W_{T(x)}^s \cap R' = \emptyset$. Somit folgt auch für $y \in W_{T(x)}^s \cap R$, dass $W_y^s \cap R' = \emptyset$ gilt. Daher erhält man $T(W_x^s \cap A) \subset W_{T(x)}^s \cap R^0$ (bzw. $T(W_x^s \cap A) \subset W_{T(x)}^s \cap R^1$ falls $T(x) \in R^1$).

Schließlich ist noch $B = R^{-1}$, $A \subset R_i$ und $x \in A \cap T^{-1}(R^{-1})$ zu betrachten. In diesem Fall ist $T(W_x^s \cap A) \subset T(W_x^s \cap R_i) \subset W_{T(x)}^s \cap R$ und $W_{T(x)}^s \cap R' \neq \emptyset$. Falls $T(W_x^s \cap R_i) \cap R' \neq \emptyset$ gilt, enthält diese Menge einen Punkt der Form $T(y)$ mit $y \in W_x^s \cap R_i$. Es folgt dann

$$T(W_x^s \cap R_i) = T(W_y^s \cap R_i) \subset W_{T(y)}^s \cap R',$$

also insbesondere $T(x) \in R'$. Dies ist aber unmöglich, und daher folgt $T(W_x^s \cap R_i) \subset W_{T(x)}^s \cap R^{-1}$.

Sei $N_\alpha(x)$ die Anzahl der Rechtecke der Zerlegung α, die x in ihrem Inneren enthalten. Die bisher durchgeführte Konstruktion zeigt, dass es zu jeder Zerlegung α_0 mit (4.15), (4.16) und $N_{\alpha_0}(x) \geq 2$ (für ein $x \in M$), eine Zerlegung α_1 mit den Eigenschaften (4.15) und (4.16) existiert, die $N_{\alpha_1}(x) = N_{\alpha_0}(x) - 1$ und $N_{\alpha_1}(y) \leq N_{\alpha_0}(y)$ $(y \in M)$ erfüllt.

Man kann diese Konstruktion so lange iterieren, bis nach einer endlichen Anzahl von Schritten jeder Punkt $y \in \Lambda$ entweder im Rand eines Elementes der Zerlegung oder im Inneren eines einzigen Rechtecks zu finden ist. Es gilt für diese Zerlegung α also (4.15), (4.16) und $N_\alpha(x) = 1$ für jedes $x \in R^\circ$, $R \in \alpha$. Daher ist α eine Markoff-Zerlegung der gesuchten Art.

Satz 81. *Sei α eine Markoff-Zerlegung wie in Satz 80 für $T : \Lambda \to \Lambda$. Dann ist durch*

$$\Sigma = \{\mathbf{x} = (x_n)_{n \in \mathbb{Z}} \in \alpha^{\mathbb{Z}} : \left((x_n \cap T^{-1}x_{n+1}\right)^\circ \neq \emptyset; \ n \in \mathbb{Z}\}$$

eine topologische Markoff-Kette definiert. (Λ, T) ist ein Faktor von (Σ, S) (S bezeichnet die Schiebung), und die kanonische Faktorabbildung

$$\mathbf{x} \mapsto \pi(\mathbf{x}) \in \bigcap_{n \geq 1} \overline{\bigcap_{k=-n}^{n} T^k(R^{\circ}_{x_k})}$$

ist wohldefinierter Homöomorphismus zwischen invarianten G_δ-Mengen.

Beweis. Die Menge Σ ist eine Schift-invariante topologische Markoff-Kette (vgl. Abschnitt 2.2), da sie durch ein ausschließendes Blocksystem definiert ist. Man muss zeigen, dass π wohldefiniert ist. Man bemerkt, dass eine Menge $R \in \alpha$ die Darstellung $R = [W^s_x \cap R, W^u_x \cap R]$ besitzt, wobei $x \in R$ beliebig gewählt werden kann.

Es genügt zu zeigen, dass für jede Wahl von $x_0, ..., x_n \in \alpha$ mit $(x_k \cap T^{-1}x_{k+1})^\circ \neq \emptyset$ die Menge

$$\left(\bigcap_{k=0}^{n} T^{-k}x_k \right)^\circ = [W^s_y \cap (x_0)^\circ, A] \neq \emptyset \tag{4.17}$$

nicht leer ist; dabei ist $A \subset W^u_z$ und $y, z \in \left(\bigcap_{k=0}^{n} T^{-k}x_k \right)^\circ$.

Man beweist diese Behauptung am besten durch Induktion. Ist $n = 0$, ist nichts zu zeigen, denn $x_0 = [W^s_y \cap x_0, W^u_z \cap x_0]$ für beliebige $y, z \in x_0$ nach Satz 80. Sei also (4.17) für $n \geq 0$ gültig und $(x_{-1} \cap T^{-1}(x_0))^\circ \neq \emptyset$. Sind $y, z \in (x_{-1} \cap T^{-1}(x_0))^\circ$ beliebig gewählt, so gelten

$$T(W^s_y \cap x_{-1}) \supset W^s_{T(y)} \cap x_0 \qquad T^{-1}(W^u_{T(z)} \cap x_0) \subset W^u_z \cap x_{-1}.$$

Daraus erhält man

$$T(x_{-1}) \cap [W^s_{T(y)} \cap x_0, A] = [T(W^s_y \cap x_{-1}), A \cap W^u_{T(z)} \cap x_0]$$

und nach Induktionsannahme auch

$$\left(\bigcap_{k=0}^{n+1} T^{-k}x_{k-1} \right)^\circ = \left(T^{-1} \left(T(x_{-1}) \cap [W^s_{T(y)} \cap x_0, A] \right) \right)^\circ$$

$$= [W^s_y \cap (x_{-1})^\circ, A' \cap W^u_z \cap x_{-1}] \neq \emptyset.$$

Der inverse Limes eines (nicht invertierbaren) dynamischen Systems (Ω, T) ist das dynamische System $(\overline{\Omega}, \overline{T})$, wobei $\overline{\Omega}$ der inverse Limes (s. [24],Bd. I, S.28) der Mengen $\Omega_n = \{(\omega, T^n(\omega)) : \omega \in \Omega\}$ ist. Die Abbildung $\overline{T}$ ist dabei die kanonische Fortsetzung der Abbildungen T.

Korollar 13. *Es gibt ein R-expandierendes dynamisches System (Ω, S), so dass (Λ, T) ein Faktor seines inversen Limes ist. Die Faktorabbildung ist ein Homöomorphismus zwischen G_δ-Mengen.*

Hyperbolische Torusautomorphismen inspirieren die Theorie der Anosov-Diffeomorphismen. Das nächste Beispiel soll andeuten, dass die Klasse der Anosov-Diffeomorphismen die Klasse der hyperbolischen Torusautomorphismen echt enthält. Einzelheiten können der Spezialliteratur entnommen werden.

Beispiel 68. Ein allgemeines Konzept für die Konstruktion von Anosov-Diffeomorphismen geht von einer Lie Gruppe G aus (s. [22], S.59ff), die als semi-direktes Produkt $G = NF$ geschrieben werden kann. Dabei soll N eine reelle, zusammenhängende, einfach zusammenhängende nilpotente Lie Gruppe mit links-invarianter Metrik sein. F ist eine endliche Gruppe von Automorphismen von N. Sei nun Γ eine diskrete Untergruppe von G, so dass N/Γ kompakt ist, und $T : N \to N$ ein hyperbolischer Automorphismus (d.h. die Ableitung im Nullpunkt ist hyperbolisch, oder der auf der Lie Algebra induzierte Automorphismus besitzt nur Eigenwerte vom Betrag $\neq 1$). Es gelte ferner, dass zu jedem $\gamma \in \Gamma$ ein $\gamma' \in \Gamma$ existiert, so dass $T(\gamma g) = \gamma' T(g)$ $(g \in N)$ gilt. Die Abbildung $S : N/\Gamma \to N/\Gamma$, definiert als $S(\Gamma g) = \Gamma T(g)$, ist differenzierbar. Ist sie ein Diffeomorphismus, so ist sie auch Anosov. Die Invertierbarkeit gilt, wenn $\gamma \mapsto \gamma'$ bijektiv ist, und S ist endlich überdeckt durch die entsprechende Abbildung $\tilde{S} : N/\Gamma \cap N \to N/\Gamma \cap N$. $\tilde{S}$ ist stets ein Anosov-Diffeomorphismus der Nilmannigfaltigkeit $N/\Gamma \cap N$ und S ein Anosov-Diffeomorphismus der Infranilmannigfaltigkeit N/Γ.

Um dieses Konzept konkreter zu machen, betrachte man zwei Kopien der eindeutige bestimmten, nicht trivialen, 3-dimensionalen reellen, nilpotenten Lie Gruppe. Diese seien G_1 und G_2. Ihre Elemente sind als Matrizen der Form

$$g(a,b,c) = \begin{pmatrix} 1 & 0 & 0 \\ a & 1 & 0 \\ c & b & 1 \end{pmatrix}$$

darstellbar. Es werde $N = G_1 \times G_2$ gesetzt, repräsentiert als 6×6-Matrizen der Form $\begin{pmatrix} g_1 & 0 \\ 0 & g_2 \end{pmatrix}$ mit $g_i \in G_i$, $i = 1, 2$. $\Gamma \cap N \subset N$ besteht aus allen Matrizen mit Koeffizienten in $\mathbb{Z}(\sqrt{3})$. F ist die Untergruppe, die von der Einheit und dem idempotenten Element

$$\begin{pmatrix} g(a,b,c) & 0 \\ 0 & g(d,e,f) \end{pmatrix} \mapsto \begin{pmatrix} g(-a,-b,c) & 0 \\ 0 & g(-d,-f,e) \end{pmatrix}$$

erzeugt wird. Es sei $w \in \mathbb{Q}(\sqrt{3}) \setminus \mathbb{Z}(\sqrt{3})$, so dass $2w$ und $(1 + \sqrt{3})w$ zu $\mathbb{Z}(\sqrt{3})$ gehören. Dann ist $2w = m + n\sqrt{3}$ mit ungeraden m und n. Sei Γ die Gruppe, die von $\Gamma \cap N$ und dem durch

$$\begin{pmatrix} g(0,0,w) & 0 \\ 0 & g(0,0,w - n\sqrt{3}) \end{pmatrix}$$

erzeugten inneren Automorphismus A aufgespannt wird. Es gilt also $\Gamma = (\Gamma \cap N) \cup A(\Gamma \cap N)$. Die Automorphismen S und $\tilde{S}$ sind nun durch

$$T_0 \begin{pmatrix} g(a,b,c) & 0 \\ 0 & g(d,e,f) \end{pmatrix} = \begin{pmatrix} g(\lambda a, \lambda^2 b, \lambda^3 c) & 0 \\ 0 & g(\lambda^{-1}d, \lambda^{-2}e, \lambda^{-3}f) \end{pmatrix}$$

$$T_1 \begin{pmatrix} g(a,b,c) & 0 \\ 0 & g(d,e,f) \end{pmatrix} = \begin{pmatrix} g(\lambda a, \lambda^{-3}b, \lambda^{-2}c) & 0 \\ 0 & g(\lambda^{-1}d, \lambda^3 e, \lambda^2 f) \end{pmatrix}$$

implizit definiert. Es gilt offenbar $T_i \circ \Gamma \circ T_i^{-1} = \Gamma$ ($i = 1, 2$), also werden hierdurch Anosov-Diffeomorphismen S_i auf der Infranilmannigfaltigkeit N/Γ und $\widetilde{S}_i$ auf der Nilmannigfaltigkeit $N/\Gamma \cap N$ definiert.

4.7 Geodätische Flüsse

Als einfachstes Beispiel eines (nicht trivialen) geodätischen Flusses kann man die folgende Operation von $\mathbb{R}$ auf

$$\mathrm{SL}(2,\mathbb{R}) = \left\{ A = \begin{pmatrix} a & b \\ c & d \end{pmatrix} : a,b,c,d \in \mathbb{R};\ \det A = 1 \right\}$$

ansehen. $\mathrm{SL}(2,\mathbb{R})$ ist bekanntlich eine lokalkompakte topologische Gruppe unter der Matrizenmultiplikation und mit der von $\mathbb{R}^4$ induzierten Topologie. Auf dieser Gruppe operiert $\mathbb{R}$ vermöge $\phi_t(A) = A g_t$ ($A \in \mathrm{SL}(2,R)$) mit

$$g_t = \begin{pmatrix} e^{\frac{t}{2}} & 0 \\ 0 & e^{-\frac{t}{2}} \end{pmatrix},$$

denn $A g_t$ besitzt nur reelle Einträge und

$$\det A g_t = a e^{\frac{t}{2}} d e^{-\frac{t}{2}} - b e^{-\frac{t}{2}} c e^{\frac{t}{2}} = 1.$$

Man überzeugt sich mittels elementarer Rechnung, dass hierdurch in der Tat ein Fluss auf $\mathrm{SL}(2,\mathbb{R})$ definiert wird.

Diese Operation kann man auf $\mathrm{PSL}(2,\mathbb{R}) = \mathrm{SL}(2,\mathbb{R})/\{\pm I\}$ induzieren, denn $\{\pm A\} g_t = \{\pm A g_t\}$ ist wohldefiniert, $A \in \mathrm{SL}(2,\mathbb{R})$.

Eine abzählbare, abgeschlossene Untergruppe G von $\mathrm{SL}(2,\mathbb{R})$ nennt man eine Fuchssche Gruppe (oder diskrete Untergruppe). Auf dem homogenen Raum $G\backslash\mathrm{SL}(2,\mathbb{R})$ operiert dann $\mathbb{R}$ ebenfalls durch

$$\phi_t^G(Gg) = Gg g_t \qquad t \in \mathbb{R}, Gg \in G\backslash\mathrm{SL}(2,R),$$

denn ist Gg' eine weitere Darstellung desselben Elements, so ist $g g_t (g' g_t)^{-1} = g g_t g_t^{-1} g'^{-1} \in G$.

Möbius-Transformationen eines Gebietes $\Omega \subset S^2$ sind bi-analytische Selbstabbildungen von Ω. Sie bilden eine topologische Gruppe $\mathrm{M\ddot{o}b}(\Omega)$. Man weiß $\mathrm{M\ddot{o}b}(S^2) = \mathrm{PSL}(2,\mathbb{C}) = \mathrm{SL}(2,\mathbb{C})/\{\pm I\}$ und $\mathrm{M\ddot{o}b}(\Omega) = \mathrm{PSL}(2,\mathbb{R})$ ([4], S.61 und 64), wenn Ω einfach zusammenhängendes eigentliches Gebiet ist (da dann Ω konform isomorph zu $\mathbb{H}$ ist). Da jede Matrix in $\mathrm{PSL}(2,\mathbb{R})$ eine Möbius-Transformation durch

$$z \mapsto \frac{az+b}{cz+d} \qquad \Im z > 0$$

definiert, operiert $\mathbb{R}$ auch als Fluss auf der Gruppe der Möbius-Transformationen, die die obere Halbebene $\mathbb{H}$ invariant lassen (siehe Abschnitt 1.6).

Eine Möbius-Transformation auf der Riemannschen Zahlenkugel S^2 wird durch eine Matrix in $\mathrm{PSL}(2,\mathbb{C})$ in analoger Weise beschrieben. Für das Gebiet $\mathbb{D} = \{z \in \mathbb{C} : |z| < 1\}$ ist $\mathrm{M\ddot{o}b}(\mathbb{D}) = \{z \mapsto \lambda\frac{z-a}{1-\overline{a}z} : \lambda \in S^1; a \in \mathbb{D}\}$. Eine Abbildung in $\mathrm{M\ddot{o}b}(\mathbb{D})$ besitzt die Darstellung $z \mapsto \frac{\mu z - a\mu}{-\overline{\mu}\overline{a}z + \overline{\mu}}$ mit $\mu = (1 - |a|^2)^{-1}\sqrt{\lambda}$, wird also durch die eindeutig bestimmte Matrix

$$\begin{pmatrix} \mu & -\mu a \\ -\overline{a\mu} & \overline{\mu} \end{pmatrix}$$

beschrieben. Letztere Darstellung erfüllt die Eigenschaft $|\mu|^2 - |\mu a|^2 = 1$, und daher ist $\mathrm{M\ddot{o}b}(\mathbb{D}) \equiv \mathrm{PSUU}(1)$. Dabei definiert man $\mathrm{PSUU}(1) = \mathrm{SUU}(1)/\{\pm \mathrm{I}\}$ mit

$$\mathrm{SUU}(1) = \left\{ \begin{pmatrix} a & b \\ \overline{b} & \overline{a} \end{pmatrix} : a,b \in \mathbb{C}; |a|^2 - |b|^2 = 1 \right\}.$$

Auf $\mathrm{SUU}(1)$ operiert $\mathbb{R}$ vermöge des Flusses

$$\phi_t(A) = A\gamma_t,$$

wobei

$$\gamma_t = \begin{pmatrix} \cosh\frac{t}{2} & \sinh\frac{t}{2} \\ \sinh\frac{t}{2} & \cosh\frac{t}{2} \end{pmatrix}.$$

In der Tat ist für $A \in \mathrm{SUU}(1)$

$$A\gamma_t = \begin{pmatrix} a\cosh\frac{t}{2} + b\sinh\frac{t}{2} & a\sinh\frac{t}{2} + b\cosh\frac{t}{2} \\ \overline{b}\cosh\frac{t}{2} + \overline{a}\sinh\frac{t}{2} & \overline{b}\sinh\frac{t}{2} + \overline{a}\cosh\frac{t}{2} \end{pmatrix} \in \mathrm{SUU}(1),$$

denn $|a\cosh\frac{t}{2} + b\sinh\frac{t}{2}|^2 - |a\sinh\frac{t}{2} + b\cosh\frac{t}{2}|^2 = (|a|^2 - |b|^2)(\cosh\frac{t}{2} - \sinh\frac{t}{2})^2 = 1$. Ebenso wie g_t auf $\mathrm{PSL}(2,\mathbb{R})$ kann der Fluss γ_t auf $\mathrm{PSUU}(1)$ eingeschränkt werden.

Der geodätische Fluss ϕ_t der Fläche $\mathbb{H}$ war in Abschnitt 1.6 auf dem Tangentialbündel der Mannigfaltigkeit $\mathbb{H}$ definiert worden. Die Zeit-t-Abbildung ϕ_t bildet einen Tangentenvektor $v \in \mathcal{T}_z\mathbb{H}$ mit $\|v\| = 1$ in den Tangentenvektor $w \in \mathcal{T}_y\mathbb{H}$ mit $\|w\| = 1$ ab, der dieselbe Geodätische wie v bestimmt und deren Fußpunkt y den geodätischen Abstand t von z besitzt (s. Abb. 1.17).

In derselben Art wird der geodätische Fluss auf $\mathbb{D}$ erklärt. Geodätische Linien sind in diesem Modell Kreisbögen, die senkrecht auf dem Einheitskreis stehen (s. Abb. 1.17).

Alle die soeben definierten Flüsse sind konjugiert zueinander.

Satz 82. *Die Flüsse auf den Gruppen* $\mathrm{PSL}(2,\mathbb{R})$ *und* $\mathrm{PSUU}(1)$ *und die geodätischen Flüsse auf den Flächen* $\mathbb{H}$ *und* $\mathbb{D}$ *sind konjugiert.*

Beweis. Die lineare Abbildung

$$A := \begin{pmatrix} \frac{1+i}{2} & \frac{1+i}{2} \\ -\frac{1-i}{2} & \frac{1-i}{2} \end{pmatrix} \in \mathrm{SL}(2,\mathbb{C})$$

definiert einen konformen Isomorphismus $h : \mathbb{D} \to \mathbb{H}$ durch die Festlegung $h(z) = \frac{(1+i)z+1+i}{-(1-i)z+1-i}$, da $\Im h(z) > 0$ gilt (das ist äquivalent zu $\Im((1+i)z+1+i)(-(1+i)\overline{z}+1+i) = \Im(1+i)^2(1-|z|^2) = 2(1-|z|^2) > 0$). Es folgt, dass die geodätischen Flüsse auf $\mathbb{D}$ und $\mathbb{H}$ konjugiert sind. Ferner gelten

$$\mathrm{SUU}(1) = A^{-1}\mathrm{SL}(2,\mathbb{R})A$$

und

$$A^{-1}g_t A = \begin{pmatrix} \frac{1}{1+i} & \frac{1}{i-1} \\ \frac{1}{1+i} & \frac{1}{1-i} \end{pmatrix} \begin{pmatrix} e^{\frac{t}{2}}\frac{1+i}{2} & e^{\frac{t}{2}}\frac{1+i}{2} \\ -e^{-\frac{t}{2}}\frac{1-i}{2} & e^{-\frac{t}{2}}\frac{1-i}{2} \end{pmatrix} = \gamma_t.$$

Also sind die Flüsse auf $\mathrm{PSL}(2,\mathbb{R})$ und $\mathrm{PSUU}(1)$ konjugiert.

Es muss also nur noch gezeigt werden, dass die Flüsse auf $\mathrm{PSUU}(1) \equiv \mathrm{M\ddot{o}b}(\mathbb{D})$ und $\mathbb{D}$ konjugiert sind. Hierzu definiert man $H : \mathrm{M\ddot{o}b}(\mathbb{D}) \to \mathbb{D} \times \mathbb{T} \equiv \{v \in T\mathbb{D} : \|v\| = 1\} =: \mathcal{S}\mathbb{D}$ durch $H(\gamma) = \arg\gamma'(0) \in \mathcal{T}_{\gamma(0)}\mathbb{D}$, $\gamma \in \mathrm{M\ddot{o}b}(\mathbb{D})$. H ist ein Homöomorphismus, wie man sich leicht anhand der Definitionen überlegt. Weiterhin gilt

$$H(\gamma_t) = \gamma'_t \in \mathcal{T}_{\gamma_t}\mathbb{D}.$$

Alternativ kann man die Abbildung $L : \mathrm{PSL}(2,\mathbb{R}) \to \mathbb{H}$ durch

$$\begin{pmatrix} a & b \\ c & d \end{pmatrix} \mapsto \left(\frac{a\frac{1+i}{1-i} + b}{c\frac{1+i}{1-i} + d}, \arg(ci+d)^{-1} \right)$$

definieren. Die erste Koordinate liegt auf dem Kreis, der orthogonal auf $\mathbb{R}$ steht und durch die Punkte $\frac{a}{c}$ und $\frac{b}{d}$ bestimmt ist. Man rechnet ohne Schwierigkeiten nach, dass dieser Halbkreis unter g_t invariant bleibt, d.h. $L(Ag_t)$ liegt auf dem durch A bestimmten Halbkreis. Der hyperbolische Abstand zwischen den ersten Koordinaten von $L(A)$ und $L(Ag_t)$ errechnet sich zu t. Daher ist $\phi_t(L(A)) = L(Ag_t)$.

Kreise in $\mathbb{H}$, die sich tangential an $\mathbb{R}$ anschmiegen und zu $\mathbb{R}$ parallele Gerade heißen *Horozykel*. Die Matrizen der Form $h_t = \begin{pmatrix} 1 & t \\ 0 & 1 \end{pmatrix}$ bilden eine Gruppe und lassen $\mathrm{SL}(2,\mathbb{R})$ invariant. Der Isomorphismus L definiert daher auch einen Fluss auf $\mathbb{H}$ durch $\phi_t(z,v) = L(h_t(L^{-1}(z,v)))$.

Definition 61. *Der horozyklische Fluss auf $\mathbb{H}$ wird von dem Fluss*

$$\mathrm{PSL}(2,\mathbb{R}) \times \mathbb{R} \to \mathrm{PSL}(2,\mathbb{R}), \qquad (g,t) \mapsto g \begin{pmatrix} 1 & t \\ 0 & 1 \end{pmatrix}$$

auf $\mathrm{PSL}(2,\mathbb{R})$ *durch Konjugation mit L definiert.*

Proposition 17. *Die Bahnen des horozyklischen Flusses sind Einheitsvektoren, die auf einem festen Horozykel senkrecht stehen und entweder nach innen oder nach außen weisen.*

Beweis. Die Gruppe $(h_t)_{t \in \mathbb{R}}$ operiert auf $\mathrm{PSL}(2, \mathbb{R})$, und die Bahn von $g = \begin{pmatrix} a & b \\ c & d \end{pmatrix}$ unter h_t ist

$$\mathcal{O}(g) = \left\{ \begin{pmatrix} a & at + b \\ c & ct + d \end{pmatrix} : t \in \mathbb{R} \right\}.$$

Man sieht aus dieser Darstellung, dass jedes $L(g)$ auf einem Halbkreis mit Fußpunkt $\frac{a}{c}$ liegt, und der Einheitsvektor in Richtung dieses Punktes weist. Für $t \to \pm\infty$ wird derselbe Punkt a/c approximiert, denn die beiden Fußpunkte der Halbkreise fallen zusammen.

Es gilt für die Projektion pr_1 auf die erste Koordinate $\mathrm{pr}_1 \circ L(gh_t) = \frac{a(1+i)+(at+b)(1-i)}{c(1+i)+(ct+d)(1-i)}$, die geodätische Linie $\mathbb{R} \subset \mathbb{R}^2$ wird also durch eine Möbius-Abbildung in einen Kreis abgebildet.

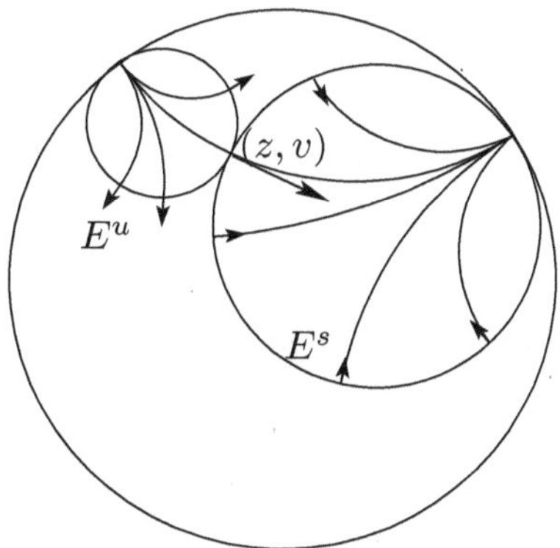

Abb. 4.7. Horozykel im Modell $\mathbb{D}$

Proposition 18. *Die stabile Mannigfaltigkeit eines Punktes $v \in \mathcal{S}_z \mathbb{H}$ besteht aus allen nach Innen gerichteten normalen Vektoren auf dem Horozykel mit Zentrum $\lim_{t \to \infty} \phi_t(v)$, der z enthält (siehe Abb. 4.7).*

Beweis. Ein normierter Vektor $v' \in \mathcal{T}_{z'} \mathbb{H}$ gehört nach Satz 67 in Abschnitt 4.3 zur stabilen Mannigfaltigkeit von v, wenn $\lim_{t \to \infty} \mathrm{dist}(\phi_t(v), \phi_t(v')) = 0$. Das bedeutet aber zunächst, dass $\phi_\infty(v) := \lim_{t \to \infty} \phi_t(v) = \phi_\infty(v')$ gelten muss. Horozykel besitzen zudem die Eigenschaft, dass ϕ_t Horozykel in eben solche überführt. Somit müssen $\phi_t(v)$ und $\phi_t(v')$ auf demselben Horozykel liegen.

Satz 83. *Der geodätische Fluss auf einer kompakten Fläche mit konstanter negativer Krümmung ist topologisch transitiv und besitzt eine dichte Menge periodischer Punkte.*

Beweis. Man benutzt hier einige Fakten, die man in [4], S.209 ff., nachlesen kann. Die kompakte Fläche besitzt eine Darstellung $M = \Gamma\backslash\mathbb{H}$ und einen Dirichlet-Fundamentalbereich

$$F = \{y \in \mathbb{H} : d(y, x_0) \leq d(\gamma y, x_0)\ \forall \gamma \in \Gamma\},$$

der ganz im Inneren von $\mathbb{H}$ liegt. Die Bilder von F unter Γ bilden dann eine Zerlegung von $\mathbb{H}$, also können $\gamma_i(F)$ ($i = 1, 2$, $\gamma_i \in \Gamma$) durch eine Möbius-Transformation $\gamma \in \Gamma$ ineinander überführt werden. Der Fundamentalbereich wird von geodätischen Linien begrenzt.

Sei nun G eine geodätische Linie in $\mathbb{H}$ mit Endpunkten a_+ und a_- auf der reellen Achse. Da F im Inneren von $\mathbb{H}$ liegt und Möbius-Transformationen den hyperbolischen Abstand erhalten, gibt es zu jedem $\xi \in \mathbb{R}$ eine Folge $\gamma_n \in \Gamma$ mit $\gamma_n(F) \to \xi$. Man findet also geodätische Linien K_+ und K_- mit Zentrum a_+ bzw. a_- und Durchmesser $< \eta$ und γ^+ bzw. γ^-, so dass K_ι eine Seite von $\gamma^\iota(F)$ enthält, und $\gamma^\iota(F)$ in derjenigen Komponente von $\mathbb{H} \setminus K_\iota$ liegt, in der auch a_ι liegt ($\iota = \pm$). Dann existiert auch ein $\gamma \in \Gamma$, das diejenige Zusammenhangskomponente von $\mathbb{H} \setminus K_+$, die a_+ enthält, in die entsprechende Zusammenhangskomponente von K_- abbildet. Entsprechendes gilt nach Vertauschung von $+$ und $-$. Die zusammengesetzte Abbildung bildet also die beiden Komponenten in sich ab, besitzt also einen Fixpunkt auf $\mathbb{R}$ in jeder Komponente. Die Geodätische, die durch diese beiden Punkte bestimmt ist, ist geschlossen, denn K_+ und K_- enthalten Bilder des Randes von F. Da die Fußpunkte dieser geschlossenen Geodäten in einer beliebig klein wählbaren Umgebung der Fußpunkte von G liegen, ist auch jeder Tangentenvektor an G durch einen Tangentenvektor an die konstruierten geschlossenen Geodäten approximierbar.

Man muss zeigen, dass es zu je zwei nicht leeren offenen Mengen U und V ein $t \in \mathbb{R}$ mit $\phi_t(U) \cap V \neq \emptyset$ gibt. Da die geschlossenen Bahnen dicht liegen, kann man je eine in U und V wählen, etwa γ_U und γ_V. Eine geodätische Linie mit Fußpunkten a und b, wobei $a = \lim_{t \to \infty} \phi_t(\gamma_U)$ und $b = \lim_{t \to -\infty} \phi_t(\gamma_V)$, besitzt dann einen Tangentenvektor v, der $\lim_{t \to \infty} d(\phi_t(\gamma_U), \phi_t(v)) = 0$ erfüllt. Das bedeutet, dass die Projektion auf $\Gamma\backslash\mathbb{H}$ die geschlossene Bahn γ_U in positiver Zeitrichtung approximiert. Analog gilt natürlich auch, dass der geschlossenen Orbit γ_V in negativer Zeit approximiert wird. Es gibt also $t, s > 0$ mit $\phi_t(v) \in U$ und $\phi_{-s}(v) \in V$. Daher muss auch $\phi_s(V) \cap \phi_{-t}(U) \neq \emptyset$ gelten.

Beispiel 69. Auf Seite 272 ist der Fundamentalbereich $F = \{z \in \mathbb{H} : |\Re z| \leq 1; |z \pm 1/2| \geq 1/2\}$ im Modell $\mathbb{D}$ zusammen mit seinen Bildern für die dreifach punktierte Sphäre dargestellt. Die zugehörige Gruppe wird von den Abbildungen $\mathbb{H} \to \mathbb{H}$, $z \mapsto z + 2$ und $z \mapsto \frac{z}{2z+1}$ erzeugt.

Satz 84. *Der geodätische Fluss auf einer kompakten Fläche konstanter negativer Krümmung ist ein Anosov-Fluss.*

Beweis. Man betrachtet zunächst den geodätischen Fluss $\phi = (\phi_t)_{t\in\mathbb{R}}$ auf $\mathbb{H}$. Zu jedem normierten Vektor $v \in \mathcal{T}_z\mathbb{H}$ enthält der Tangentialraum Vektoren, die tangential zu dem Horozykel sind, der durch z und $\phi_\infty(v)$ definiert wird, Vektoren, die tangential zu dem Horozykel sind, der durch z und $\phi_{-\infty}(v)$ definiert wird, und Vektoren, die tangential zur Flussrichtung im Punkt z sind. Jeder dieser Unterräume ist eindimensional und, da der Tangentialraum dreidimensional ist, erhält man eine flussinvariante Darstellung

$$\mathcal{T}_v(S\mathbb{H}) = E_v^s \oplus E_v^u \oplus E_v^0.$$

Eine einfache Rechnung zeigt, dass $D\phi_t$ auf E^s kontrahiert und auf E^u expandiert.

Ist M eine kompakte Fläche konstanter negativer Krümmung, so ist $\mathbb{H}$ die universelle Überlagerungsfläche (siehe [10], S.163). Lokal ist das Verhalten daher durch den geodätischen Fluss auf $\mathbb{H}$ bestimmt und die Tangentialräume und die linearen Abbildungen $D\phi_t$ ($|t| < \eta$) stimmen überein. Daraus folgt der Satz.

Hamiltonsche Systeme und geodätische Flüsse sind eng miteinander verbunden. Sie können aus Differentialgleichungen gewonnen werden. Insbesondere lassen sich mit ihnen Bewegungen auf Flächen konstanter Energie modellieren.

Beispiel 70. Eine Differentialgleichung zweiter Ordnung im $\mathbb{R}^d$ schreibt sich als

$$\ddot{x} = \frac{d^2x}{dt^2} = \Phi(x).$$

Führt man $y = \dot{x}$ als neue unabhängige Variable ein, transformiert sich diese Differentialgleichung in eine gewöhnliche Differentialgleichung erster Ordnung im Raum $\mathbb{R}^{2d} = \mathcal{T}\mathbb{R}^d$ (*Newtonsche Gleichungen*):

$$\dot{x} = y \qquad \dot{y} = \ddot{x} = f(x)$$

mit der Anfangsbedingung $x(0) = p$ und $\dot{x}(0) = q$. Die Lösung dieser Differentialgleichung definiert also einen partiellen oder globalen Fluss auf $\mathcal{T}\mathbb{R}^d$, sofern die Lösungen entsprechend wohldefiniert sind.

Lemma 20. *Sei $L : \mathcal{T}M \to \mathbb{R}$ eine differenzierbare Funktion, die durch positiv definite quadratische Formen Q_x,*

$$L(x, y) = Q_x(y, y) \qquad y \in \mathcal{T}_xM,$$

definiert ist. Erfüllt L in lokalen Koordinaten die Gleichung

$$\frac{d}{dt}\frac{\partial L}{\partial y} = \frac{\partial L}{\partial x}, \tag{4.18}$$

so erfüllt L diese Relation in einem beliebigen anderen Koordinatensystem.

Beweis. Sei $x = \theta(u)$ eine Koordinatentransformation der Koordinaten (u, v) in (x, y). Damit wird auch $\frac{\partial x}{\partial v} = 0$ und $\frac{\partial y}{\partial v} = \frac{\partial x}{\partial u}$. Es folgt

$$
\begin{aligned}
\frac{d}{dt}\frac{\partial L}{\partial v} - \frac{\partial L}{\partial u} &= \frac{d}{dt}\left[\frac{\partial L}{\partial x}\frac{\partial x}{\partial v} + \frac{\partial L}{\partial y}\frac{\partial y}{\partial v}\right] - \frac{\partial L}{\partial x}\frac{\partial x}{\partial u} - \frac{\partial L}{\partial y}\frac{\partial y}{\partial u} \\
&= \left[\frac{d}{dt}\frac{\partial L}{\partial y}\right]\frac{\partial y}{\partial v} + \frac{\partial L}{\partial y}\frac{d}{dt}\left[\frac{\partial y}{\partial v}\right] - \frac{\partial L}{\partial x}\frac{\partial x}{\partial u} - \frac{\partial L}{\partial y}\frac{d}{dt}\left[\frac{\partial x}{\partial u}\right] \\
&= \left[\frac{d}{dt}\frac{\partial L}{\partial y} - \frac{\partial L}{\partial x}\right]\frac{\partial x}{\partial u}.
\end{aligned}
$$

Da $\frac{\partial x}{\partial u} \neq 0$, ist alles gezeigt.

Die Gleichung (4.18) nennt man eine *Lagrangesche Gleichung*. Zusammen mit Satz 7 zeigt dieses Lemma, dass es eine eindeutige lokale Lösung des Problems (4.18) gibt.

Definition 62. *Sei (M, g) eine Riemannsche Mannigfaltigkeit mit Riemannscher Metrik g. Dann heißt der zur quadratischen Form*

$$
L(x, y) = \frac{1}{2}g_x(y, y) \qquad y \in \mathcal{T}_x M
$$

gehörende Fluss ϕ_t, $t \in I \subset \mathbb{R}$, der (partielle) geodätische Fluss auf M.

Man beachte, dass ein geodätischer Fluss auf dem Tangentialraum definiert ist. Er lässt die Längen von Tangentialvektoren invariant, denn es gilt zunächst $L(x, y) = \langle\frac{\partial L}{\partial y}, y\rangle - L(x, y)$, und daher unter Benutzung von (4.18)

$$
\frac{d}{dt}L(x, y) = \langle\frac{d}{dt}\frac{\partial L}{\partial y}, y\rangle + \langle\frac{\partial L}{\partial y}, \dot{y}\rangle - \langle\frac{\partial L}{\partial x}, \dot{x}\rangle - \langle\frac{\partial L}{\partial y}, \dot{y}\rangle = 0.
$$

Beispiel 71. Die Newtonsche Gleichung

$$
K(x) = m\ddot{x}
$$

beschreibt bekanntlich die Bewegung eines Teilchens der Masse m unter einer äußeren Kraft $K(x)$ im Punkt $x \in \mathbb{R}^n$, wobei $\ddot{x}(t) = \frac{d^2 x(t)}{dt^2}$ für die Beschleunigung steht. Im Fall, dass die Kraft durch einen Gradienten $-\nabla P$ gegeben ist, bezeichnet man P als Potential, und die Newtonsche Gleichung wird zu

$$
\frac{d}{dt}m\dot{x} = -\nabla P(x).
$$

Die Lagrange-Funktion $L(x, v) = \frac{1}{2}m\|v\|^2 - P(x)$ transformiert diese Gleichung in die Lagrange-Gleichung (4.18)

$$
\frac{d}{dt}\frac{\partial L}{\partial v} = \frac{\partial L}{\partial x}.
$$

Satz 85. *Für die Differentialgleichung (4.18) ist die Funktion*

$$E : TM \to \mathbb{R}$$

$E(x,y) = \frac{1}{2}m\langle y,y\rangle_x - P(x)$ *invariant unter dem partiellen Fluss. Ist die Untermannigfaltigkeit* $\{(x,y) \in TM : E(x,y) = c\}$ *kompakt, so definiert (4.18) auf ihr einen (globalen) Fluss.*

Beweis. Es genügt offenbar zu zeigen, dass die zeitliche Ableitung der Funktion E verschwindet. Es gilt, wie bereits nach Definition 62 gezeigt,

$$\frac{d}{dt}E = \frac{d}{dt}\left[\langle\frac{\partial L}{\partial v},v\rangle - L\right]$$

$$= \langle\frac{d}{dt}\frac{\partial L}{\partial v},v\rangle + \langle\frac{\partial L}{\partial v},\dot{v}\rangle - \langle\frac{\partial L}{\partial x},\dot{x}\rangle - \langle\frac{\partial L}{\partial v},\dot{v}\rangle = 0.$$

Die Lagrange-Transformation $\mathcal{L} : TM \to T^*M$ basiert auf der kanonischen Identifikation $(x,v) \mapsto \langle v,\cdot\rangle_x$ des Tangentialraumes und des Kotangentenbündels T^*M. Sie ist in lokalen Koordinaten als

$$\mathcal{L}(x,v) = \left(x, \frac{m}{2}\frac{\partial}{\partial v}\langle v,v\rangle_x\right)$$

definiert. $p_i = \frac{m}{2}\frac{\partial}{\partial v_i}$ wird üblicherweise als Moment bezeichnet, während $q = x$ die Ortskoordinaten sind.

Proposition 19. *In den Koordinaten p und q erfüllt die Energiefunktion E die Hamiltonschen Differentialgleichungen*

$$\dot{p} = -\frac{\partial E}{\partial q} \qquad \dot{q} = \frac{\partial E}{\partial p}.$$

Beweis. Die Differentialform $dE = \frac{\partial E}{\partial p}dp + \frac{\partial E}{\partial q}dq$ schreibt sich unter Benutzung der Lagrangschen Gleichungen als

$$dE = d[p\dot{q} - L] = \dot{q}dp - \frac{\partial L}{\partial q}dq = \dot{q}dp - \dot{p}dq.$$

Durch Koeffizientenvergleich erhält man die Aussage.

Sei M eine kompakte, orientierbare, n-dimensionale C^∞-Mannigfaltigkeit. Jede C^∞ n-Form ω definiert eine stetige Linearform auf dem Raum der stetigen Funktionen $C(M)$ in kanonischer Weise. Eine positive n-Form ω wird also nach dem Satz von Riesz ([12], S.333; [1], S.81) durch ein Maß μ_ω beschrieben:

$$\int_M f d\mu_\omega = \omega(f) \qquad f \in C(M).$$

Sei $\phi = (\phi_t)_{t\in\mathbb{R}}$ ein Fluss auf M, gegeben durch die Differentialgleichung $\dot{x} = \Phi(x)$ mit C^1-Vektorfeld Φ. Jede Abbildung ϕ_t induziert die n-Form ω_t durch

$$\omega_t(f) = \omega(f \circ \phi_t) \qquad f \in C(M).$$

Satz 86. [LIOUVILLE] *Ein endliches oder σ-endliches Maß μ mit Dichte ρ bzgl. des Riemannschen Volumens ist genau dann ϕ-invariant, wenn* div $\rho\Phi = 0$ *gilt.*

Beweis. Sei f eine glatte Funktion, die außerhalb einer Kartenumgebung U verschwindet. Da ϕ stetig ist, gibt es eine positive Zahl t_0, so dass $f \circ \phi_t$ ebenfalls außerhalb dieser Umgebung für $|t| \leq t_0$ verschwindet. Man kann deshalb in lokalen Koordinaten rechnen, und es ist hinreichend und notwendig,

$$\frac{d}{dt} \int_M f(\phi_t(x))\rho(x)dx_{|t=0} = 0$$

zu beweisen.

Die linke Seite lässt sich aber sofort in der gewünschten Art umrechnen. Es gilt

$$\frac{d}{dt} \int_M f(\phi_{-t}(x))\rho(x)dx_{|t=0} = \frac{d}{dt} \int_M f(x)\rho(\phi_t(x)) \left| \det\frac{\partial\phi_t(x)}{\partial x} \right| dx_{|t=0}$$

$$= \frac{d}{dt} \int_M f(x)\rho(\phi_t(x))(1 + t\sum_{k=1}^n \frac{\partial\Phi^k(x)}{\partial x_k})dx_{|t=0}$$

$$= \int_M f(x)(\mathrm{grad}\rho(x)\Phi(x) + \rho(x)\mathrm{div}\Phi(x))dx$$

$$= \int_M \sum_{k=1}^n \frac{\partial(\rho\Phi^k)}{\partial x_k} f(x)dx.$$

Hieraus folgt unmittelbar die Behauptung.

Satz 87. *Der geodätische Fluss auf dem Einheitstangentialbündel einer Riemannschen Mannigfaltigkeit M besitzt das Riemannsche Volumen μ als invariantes Maß, und damit besitzt der Lagrange-Fluss das invariante Maß $\mathcal{L}^*\mu$.*

Beweis. Nach dem Satz von Louiville (Satz 86) genügt es zu prüfen, ob die Divergenz div$E$ verschwindet. Dies folgt jedoch sofort aus

$$\mathrm{div}E = \frac{\partial E}{\partial p} + \frac{\partial E}{\partial q} = \dot{q} - \dot{p} = 0.$$

Insbesondere folgt aus diesem Satz, dass auf jeder invarianten Untermannigfaltigkeit ein invariantes Maß existiert. Ist M selbst kompakt, so ist das Maß endlich, im allgemeinen ist es nur σ-endlich.

Der Hamiltonsche Fluss kann abstrakt über symplektische Mannigfaltigkeiten definiert werden. Eine symplektische Form auf einer Mannigfaltigkeit ist eine nicht-entartete, geschlossene 2-Form ω ([1], S.87). Das bedeutet, dass ω eine glatte Abbildung in das Bündel aller antisymmetrischer, geschlossener Bilinearformen ist, insbesondere ordnet ω jedem $x \in M$ eine Bilinearform $\omega_x : (\mathcal{T}_xM)^2 \to \mathbb{R}$ mit den Eigenschaften

i) $\omega_x(u,v) = -\omega_x(v,u)$

ii) $d\omega = 0$.

zu. Eine Mannigfaltigkeit mit einer symplektischen Form heißt eine symplektische Mannigfaltigkeit, und ein Diffeomorphismus $T : M \to M$ heißt symplektisch, falls DT die symplektische Form invariant lässt. Es ist nicht schwer zu zeigen, dass eine symplektische Mannigfaltigkeit eine gerade Dimension $2d$ besitzen muss, und ω^d eine Volumenform ist.

Definition 63. *Seien (M,ω) eine symplektische Mannigfaltigkeit und $H :$ $M \to \mathbb{R}$ eine C^{r+1}-Funktion. Dann ist dH ein Vektorfeld und durch*

$$\omega(\Phi_H(x), v) = dH(v) \qquad v \in \mathcal{T}_x M$$

wird das Hamiltonsche Vektorfeld Φ_H zur Hamiltonschen Funktion H (oder der symplektische Gradient) definiert. Der durch das Vektorfeld Φ_H bestimmte Fluss heißt der durch H bestimmte Hamiltonsche Fluss.

Die gebräuchliche Formulierung der Hamiltonschen Differentialgleichungen ist $\dot{q}_i = \frac{\partial H}{\partial p_i}$ und $\dot{p}_i = -\frac{\partial H}{\partial q_i}$. Dieses Vektorfeld definiert den zugehörigen geodätischen Fluss. Dieser Fluss ist aber auch der Hamiltonsche Fluss. Dazu benutzt man den Satz von Darboux ([1], S.95), dass die symplektische Form ω in passenden lokalen Koordinaten gerade durch $(\frac{\partial}{\partial q_i}, \frac{\partial}{\partial p_i})$ beschrieben werden kann. Daher erhält man

$$\omega(\Phi_H(\cdot), \cdot) = \sum_{i=1}^{d} (dq_i \wedge dp_i)(\Phi_H(\cdot), \cdot)$$

$$= \sum_{i=1}^{d} dq_i(\Phi_H) \wedge dp_i - \sum_{i=1}^{d} dq_i \wedge dp_i(\Phi_H)$$

$$= \sum_{i=1}^{d} \frac{\partial H}{\partial p_i} dp_i + \frac{\partial H}{\partial q_i} dq_i = dH.$$

Man erhält daher die folgende Version des Satzes 87.

Satz 88. *Der Hamiltonsche Fluss ist symplektisch und das durch ω^d definierte Maß ist invariant.*

Abschließend sollen noch verwandte Dynamiken angesprochen werden, die jedoch meistens sehr unterschiedliches Verhalten aufweisen.

Beispiel 72. Einen Billiard-System erhält man durch Reflektion an einem Hindernis, das der Bewegung eines Teilchens im Wege steht. Es sei M eine Riemannsche Mannigfaltigkeit und $C_1,...,C_s$ seien s Teilmengen von M, die meist als konvexe Körper angenommen werden. Ein Teilchen bewegt sich dann entlang geodätischer Linien mit konstanter Geschwindigkeit bis es auf eines der Hindernisse trifft. Dort wird es reflektiert und bewegt sich danach

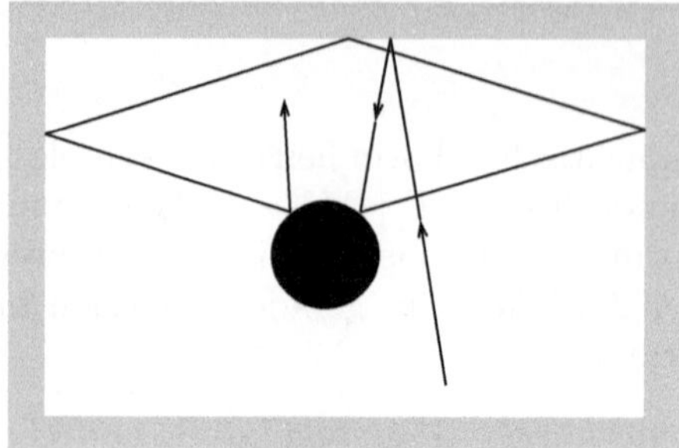
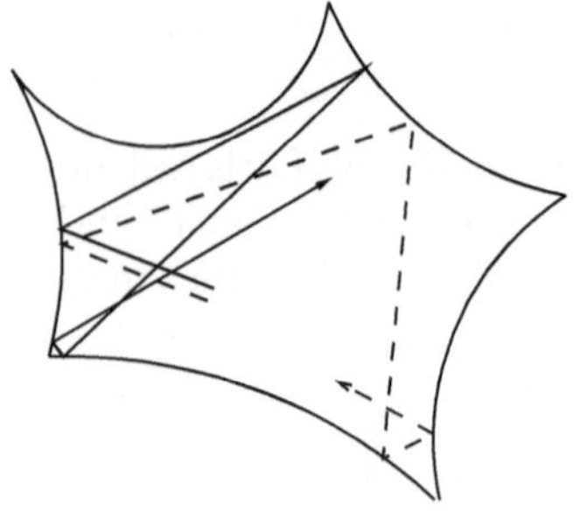

Konvexes Hindernis   Konvexer Rand

Abb. 4.8. Billiardsystem

entlang der neuen Geodäten weiter (siehe Abbildung 4.8). Spezielle Billiard-Systeme erhält man, wenn sich die konvexen Körper so schneiden, dass ein geschlossenes Inneres entsteht.

Auf der abgeschlossenen Einheitskreisscheibe $\overline{\mathbb{D}}$ ist die Bewegung sehr leicht zu veranschaulichen. Man parametrisiert ein $v \in T\overline{\mathbb{D}}$ durch (z, θ), wobei $z \in \overline{\mathbb{D}}$ durch $v \in \mathcal{T}_z\overline{\mathbb{D}}$ und θ durch den Winkel der durch v bestimmten gerichteten Geraden mit der Tangente an den Kreis S^1 (im Uhrzeigersinn, und in negativer Zeitrichtung) bestimmt sind.

Satz 89. *Das Billiard-System auf der Einheitskreisscheibe $\overline{\mathbb{D}}$ besitzt die geschlossenen Bahnen $\mathcal{O}((z, \theta))$ mit $z \in S^1$ und $\theta/\pi \in \mathbb{Q}$ und die invarianten, topologisch transitiven Mengen, die aus allen Punkten (z, θ) mit $\cos^2 \theta \leq |z|^2 \leq 1$ besteht, wenn $\theta/\pi \notin \mathbb{Q}$.*

Beweis. Der Rand S^1 von $\overline{\mathbb{D}}$ wird von jedem Startpunkt (r, θ) in endlicher Zeit erreicht. Daher genügt es, die Poincaré-Abbildung $T : S^1 \times [0, \pi] \to S^1 \times [0, \pi]$ zu betrachten. Sei $T(z, \theta) = (\tau(z, \theta), \Theta(z, \theta))$. Eine leichte Rechnung zeigt, dass

$$\tau(z, \theta) = z \exp[-2i\theta] \qquad \Theta(z, \theta) = \theta.$$

Ist θ/π rational erhält man geschlossene Bahnen in der Form von eingeschriebenen gleichseitigen Polygonen, bzw. sternförmigen Polygonen. Im Fall eines irrationalen θ ist die Poincaré-Abbildung dicht in S^1 und die Bahnen liegen dicht in der Menge $\{(z, \theta) : \cos^2 \theta \leq |z|^2 \leq 1\}$.

5 Ergodentheorie und Dynamik

Ergodentheorie entwickelte sich aus dem Bemühen, die Boltzmannsche Ergodenhypothese zu klären, nach der Zeit- und Raummittel in unzerlegbaren Systemen gleich sind. Im Jahre 1931 fand J. von Neumann den ersten allgemeinen Ergodensatz, und deshalb kann man die Geburtsstunde der Theorie auf dieses Jahr festlegen. Sie hat sich schnell zu einem eigenen Forschungsgebiet entwickelt und beschäftigt sich mit Eigenschaften und Klassifizierungen dynamischer Systeme, die eine messbare Struktur besitzen. Die bisherigen topologischen Begriffsbildungen sind daher nur in abgewandelter Form möglich, insbesondere wird Konjugation durch maßtheoretische Isomorphie ersetzt. An dieser Stelle werden jedoch nur die Teile der Ergodentheorie entwickelt, die besonders wichtig für andere Teilgebiete der Dynamik sind, und zwar Ergodensätze, Existenz invarianter Maße und Entropie.

Der Ergodensatz von George D. Birkhoff wurde etwas vor dem von Neumannschen Resultat publiziert, entstand aber zweifelsfrei später. Der ursprüngliche Beweis wurde mehrfach verbessert und führte zu dem heute üblichen Argument, das auf Garcia zurückgeht. Der Ergodensatz für Transformationen mit einem unendlichem invariantem Maß stammt von E. Hopf und wurde von R. Chacon und D. Ornstein im Jahr 1960 auf den Fall von Operatoren verallgemeinert. Geschwindigkeiten der Konvergenz im Ergodensatz können mittels eines zentralen Grenzwertsatzes erhalten werden. Die Theorie von M. Gordin von 1968 liefert besonders elegante Resultate. Der Birkoffsche Ergodensatz kann auch als Verallgemeinerung des Kolmogoroffschen starken Gesetzes der großen Zahlen in der Wahrscheinlichkeitstheorie gesehen werden. Letztere wurde von Andrei N. Kolmogoroff etwa zeitgleich mit dem Entstehen der ersten Ergodensätze axiomatisiert. Funktionalanalytische Aspekte waren zu Anfang der Entwicklung dominant. Das wird neben den Ergodensätzen auch durch den Isomorphiesatz für Transformationen mit reinem Punktspektrum deutlich.

Invariante Maße für dynamische Systeme spielen eine wichtige Rolle. Das Gauß-Maß in Abschnitt 1.6 und das Liouville-Maß in Abschnitt 4.7 sind zwei bereits bekannte Beispiele. Der Satz von Bogoliuboff (1909–1992) und Nikolai Kryloff (1879–1955) bezeugt das frühe Interesse an dieser Fragestellung, fortgesetzt in Arbeiten u.a. von H. Lebesgue, S. Banach, S. Ulam bis hin zu von Neumann und E. Hopf zwischen 1930 und 1940. In Abschnitt 5.2 wird eine

Methode vorgestellt, die auf Arbeiten von Wolfgang Doeblin basiert und als Doeblin-Fortet Methode benannt werden sollte. Die Ausarbeitung dieser Idee durch Ionescu-Tulcea und Marinescu erfolgte 1948. In der Dynamik wurde sie 1981 auf Transfer-Operatoren angewendet und zur Konstruktion invarianter Maße für Intervallabbildungen durch G. Keller benutzt. Diese Methode ist besonders gut für offene, expandierende Abbildungen geeignet. Das führt zu einem thermodynamischen Formalismus, der nicht auf Markoff-Zerlegungen basiert. Eine andere Methode der Konstruktion invarianter Maße wird in 5.6 benutzt, um (auch unendliche) invariante Maße auf Markoff-Systemen zu erhalten. Sie ist zu der in Abschnitt 1.6 benutzten Methode ähnlich.

Die Theorie unendlicher invarianter Maße wurde wesentlich von E. Hopf beeinflußt. Davon zeugt nicht nur die nach ihm benannte Zerlegung in konservativen und dissipativen Teil. Sie sind besonders hilfreich beim Studium geodätischer Flüsse auf nicht kompakten Flächen (die von Hopf um 1940 untersucht wurden) und Gruppenerweiterungen mittels lokalkompakter Gruppen. Die Theorie war lange Zeit unstrukturiert, bis (ca. 1980) J. Aaronson Begriffe wie „punktweise dual ergodisch" prägte. Eine elegante Methode zur Behandlung nicht gleichförmiger Verzerrung wurde zwischen 1970 und 1980 von F. Schweiger eingeführt. Sie ist in einer erweiterten Form Grundlage der Darstellung im letzten Teil des Abschnittes 5.6 und verwandt mit der Methode der induzierten Transformationen.

Der mathematische Begriff der Entropie tauchte erstmals in den Arbeiten von Claude Shannon (1916–2001) im Jahr 1948 auf, um Kapazitäten bei Übertragungskanälen in der Informationstheorie zu beschreiben. A. Kolmogoroff machte hieraus um 1955 eine Isomorphieinvariante maßtreuer dynamischer Systeme. Er konnte damit einen Teil der lange bestehenden Fragestellung klären, wann Bernoulli-Schifts isomorph sind. Das führte zu der Vermutung, dass Bernoulli-Schifts genau dann isomorph sind, wenn ihre Entropien gleich sind. Die Richtigkeit dieser Vermutung wurde von D. Ornstein 1970 bewiesen (s. Abschnitt 5.5). Die Grundlagen der Entropietheorie entstanden um 1960 durch Kolmogoroff, Sinai und Rochlin. Der wichtige Satz von Shannon, McMillan und Breimann enstand aus sukzessiven Verbesserungen des originären Resultates von Shannon durch McMillan und Breiman. Der Abschnitt 5.4 ist Grundlage für die Abschnitte 6.1, 6.2 und 6.3. Der Erzeugersatz von W. Krieger, der in Abschnitt 5.5 erwähnt wird, entstand 1969.

Die Bedeutung ergodentheoretischer Ideen für die Entwicklung der Dynamik insgesamt wird am besten durch die Arbeiten von Hopf über geodätische Flüsse verdeutlicht. Sie führten letztlich zur Entwicklung der Theorie hyperbolischer Diffeomorphismen und Flüsse (s. Abschnitt 4.6). Die Einführung konformer Maße durch Samuel J. Patterson im Jahr 1976 hat die Untersuchungen von Sullivan über rationale Funktionen (s. Kapitel 2), aber auch die Theorie unendlicher invarianter Maße, wesentlich beeinflusst.

5.1 Maßtheoretische dynamische Systeme

Ein maßtheoretisches dynamisches System besteht aus einem messbaren Raum $(\Omega, \mathcal{B})$, einer messbaren Abbildung $T : \Omega \to \Omega$ und einem nicht-singulärem Maß m. Man schreibt kurz $(\Omega, \mathcal{B}, T, m)$. Dabei heißt m (bzw. T) *nichtsingulär*, wenn $A \in \mathcal{B}$ genau dann eine m-Nullmenge ist, wenn $T^{-1}(A)$ eine m-Nullmenge ist. Das Maß m kann dabei endlich oder σ-endlich sein. Ist es endlich, so wird es stets zu 1 normiert; man betrachtet also in diesem Fall einen Wahrscheinlichkeitsraum $(\Omega, \mathcal{B}, m)$, auf dem eine messbare nicht-singuläre Transformation definiert ist. Ein Maß (bzw. Transformation) ist insbesondere dann nichtsingulär, wenn es *invariant* ist, d.h. wenn für jedes $B \in \mathcal{B}$

$$m(T^{-1}(B)) = m(B)$$

gilt. Die Menge aller T-invarianter Wahrscheinlichkeitsmaße wird mit $\mathcal{M}(T)$ bezeichnet. Ein maßtheoretisches dynamisches System heißt endlich invariant, falls das Maß eine invariante Wahrscheinlichkeit ist. Ein unendliches (σ-endliches), invariantes dynamisches System besitzt ein unendliches (σ-endliches), invariantes Maß. T heißt dann auch *maßtreu*.

Die Primitivität eines solchen Systems wird durch den Begriff der Ergodizität beschrieben. Anschaulich bedeutet er, dass das System nicht in kleinere invariante Teilsysteme zerlegt werden kann.

Definition 64. $(\Omega, \mathcal{B}, T, m)$ *heißt ergodisch, falls jede invariante Menge* $B \in \mathcal{B}$ *das Maß Null oder volles Maß besitzt.* $(B \in \mathcal{B}, T^{-1}(B) = B \Longrightarrow m(B) = 0$ *oder* $m(B^c) = 0.)$

In den meisten Anwendungen ist diese Bedingung schlecht nachprüfbar. Es gibt jedoch eine Reihe von dazu äquivalenten Eigenschaften, die einfacher nachzuweisen sind (vgl. Abschnitt 5.3). Es sei jedoch bereits jetzt darauf hingewiesen, dass Ergodizität gleichbedeutend mit der Eigenschaft ist, dass jede f.s. invariante Menge (i.e. $m(T^{-1}(A)\Delta A) = 0$) volles Maß oder Maß Null besitzt.

Beispiel 73. Sei $\Omega = S^1$ die Einheitskreislinie versehen mit der Borel-schen σ-Algebra. Das (normierte) Lebesgue-Maß $\mathcal{L}$ ist unter einer Rotation $T(z) = z \exp[2\pi i \alpha]$ invariant. Es ist nicht schwer zu sehen, dass $\mathcal{L}$ genau dann ergodisch ist, wenn α irrational ist. Allerdings benötigt man dazu andere Charakterisierungen der Ergodizität, die erst im nächsten Abschnitt bewiesen werden. Allgemeiner, sei Ω eine lokalkompakte Hausdorffsche Gruppe mit (linkem bzw. rechtem) Haar-Maß m ([12], S.354). m ist natürlich invariant für jede Abbildung $x \mapsto gx$, bzw. $x \mapsto xg$. Ist Ω kompakt, so kann m zu 1 normiert werden. Im anderen Fall ist m unendlich. Erdodizität im kompakten abelschen Fall liegt genau dann vor, wenn a^n $(n \in \mathbb{Z})$ eine dichte Folge ist.

Beispiel 74. Seien Ω das Einheitsintervall und $\mathcal{L}$ das Lebesgue-Maß. Dann ist $\mathcal{L}$ nichtsingulär bzgl. jeder stückweise differenzierbaren Abbildung T. In der Tat folgt dies sofort aus $\mathcal{L}(T(A)) = \int_A |T'| d\mathcal{L}$, sofern $T_{|A}$ injektiv ist.

Beispiel 75. In Abschnitt 4.7 wurde gezeigt, dass das Liouville-Maß invariant unter dem Hamiltonschen Fluss ist (Satz 87).

Beispiel 76. Man betrachte $\Omega_X^+ = X^{\mathbb{N}}$ mit der Borelschen σ-Algebra $\mathcal{B}$. Ist μ eine Wahrscheinlichkeitsverteilung auf X, so ist das Produktmaß $m = \mu^{\mathbb{N}}$ invariant unter der Schiebung T; es ist sogar ergodisch, wie später gezeigt wird. Es wird *Bernoulli-Maß* genannt. Allgemeiner kann man ein Markoff-Maß auf Ω definieren, indem man eine Startverteilung μ auf X und eine stochastische Matrix $P = (p_{ij})_{i,j \in X}$ vorgibt[1]. Das Maß m, definiert auf den Zylindermengen durch

$$m([a_0, ..., a_n]) = \mu(a_0)p_{a_0 a_1}...p_{a_{n-1} a_n},$$

nennt man ein *Markoff-Maß.* Es ist stets nichtsingulär, und im Fall, dass μ ein linker Eigenvektor der Matrix P zum Eigenwert 1 ist, ist m auch invariant.

Beispiel 77. Das Haar-Maß auf $\mathbb{T}^d$ ist auch unter jedem Torusautomorphismus invariant. Das folgt aus der Tatsache, dass ein Automorphismus durch eine Matrix definiert wird, die die Determinante Eins besitzt.

Der Nachweis der Existenz und Eindeutigkeit eines invarianten Maßes ist eine der fundamentalen Fragestellungen der Ergodentheorie. Das einfachste Resultat ist der folgende

Satz 90. [KRYLOFF, BOGLIOBOFF] *Ist (Ω, T) ein stetiges dynamisches System mit kompaktem, separablem Ω, so gibt es ein endliches invariantes Maß.*

Beweis. Sei $x \in \Omega$ fest gewählt. Die Folge von Wahrscheinlichkeitsmaßen $\mu_n = \frac{1}{n} \sum_{k=0}^{n-1} \delta_{T^k(x)}$, wobei δ_z die Punktmasse in z bezeichnet, ist nach dem Satz von Helly-Bray ([5], S.59, Satz von Prohoroff) schwach kompakt. Sie besitzt also einen Häufungspunkt m, der sicherlich T-invariant sein muss.

Satz 91. $\mathcal{M}(T)$ *ist konvex und seine Extremalpunkte sind gerade alle ergodischen, invarianten Wahrscheinlichkeitsmaße.*

Beweis. Die Konvexität ist klar.
Seien m nicht ergodisch und $m_B(C) = \frac{m(B \cap C)}{m(B)}$ für $B, C \in \mathcal{B}$. Da es eine invariante Menge A mit $\lambda = m(A) \in (0,1)$ gibt, besitzt m eine nicht triviale Darstellung $\lambda m_A + (1 - \lambda)m_{A^c}$, ist also nicht extremal. Umgekehrt, sei m ergodisch mit nicht trivialer Darstellung $\lambda \mu + (1 - \lambda)\nu$, wobei $0 < \lambda < 1$ und μ, ν invariant und ergodisch sind. Falls es eine Teilmenge A mit $\mu(A) = 0$ und $\nu(A) > 0$ gibt, ist $A_0 = \bigcap_{n=0}^{\infty} T^{-n}A$ f.ü. invariant mit $0 < m(A_0) < 1$, ein Widerspruch zur Ergodizität von m. Es folgt also, dass die Maße μ und ν äquivalent sind. Nach dem Satz von Radon-Nikodym ([12], S.279) besitzen sie eine Dichte f, d.h. $\int \phi d\mu = \int \phi f d\nu$ für $\phi \in \mathrm{L}_1(\mu)$. Für beliebiges $r \in \mathbb{R}$ und $B \subset \{x : f(x) > r\}$ erhält man

---

[1] Es gilt also $p_{ij} \geq 0$ und $\sum_j p_{ij} = 1 \ \forall i$

$$\nu(B) - r\mu(B) = \int_B (f(x) - r)\mu(dx) \geq 0,$$

und in gleicher Weise $\nu(C) \leq r\mu(C)$ für jedes $C \subset F_r = \{x : f(x) \leq r\}$. Dann ist $T^{-1}(F_r) \setminus F_r \subset \{x : f(x) > r\}$. Wegen $\nu(T^{-1}(F_r) \setminus F_r) = \nu(F_r) - \nu(T^{-1}(F_r) \cap F_r) = \nu(F_r \setminus T^{-1}(F_r))$ und der analogen Gleichheit für μ anstelle von ν folgt nun entweder $\nu(T^{-1}(F_r) \setminus F_r) = 0$ oder

$$\nu(T^{-1}(F_r) \setminus F_r) > r\mu(T^{-1}(F_r) \setminus F_r) = r\mu(F_r \setminus T^{-1}(F_r))$$
$$\geq \nu(F_r \setminus T^{-1}(F_r)) = \nu(T^{-1}(F_r) \setminus F_r).$$

Letzteres kann nicht gelten, also ist $\nu(T^{-1}(F_r) \setminus F_r) = \mu(T^{-1}(F_r) \setminus F_r) = 0$, also auch $m(T^{-1}(F_r) \setminus F_r) = 0$. Es folgt also, dass F_r invariant ist und entweder Maß Null oder Eins besitzt. Folglich ist $f = r$ f.s. für ein $r \geq 0$. Wegen $\mu(\Omega) = \nu(\Omega) = 1$ kann die Konstante r nur Eins sein.

Definition 65. *Zwei endliche invariante maßtheoretische dynamische Systeme $(\Omega_i, \mathcal{B}_i, T_i, m_i)$ $(i = 1, 2)$ heißen isomorph, falls es eine messbare Bijektion*[2] *$\Pi : \Omega_1 \to \Omega_2$ gibt, die $m_1 \circ \Pi^{-1} = m_2$ und $\Pi \circ T_1 = T_2 \circ \Pi$ erfüllt.*

Man kann stets annehmen, dass der Definitionsbereich von Π T_1-invariant ist. Der Begriff der Isomorphie führt auf der Menge aller maßtheoretischen dynamischen Systeme eine Äquivalenzrelation ein. Er stellt eine natürliche Erweiterung der Konjugation in der topologischen Dynamik dar: Sind (Ω_i, T_i) $(i = 1, 2)$ konjugiert vermöge des Homöomorphismus $h : \Omega_1 \to \Omega_2$, so definiert dies gleizeitig die Isomorphie der maßtheoretischen dynamischen Systeme $(\Omega_i, \mathcal{B}_i, \mu_i, T_i)$ $(i = 1, 2)$ mit $\mu_1 \in \mathcal{M}(T_1)$ und $\mu_2 = \mu_1 \circ h^{-1}$. In den folgenden Abschnitten werden einige Isomorphieinvarianten definiert. Die Vollständigkeit dieser Invarianten ist in wenigen (aber wichtigen) Spezialfällen bekannt.

Beispiel 78. Man betrachte das Einheitsintervall $\Omega = [0, 1]$ zusammen mit dem Lebesgue-Maß und der Abbildung $T(x) = sx \bmod 1$ $(s \in \mathbb{N})$, und den Schiebungsraum $\Omega_X^+ = X^{\mathbb{N}_0}$, $X = \{0, 1, ..., s - 1\}$, zusammen mit dem Produktmaß $\mu^{\mathbb{N}}$, $\mu(i) = s^{-1}$, und der Schiebung T_X. Beide Systeme sind maßtreu nach den Beispielen 74 und 76. Die Abbildung $\Pi : \Omega_X^+ \to \Omega$, definiert durch $\Pi((x_k)_{k \in \mathbb{N}_0}) = \sum_{k=1}^{\infty} x_{k-1} s^{-k}$, ist ein Isomorphismus.

Definition 66. *Ein Wahrscheinlichkeitsraum $(\Omega, \mathcal{B}, m)$ heißt ein Lebesgue-Raum, wenn er isomorph zum Einheitsintervall mit dem Lebesgue-Maß ist (mit den jeweiligen identischen Abbildungen). Er heißt standard, wenn Ω ein polnischer Raum und $\mathcal{B}$ die zugehörige Borelsche σ-Algebra ist.*

Kuratowskis Isomorphiesatz ([24], Bd. 2, S.448) besagt, dass zwei standard Maßräume stets isomorph sind. Die hier zugrunde liegende Idee überträgt sich unmittelbar auf dynamische Systeme. Man erhält so

---

[2] eine umkehrbar eindeutige, bimessbare, f.ü. definierte Abbildung

Satz 92. *Zwei Transformationen auf Lebesgue-Räumen sind isomorph, falls eine Bijektion $\Phi_0 : \mathcal{B}_1 \to \mathcal{B}_2$ existiert, die die Maße transportiert und mit den Transformationen kommutiert.*

Eine nichtsinguläre Transformation T definiert eine lineare Abbildung $f \mapsto f \circ T$ auf jedem $L_\infty(m)$. Diese wird mit $U = U_T$ bezeichnet und ist eine Isometrie auf $L_p(m)$ im Fall, dass das Maß invariant ist. Ist T zudem invertierbar, so ist U unitärer Operator auf dem komplexen Hilbertraum $L_2(m)$, denn

$$\langle Uf, Ug \rangle = \int f \circ T \overline{g \circ T} \, dm = \langle f, g \rangle.$$

5.2 Ergodensätze

Die Ergodenhypothese postuliert, dass zeitliche und räumliche Mittelungen übereinstimmen. Im Zeit-diskreten Fall kann das Zeitmittel als Mittelwert $\frac{1}{n} S_n f$, $S_n f = f + f \circ T + \ldots + f \circ T^{n-1}$, und das räumliche Mittel als $\int f \, dm$ geschrieben werden. Stochastisch gesehen bedeutet die Gleichheit der Mittel, dass relative Häufigkeiten gegen die wahre Wahrscheinlichkeit konvergieren (von Mises Zugang zur Wahrscheinlichkeitstheorie). Natürlich wird in diesem Fall stets die Unabhängigkeit der Beobachtungen angenommen. Es zeigt sich aber in dem ersten Resultat, dass nur Stationarität und Ergodizität benötigt werden.

Das zentrale Resultat ist der Birkhoffsche Ergodensatz. In Satz 1 wurde bereits eine vereinfachte Form formuliert und bewiesen. Das wird nun allgemein dargestellt. Sei $\mathcal{I}$ die σ-Algebra der invarianten Mengen.

Satz 93. [BIRKHOFF] *Sei $(\Omega, \mathcal{B}, T, m)$ ein maßtheoretisches dynamisches System mit invariantem Wahrscheinlichkeitsmaß m. Dann existiert für jedes integrierbare $f \in L_1(m)$ der Grenzwert*

$$\lim_{n \to \infty} \frac{1}{n} S_n f = E(f | \mathcal{I})$$

f.s. und in $L_1(m)$. Ist T ergodisch, so gilt $E(f|\mathcal{I}) = \int f \, dm$.

Beweis. Der Beweis ist eine erweiterte Fassung des Beweises zum Satz 1. O.E. sei $E(f|\mathcal{I}) = 0$. Seien $\epsilon > 0$ und $F = \limsup_{n \to \infty} \frac{1}{n} S_n f$. Dann ist $D := \{F > \epsilon\} \in \mathcal{I}$ und mit $g = (f - \epsilon) 1_D$ gilt auch $D = \{\sup_{k \in \mathbb{N}} S_k g > 0\}$. Sei $M_n = \max\{0, S_1 g, \ldots, S_n g\}$. Hopfs Maximalungleichung gilt auch allgemein:

$$\begin{aligned}
\int_{M_n > 0} g \, dm &\geq \int_{M_n > 0} M_n - M_n \circ T \, dm \\
&= \int M_n \, dm - \int_{M_n > 0} M_n \circ T \, dm \geq 0.
\end{aligned} \tag{5.1}$$

Mit dem Satz von der dominierten Konvergenz erhält man $\int_D g \, dm \geq 0$ oder

$$\epsilon m(D) \le \int_D f \, dm = \int_D E(f|\mathcal{I}) \, dm = 0.$$

Es folgt $m(D) = 0$, also ist $F \le \epsilon$ f.s. Lässt man nun $\epsilon \to 0$ streben, bedeutet dies $F \le 0$. Die Anwendung dieser Ungleichung auf $-f$ liefert die Behauptung.

Ist T ergodisch, so ist $\mathcal{I}$ trivial und also $E(f|(\mathcal{I})) = \int f \, dm$. Der Beweis der Konvergenz in $L_1(m)$ ist nicht schwer.

Die Abbildung 5.1 zeigt die Approximation im Ergodensatz für die Transformation $T(x) = x + \frac{1}{\sqrt{7}} \bmod 1$, die Indikatorfunktion $f(x) = 1_{(0.25,\,0.5]}(x)$ und den Startwert 0 in Abhängigkeit von der Iterationsstufe n.

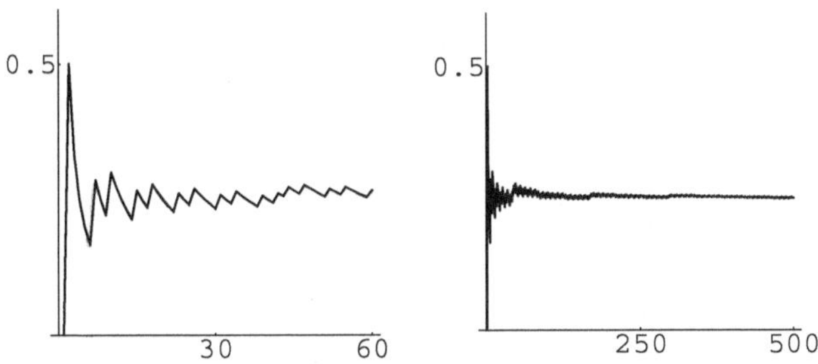

Abb. 5.1. Konvergenz der zeitlichen Mittel im Ergodensatz. Detailansicht links.

Im Birkhoffschen Ergodensatz ist als Spezialfall der Neumannsche Satz für Transformationen enthalten. Er besagt u.a., dass die Konvergenz auch im quadratischen Mittel gilt. Dieses Resultat besitzt eine allgemeinere Formulierung der folgenden Form.

Satz 94. [v. Neumann] *Sei V eine Kontraktion eines Hilbertraumes $\mathcal{H}$ (i.e. $\|V\| \le 1$) und P die Projektion auf den Unterraum aller V-invarianter Vektoren. Dann gilt die Normkonvergenz von $\frac{1}{n} \sum_{k=0}^{n-1} V^k f$ gegen Pf für beliebige $f \in \mathcal{H}$.*

Beweis. Es bezeichne I die Identität auf $\mathcal{H}$. Auf $(V-I)\mathcal{H}$ gilt offenbar $\frac{1}{n} \sum_{k=0}^{n-1} V^k f \to 0$ in Norm, und auf $\mathcal{F} = \{f \in \mathcal{H} : Vf = f\}$ $\frac{1}{n} \sum_{k=0}^{n-1} V^k f = f$. Sei g orthogonal zu $(V-I)\mathcal{H}$. Wegen $0 = \langle g, Vh - h \rangle = \langle V^*g - g, h \rangle$ $(\forall h \in \mathcal{H})$ gilt $V^*g = g$, also auch $Vg = g$. Es folgt also $\mathcal{H} = F \oplus \overline{(V-I)\mathcal{H}}$ und daraus direkt die Aussage des Satzes.

Der Birkhoffsche Ergodensatz ist wiederum eine Konsequenz aus dem Satz von Chacon und Ornstein. An dieser Stelle wird eine einfachere Version formuliert und bewiesen (im Allgemeinen kann die letzte Aussage des folgenden Satzes verschärft werden).

Satz 95. [CHACON, ORNSTEIN] *Seien V eine positive Kontraktion auf $L_1(m)$ und $f, g \in L_1(m)$ mit $g \geq 0$, $g \neq 0$. Es bezeichne $S_n h = \sum_{k=0}^{n-1} V^k h$ ($1 \leq n \leq \infty$) für $h \in L_1(m)$. Dann konvergieren die Quotienten $Q_n(f, g) := \frac{S_n f}{S_n g}$ f.s. auf $\Omega_0 = \{S_\infty g = \infty\}$ gegen einen Grenzwert $Q(f, g)$. Ist $g > 0$ auf Ω und m ergodisch, so ist der Grenzwert*

$$Q(f, g) = \frac{\int f \, dm}{\int g \, dm}.$$

Beweis. Der Beweis folgt dem allgemeinen Prinzip des v. Neumannschen Satzes 94. Man zeigt zunächst die f.s. Konvergenz und identifiziert abschließend den Grenzwert.

Es sei $g \in L_1^+(m)$, $g \neq 0$ fest und o.E. $\int g \, dm = 1$. Sei

$$L = \{\phi g + (I - V)\psi : \forall h \in L_1^+(m) \quad V\phi h = \phi V h; \ \phi \in L_\infty(m), \ \psi \in L_1(m)\}.$$

Man betrachtet zunächst $f \in L$. Wegen

$$Q_n(f, g) = \frac{\phi S_n g + (\psi - V^n \psi)}{S_n g}$$

folgt die fast sichere Konvergenz gegen ϕ aus dem Chacon-Ornstein Lemma:

$$R_n(\psi, g) := \frac{V^n \psi}{S_n g} \to 0 \quad \text{auf } \Omega_0.$$

Um dies zu zeigen, seien $\eta > 0$ und $E_n = \{R_{n+1}(\psi, g) > \eta\}$. Offenbar genügt es zu zeigen, dass $\sum_{n \in \mathbb{N}} 1_{E_n} < \infty$ auf Ω_0 gilt. Da

$$1_{E_n} \eta g + (V^{n+1} \psi - \eta S_{n+1} g)^+ \leq V(V^n \psi - \eta S_n g)^+,$$

folgt durch Integration

$$\eta \int_{E_n} g \, dm \leq \int (V^n \psi - \eta S_n g)^+ - (V^{n+1} \psi - \eta S_{n+1} g)^+ dm.$$

Summiert man nun über n, erhält man

$$\eta \int g \sum_{n=1}^{\infty} 1_{E_n} dm \leq \int (V\psi - \eta g)^+ dm < \infty,$$

und weiterhin, dass $\limsup_{n \to \infty} R_n(\psi, g) \leq \eta$ auf $\{g > 0\}$ gilt. Da der Limes Superior V-invariant auf Ω_0 ist, ist das Chacon-Ornstein Lemma bewiesen, wenn man $\eta \to 0$ streben lässt, und das bisher gezeigte auf $-\psi$ anstelle von ψ anwendet.

Ohne Einschränkung der Allgemeinheit kann man $\Omega_0 = \Omega$ annehmen, denn sonst betrachte man $m_{|\Omega_0}$. Es muss nun als nächstes gezeigt werden, dass

$\overline{L} = L_1(m)$, und dass sich die Konvergenzaussage auf den Abschluss von L übertragen lässt.

Um die erste Behauptung zu verifizieren, zeigt man, dass aus $u \in L_\infty(m)$ und $\int u\phi dm = 0$ für alle $\phi \in L$, schon $u = 0$ folgt. Offenbar gehört jede Funktion $\psi - V\psi$ zu L, daher sind solche u V^*-invariant. Nach folgendem Hilfssatz gehört $ug \in L$, und somit ist $\int u^2 g dm = 0$, d.h. $u = 0$.

Lemma 21. *Ist $V^* u = u$, so folgt $V(uh) = uVh$ auf Ω_0 für alle $h \in L_1^+(m)$.*

Beweis. Sei $V^* v = v \in L_\infty(m)$. Da V^* ein positiver Operator ist, gilt $V^* v^+ \geq (V^* v)^+$, und weiterhin

$$0 \leq \int (V^* v^+ - \max(V^* v, 0)) \sum_{k=0}^{n} V^k g\, dm = \int (V^* v^+ - v^+) \sum_{k=0}^{n} V^k g\, dm$$

$$= \int v^+ (V^{n+1} g - g)\, dm \leq 2\|v\|_{L_\infty(m)} \int g\, dm < \infty.$$

Da mit $n \to \infty$ auch $S_n g$ auf Ω_0 unbeschränkt ist, folgt $V^* v^+ = v^+$. Wegen $\int V\phi\, dm \leq \int \phi\, dm$ ($\phi \in L_1^+(m)$) ist $V^* 1 \leq 1$, und man zeigt in analoger Weise, dass $V^* 1 = 1$ gilt.

Für jedes $a \in \mathbb{R}$ ist also die Funktion $(u-a)^+$ V^*-invariant. Die Indikatorfunktion $1_{\{u \geq a\}}$ ist monotoner Limes der V^*-invarianten Folge $n \min\{(u-a)^+, \frac{1}{n}\}$ und somit selbst invariant. Ebenso ist 1_F mit $F = \{a \leq u < b\}$ für beliebige $a, b \in \mathbb{R}$ V^*-invariant. Die Behauptung des Lemmas erhält man nun aus

$$V(h) = V(1_F h) + V(1_{F^c} h)$$
$$\int_{F^c} V(1_F h)\, dm = 0 = \int_F V(1_{F^c} h)$$
$$V(1_F h) = 1_F V(1_F h) = 1_F (V(h) - V(1_{F^c} h)) = 1_F V(h)$$

und durch Approximation mittels Treppenfunktionen über Mengen der Form von F.

Diese zweite Behauptung erfordert etwas mehr Arbeit. Die folgenden Maximalungleichungen stellen dabei das wesentliche Argument dar. Hopfs Maximalungleichung wurde bereits in Satz 93 benutzt.

Lemma 22. *1. [Wienersche Maximalungleichung] Ist m_g das Wahrscheinlichkeitsmaß $g dm$, so gilt für alle $t > 0$*

$$m_g\left(\{Q^*(f, g) > t\|f\|_{L_1(m)}\}\right) \leq \frac{1}{t},$$

wobei $Q^*(f, g) = \max_{n \in \mathbb{N}} Q_n(f, g)$ gesetzt wird.
2. [Hopfs Maximalungleichung] Sei $f \in L_1(m)$ und $f_n(x) = \sup_{j \leq n} S_j f$. Dann gilt

$$\int_{\{f_n > 0\}} f\, dm \geq 0.$$

Beweis. Man beweist zunächst 2. Es gelten $f_1 = f \leq f_2 \leq \ldots$ und $f_n \leq f + V f_n^+$. Da V eine Kontraktion ist, erhält man die Ungleichung aus

$$\int_{\{f_n > 0\}} f\, dm \geq \int_{\{f_n > 0\}} f_n - V f_n^+\, dm \geq \int f_n^+\, dm - \int V f_n^+\, dm \geq 0.$$

Um 1. zu beweisen, benutzt man 2. in der Form

$$\int_{\{(f - sg)_n > 0\}} f - sg\, dm \geq 0.$$

Da $(f - sg)_n > 0 \iff \max_{1 \leq k \leq n} Q_k(f, g) > s$, folgt die behauptete Abschätzung mit $s = t \|f\|_{L_1(m)}$ und dominierter Konvergenz.

Die zweite Behauptung folgt nun aus dem

Lemma 23. *Die Menge*

$$\mathcal{L} = \{h \in L_1(m) : \; Q_n(h, g) \text{ konvergiert auf } \Omega_0\}$$

ist abgeschlossen.

Beweis. Seien $h \in \overline{\mathcal{L}}$, $\epsilon > 0$ und $h_1 \in \mathcal{L}$ mit $\|h - h_1\|_{L_1(m)} \leq \epsilon^2$ gewählt. Definiert man $\rho(x, \psi) = \limsup_{n, m \to \infty} |Q_n(\psi, g)(x) - Q_m(\psi, g)(x)|$, so gilt $\rho(x, h) = \rho(x, h - h_1)$, und die Wienersche Ungleichung impliziert

$$m_g\left(\{x : \; \rho(x, h) > t \|h - h_1\|_{L_1(m)}\}\right) \leq \frac{1}{2t}.$$

Mit der Wahl $t = \frac{1}{\epsilon}$ ergibt sich

$$m_g\left(\{x : \; \rho(x, h) > \epsilon\}\right) \leq \frac{\epsilon}{2}.$$

Mit $\epsilon \to 0$ folgt die m_g-fast sichere Konvergenz von $Q_n(h, g)$ auf Ω.

Es muss nun abschließend der Grenzwert identifiziert werden, wenn $\Omega = \{g > 0\}$ und m ergodisch sind. Es seien $\mathcal{I}$ die σ-Algebra, die von den V^*-invarianten Funktionen erzeugt wird, und $E(\cdot \,|\, \mathcal{I})$ die bedingte Erwartung bzgl. des Wahrscheinlichkeitsmaßes $g\, dm$. Für $f = \phi g + (I - V)\psi$ erhält man einerseits

$$\int_\Omega h E\left(\frac{f}{g} \,\Big|\, \mathcal{J}\right) g\, dm = \int_\Omega h \phi g\, dm + \int_\Omega h(I - V)\psi\, dm$$

$$= \int_\Omega h \phi g\, dm \qquad h \in L_\infty(m),\, V^* h = h.$$

Wegen $V^* 1 = 1$ gilt andererseits für $h \in L_1(m)$

$$\int \phi h\, dm = \int V^* 1 \cdot \phi h\, dm = \int V(\phi h)\, dm = \int \phi V h\, dm = \int V^* \phi \cdot h\, dm,$$

d.h. die Invarianz $V^*\phi = \phi$. Beides zusammen zeigt, dass ϕ die bedingte Erwartung von $\frac{f}{g}$ gegeben $\mathcal{I}$ ist. Da m ergodisch ist, muss $\mathcal{I}$ trivial sein, also folgt

$$E(\frac{f}{g}|\mathcal{I}) = \int \frac{f}{g} g\,dm = \int f\,dm.$$

Daraus folgt die Identifikation des Grenzwertes für Funktionen in L. Beliebiges f wird durch Funktionen in L approximiert, und diese Approximation zieht sich auf den Grenzwert hinüber.

Der folgende Satz beschäftigt sich mit der Konstruktion invarianter Maße und erlaubt es, diese Maße für R-expandierende dynamische Systeme zu gewinnen. Seien E ein Banachraum mit Norm $\|\cdot\|_E$ und $F \subset E$ ein abgeschlossener Unterraum. F besitze eine weitere Norm $\|\cdot\|_F$, so dass die Identität $I : (F, \|\cdot\|_F) \to (F, \|\cdot\|_E)$ eine Kontraktion ist. Ein stetiger linearer Operator $V : F \to F$ heißt *relativ kompakt*, falls V $\|\cdot\|_F$-beschränkte Mengen in $\|\cdot\|_E$-relativ kompakte Mengen abbildet. Ein Operator V heißt *Potenz-stetig*, falls $\sup_{n\in\mathbb{N}} \|V^n\| < \infty$.

Satz 96. [DOEBLIN, FORTET, IONESCU-TULCEA, MARINESCU] *Sei $V : F \to F$ ein in beiden Normen stetiger und relativ kompakter Operator, der zudem Potenz-stetig in der Norm $\|\cdot\|_E$ ist. Es gelte die Doeblin-Fortet Ungleichung*

$$\|V(x)\|_F \leq r\|x\|_F + R\|x\|_E \quad x \in F \tag{5.2}$$

für Konstanten $0 < r < 1$ und $R \in \mathbb{R}$. Dann besitzt V^n ($n \in \mathbb{N}$) eine Darstellung

$$V^n = \sum_{i=1}^{p} \lambda_i^n V_i + W^n$$

mit den folgenden Eigenschaften

1. *$\lambda_1, ..., \lambda_p \in S^1$ sind Eigenwerte von V, und $V_i : F \to F(\lambda_i)$ Projektionen auf den Eigenraum $F(\lambda_i)$ von λ_i, der endlich-dimensional ist.*
2. *$V_i \circ V_j = 0$ ($1 \leq i \neq j \leq p$), $V \circ V_i = V_i \circ V = \lambda_i V_i$ und $V_i \circ W = W \circ V_i = 0$ ($i = 1, ..., p$).*
3. *$\|W^n\|_F = O(q^n)$ für ein $q < 1$ und jedes $n \in \mathbb{N}$.*

Beweis. 1. Schritt: V ist auch in der $\|\cdot\|_F$-Norm Potenz-stetig. Es gilt durch wiederholte Anwendung der D-F Ungleichung (5.2)

$$\begin{aligned}
\|V^m(x)\|_F &\leq r^m\|x\|_F + R\sum_{j=0}^{m-1} r^j \|V^{m-1-j}(x)\|_E \\
&\leq (r^m + R\sup_{n\in\mathbb{N}}\|V^n\|_E \tfrac{1-r^m}{1-r})\|x\|_F < M\|x\|_F
\end{aligned} \tag{5.3}$$

für eine von m unabhängige Konstante $M \in \mathbb{R}$.

2. Schritt: V besitzt nur endlich viele Eigenwerte vom Betrag 1, und jeder zugehörige Eigenraum hat endliche Dimension.

Sei zunächst $\lambda \in S^1$ ein Eigenwert von V mit Eigenraum $F(\lambda)$. Ist dann $x \in F(\lambda)$, $\|x\|_E \leq 1$, so gilt $\|x\|_F = |\lambda^{-1}|\|V(x)\|_F \leq r\|x\|_F + R$, also auch $\|x\|_F \leq R(1-r)^{-1}$. Somit ist die Einheitskugel des abgeschlossenen Unterraumes $F(\lambda)$ $\|\cdot\|_F$-beschränkt und damit nach Voraussetzung als Bild unter V auch relativ kompakt. Deshalb muss $F(\lambda)$ endlich-dimensional sein. Angenommen, es gibt eine abzählbare Folge λ_i von Eigenwerten von V in S^1 mit dazugehörigen Eigenvektoren x_i $(i \in \mathbb{N})$. Bezeichnet F_n den von den Vektoren $x_1, ..., x_n$ aufgespannten Unterraum, so gilt $(\lambda_n^{-1}V - I)F_n \subset F_{n-1}$, denn

$$\lambda_n^{-1}(c_n V(x_n) + V(x)) - c_n x_n - x = \lambda_n^{-1}V(x) - x \in F_{n-1} \quad x \in F_{n-1}, c_n \in \mathbb{C}.$$

Wählt man nun $z_n \in F_n$ mit $\|z_n\|_E = 1$ und $\|z_n - y\|_E \geq 1/2$ für jedes $y \in F_{n-1}$ ([11], S. 578), so folgt wie in (5.3) für $m \geq 1$

$$\|\lambda_n^{-m}V^m(z_n)\|_F = \|V^m(z_n)\|_F \leq r^m\|z_n\|_F + R(1-r)^{-1}\sup_k \|V^k\|_E$$

$$\lambda_n^{-m}V^m(z_n) - z_n \in F_{n-1}$$
$$\|z_n - \lambda_n^{-m}V^m(z_n) - z_n + \lambda_j^{-t}V^t(z_j)\|_E \geq 1/2 \quad j = 1, 2, ..., n-1, t \in \mathbb{N}.$$

Man kann also eine Folge $m(n) \in \mathbb{N}$ $(n \geq 1)$ so wählen, dass die Familie $\{\lambda_n^{-m}V^m(z_n) : n \geq 1; m \geq m(n)\}$ in der Norm auf F beschränkt ist. Damit ist die Familie in E relativ kompakt. Das widerspricht aber der Tatsache, dass die Punkte der Familie einen Abstand $\geq 1/2$ besitzen, sofern der Index n verschieden ist. Es kann daher nur endlich viele Eigenwerte geben.
3. Schritt: Sei $\lambda \in S^1$ ein Eigenwert von V. Dann konvergiert

$$\lim_{n \to \infty} \frac{1}{n} \sum_{k=1}^{n} (\lambda^{-1}V)^k(x) = V_\lambda(x) \quad x \in F$$

in beiden Normen. V_λ ist die Projektion auf den Eigenraum von λ.
Der Operator $\lambda^{-1}V$ ist Potenz-stetig in der Norm $\|\cdot\|_F$. Daher sind die Vektoren $\frac{1}{n}\sum_{k=0}^{n-1}(\lambda^{-1}V)^k(x)$ norm-beschränkt, also ist ihr Bild auch relativ kompakt in E. Jeder Häufungspunkt z liegt dann in F und ist invariant unter $\lambda^{-1}V$. Mit der Doeblin-Fortet Ungleichung (5.2) und der Invarianz erhält man auch leicht die Konvergenz in der Norm auf F. Sei $\eta > 0$. Es gibt dann $n \in \mathbb{N}$ mit $\|\frac{1}{n}\sum_{k=1}^{n}(\lambda^{-1}V)^k(x) - z\|_F < \eta$, und es ist für beliebige $m \in \mathbb{N}$

$$\|\frac{1}{nm}\sum_{k=1}^{nm}(\lambda^{-1}V)^k(x) - z\|_F \leq \frac{1}{m}\sum_{j=0}^{m-1} \|(\lambda^{-1}V)^{jn}\frac{1}{n}\sum_{k=1}^{n}(\lambda^{-1}V)^k(x) - z\|_F$$
$$\leq \sup_{l \geq 1} \|(\lambda^{-1}V)^l\|_F \eta.$$

Daraus folgt die behauptete Konvergenz. V_λ wird als dieser Limes definiert, der natürlich eine Projektion ist.

4. Schritt: Sei $W = V - \sum_{k=1}^{p} \lambda_k V_k$, wobei $V_k = V_{\lambda_k}$ gesetzt wird. Dann gilt $\|W^n\|_F = O(q^n)$ für ein $q < 1$ und 2.

Es gilt offenbar $V \circ V_i = V_i \circ V = \lambda_i V_i$ und $V_i \circ V_j = 0$ für $1 \le i, j \le p$. Ferner ist $W \circ V_i = V \circ V_i - \lambda_i V_i = 0 = V_i \circ W$ für $i = 1, ..., p$.

Es folgt, dass

$$W^2 = WV = V^2 - \sum_{i=1}^{p} \lambda_i^2 V_i \tag{5.4}$$

und weiterhin per Induktion

$$W^n = V^n - \sum_{i=1}^{p} \lambda_i^n V_i.$$

Hat W einen Eigenwert λ vom Betrag 1 mit einen Eigenvektor x, so muss

$$x = \lambda^{-1} W(x) = \lambda^{-1} V(x) - \sum_{k=1}^{p} (\lambda^{-2} \lambda_k) V_k(W(x)) = \lambda^{-1} V(x)$$

gelten, d.h. x ist Eigenvektor zum Eigenwert λ von V. Das ist aber unmöglich. Es muss nun nur noch gezeigt werden, dass der Spektralradius $\rho = \sup\{|s| : s \in \mathbb{C}, I - sW$ besitzt kein stetiges Inverses$\}$ von W strikt kleiner als 1 ist. Da W Potenz-stetig ist, gilt $\rho \le \|W^n\|_F^{\frac{1}{n}} \le 1$. Die Resolvente $R(t, V) = (tI - W)^{-1}$ existiert für $t > 1$ und besitzt keinen Pol auf S^1, da W keinen Eigenwert in S^1 besitzt. Daher ist für $\lambda \in S^1$ der Operator $\lambda I - W$ injektiv. Er ist aber auch mit folgender Überlegung surjektiv. Man wählt $\lambda_n \to \lambda$, $\lambda_n > 1$. Für $y \in F$ sei dann $z_n \in F$ mit $(\lambda_n I - W)(z_n) = y$ gewählt. Die Normen $\|z_n\|$ sind gleichmäßig beschränkt, und es gilt $z_n = \lambda_n^{-1}(W(z_n) + y)$. Die Folge $\{W(z_n) : n \ge 1\}$ ist somit relativ kompakt, besitzt also eine Häufungspunkt in der Norm auf E, und damit besitzt auch die Folge z_n einen Häufungspunkt $z \in F$, der notwendigerweise $(\lambda I - W)(z) = y$ erfüllt. Mit dem Satz von der offenen Abbildung ([11], S. 55) folgt, dass λ zur Resolventenmenge gehört. Da das Spektrum abgeschlossen ist und im offenen Einheitskreis enthalten ist, gilt $\|W^m\| = O(q^m)$ für ein $\rho < q < 1$.

Beispiel 79. Invariante Maße für R-expandierende dynamische Systeme. Es sei (Ω, T) R-expandierend, also ein expandierendes System mit offener Abbildung T wie in Abschnitt 3.3 definiert. Nach Lemma 9 ist die Anzahl der Urbilder von T lokal konstant, und somit der Frobenius-Perron Operator zu $\phi \in C(\Omega)$,

$$[\mathcal{F}_\phi f](x) = \sum_{T(y)=x} f(y) \exp[-\phi(y)],$$

auf $C(\Omega)$ wohldefiniert. Die Iterierten sind durch

$$\mathcal{F}_\phi^n f(x) = \sum_{T^n(y)=x} f(y) \exp[-S_n \phi(y)]$$

gegeben. Das nächste Lemma ist nicht allzu schwer zu verifizieren und wird im Folgenden benötigt.

Lemma 24.   *1. $\mathcal{F}_\phi$ ist positiv.*

2. Falls $\sup_{n\in\mathbb{N}} \|\mathcal{F}_\phi^n 1\|_\infty < \infty$, ist $\mathcal{F}_\phi$ auch Potenz-beschränkt.

3. Seien μ ein nichtsinguläres Maß und m ein bzgl. μ absolut stetiges T^n-invariantes Maß. Dann ist $m' = \frac{1}{n}\sum_{k=0}^{n-1} m \circ T^{-k}$ T-invariant und absolut stetig bzgl. μ.

4. Für $f, h \in C(\Omega)$ gilt $\mathcal{F}_\phi(f \circ T \cdot h) = f \cdot \mathcal{F}_\phi(h)$.

Es sei $\mathrm{Lip}(s)$ der Raum aller Hölder-stetigen Funktionen auf Ω zum Exponenten s, versehen mit der Norm

$$\|f\| = \|f\|_{\mathrm{Lip}(s)} := D_f + \|f\|_\infty; \qquad D_f := \sup_{x\neq y\in\Omega} \frac{|f(x) - f(y)|}{d(x,y)^s}.$$

Lemma 25. *Seien $f, \phi \in \mathrm{Lip}(s)$. Dann gilt für jedes $n \geq 1$*

$$\left|\mathcal{F}_\phi^n f(x) - \mathcal{F}_\phi^n f(y)\right| \leq \left\{ D_f \Lambda^{-ns} + \|f\|_\infty D_\phi \frac{\Lambda^s}{\Lambda^s - 1}\right\} \|\mathcal{F}_\phi^n 1\|_\infty d(x,y)^s.$$

(Hier ist Λ wie in Lemma 7 erklärt.)

Beweis. Die Urbilder unter T^n stehen in eineindeutiger Zuordnung auf Kugeln vom Radius $a/2\Lambda$: Bezeichnen $x_1, ..., x_s$ sämtliche Urbilder von x und ist $y \in B(x, \frac{a}{2\Lambda})$, so gibt es einen eindeutig bestimmtes Urbild y_i von y mit $d(x_i, y_i) \leq \Lambda^{-n} d(x,y))$. Es folgt unmittelbar

$$\left|\mathcal{F}_\phi^n f(x) - \mathcal{F}_\phi^n f(y)\right| \leq \sum_{i=1}^{s} |f(x_i) - f(y_i)| \exp[-S_n\phi(x_i)]$$

$$+ |f(y_i)| \exp[-S_n\phi(y_i)]\, (1 - \exp[S_n\phi(y_i) - S_n\phi(x_i)]) \qquad (5.5)$$

$$\leq \left\{ D_f \Lambda^{-ns} + \|f\|_\infty D_\phi \frac{\Lambda^s}{\Lambda^s - 1}\right\} \|\mathcal{F}_\phi^n 1\|_\infty d(x,y)^s.$$

Man schließt aus diesem Lemma, dass der Frobenius-Perron Operator auf $\mathrm{Lip}(s)$ operiert, sofern ϕ selbst zu diesem Raum gehört. Bekanntlich ist auch jede norm-beschränkte Menge in $\mathrm{Lip}(s)$ relativ kompakt in $C(\Omega)$. Daher ist Satz 96 auf jede Potenz $\mathcal{F}_\phi^n$ anwendbar, wenn die DF-Ungleichung (5.2) und $\sup_n \|\mathcal{F}_\phi^n 1\|_\infty < \infty$ gelten.

Satz 97. *Sei (Ω, T) ein R-expandierendes dynamisches System. Dann gibt es ein Wahrscheinlichkeitsmaß μ mit $\mathcal{F}_\phi^* \mu = \lambda\mu$. Ist μ positiv auf offenen Mengen, so gibt es ein invariantes Maß m, das absolut stetig bzgl. μ ist und Radon-Nikodym Ableitung $\frac{dm}{d\mu} \in \mathrm{Lip}(s)$ besitzt.*

Beweis. Die Abbildung $\mu \mapsto [\mathcal{F}_\phi^* \mu(\Omega)]^{-1} \mathcal{F}_\phi^* \mu$ ist stetige Abbildung des (schwach) kompakten und konvexen Raumes aller normierten Maße in $C(\Omega)^*$. Daher besitzt sie einen Fixpunkt μ (Satz von Schauder und Tychonoff, [11], S.456). Durch Übergang zu $\phi + \log \lambda$ kann $\lambda = 1$ angenommen werden. Sei U_i eine Zerlegung von Ω in Mengen positiven Maßes und mit Durchmesser $< a/\Lambda$. Die Ungleichung (5.5), angewendet auf $f = 1$, liefert dann eine Konstante K mit

$$\max_i \sup_{x,y \in U_i} \frac{\mathcal{F}_\phi^n f(x)}{\mathcal{F}_\phi^n f(y)} \leq K,$$

somit ist

$$1 = \int d\mathcal{F}_\phi^{n*} \mu \geq K^{-1} \sum_i \mu(U_i) \mathcal{F}_\phi^n 1(y_i)$$

für beliebige $y_i \in U_i$. Daher gilt $\sup_n \|\mathcal{F}_\phi^n 1\|_\infty < \infty$. Wegen Lemma 25 ist aber auch Satz 96 für ein hinreichend großes n anwendbar, und es gibt ein $h \in \mathrm{Lip}(s)$ zum Eigenwert 1 von $\mathcal{F}_\phi^n$. Für beliebige stetige Funktionen f gilt daher

$$\int f \circ T^n \cdot h \, d\mu = \int f \circ T^n \cdot h \, d\mathcal{F}_\phi^{n*} \mu = \int \mathcal{F}_\phi^n (f \circ T^n \cdot h) d\mu$$

$$= \int f \cdot \mathcal{F}_\phi^n(h) d\mu = \int f \cdot h \, d\mu,$$

d.h. $h d\mu$ ist T^n-invariant, und der Satz folgt mit Lemma 24.

5.3 Ergodizität und Mischung

Ein maßtheoretisches dynamisches System ist ergodisch, wenn es keine nicht triviale Zerlegung in invariante Teilmengen zulässt (Definition 64).

Beispiel 80. Sei $T(z) = e^{2\pi i \alpha} z$ eine Rotation der S^1. Ist $\alpha = \frac{p}{q}$ rational (p und q seien teilerfremd), so sind für $z \in S^1$ die Punkte $T^j(z)$ mit $j = 0, 1, 2, ..., q-1$ alle verschieden. Das Maß $m(\{T^j(z)\}) = \frac{1}{q}$ ist invariant und ergodisch, denn eine Bahn lässt sich nicht weiter in invariante, nicht triviale Bestandteile zerlegen.

Ist α irrational, so ist das Lebesgue-Maß $\mathfrak{L}$ invariant. Nach dem Ergodensatz 93 gilt $\frac{1}{n} S_n f \to E(f|\mathcal{I})$ fast sicher für jede stetige Funktion $f : S^1 \to \mathbb{R}$. $\mathbb{Z}$ operiert auf S^1 gleichmäßig fastperiodisch und daher auch gleichmäßig stetig (s. auch Definition 23 und Satz 34). Daher ist die Grenzfunktion von $\frac{1}{n} S_n f$ stetig, sofern f selbst stetig ist (vgl. Satz von Borel 2). Da dieser Grenzwert auf Bahnen konstant ist, folgt, dass $E(f|\mathcal{I})$ für jede stetige Funktion f konstant ist. Das bedeutet aber, dass $\mathcal{I}$ trivial ist, d.h. $\mathfrak{L}$ ist ergodisch.

Im Fall endlicher, invarianter Maße kann Ergodizität in vielfältiger Weise charakterisiert werden. L_p-Räume sind hier stets als Banachräume über dem Körper $\mathbb{C}$ zu verstehen.

Satz 98. *Äquivalent zur Ergodizität ist jede der folgenden Eigenschaften*

1. Für alle $A, B \in \mathcal{B}_+ := \{B \in \mathcal{B} : m(B) > 0\}$ ist $\sup_{n \in \mathbb{N}} m(A \cap T^{-n} B) > 0$.
2. Ist f messbar und $U_T f = f$, so ist f f.ü. konstant.
3. Ist $f \in L_2(m)$ und $U_T f = f$, so ist f f.ü. konstant.
4. Für alle $f, g \in L_2(m)$ gilt

$$\lim_{n \to \infty} \frac{1}{n} \sum_{k=0}^{n-1} \langle U_T^k f, g \rangle = \langle f, 1 \rangle \langle 1, g \rangle.$$

5. Der Eigenwert 1 von U_T besitzt die Vielfachheit 1.

Beweis. Die Behauptungen ergeben sich unmittelbar aus folgenden Schlüssen zusammen mit einigen trivialen Implikationen.
1. Sei $B_\infty = \bigcap_{n=1}^{\infty} B_n$, wobei $B_n = \bigcup_{k=n}^{\infty} T^{-k}(B) = T^{-n+1}(B_1)$ gesetzt wird. Da T maßtreu ist, gilt $m(B_n) = m(B_1)$. Wegen $B_n \subset B_{n-1}$ ist damit B_∞ eine invariante Menge von positivem Maß, also vom Maß 1.
2. „Ergodizität $\Rightarrow$ 2." Sei $\Omega_{kn} = \{x \in \Omega : k2^{-n} \leq f(x) < (k+1)2^{-n}\}$. Diese Menge ist f.s. invariant; die paarweise Disjunktheit der Ereignisse für $k \in \mathbb{Z}$ und die Ergodizität implizieren, dass $m(\Omega_{kn}) = 1$ für ein $k = k(n)$ gilt. Lässt man $n \to \infty$ streben, folgert man die Konstanz von f.
3. „3. $\Rightarrow$ Ergodizität" Es sei E eine invariante Menge. Dann ist 1_E eine quadrat-integrierbare f.s. invariante Funktion, also konstant gleich 1 oder 0 f.s.
4. Der Ergodensatz liefert $\frac{1}{n} S_n f \to \int f \, dm = \langle f, 1 \rangle$. Multiplikation mit $g \in L_\infty(m)$ und Integration liefert die Behauptung 4. für beschränkte g. Beliebige quadrat-integrierbare Funktionen g approximiert man durch beschränkte.
5. Der Kern der linearen Abbildung $U_T - I$ hat Dimension 1, falls T ergodisch ist, denn er besteht nur aus konstanten Funktionen nach 3.. Umgekehrt: Besitzt dieser Kern die Dimension 1, so ist er durch die konstanten Funktionen schon vollständig erklärt.

Definition 67. *Ein endliches, maßtreues dynamisches System $(\Omega, \mathcal{B}, T, m)$ heißt schwach mischend, falls für alle $f, g \in L_2(m)$*

$$\lim_{n \to \infty} \frac{1}{n} \sum_{k=0}^{n-1} \left| \langle U_T^k f, g \rangle - \langle f, 1 \rangle \langle 1, g \rangle \right| = 0.$$

Es heißt mischend, falls für alle $f, g \in L_2(m)$

$$\lim_{n \to \infty} \langle U_T^n f, g \rangle = \langle f, 1 \rangle \langle 1, g \rangle.$$

Aus Definition 67 und Satz 98 ist unmittelbar klar, dass Ergodizität eine schwächere Eigenschaft als schwache Mischung ist, und letztere wiederum schwächer als Mischung ist. Dies wird in der Abbildung 5.2 verdeutlicht. Die

Abb. 5.2. Vergleich von Ergodizität und Mischung

dort benutzten Transformationen sind Abbildungen des (flachen) Torus $\mathbb{T}^2$ in sich und stellen (von links nach rechts gesehen) die Abbildungen

$$T_1((x,y)) = (x + \sqrt{2}, y + \sqrt{3}) \bmod \mathbb{Z}^2 \quad (x,y) \in \mathbb{T}^2,$$
$$T_2((x,y)) = (x + 2y, x + y) \bmod \mathbb{Z}^2 \quad (x,y) \in \mathbb{T}^2 \quad \text{und}$$
$$T_3((x,y)) = (3x + 2y, x + 3y) \bmod \mathbb{Z}^2 \quad (x,y) \in \mathbb{T}^2$$

dar. Die vierzigmalige Iteration des Quadrats $\{(x,y) : 0 \leq x, y \leq 0.1\}$ unter diesen Transformationen ist in Abbildung 5.2 dargestellt. Während die erste Abbildung lediglich ergodisch ist, ist die zweite ein hyperbolischer Torusautomorphismus und damit mischend (sie ist sogar Bernoulli (s. Abschnitt 5.5)). Die dritte Transformation ist ebenfalls mischend als Torusendomorphismus (sie ist sogar exakt). Der Unterschied im Erscheinungsbild liegt an der Approximation der verschiedenen stabilen Mannigfaltigkeiten durch die Vorwärtsiteration.

Interessant ist der folgende Zusammenhang, der als Analogon zu Satz 36 betrachtet werden kann. Es bezeichne $\mathcal{B} \otimes \mathcal{B}$ und $m \otimes m$ die Produkt-σ-Algebra und das Produktmaß auf $\Omega \times \Omega$.

Satz 99. *Die folgenden Aussagen sind äquivalent:*

1. *$(\Omega, \mathcal{B}, T, m)$ ist schwach mischend.*
2. *$(\Omega \times \Omega, \mathcal{B} \otimes \mathcal{B}, T \times T, m \otimes m)$ ist ergodisch.*
3. *$(\Omega \times \Omega, \mathcal{B} \otimes \mathcal{B}, T \times T, m \otimes m)$ ist schwach mischend.*

Beweis. Man muss nur 2.⇒1. und 1.⇒3. zeigen.
Sind $A, B \in \mathcal{B}$, so folgt aus 2., Satz 98(4) und der Cauchy-Schwarzschen Ungleichung

$$\left(\frac{1}{N} \sum_{i=0}^{N-1} \left| m(B \cap T^{-i}(A)) - m(A)m(B) \right| \right)^2$$

$$\leq \frac{1}{N} \sum_{i=0}^{N-1} \left| m(B \cap T^{-i}(A)) - m(A)m(B) \right|^2$$

$$= \frac{1}{N} \sum_{i=0}^{N-1} m(B \cap T^{-i}(A))^2 - m(A)^2 m(B)^2$$

$$-2[m(B \cap T^{-i}(A)) - m(A)m(B)]m(A)m(B)$$

$$\to 0.$$

Zum Beweis der zweiten Aussage seien $A, B, C, D \in \mathcal{B}$. Zunächst gilt

$$\frac{1}{N} \sum_{n=0}^{N-1} \left| m \otimes m(C \times D \cap (T \times T)^{-n}(A \times B)) \right.$$

$$\left. -m \otimes m(A \times B)m \otimes m(C \times D) \right|$$

$$\leq \frac{1}{N} \sum_{n=0}^{N-1} \left| m(C \cap T^{-n}(A)) - m(A)m(C) \right| m(D \cap T^{-n}(B))$$

$$+\frac{1}{N} \sum_{n=0}^{N-1} \left| m(D \cap T^{-n}(B)) - m(B)m(D) \right| m(A)m(C)$$

$$\to 0.$$

Die schwache Mischungseigenschaft von $T \times T$ gilt also für alle Rechtecke, und Approximation beliebiger integrabler Funktionen durch Elementarfunktionen über Rechtecke liefert die schwache Mischung von $T \times T$ unter $m \otimes m$.

Ist H ein separabler komplexer Hilbertraum mit Skalarprodukt $\langle \cdot, \cdot \rangle$, und $U : H \to H$ ein unitärer Operator, so ist für jedes $f \in H$ die Funktion $\langle U^n f, f \rangle$ positiv definit und besitzt nach dem Satz von Herglotz ([8], S.242) eine Darstellung der Form

$$\langle U^n f, f \rangle = \int_{S^1} z^n \mu_f(dz) \quad n \in \mathbb{Z}.$$

μ_f ist ein eindeutig bestimmtes Maß auf S^1, das sog. *Spektralmaß* von f. Die Spektraltheorie für normale Operatoren in einem Hilbertraum (s. [11], Kapitel X) liefert in dem hier interessierenden Fall das folgende Theorem.

Satz 100. *Es gibt ein eindeutig bestimmtes Maß $\mu = \mu_U$, das die Familie $\{\mu_f : f \in H\}$ dominiert. Ferner ist jedes Maß $\nu \ll \mu$ als ein μ_g mit $g \in H$ darstellbar, und es gibt eine Abbildung $s : H \times H \to \mathrm{L}_1(\mu)$ mit*

$$\langle U^n f, g \rangle = \int_{S^1} z s_{f,g}(z) \mu(dz).$$

Man nennt μ_U den Spektraltyp von U, und im Fall $U = U_T$ den Spektraltyp von T. T besitzt ein stetiges Spektrum, wenn U_T, eingeschränkt auf die Funktionen f mit verschwindendem Integral, d.h. $\int f\,dm = 0$, ein stetiges Spektrum besitzt. Da das Punktspektrum einer maßtreuen Transformation in S^1 enthalten ist und Eigenfunktionen f zu Eigenwerten $\neq 1$ verschwindendes Integral besitzen, hat T genau dann ein stetiges Spektrum, wenn es keinen Eigenwert $\neq 1$ gibt.

Satz 101. *Der Spektraltyp μ einer Transformation T besitzt genau dann ein Atom in $z \in S^1$, wenn z ein Eigenwert von U_T ist. T besitzt genau dann ein stetiges Spektrum, wenn μ keine Atome außer in $z = 1$ besitzt. Das ist genau dann der Fall, wenn T schwach mischend ist.*

Beweis. Ist $z \in S^1$ ein Atom von μ, so gibt es ein $f \in \mathrm{L}_2(m)$ mit $\langle U^n f, f\rangle = z^n$ für $n \in \mathbb{Z}$. Das bedeutet aber, dass $Uf = zf$ gilt.
Nach der Vorbemerkung muss also nur der zweite Teil gezeigt werden, dass schwache Mischung eine Spektraleigenschaft ist.
Seien T schwach mischend und λ ein Eigenwert mit Eigenfunktion f. Für $\lambda \neq 1$ ist $\int f\,dm = 0$. Weiterhin erhält man mit der schwachen Mischung

$$\|f\|_{\mathrm{L}_2(m)} = \frac{1}{N}\sum_{i=0}^{N-1} |\lambda^i|\|f\|_{\mathrm{L}_2(m)} = \frac{1}{N}\sum_{i=0}^{N-1} |\langle \lambda^i f, f\rangle|$$
$$= \frac{1}{N}\sum_{i=0}^{N-1} |\langle U^i f, f\rangle| \to 0.$$

Also ist $f = 0$, und es muss $\lambda = 1$ gelten. Da T aber auch ergodisch ist, und der Eigenwert dann die Vielfachheit 1 nach Satz 98 haben muss, besitzt T stetiges Spektrum.
Umgekehrt habe T ein stetiges Spektrum. Sei f orthogonal zu den Konstanten, also $\int f\,dm = 0$. Dann gilt für $g \in \mathrm{L}_2(m)$

$$\frac{1}{N}\sum_{i=0}^{N-1} |\langle U^i f, g\rangle|^2 = \frac{1}{N}\sum_{i=0}^{N-1} \left|\int_{S^1} z^i s_{f,g}(z)\,d\mu(z)\right|^2$$
$$= \frac{1}{N}\sum_{i=0}^{N-1} \int\int_{S^1\times S^1} (z\overline{y})^i s_{f,g}(z)s_{f,g}(y)\mu(dz)\mu(dy) \to 0$$

mit dem Satz von der majorisierten Konvergenz, da das Maß $s_{f,g}\mu$ keine Atome besitzt. Also ist T schwach mischend.

Beispiel 81. 1. Die irrationale Rotation T um den Winkel α ist nicht schwach mischend, denn die Funktion $f_n(z) = z^n$ ist eine Eigenfunktion zum Eigenwert $\lambda_n = e^{2\pi i\alpha n}$. Der zu T gehörige Spektraltyp besitzt also Atome in Punkten $\neq 1$.

2. Sei m ein invariantes Markoff-Maß auf Ω_X^+, gegeben durch eine endliche Menge X, einen Startvektor $p = (p_i)_{i \in X}$ und eine aperiodische Übergangsmatrix $P = (p_{ij})_{i,j \in X}$. Dann gilt

$$m([a_0, ..., a_s] \cap T^{-n-s}([b_0, ..., b_t])) = p_{a_0} p_{a_0 a_1} ... p_{a_{s-1} a_s} p^n_{a_s b_0} p_{b_0 b_1} ... p_{b_{t-1} b_t}$$

$$= m([a_0, ..., a_s]) m([b_0, ..., b_t]) \frac{p^n_{a_s b_0}}{p_{b_0}}.$$

Hier bezeichnet p^n_{ij} das Element der Matrix P^n in der i-ten Zeile und j-ten Spalte. Nach dem Konvergenzsatz für aperiodische Matrizen konvergiert p^n_{ij} gegen die j-te Koordinate des linken Eigenvektors von P. Es folgt also $m(A \cap T^{-n}(B)) \to m(A)m(B)$ für Zylindermengen A und B. Approximation beliebiger messbarer Mengen durch endliche disjunkte Vereinigungen von Zylindermengen zeigt diese Konvergenz für beliebige messbare Mengen A und B. m ist also mischend, insbesondere schwach mischend und ergodisch. Als Spezialfall erhält man natürlich die Mischung der Bernoulli-Maße, die aber auch direkt aus der Unabhängigkeit der Koordinatenabbildungen folgt.

Ein weiterer Mischungstyp wird über die Tail-σ-Algebren von Transformationen definiert. Dazu zählt Exaktheit (s. Definition 12). Die folgende Approximationsmethode kann ebenfalls als eine solche Eigenschaft angesehen werden. Eine invariante σ-Algebra $\mathcal{B}_0 \subset \mathcal{B}$ definiert eine monotone Familie von Unterräumen in $\mathrm{L}_2(m)$ durch $\mathrm{L}_2(T^{-k}\mathcal{B}_0) = U^k \mathrm{L}_2(\mathcal{B}_0)$. (Hier bezeichnet $\mathrm{L}_2(\mathcal{F})$ den Raum aller quadrat-integrierbaren Funktionen, die $\mathcal{F}$-messbar sind.) Sei $G(\mathcal{B}_0)$ die Menge aller Funktionen $g \in U^k \mathrm{L}_2(\mathcal{B}_0) \ominus U^l \mathrm{L}_2(\mathcal{B}_0)$ für Indizes $k \leq l$. Im Fall eines Endomorphismus gibt es eine kanonische invariante σ-Algebra, nämlich $\mathcal{B}$ selbst. Es sein P_k die Projektion auf $U^k \mathrm{L}_2(\mathcal{B}_0)$. Der folgende Satz ist für Endomorphismen formuliert. Er besitzt ebenfalls eine Fassung für Automorphismen. Im Falle eines Automorphismus ersetzt man $\mathcal{B}$ durch $\mathcal{B}_0$ und nimmt f $\mathcal{B}_0$-messbar.

Satz 102. [GORDIN] *Es sei $(\Omega, \mathcal{B}, T, m)$ ein ergodischer Endomorphismus. Dann existiert für jede Funktion $f \in \mathrm{L}_2(m)$, die der Bedingung*

$$\inf_{g \in G(\mathcal{B})} \limsup_{n \to \infty} n^{-1/2} \|S_n(f - g)\|_{\mathrm{L}_2(m)} = 0 \tag{5.6}$$

genügt, der Grenzwert $\sigma_f^2 = \lim_{n \to \infty} n^{-1/2} \|S_n f\|^2_{\mathrm{L}_2(m)}$, und es gilt der zentrale Grenzwertsatz mit Grenzverteilung $\mathcal{N}(0, \sigma_f^2)$.

Die letzte Aussage des Satzes bedeutet die Konvergenz

$$\lim_{n \to \infty} m(\{x \in \Omega : \frac{1}{\sqrt{n}} S_n f(x) \leq t\}) = \frac{1}{\sqrt{2\pi\sigma_f^2}} \int_{-\infty}^{t} \exp[-u^2/2\sigma_f^2] du$$

für jedes $t \in \mathbb{R}$, falls $\sigma_f > 0$ gilt. Ist $\sigma_f = 0$, so liegt Konvergenz gegen 0 oder 1 vor, je nachdem $t < 0$ oder $t > 0$ ist. Letzteres ist gleichbedeutend mit

Konvergenz in Wahrscheinlichkeit gegen 0 ([8], S.33). Die Abbildung 5.3 zeigt die Konvergenz für die Partialsummen $\frac{1}{\sqrt{n}}S_n f$. Ein Histogramm ist die Darstellung der Häufigkeitsverteilung dieser Funktion, wenn mit verschiedenen randomisierten Startwerten begonnen wird.

Beweis. Es bezeichne $\|\cdot\|_2$ die Norm in $L_2(m)$ und $\tilde{P}_l$ die Projektion auf den Unterraum $U^l L_2(\mathcal{B}) \ominus U^{l+1} L_2(\mathcal{B})$. Seien $\epsilon > 0$ und $g \in G(\mathcal{B})$ so gewählt, dass $\limsup_{n\to\infty} n^{-1/2}\|S_n(f-g)\|_2 < \epsilon$. Man beachte, dass der adjungierte Operator U^* den Unterraum $L_2(\mathcal{B}_k) \ominus L_2(\mathcal{B}_{k+1})$ auf $L_2(\mathcal{B}_{k-1}) \ominus L_2(\mathcal{B}_k)$ abbildet. Deswegen ist $U^{*k}\tilde{P}_k g \in L_2(\mathcal{B}) \ominus U L_2(\mathcal{B})$. Wegen

$$f = g + f - g = \sum_{l=0}^{\infty} \tilde{P}_l g + f - g$$

$$= \sum_{l=0}^{\infty} U^{*l}\tilde{P}_l g + \sum_{l=0}^{\infty}\sum_{j=0}^{l-1} U^{*j}\tilde{P}_l g - U^*\left(\sum_{l=0}^{\infty}\sum_{j=0}^{l-1} U^{*j}\tilde{P}_l g\right) + f - g$$

kann man f in der Form $f = h + h_1 - U^* h_1 + f - g$ schreiben, so dass $h \in L_2(\mathcal{B}) \ominus U^* L_2(\mathcal{B})$ und

$$n^{-1/2}\|S_n(f-h)\|_2 \leq n^{-1/2}\|h_1 - U^n h_1\|_2 + n^{-1/2}\|S_n(f-g)\|_2$$

gelten. Somit besitzen $n^{-1/2}S_n f$ und $n^{-1/2}S_n h$ dieselbe Grenzverteilung, wenn $n \to \infty$ und $g \to f$ streben. Für den Prozess $(U^k h)_{k\geq 0}$ gilt, dass $U^k h$ $\mathcal{B}_k$-messbar ist, und für jede $\mathcal{B}_{k+1}$-messbare Funktion u gilt $\int u U^k h \, dm = 0$. Also ist der Prozess eine Martingaldifferenzenfolge ([17], S.58) und besitzt eine Normalverteilung als Grenzwert mit Varianz $\sigma_h^2 = \|h\|_2^2$. Für zwei approximierende Funktionen $h, h' \in G(\mathcal{B})$ gilt zudem

$$|\sigma_h - \sigma_{h'}| \leq \|h - h'\|_2 = \limsup_{n\to\infty} n^{-1/2}\|S_n(h-h')\|_2$$

$$\leq \limsup_{n\to\infty} n^{-1/2}\left(\|S_n(f-h)\|_2 + \|S_n(f-h')\|_2\right) \to 0$$

wenn $h, h' \to f$. Also existiert $\sigma_f^2 = \lim_{n\to\infty} n^{-1/2}\|S_n f\|_2^2$, und $n^{-1/2}S_n f$ konvergiert in Verteilung gegen die Normalverteilung mit Erwartung Null und Varianz σ_f^2 (der degenerierte Fall eingeschlossen).

Korollar 14. *Die Bedingung* (5.6) *des Satzes gilt für* $f \in L_{2+\delta}(m)$ *($\delta \geq 0$)*, *wenn*

$$\sum_{k\geq 0} \|P_k f\|_{2+\delta} < \infty.$$

Hier ist $\|h\|_p = \|h\|_{L_p(m)}$ *zur Abkürzung gesetzt.*

Beweis. Sei $f_k = P_k f$. Dann gilt $f - f_k \in G(\mathcal{B})$, und mit der Hölderschen Ungleichung im Fall $\delta > 0$ (für $\delta = 0$ nimmt man die Cauchy-Schwarzsche Ungleichung) folgt

$$\limsup_{n\to\infty} n^{-1}\|S_n P_k f\|_2^2 = \limsup_{n\to\infty} n^{-1} \sum_{i=0}^{n-1}\sum_{j=0}^{n-1} \langle U^i P_k f, U^j P_k f\rangle$$

$$\leq 2\limsup_{n\to\infty} n^{-1} \sum_{i=0}^{n-1}\sum_{j=0}^{i} \langle U^{i-j} P_k f, P_k f\rangle$$

$$\leq 2\limsup_{n\to\infty} n^{-1} \sum_{i=0}^{n-1}\sum_{j=0}^{n-1} \|P_{k+j} f\|_{2+\delta}\|P_k f\|_{\frac{2+\delta}{1+\delta}}$$

$$\leq 2\|f\|_{\frac{2+\delta}{1+\delta}} \sum_{i=k}^{\infty} \|P_i f\|_{2+\delta}.$$

Beispiel 82. Die Approximation der Verteilung der Partialsummen $S_n f$ durch eine Normalverteilung wird in der Abbildung 5.3 anhand der β-Transformation $T(x) = 2.3x \bmod 1$ dargestellt. Die Funktion $\frac{1}{\sqrt{60}} S_{60} I$ (I bezeichnet wie üblich die identische Abbildung) wurde an 300 Punkten berechnet und dann das Histogramm gezeichnet. Man kann letzteres gut durch die Dichte einer Normalverteilung approximieren.

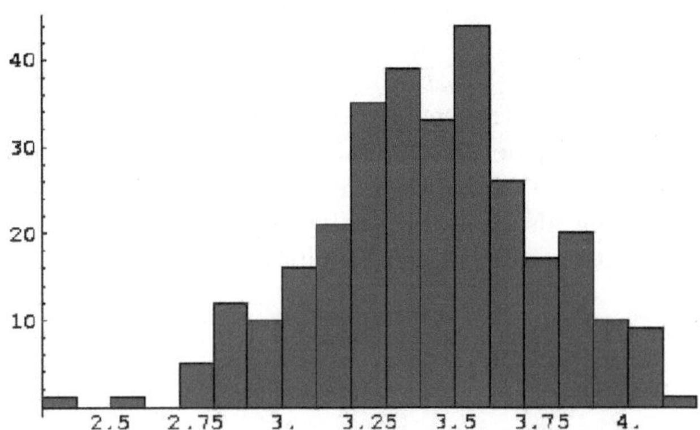

Abb. 5.3. Histogramm der Verteilung von $\frac{1}{\sqrt{n}} S_n f$

Beispiel 83. Seien (Ω, T) ein R-expandierendes dynamisches System und ϕ eine Hölder-stetige Funktion mit Exponenten s. Sei m ein unter $\mathcal{F}_\phi^*$ invariantes Maß, das auch T-invariant und mischend ist. In Beispiel 79 und den folgenden Sätzen wurde gezeigt, dass $\mathcal{F}_\phi^n$ ($n \geq 0$) eine Zerlegung wie in Satz 96 besitzt. Aus der Mischung von m folgt die weitere Reduzierung der Darstellung zu $\mathcal{F}_\phi^n f = \int f\, dm + W^n f$. Sei $f \in \mathrm{Lip}(s)$ mit $\int f\, dm = 0$ beliebig. Die bedingte Erwartung $E(f|T^{-k}\mathcal{B})$ ist dann durch $U_T^k \mathcal{F}_\phi^k f$ gegeben, denn für $g \in \mathrm{L}_\infty(m)$ gilt

$$\int g \circ T^k U_T^k \mathcal{F}_\phi^k f \, dm = \int g \mathcal{F}_\phi^k f \, dm = \int \mathcal{F}_\phi^k [f \cdot g \circ T^k] \, dm = \int f \cdot g \circ T^k \, dm.$$

Da die bedingte Erwartung $E(f|T^{-k}\mathcal{B})$ auch die orthogonale Projektion auf den Unterraum $L_2(T^{-k}\mathcal{B})$ ist, folgt der zentrale Grenzwertsatz für $S_n f$ aus Korollar 14 und der Abschätzung

$$\mathcal{F}_\phi^k f(T^k(x)) = W^k f(T^k(x)) = O(q^k).$$

5.4 Information und Entropie

Die wichtigste Isomorphie-Invariante der Ergodentheorie ist die Kolmogoroff-sche Entropie. Ursprünglich geht dieser Begriff (als mathematisch wohldefiniertes Konzept) auf Shannon zurück, der ihn in Zusammenhang mit Kapazitäten bei Informationsaustausch benutzte. Ist $\mathcal{A}$ ein endliches Alphabet, so besteht das Problem der Informationstheorie darin, Wörter einer festen Länge so zu übertragen, dass die Gegenstelle eindeutig dekodieren kann. Dabei kommt es wesentlich auf die innere Struktur der Sprache an (etwa kann im Deutschen ein ‚c‘ nicht vor einem ‚n‘ stehen), die durch eine Informationsgröße gemessen wird (vgl. Abschnitt 2.2 und den Zusammenhang mit Zerlegungen in Abschnitt 2.1).

Im Folgenden sei $(\Omega, \mathcal{B}, T, m)$ ein endlich invariantes dynamisches System, also m ein Wahrscheinlichkeitsmaß. Eine (messbare) Zerlegung α ist eine paarweise disjunkte Familie von messbaren Mengen $A \in \mathcal{B}$, so dass $\sum_{A \in \alpha} m(A) = m(\Omega) = 1$; insbesondere ist α f.ü. durch eine endliche oder abzählbare Familie von paarweise disjunkten, messbaren Mengen von positivem Maß erklärt. Sei $\mathcal{Z}$ die Menge aller dieser Zerlegungen von Ω.

Definition 68. *Seien $\alpha \in \mathcal{Z}$ eine messbare Zerlegung und $\mathcal{F} \subset \mathcal{B}$ eine Unter-σ-Algebra. Die Funktion[3]*

$$I(\alpha|\mathcal{F}) := - \sum_{A \in \alpha} 1_A \log[m(A|\mathcal{F})]$$

wird als (bedingte) Information von α unter $\mathcal{F}$ bezeichnet. Ihr Integral $H(\alpha|\mathcal{F})$ heißt die bedingte Entropie von α unter $\mathcal{F}$. Ist $\mathcal{F}$ die triviale σ-Algebra $\mathcal{N}$, so heißen $I(\alpha) = I(\alpha|\mathcal{N})$, bzw. $H(\alpha) = H(\alpha|\mathcal{N})$, die Information, bzw. Entropie, von α.

Offensichtlich ist $I(\alpha|\mathcal{F})$ stets wohldefiniert mit Werten in $[0, \infty]$, und die bedingte Information (und damit auch die bedingte Entropie) ändert sich f.s. nicht, wenn sich die Zerlegung f.s. nicht ändert. Deshalb können Informations- und Entropiefunktionen auf dem Äquivalenzklassenraum $\mathcal{Z} \bmod m$ definiert werden. Dieser feine Unterschied soll jedoch aus Gründen der übersicht-

---

[3] $m(A|\mathcal{F})$ steht für die bedingte Wahrscheinlichkeit von A bzgl. $\mathcal{F}$.

licheren Darstellung nicht verfolgt werden, und man definiert deshalb $\mathcal{Z}^* := \{\alpha \in \mathcal{Z} : I(\alpha) \in \mathrm{L}_1(m)\}$.

Die nächste Proposition ist Grundlage für die Entwicklung der Entropietheorie. Ist eine σ-Algebra von einer Zerlegung α erzeugt, so schreibt man statt $\sigma(\alpha)$ der Einfachheit halber auch nur α. Ferner bezeichnet $\alpha \vee \beta$ die gemeinsame Verfeinerung von α und β. Analog sollen $\bigvee_{i=1}^{n} \alpha_i = \alpha_1 \vee ... \vee \alpha_n$ und $\alpha_0^n = \bigvee_{i=0}^{n-1} T^{-i}\alpha$ verstanden werden.

Proposition 20. *Seien $\alpha, \beta, \gamma \in \mathcal{Z}$ Zerlegungen und $\mathcal{F} \subset \mathcal{B}$ eine σ-Algebra.*

1. *$I(\alpha|\mathcal{F}) \geq 0$ f.s.*
2. *Genau dann ist $I(\alpha|\mathcal{F}) = 0$ f.s., wenn α $\mathcal{F}$-messbar ist.*
3. *Ist α feiner als β, so gilt $I(\alpha|\mathcal{F}) \geq I(\beta|\mathcal{F})$ f.s.*
4. *Ist γ feiner als β, so gilt $H(\alpha|\gamma) \leq H(\alpha|\beta)$.*
5. *$I(\alpha \vee \beta|\gamma) = I(\alpha|\gamma) + I(\beta|\alpha \vee \gamma)$.*

Beweis. 1. Dies folgt aus $0 < m(A|\mathcal{F}) \leq 1$ für jedes $A \in \mathcal{F}$ mit $m(A) > 0$.

2. „$\Leftarrow$" Ist A $\mathcal{F}$-messbar, so ist $m(A|\mathcal{F}) = 0$ f.s..

„$\Rightarrow$" Ist $I(\alpha|\mathcal{F}) = 0$, so ist $1_A \log m(A|\mathcal{F}) = 0$ f.s., also $m(A|\mathcal{F}) = 1$ auf A für jedes A mit $m(A) > 0$. Ist $F \in \mathcal{F}$, so folgt $\int_F m(A|\mathcal{F})dm = m(F \cap A)$ und damit $\int_{A^c} m(A|\mathcal{F})dm = \int m(A|\mathcal{F})dm - m(A) = 0$. Daher ist $m(A|\mathcal{F}) = 0$ auf A^c, und folglich ist A, und damit α, $\mathcal{F}$-messbar.

3. Auf der Menge $A \subset B$ mit $B \in \beta$ und $A \in \alpha$ ist wegen der Monotonie der bedingten Erwartung $m(A|\mathcal{F}) \leq m(B|\mathcal{F})$, also auch $-\log m(A|\mathcal{F}) \geq -\log m(B|\mathcal{F})$.

4. Sei $h(z) = -z \log z$. Zunächst gilt

$$H(\alpha|\gamma) = \sum_{A \in \alpha} \int h(m(A|\gamma))dm.$$

Unter Benutzung elementarer Eigenschaften der bedingten Erwartung und der Jensenschen Ungleichung ([12], S.220) folgt

$$H(\alpha|\gamma) = \sum_{A \in \alpha} \int E\left(h(m(A|\gamma)) \,|\sigma(\beta)\,\right) dm \leq \sum_{A \in \alpha} \int h\left(E(m(A|\gamma)|\sigma(\beta))\right) dm$$

$$= \sum_{A \in \alpha} \int h(m(A|\beta))dm = H(\alpha|\beta).$$

5. Seien $A \in \alpha$, $B \in \beta$ und $C \in \gamma$. Auf $A \cap B \cap C$ gilt

$$I(\alpha|\gamma) + I(\beta|\alpha \vee \gamma) = -\log \frac{m(A \cap C)}{m(C)} - \log \frac{m(A \cap B \cap C)}{m(A \cap C)}$$

$$= -\log \frac{m(A \cap B \cap C)}{m(C)} = I(\alpha \vee \beta|\gamma).$$

Korollar 15.   *1. $H(\alpha \vee \beta|\gamma) = H(\alpha|\gamma) + H(\beta|\alpha \vee \gamma)$.*

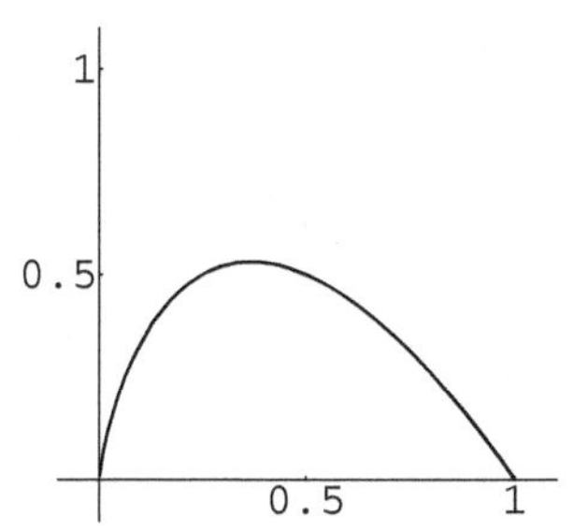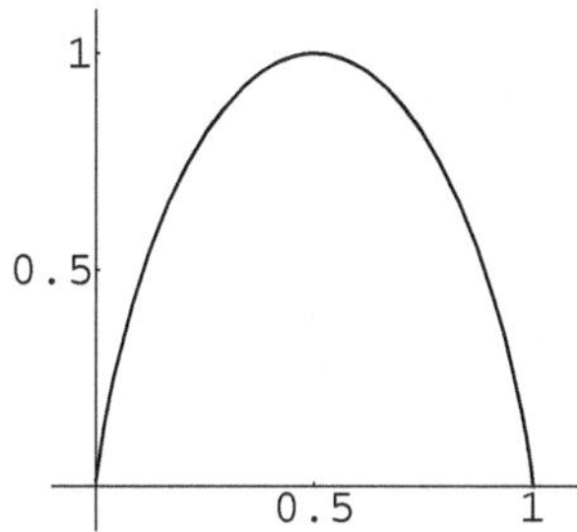

Abb. 5.4. Die Funktionen $h(z) = -z \log z$ links und $h(z) + h(1-z)$ rechts.

2. $I(\alpha \vee \beta) = I(\alpha) + I(\beta|\alpha)$.
3. $H(\alpha \vee \beta) = H(\alpha) + H(\beta)$ *gilt genau dann, wenn* α *und* β *unabhängig sind, d.h.* $m(A \cap B) = m(A)m(B)$ *für alle* $A \in \alpha$ *und* $B \in \beta$.

Beweis. 1. und 2. sind trivial.
3. Sind α und β unabhängig, so ist $I(\beta|\alpha) = I(\beta)$. Integriert man 2., so erhält man daraus die Behauptung.
Die Umkehrung ist einfach. Wegen

$$0 = H(\beta) - H(\beta|\alpha) = \sum_{A \in \alpha;\, B \in \beta} m(A \cap B) \log \frac{m(A \cap B)}{m(A)m(B)}$$

folgt $m(A \cap B) = m(A)m(B)$ für alle $A \in \alpha$ und $B \in \beta$.

Lemma 26. *Seien* $\alpha \in \mathcal{Z}^*$ *und* $\mathcal{F}_n \uparrow \mathcal{F}$ *eine gegen* $\mathcal{F} \subset \mathcal{B}$ *aufsteigende Folge von* σ-*Algebren. Dann ist die Familie* $I(\alpha|\mathcal{F}_n)$ *($n \geq 1$) gleichgradig integrierbar, und es gilt*

$$\int \sup_{n \in \mathbb{N}} I(\alpha|\mathcal{F}_n)\, dm \leq H(\alpha) + 1.$$

Beweis. Sei $f = \sup_{n \in \mathbb{N}} I(\alpha|\mathcal{F}_n)$.
Es ist wohlbekannt, dass $\int f\, dm = \int_0^\infty F(a)\, da$ gilt, wenn

$$F(a) = m(\{x \in \Omega : f(x) > a\}) \quad (a \geq 0)$$

durch die Verteilung von f definiert ist. F kann wie folgt umgeformt werden:

$$F(a) = m\left(\left\{\sup_{n \in \mathbb{N}} - \sum_{A \in \alpha} 1_A \log m(A|\mathcal{F}_n) > a\right\}\right)$$

$$= \sum_{A \in \alpha} m\left(A \cap \left\{\sup_{n \in \mathbb{N}} -1_A \log m(A|\mathcal{F}_n) > a\right\}\right)$$

$$= \sum_{A \in \alpha} \sum_{n=1}^{\infty} m\left(A \cap B_{n,A}\right),$$

wobei

$$B_{n,A} = \{-\log m(A|\mathcal{F}_n) > a, -\log m(A|\mathcal{F}_k) < a \ (\forall k < n)\}$$

gesetzt wird. $B_{n,A}$ ist offenbar $\mathcal{F}_n$-messbar, und damit

$$m(A \cap B_{n,A}) = \int_{B_{n,A}} m(A|\mathcal{F}_n)dm \leq \int_{B_{n,A}} e^{-a}dm = e^{-a}m(B_{n,A}).$$

Zusammenfassend erhält man also

$$F(a) \leq \sum_{A \in \alpha} \min\{e^{-a}, m(A)\},$$

und das Lemma folgt schließlich aus

$$\int f dm \leq \int_0^\infty \sum_{A \in \alpha} \min\{e^{-a}, m(A)\}da$$
$$= \sum_{A \in \alpha} \int_0^{-\log m(A)} m(A)da + \int_{-\log m(A)}^\infty e^{-a}da$$
$$= H(\alpha) + 1.$$

Satz 103. *Seien $\alpha, \alpha_n \in \mathcal{Z}^*$ Zerlegungen und $\mathcal{F}, \mathcal{F}_n$ σ-Algebren $(n \in \mathbb{N})$.*

1. Falls $\mathcal{F}_n \uparrow \mathcal{F}$, so gelten

$$I(\alpha|\mathcal{F}_n) \to I(\alpha|\mathcal{F}) \ \text{f.s. und in } \mathrm{L}_1(m) \text{ und } H(\alpha|\mathcal{F}_n) \downarrow H(\alpha|\mathcal{F}).$$

2. Falls $\alpha_n \uparrow \alpha$, so gelten

$$I(\alpha_n|\mathcal{F}) \uparrow I(\alpha|\mathcal{F}) \ \text{f.s. und in } \mathrm{L}_1(m) \text{ und } H(\alpha_n|\mathcal{F}) \uparrow H(\alpha|\mathcal{F}).$$

3. Falls $\mathcal{F}_n \downarrow \mathcal{F}$, so gilt

$$H(\alpha|\mathcal{F}_n) \uparrow H(\alpha|\mathcal{F}).$$

Beweis. 1. Der Konvergenzsatz für Martingale ([8], S.92) liefert

$$m(A|\mathcal{F}_n) \to m(A|\mathcal{F}) \quad \text{f.s..}$$

Daher konvergiert auch $I(\alpha|\mathcal{F}_n)$ gegen $I(\alpha|\mathcal{F})$ f.s.. Da die Folge nach Lemma 26 gleichgradig integrierbar ist, gilt auch die Konvergenz in $\mathrm{L}_1(m)$. Die Monotonie der Integrale folgt bereits aus Korollar 15.

2. Der Beweis verläuft ähnlich wie in 1..

3. Für jedes $A \in \alpha$ ist $m(A|\mathcal{F}_n)$ $(n \in \mathbb{N})$ ein Rückwärtsmartingal ([8], S.93), konvergiert also gegen $m(A|\mathcal{F})$ f.s. und in $\mathrm{L}_1(m)$.

Ist α eine endliche Zerlegung, folgt bereits daraus die Aussage. Ist α abzählbar und $\eta > 0$, so gibt es wegen der schon bewiesenen Aussage 2. eine endliche Zerlegung β, gröber als α, mit $|H(\beta|\mathcal{F}) - H(\alpha|\mathcal{F})| \leq \eta$. Mit Proposition 20 folgt für hinreichend großes n

$$0 \leq H(\alpha|\mathcal{F}) - H(\alpha|\mathcal{F}_n) = H(\alpha|\mathcal{F}) - H(\beta|\mathcal{F}) + H(\beta|\mathcal{F}) - H(\alpha|\mathcal{F}_n) \leq 2\eta.$$

Zur Vorbereitung des zentralen Satzes der Entropietheorie, dem Satz von Shannon, McMillan und Breiman, werden einige einfache Tatsachen über bedingte Erwartungen und Transformationen benötigt. Es ist direkt zu verifizieren, dass

1. $E(f|\mathcal{F}) \circ T = E(f \circ T|T^{-1}\mathcal{F})$ f.s..
2. $I(\alpha|\mathcal{F}) \circ T = I(T^{-1}\alpha|T^{-1}\mathcal{F})$ f.s..
3. $H(\alpha|\mathcal{F}) = H(T^{-1}\alpha|T^{-1}\mathcal{F})$.

Sei nun $\alpha \in \mathcal{Z}^*$ eine Zerlegung mit endlicher Entropie. Man setzt $\alpha^- = \sigma(\alpha_1^\infty) = \sigma(\bigvee_{i=1}^\infty T^{-i}\alpha)$. Nach dem Ergodensatz 93 konvergiert $\frac{1}{n}S_n I(\alpha|\alpha^-)$ f.s. und in $L_1(m)$ gegen eine integrierbare Grenzfunktion, geschrieben als f_α. Es gilt stets $\int f_\alpha dm = H(\alpha|\alpha^-)$.

Satz 104. [SHANNON, MCMILLAN, BREIMAN] *Für beliebige Zerlegungen* $\alpha(\in \mathcal{Z}^*)$ *mit endlicher Entropie konvergiert* $\frac{1}{n}I(\alpha_0^n)$ *f.s. und in* $L_1(m)$ *gegen* f_α.

Bevor dieser Satz bewiesen wird, sind einige Erklärungen und Begriffsbildungen angebracht. Die Aussage des Satzes schließt ein, dass

$$\lim_{n \to \infty} \frac{1}{n} H(\alpha_0^n) = H(\alpha|\alpha^-).$$

Diese Größe wird als *mittlere Entropie* der Zerlegung α definiert und mit $h(T,\alpha) = H(\alpha|\alpha^-)$ bezeichnet. Ist T ergodisch, so konvergiert $\frac{1}{n}I(\alpha_0^n)$ gegen diesen Grenzwert. Insbesondere bedeutet dies, dass für ergodisches m das folgende Korollar gilt.

Korollar 16. *Ist* m *ergodisch, so gibt es zu* $\epsilon, \delta > 0$ *eine natürliche Zahl* $N \in \mathbb{N}$, *so dass für beliebige* $n \geq N$ *eine Familie* $\mathcal{C} \subset \sigma(\alpha_0^n)$ *von Atomen existiert, und die folgenden zwei Eigenschaften gelten:*

$$\exp[-n(h(T,\alpha) + \delta)] \leq m(A) \leq \exp[-n(h(T,\alpha) - \delta)] \qquad \forall A \in \mathcal{C}$$

$$\sum_{A \in \mathcal{C}} m(A) \geq 1 - \epsilon.$$

Die *Entropie des Maßes* m wird schließlich durch

$$h(T) = h_m(T) = \sup\{h(T,\alpha) : \alpha \in \mathcal{Z}^*\}$$

definiert. Man spricht auch von der Entropie der Transformation T unter dem Maß m. Nun zum Beweis des Satzes von Shannon, McMillan und Breiman.

Beweis. (a.) Aus Korollar 15 2., angewendet auf α und α_1^n, und der Vorbemerkung folgt die Gleichung

$$I(\alpha_0^n) = I(\alpha_1^n) + I(\alpha|\alpha_1^n)$$

$$= I(T^{-n}\alpha) + \sum_{k=0}^{n-1} I(T^{-k}\alpha|\alpha_{k+1}^n) = \sum_{k=0}^{n} I(\alpha|\alpha_1^{n-k}) \circ T^k,$$

wobei α_1^0 die triviale σ-Algebra bezeichnet. Es genügt also zu zeigen, dass

$$\frac{1}{n+1} \sum_{k=0}^{n} \left| [I(\alpha|\alpha_1^{n-k}) - I(\alpha|\alpha^-)] \circ T^k \right| \tag{5.7}$$

gegen 0 f.s. und in $L_1(m)$ strebt.

(b.) Sei $g_k = \left| [I(\alpha|\alpha_1^k) - I(\alpha|\alpha^-)] \right|$. Da m T-invariant ist, erhält man

$$\int \sum_{k=0}^{n} g_{n-k} \circ T^k dm = \sum_{k=0}^{n} \int g_k dm.$$

Satz 103 besagt, dass g_k f.s. und in $L_1(m)$ gegen 0 strebt, also konvergiert

$$\frac{1}{n+1} \sum_{k=0}^{n} g_{n-k} \circ T^k$$

gegen 0 in $L_1(m)$, d.h. die Konvergenz von (5.7) in $L_1(m)$.

(c.) Da $g_k \to 0$ f.s., gilt dies auch für $h_n = \sup_{m \geq n} g_m$. Wegen

$$0 \leq h_n \leq h_1 \leq \sup_{n \in \mathbb{N}} I(\alpha|\alpha_1^n) + I(\alpha|\alpha^-)$$

und Lemma 26 folgt aus dem Satz von der dominierten Konvergenz, dass $\lim_{n \to \infty} \int h_n dm = 0$ gilt. Mit dem Ergodensatz schließt man weiterhin für festes $N \in \mathbb{N}$

$$\limsup_{n \to \infty} \frac{1}{n+1} \sum_{k=0}^{n} g_{n-k} \circ T^k$$

$$\leq \limsup_{n \to \infty} \frac{1}{n+1} \sum_{k=n-N+1}^{n} h_1 \circ T^k + \limsup_{n \to \infty} \frac{1}{n+1} \sum_{k=0}^{n-N} h_N \circ T^k$$

$$= E(h_N|\mathcal{I}) \quad \text{f.s.}$$

Lässt man nun noch $N \to \infty$ streben, folgt die fast sichere Konvergenz in (5.7).

Satz 105. *Es gelten stets*

$$h_m(T^k) = k h_m(T) \qquad k \geq 0 \tag{5.8}$$

und, falls T invertierbar ist,

$$h_m(T) = h_m(T^{-1}).$$

Beweis. Da die Identität Entropie Null besitzt und da $T^n \alpha_0^n = \alpha \vee T\alpha \vee \ldots \vee T^n \alpha$, genügt es, die Aussage (5.8) für $k > 0$ zu zeigen. Da $\alpha_0^{kn-1} = \alpha_0^{k-1} \vee T^{-k} \alpha_0^{k-1} \vee \ldots \vee T^{-(n-1)k} \alpha_0^{k-1}$ für jedes $n \geq 0$ und $\alpha \in \mathcal{Z}^*$ gilt, folgt $kh_m(T) \leq h_m(T^k)$. Die umgekehrte Ungleichung erhält man ebenfalls aus dieser Beobachtung: Für beliebige $\alpha \in \mathcal{Z}^*$ gilt unter Benutzung von Proposition 20

$$h_m(T^k, \alpha) \leq h_m(T^k, \alpha_0^{k-1}) = \lim_{n \to \infty} \frac{1}{n} H(\alpha_0^{kn-1}) = kh_m(T, \alpha) \leq kh_m(T).$$

Eine Folge von Zerlegungen α_n $(n \in \mathbb{N})$ erzeugt die σ-Algebra $\mathcal{B}$, wenn die kleinste σ-Algebra, die von allen $T^{-k}\alpha_n$ ($k \geq 0$, bzw. $k \in \mathbb{Z}$ im invertierbaren Fall) erzeugt wird, gerade $\mathcal{B}$ mod m ist. Die Berechnung der Entropie kann mit erzeugenden Systemen erfolgen.

Satz 106. [KOLMOGOROFF, SINAI] *Ist $\alpha_n \in \mathcal{Z}^*$ eine verfeinernde Folge von Zerlegungen, die $\mathcal{B}$ erzeugt, so gilt*

$$h_m(T) = \lim_{n \to \infty} h_m(T, \alpha_n).$$

Beweis. Man zeigt zunächst die folgende Hilfsaussage:
Sind $\gamma, \beta \in \mathcal{Z}^*$, so ist

$$h_m(T, \beta) \leq h_m(T, \gamma) + H(\beta|\gamma).$$

Unter Benutzung von Proposition 20 und Korollar 15 erhält man

$$H(\beta_0^n) \leq H(\gamma_0^n \vee \beta_0^n) = H(\gamma_0^n) + H(\beta_0^n|\gamma_0^n)$$
$$\leq H(\gamma_0^n) + \sum_{k=0}^{n} H(T^{-k}\beta|\gamma_0^n) \leq H(\gamma_0^n) + \sum_{k=0}^{n} H(T^{-k}\beta|T^{-k}\gamma)$$
$$= H(\gamma_0^n) + (n+1)H(\beta|\gamma).$$

Division durch $n+1$ und Übergang zum Grenzwert liefert die Hilfsaussage. Wählt man nun $\gamma = (\alpha_n)_0^l$ für $n, l = 1, 2, ...$, folgt

$$h_m(T, \beta) \leq \lim_{n,l \to \infty} h_m(T, (\alpha_n)_0^l) + H(\beta|(\alpha_n)_0^l)$$
$$= \liminf_{n \to \infty} h_m(T, \alpha_n) + \limsup_{n,l \to \infty} H(\beta|(\alpha_n)_0^l)$$
$$= \liminf_{n \to \infty} h_m(T, \alpha_n).$$

Da α_n verfeinernd ist, ist auch der Limes Inferior ein Limes.

Definition 69. *Eine Zerlegung $\alpha \in \mathcal{Z}^*$ heißt ein einseitiger Erzeuger (bzw. Erzeuger), wenn $\alpha \vee \alpha^- = \mathcal{B}$ (bzw. $\alpha_T := \bigvee_{k \in \mathbb{Z}} T^k\alpha = \mathcal{B}$).*

Korollar 17. *1. Sei α ein Erzeuger (einseitig oder nicht). Dann gilt*

$$h_m(T) = h_m(T, \alpha).$$

2. *Besitzt die invertierbare Transformation T einen einseitigen Erzeuger α, dann verschwindet die Entropie $h_m(T)$.*

Beweis. Der erste Teil folgt direkt aus Satz 106.
Es sei nun T invertierbar und α ein einseitiger Erzeuger. Die Invarianz von $\mathcal{B}$ liefert zunächst $\mathcal{B} = \alpha \vee \alpha^- = T^{-1}(\alpha \vee \alpha^-) = \alpha^-$. Mit Proposition 20 folgt

$$h_m(T) = h_m(T, \alpha) = H(\alpha|\alpha^-) = 0.$$

Beispiel 84. Sei m das Bernoulli-Maß, das durch den Wahrscheinlichkeitsvektor $p = (p_1, ..., p_s)$ definiert ist. Die Zerlegung α in die Mengen

$$A_t = \{x \in \Omega_{\{1,...,s\}} : x_0 = t\} \qquad 1 \le t \le s$$

ist ein Erzeuger, denn die Zerlegungen $T^j \alpha$ erzeugen $\mathcal{B}$. α heißt der *natürliche Erzeuger* der Schiebung. Das entsprechende gilt auch für die einseitige Schiebung und ihren natürlichen Erzeuger.
Unter Benutzung des Korollars 17 und 3. in Korollar 15 folgt

$$h_m(T) = H(\alpha) = -\sum_{i=1}^{s} p_i \log p_i.$$

Im einseitigen Fall besitzt die Entropie natürlich den gleichen Wert. Insbesondere folgt daraus, dass bei der Rochlin-Erweiterung (Abschnitt 2.2) die Entropie erhalten wird.

Beispiel 85. Sei m ein invariantes Markoff-Maß, das durch eine Startverteilung $p = (p_1, ..., p_s)$ und eine stochastische Matrix p_{ij} $(1 \le i, j \le s)$ wie im Beispiel 81 definiert ist. Es gilt also unter Benutzung des natürlichen Erzeugers α

$$m(\bigcap_{i=0}^{n-1} T^{-i}(A_{l_i})) = p_{l_0} p_{l_0 l_1} \cdots p_{l_{n-2} l_{n-1}}.$$

Damit berechnet sich die Entropie $h_m(T)$ zu

$$h_m(T) = \lim_{n \to \infty} -\frac{1}{n} \sum_{k=0}^{n-1} \sum_{l_k=1}^{s} p_{l_0} p_{l_0 l_1} \cdots p_{l_{n-2} l_{n-1}} \log p_{l_0} p_{l_0 l_1} \cdots p_{l_{n-2} l_{n-1}}$$

$$= -\sum_{i,j=1}^{s} p_i \log p_{ij}$$

unter Beachtung von $\sum_{l=1}^{s} p_{kl} = 1$ und $\sum_{l=1}^{s} p_l p_{lk} = p_k$.

5.5 Isomorphie

In diesem Abschnitt werden wiederum nur endlich invariante dynamische Systeme betrachtet.

Definition 70. *Zwei dynamische Systeme* $(\Omega, \mathcal{B}_i, T_i, m_i)$ $(i = 1, 2)$ *heißen spektralisomorph, wenn es eine bijektive Isometrie* $V : L_2(m_1) \to L_2(m_2)$ *gibt, die mit den Isometrien* U_{T_i}, $U_{T_i} f = f \circ T_i$, *kommutiert.*

Es ist klar, dass die Isomorphie zweier Systeme in Definition 65 auch deren Spektralisomorphie beinhaltet. Die Umkehrung ist natürlich nicht richtig. Jede Invariante der Spektralisomorphie ist also auch eine der Isomorphie.

Satz 107. *Ergodizität, schwache Mischung und Mischung sind Invarianten der Spektralisomorphie.*

Beweis. Man benutzt Satz 98, die Definition der Mischungsbegriffe in Abschnitt 5.3, sowie

$$\langle U_{T_2}^n V f, V g \rangle = \langle V U_{T_1}^n f, V g \rangle = \langle U_{T_1}^n, g \rangle.$$

Ein endlich invariantes dynamisches System besitzt *reines Punktspektrum* (auch diskretes Spektrum genannt), wenn das Spektrum von U_T nur aus Eigenwerten besteht. Es besitzt *stetiges Spektrum*, wenn das Spektralmaß nur ein Atom in $z = 1$ besitzt (vgl. Abschnitt 5.3, Satz 101). Schließlich sagt man, das System besitze ein abzählbares *Lebesgue-Spektrum*, falls T invertierbar ist und abzählbar viele Funktionen $f_1, f_2, \ldots \in L_2(m)$ existieren, so dass die Familie

$$\{1, U_T^n(f_k) : n \in \mathbb{Z}, k \in \mathbb{N}\}$$

eine Orthogonalbasis bildet.

Satz 108. *Das Spektrum ist eine Invariante der Spektralisomorphie. In der Klasse aller ergodischer dynamischer Systeme mit reinem Punktspektrum auf einem Lebesgue-Raum ist diese Invariante vollständig.*

Beweis. Der erste Teil folgt unmittelbar aus der Definition. Es muss also nur gezeigt werden, dass zwei Systeme mit demselben reinen Punktspektrum isomorph sind.

Vorangestellt sei die einfach zu verfizierende Bemerkung, dass in einem ergodischen System jeder Eigenwert die Vielfachheit 1 besitzt, die Eigenwerte eine Gruppe bilden, und dass der Betrag jeder Eigenfunktion konstant ist.
Es seien also $(\Omega_i, \mathcal{B}_i, m_i, T_i)$ $(i = 1, 2)$ zwei ergodische dynamische Systeme mit reinem Punktspektrum $\Lambda \subset S^1$. Die L_2-Räume werden durch normierte Eigenfunktionen $f_\lambda \in L_2(m_1)$ und $g_\lambda \in L_2(m_2)$ zum Eigenwert $\lambda \in \Lambda$ erzeugt. Sei $V : L_2(m_1) \to L_2(m_2)$ ein Spektralisomorphismus.
Wegen $U_{T_2}(V(f_\lambda)) = \lambda V(f_\lambda)$ ist $V(f_\lambda) = c_\lambda g_\lambda$, und man kann o.E. annehmen, dass $V(f_\lambda) = g_\lambda$ gilt. Da U_{T_i} nach Definition multiplikativ ist,

muss auch $f_\lambda f_\mu = a(\lambda, \mu) f_{\lambda\mu}$ mit passenden Konstanten $a(\lambda, \mu) \in S^1$ gelten. Ebenso sei $b(\lambda, \mu)$ durch $g_\lambda g_\mu = b(\lambda, \mu) g_{\lambda\mu}$ erklärt. Es folgt also $V(f_\lambda f_\mu) = a(\lambda, \mu) g_{\lambda\mu} = a(\lambda, \mu) b(\lambda, \mu)^{-1} g_\lambda g_\mu$.
Es ist leicht zu sehen, dass die Beziehungen

$$a(\lambda, \nu) a(\lambda\nu, \mu) = a(\nu, \mu) a(\lambda, \nu\mu)$$
$$|a(\lambda, \mu)| = 1$$
$$a(\lambda, \mu) = a(\mu, \lambda)$$

gelten.

Lemma 27. *Es gibt eine Funktion $\kappa : \Lambda \to S^1$, die*

$$a(\lambda, \mu) = \frac{\kappa(\lambda\mu)}{\kappa(\lambda)\kappa(\mu)} \qquad \lambda, \mu \in \Lambda \tag{5.9}$$

erfüllt.

Beweis. Man setzt $\kappa(1) = 1$ und führt den Beweis durch Induktion. Sei $\Lambda_0 \subset \Lambda$ eine Untergruppe, so dass (5.9) für Werte in Λ_0 richtig ist. Sei $\lambda \in \Lambda \setminus \Lambda_0$. Es bezeichne Λ_1 die von Λ_0 und λ erzeugte Untergruppe von Λ. Ist $\lambda^p \notin \Lambda_0$ für jedes $p \neq 0$, setzt man $\kappa(\lambda) = 1$. Andernfalls, ohne Einschränkung der Allgemeinheit, sei $p = \min\{n > 1 : \lambda^n \in \Lambda_0\}$, und $\kappa(\lambda)$ durch die Gleichung

$$\kappa(\lambda)^p = \kappa(\lambda^p) \prod_{k=0}^{p-1} a(\lambda^p, \lambda)^{-1}$$

definiert. In einem nächsten Schritt wird $\kappa(\lambda^n) = \kappa(\lambda)\kappa(\lambda^{n-1})a(\lambda^{n-1}, \lambda)$ für $n \geq 2$ gesetzt. Man beachte, dass dies insbesondere für $n = p$ wohldefiniert ist. Schließlich wird die Definition von κ auf Λ_1 durch die Festsetzung $\kappa(\lambda^n) = \kappa(\lambda^{-n})^{-1}a(\lambda^n, \lambda^{-n})$ ($n < 0$) und für allgemeines $\nu = \lambda^n\mu \in \Lambda_1$ durch

$$\kappa(\nu) = a(\lambda^n, \mu)\kappa(\lambda^n)\kappa(\mu)$$

vervollständigt. Für zwei beliebige Eigenwerte $\lambda^n\nu, \lambda^m\mu \in \Lambda_1$ gilt dann offenbar

$$a(\mu\lambda^m, \nu\lambda^n) = \frac{a(\lambda^{n+m}, \nu\mu)a(\nu, \mu)a(\lambda^n, \lambda^m)}{a(\nu, \lambda^n)a(\mu, \lambda^m)} = \frac{\kappa(\mu\nu\lambda^{n+m})}{\kappa(\nu\lambda^n)\kappa(\mu\lambda^m)}.$$

Der Beweis des Satzes wird nun unter Benutzung des Lemma 27 fortgeführt. Es gelten $a(\lambda, \mu) = \frac{\kappa_a(\lambda,\mu)}{\kappa_a(\lambda)\kappa_a(\mu)}$ und $b(\lambda, \mu) = \frac{\kappa_b(\lambda,\mu)}{\kappa_b(\lambda)\kappa_b(\mu)}$, und weiterhin

$$V(f_\lambda f_\mu) = \frac{a(\lambda, \mu)}{b(\lambda, \mu}V(f_\lambda)V(f_\mu)$$
$$= \frac{\kappa_a(\lambda\mu)\kappa_b(\lambda)\kappa_b(\mu)}{\kappa_b(\lambda\mu)\kappa_a(\lambda)\kappa_a(\mu)}V(f_\lambda)V(f_\mu).$$

Der Operator

$$W : \mathrm{L}_2(m_1) \to \mathrm{L}_2(m_2),$$

definiert durch $W(f_\lambda) = \kappa_b(\lambda)\kappa_a(\lambda)^{-1}V(f_\lambda)$, erfüllt die Relation $W(f_\lambda f_\mu) = W(f_\lambda)W(f_\mu)$. Durch Approximation mittels Linearkombinationen von Eigenfunktionen folgt des weiteren, dass W multiplikativ ist. Angewendet auf Indikatorfunktionen bedeutet dies $W(1_A) = W(1_A^2) = W(1_A)^2$. Da nach Definition W eine unitäre Abbildung ist, definiert W einen Isomorphismus der σ-Algebren $\mathcal{B}_i$, und da die Räume Lebesgue-Räume sind, müssen sie auch isomorph sein (s. [50], S.450).

Beispiel 86. Sei $T(x) = ax$ eine Translation auf einer kompakten abelschen Gruppe G. Sie besitzt die Eigenfunktionen $\widehat{\gamma}(ax) = \widehat{\gamma}(a)\widehat{\gamma}(x)$, damit also ein reines Punktspektrum. Es folgt hieraus und aus dem Satz 108, dass ein ergodischer Automorphismus eines Lebsgue-Raumes mit reinem Punktspektrum isomorph zur Translation auf der Charaktergruppe des Spektrums ist.

Satz 109. *Entropie ist eine Isomorphieinvariante.*

Beweis. Sei $\Phi : \Omega_1 \to \Omega_2$ eine bijektive, messbare Abbildung, die mit $T_i : \Omega_i \to \Omega_i$ kommutiert und $m_2 = m_1 \circ \Phi^{-1}$ erfüllt. Ist α eine Zerlegung von Ω_2, so ist $\Phi^{-1}\alpha$ eine Zerlegung von Ω_1 und es gilt

$$H(\alpha_0^n) = -\frac{1}{n} \sum_{A \in \alpha_0^n} m_2(A) \log m_2(A)$$

$$= -\frac{1}{n} \sum_{A \in \alpha_0^n} m_1(\Phi^{-1}(A)) \log m_1(\Phi^{-1}(A)) = H((\Phi^{-1}\alpha)_0^n).$$

Lässt man $n \to \infty$ streben, folgt $h(T_2, \alpha) \le h(T_1)$. Variiert man nun α, folgt $h(T_2) \le h(T_1)$. Vertauschung von T_1 und T_2 zeigt die Behauptung.

Zwei Bernoulli-Schifts können also nur dann isomorph sein, wenn sie die gleiche Entropie besitzen. Nach Korollar 17, siehe auch Beispiel 84, wird diese gerade durch die Entropie des natürlichen Erzeugers berechnet, also zu $-\sum_{i=1}^{s} p_i \log p_i$. Insbesondere sind damit der 2- und der 3-Schift nicht isomorph, bei denen $p_1 = p_2 = \frac{1}{2}$ bzw. $p_1 = p_2 = p_3 = \frac{1}{3}$ gesetzt wird.
Zur Vorbereitung der nächsten Sätze benötigt man eine einfache Version des Rochlin-Lemmas. Es sei $(\Omega, \mathcal{B}, m)$ ein Lebesgue-Raum (Definition 66). Ein dynamisches System $(\Omega, \mathcal{B}, m, T)$ heißt *aperiodisch*, wenn keine Masse auf periodischen Punkten liegt.

Lemma 28. *Sei $(\Omega, \mathcal{B}, m, T)$ ein aperiodisches, endlich invariantes und invertierbares dynamisches System. Dann gibt es zu $\epsilon > 0$ und $n \in \mathbb{N}$ eine Familie $\{T^k(F) : 0 \le k < n\}$ $(F \in \mathcal{B})$ paarweise disjunkter Mengen mit $m(\bigcup_{k=0}^{n-1} T^k F) \ge 1 - \epsilon$.*

Mengen mit diesen Eigenschaften heißen (n, ϵ)-*Rochlin-Mengen*.

Beweis. Eine elementare maßtheoretische Überlegung zeigt, dass es zu jeder messbaren Menge A von positivem Maß eine Teilmenge $B \subset A$ positiven Maßes existiert, so dass $\{T^k(B) : 0 \leq k < n\}$ aus paarweise disjunkten Mengen besteht. Sodann betrachtet man das System aller messbaren Teilmenge mit dieser Eigenschaft und der Inklusion als Halbordnung. Eine aufsteigende Familie besitzt dann ein maximales Element (ebenfalls messbar), und Zorns Lemma ([18], S.14) liefert ein maximales Element A. Die Mengen $T^k(A)$ sind paarweise disjunkt für $0 \leq k < n$ und wegen der Vorbemerkung gilt auch $m\left(\bigcup_{k=-n+1}^{n-1} T^k A\right) = 1$.

Sei nun A eine solche Menge, konstruiert für nL, wobei $\frac{1}{L} \leq \epsilon$. Seien

$$F_0 = \bigcup_{k=0}^{(L-1)n-1} T^k A \quad \text{und} \quad F = \bigcup_{k=0}^{L-2} T^{kn} A \cup \bigcup_{k=1}^{L-2} T^{-kn} A \cap F_0^c.$$

Dann überdeckt $\bigcup_{k=0}^{n-1} T^k F$ bis auf eine Teilmenge von $\bigcup_{k=(n-1)L}^{nL-1} T^k F$. F ist also eine $(n, \frac{1}{L})$-Rochlin-Menge.

Proposition 21. *Ein endlich invariantes und invertierbares dynamisches System auf einem Lebesgue-Raum ist isomorph zum Schiebungsraum $(\mathbb{N}^{\mathbb{Z}}, \mathcal{F}, \mu, S)$, wobei μ ein passend gewähltes Maß ist.*

Beweis. In Lebesgue-Räumen trennt eine erzeugende Zerlegung α f.s. die Punkte. Daher ist die Namensabbildung $x \in \Omega \mapsto (\alpha_k(x))_{k \in \mathbb{Z}}$ fast sicher injektiv, wobei $T^k(x) \in \alpha_k(x) \in \alpha$ gesetzt wird (s. Abschnitt 2.1). Bezeichnet μ das Bildmaß von m unter dieser Abbildung, erhält man den gesuchten Isomorphismus.

Es genügt offenbar, eine höchstens abzählbare, erzeugende Zerlegung α mit $\alpha \vee \alpha_- = \alpha_0^\infty = \mathcal{B}$ mod m zu konstruieren. Nach Lemma 28 kann man sukzessiv eine Folge von paarweise disjunkten (n_t, ϵ_t)-Rochlin-Mengen F_t für T^{-1} wählen, wobei $n_t \to \infty$ und $\epsilon_t \to 0$ hinreichend schnell konvergieren. Sei α_t eine Folge von Zerlegungen, die die σ-Algebra $\mathcal{B}$ erzeugen. Setzt man dann

$$\alpha = \bigcup_{t=1}^{\infty} F_t \cap (\alpha_t)_{-n_t+1}^0 \cup \left\{ \bigcap_{t=1}^{\infty} F_t^c \right\},$$

so ist $\alpha_0^{n_t-1}$ auf $\bigcup_{k=0}^{n_t-1} T^{-k} F_t$ feiner als α_t. Somit erzeugt α_0^∞ die σ-Algebra $\mathcal{B}$ mod m.

Die Proposition gibt nur einen kleinen Einblick in die Isomorphietheorie der Ergodentheorie. Die erzeugende Zerlegung kann im Allgemeinen nach Korollar 17 keine endliche Entropie besitzen, da sie einseitig ist. Sie ist damit kein Erzeuger im Sinne von Definition 69. Die Konstruktion zweiseitiger Erzeuger mit endlicher Entropie ist nicht wesentlich schwieriger als die für Proposition 21. Der Existenznachweis endlicher Erzeuger erfordert dagegen eine wesentlich verfeinerte Beweistechnik unter Benutzung des Rochlin-Lemmas und des

Satzes von Shannon, McMillan und Breiman (Satz 104). Der folgende Satz gibt eines der typischen Resultate an. Einen Beweis findet man in [51], S.282ff.

Satz 110. [KRIEGER] *Ein endlich invariantes und invertierbares dynamisches System mit endlicher Entropie h ist isomorph zu einem Schiebungsraum $(\Omega_{\{1,...,h+1\}}, \mathcal{F}, \mu, S)$ für ein passendes μ.*

Es seien $(p_1, ..., p_s)$ und $(q_1, ..., q_t)$ zwei Wahrscheinlichkeitsvektoren. Die zugehörigen Bernoulli-Maße seien m_p und m_q. Beide Bernoulli-Systeme können nur dann isomorph sein, wenn ihre Entropien $H(p) = -\sum_{i=1}^{s} p_i \log p_i$ und $H(q) = -\sum_{j=1}^{t} q_j \log q_j$ gleich sind.
Sei nun $H(p) = H(q)$. Das Isomorphieproblem für Bernoulli-Schifts kann man so formulieren, dass man einen Erzeuger $\alpha = \{A_1, ..., A_t\}$ für m_p sucht, der $m_p(A_i) = q_i$ für $i = 1, ..., t$ erfüllt. In diesem Fall ist $h_{m_p}(T) = H(\alpha) \geq \frac{1}{n} H(\alpha_0^n) \geq h_{m_p}(T)$. Es gilt also Gleichheit und mit Korollar 15 folgt die Unabhängigkeit der Zerlegungen $T^{-k}\alpha$. Das Bildmaß von m_p unter der Namensabbildung ist dann gerade das Bernoulli-Maß m_q. In der Tat gelang es Ornstein, den Existenzbeweis für diesen Erzeuger zu führen.

Satz 111. [ORNSTEIN] *Entropie ist eine vollständige Invariante in der Klasse aller (endlichen) Bernoulli-Schifts.*

5.6 Unendliche invariante Maße

Sei $(\Omega, \mathcal{B}, T, m)$ ein nichtsinguläres dynamisches System (vgl. Abschnitt 5.1). In Abschnitt 3.2 wurde eine Teilmenge $W \subset \Omega$ wandernd genannt, wenn die Familie $\{T^{-n}W : n = 0, 1, 2...\}$ aus paarweise disjunkten Mengen besteht. In einem maßtheoretischen dynamischen System verlangt man zudem, dass W messbar ist. Der *dissipative Teil* von Ω (bzgl. der Transformation T) wurde bereits als die messbare Vereinigung der wandernden Mengen von Ω definiert, und mit $\mathcal{D}(T)$ bezeichnet. Der *konservative Teil* $\mathcal{C}(T)$ ist als die zu $\mathcal{D}(T)$ komplementäre Menge erklärt. T heißt *konservativ*, falls $\mathcal{C}(T) = \Omega \bmod \mu$ gilt, *dissipativ*, falls T nicht konservativ ist, und *vollständig dissipativ*, wenn der konservative Teil Maß Null besitzt. $\Omega = \mathcal{D}(T) \cup \mathcal{C}(T)$ heißt dann die *Hopf-Zerlegung*. Aus dem Poincarésche Wiederkehrsatz (Satz 39) folgt für eine messbare Menge $A \subset \mathcal{C}(T)$, dass für fast alle $x \in A$ die Iterierten $T^n(x)$ unendlich oft zu A gehören. Konservativität lässt sich damit beschreiben. Verschiedene andere Charakterisierungen enthält

Proposition 22. *1. Sei m T-invariant. Für strikt positive Funktionen $f \in L_1^+(m)$ gilt $\{\sum_{n\geq 0} f \circ T^n = \infty\} = \mathcal{C}(T)$ f.s.*
2. Endliche maßtreue dynamische Systeme sind stets konservativ.
3. [MAHARAM] Ein maßtreues dynamisches System ist konservativ, falls es eine messbare Menge A mit $m(A) < \infty$ und $\Omega = \bigcup_{n=0}^{\infty} T^{-n}A$ gibt.
4. $(\Omega, \mathcal{B}, T, m)$ ist genau dann konservativ und ergodisch, wenn $\sum_{n=1}^{\infty} 1_A \circ T^n = \infty$ f.s. für alle $A \in \mathcal{B}_+$.

5. *Seien $(\Omega_1, \mathcal{B}_1, T_1, m_1)$ maßtreu und endlich, und $(\Omega_2, \mathcal{B}_2, T_2, m_2)$ konservativ. Dann ist $(\Omega_1 \times \Omega_2, \mathcal{B}_1 \otimes \mathcal{B}_2, T_1 \times T_2, m_1 \otimes m_2)$ konservativ.*

Beweis. 1. Aus dem Rekurrenzsatz von Poincaré (Satz 39) folgt $\mathcal{C}(T) \subset \{\sum_{n\geq 0} f \circ T^n = \infty\}$. Für die umgekehrte Inklusion, sei W eine wandernde Menge und $n \geq 1$. Dann gilt wegen der T-Invarianz von m

$$\int_W S_n f \, dm = \sum_{k=0}^{n-1} \int (1_W \cdot f \circ T^k) \circ T^{n-1-k} dm$$

$$= \int \left(\sum_{k=0}^{n-1} 1_W \circ T^k \right) \cdot f \circ T^{n-1} dm \leq \int f \circ T^{n-1} dm = \int f \, dm,$$

und es folgt $\sup_{n\geq 1} S_n f < \infty$ auf W.

2. folgt unmittelbar aus dem Ergodensatz (Satz 93) und 1.

3. Wegen $\Omega = T^{-k}(\Omega) = \bigcup_{n=k}^{\infty} T^{-n}(A)$ für jedes $k \geq 1$ folgt die Behauptung aus 1.

4. Sei T ergodisch und konservativ. Der Rekurrenzsatz von Poincaré, Satz 39, besagt, dass für jede Menge A positiven Maßes $A \subset \{\sup_{n\geq 1} S_n 1_A = \infty\}$. Da letztere Menge T-invariant ist, besitzt sie volles Maß, also gilt $\Omega = \{\sup_{n\geq 1} S_n 1_A = \infty\}$ fast sicher.

Umgekehrt, wäre A eine invariante Menge mit $m(A), m(A^c) > 0$, so würde $\{\sup_{n\geq 1} S_n 1_A = \infty\} \neq \Omega$ folgen. Also ist T ergodisch. Ist W eine wandernde Menge, so ist $\{\sup_{n\geq 1} S_n 1_W < \infty\} \subset \mathcal{D}(T)$, also $m(W) = 0$, und T ist konservativ.

5. Sei W eine wandernde Menge für $T_1 \times T_2$. Definiert man $f = \int 1_W(x, \cdot) \, m_1(dx)$, so erhält man

$$\sum_{n=1}^{\infty} f(T_2^n(y)) = \sum_{n=1}^{\infty} \int 1_W(\cdot, T_2^n(y)) dm_1 \leq 1,$$

da m_1 maßtreu ist. Weil m_2 konservativ ist, folgt $f = 0$ f.ü. und damit $m_1 \otimes m_2(W) = 0$.

Sei T konservativ und nichtsingulär bzgl. μ. Ist $\mu(A) > 0$, $A \in \mathcal{B}$, so heißt

$$\tau_A(x) = \min\{n \geq 1 : T^n x \in A\}$$

die *Rekurrenzzeit* (Rückkehrzeit) nach A. Sie ist eine Stoppzeit (s. [8], S. 95). $T_A : A \to A, T_A(x) = T^{\tau_A(x)}(x)$, heißt *induzierte Transformation* und $\mu_A(B) = \mu(A|B)$ das auf A *induzierte Maß*.

Proposition 23. *1. $(A, \mathcal{B} \cap A, T_A, \mu_A)$ ist konservativ und nichtsingulär. Ist zudem μ T-invariant, so ist μ_A T_A-invariant.*

2. Mit T ist auch T_A ergodisch. Umgekehrt, ist T_A ergodisch und A ausschöpfend (d.h. $\bigcup_{n\geq 0} T^{-n} A = \Omega$), so ist auch T ergodisch.

3. [KAC] *Es gilt $\int_A \tau_A d\mu = \mu(\Omega)$, falls T ergodisch, konservativ und maßtreu ist, und $0 < \mu(A) < \infty$.*

4. *Ist m_0 absolut stetig bezüglich μ_A und T_A-invariant, so definiert $m(B) = \int_A \sum_{k=0}^{\tau_A - 1} 1_B \cdot T^k dm_0$ $(B \in \mathcal{B})$ ein T-invariantes Maß.*

Beweis. 1. Es folgt unmittelbar aus der Definition, dass μ_A nicht-singulär bzgl. T_A ist. Da $\varphi_A(T_A^n(x))$ die aufeinanderfolgenden Besuche in A aufzählt, gilt $\sum_{n=1}^{\infty} 1_B \circ T^n = \sum_{n=1}^{\infty} 1_B \circ T_A^n$ fast sicher für $B \subset A$. Also ist T_A auch konservativ.

Nun sei m T-invariant und $B \subset A$ messbar. Es gilt

$$
m(T_A^{-1}(B)) = \sum_{n=1}^{\infty} m(\{\varphi_A = n\} \cap T^{-n}(B))
$$

$$
= \sum_{n=1}^{\infty} m\left(A \cap T^{-n}(B) \cap \bigcap_{k=1}^{n-1} T^{-k}(A^c)\right)
$$

$$
= \sum_{n=1}^{\infty} m\left(T^{-1}\left[T^{-n+1}(B) \cap \bigcap_{k=0}^{n-2} T^{-k}(A^c)\right] \setminus T^{-n}(B) \cap \bigcap_{k=0}^{n-1} T^{-k}(A^c)\right)
$$

$$
= \sum_{n=1}^{\infty} m\left(T^{-n+1}(B) \cap \bigcap_{k=0}^{n-2} T^{-k}(A^c)\right) - m\left(T^{-n}(B) \cap \bigcap_{k=0}^{n-1} T^{-k}(A^c)\right)
$$

$$
= m(B).
$$

2. Es seien T ergodisch und B T_A-invariant. Da $\sum_{n=1}^{\infty} 1_B \circ T^n = \sum_{n=1}^{\infty} 1_B \circ T_A^n$ fast sicher gilt, und T ergodisch ist, ist die linke Seite ∞, und die Ergodizität von T_A folgt aus 4. in Proposition 22.

Es seien nun T_A ergodisch und A eine ausschöpfende Menge. Dann ist jede Menge $B \subset A$ positiven Maßes ausschöpfend für T, also ist T ergodisch.

3. Die Ergodizität und Konservativität impliziert, dass $\Omega = \bigcup_{k=0}^{\infty} T^{-k}(A)$ gilt. Somit ist $\Omega = \bigcup_{k=0}^{\tau_A} T^k A$ fast sicher. Außerdem gilt $\sum_{k=0}^{\tau_A - 1} 1_\Omega \circ T^k = \tau_A$ fast sicher auf A, und es folgt

$$
m(\Omega) = \int_A \tau_A d\mu.
$$

4.

$$
m(T^{-1}(B)) = \int_A \sum_{k=0}^{\tau_A - 1} 1_B \circ T^{k+1} dm_0
$$

$$
= \int_A \sum_{k=0}^{\tau_A - 2} 1_B \circ T^{k+1} dm_0 + \int_A 1_B \circ T_A dm_0 = m(B).
$$

In einem nichtsingulären dynamischen System operiert die Transformation auf $L_\infty(\mu)$ durch $Uf = f \circ T$. $U = U_T$ ist eine Isometrie, und der duale

Operator, eingeschränkt auf $\mathrm{L}_1(\mu)$, heißt *Transfer-Operator* (manchmal auch Frobenius-Perron Operator genannt). Er ist durch

$$\int_\Omega \widehat{T}f \cdot g d\mu = \int_\Omega f \cdot g \circ T d\mu \qquad (f \in \mathrm{L}_1(\mu),\ g \in \mathrm{L}_\infty(\mu))$$

eindeutig bestimmt. Diese Definition erweitert offenbar diejenige in Abschnitt 3.3.

Proposition 24.　　*1. Für invertierbare Abbildungen T ist $\widehat{T}f = \frac{d\mu \circ T^{-1}}{d\mu} \cdot f \circ T^{-1}$.*

2. Sei $f \in \mathrm{L}_1(\mu), f > 0$. Dann ist $\mathcal{C}(T) = \{\sum_{n=1}^\infty \widehat{T}^n f = \infty\}$.

3. Ist T konservativ und ergodisch, so gilt $\sum_{n=1}^\infty \widehat{T}^n f = \infty$ f.s. für alle $f \in \mathrm{L}_1^+(\mu),\ \int f d\mu > 0$.

4. Falls T exakt ist (d.h. $A \in \bigcap_{n=1}^\infty T^{-n}\mathcal{B} \Rightarrow \mu(A)\mu(A^c) = 0$), so folgt $\|\widehat{T}^n f\|_{\mathrm{L}_1(\mu)} \to 0$ für alle $f \in \mathrm{L}_1(\mu),\ \int f d\mu = 0$.

Beweis. 1.-3. beweist man direkt, z.T. unter Benutzung von Proposition 22. 4. Sei T exakt. Zu einer Funktion $f \in \mathrm{L}_1(\mu)$ mit $\int f d\mu = 0$ wählt man eine Folge von Funktionen $g_n \in \mathrm{L}_\infty(\mu)$ mit $\int f g_n \circ T^n d\mu = \|\widehat{T}f\|_{\mathrm{L}_1(\mu)}$. Jeder schwache Häufungspunkt der Folge $g_n \circ T^n$ ist konstant, da er messbar bzgl. der terminalen σ-Algebra ist. Es folgt

$$\lim_{n\to\infty} \|\widehat{T}^n f\|_{\mathrm{L}_1(\mu)} = \lim_{n\to\infty} \int f g_n \circ T^n d\mu = 0.$$

Definition 71. *Sei $(\Omega, \mathcal{B}, T, \mu)$ konservativ, ergodisch und maßtreu. T heißt rational ergodisch, falls eine messbare Menge $A \in \mathcal{B}$ mit endlichem und positivem Maß existiert, so dass*

$$\sup_n \frac{\int_A (S_n 1_A)^2 d\mu}{(\int_A S_n 1_A d\mu)^2} < \infty. \tag{5.10}$$

Lemma 29. *Sei $(\Omega, \mathcal{B}, T, \mu)$ rational ergodisch. Genügt die messbare Menge A der Bedingung (5.10), so gibt es eine Folge $a_n \uparrow \infty$ mit folgender Eigenschaft: Für jede Folge $m_l \uparrow \infty$ gibt es eine weitere Teilfolge $j_k = m_{l_k}$, so dass für alle $f \in \mathrm{L}_1(\mu)$*

$$\lim_{n\to\infty} \frac{1}{n} \sum_{k=1}^n \frac{1}{a_{j_k}} S_{j_k} f = \int f d\mu. \tag{5.11}$$

Beweis. Sei $a_n = \frac{1}{\mu(A)^2} \sum_{k=0}^{n-1} \mu(A \cap T^{-k}(A))$. Es gilt $\int_A S_n 1_A d\mu = a_n \mu(A)^2$ und damit

$$\int_A \frac{(S_n 1_A)^2}{a_n^2} d\mu \leq M \qquad (n \geq 1)$$

für eine geeignete Konstante M.

Sei nun m_l eine Teilfolge. Da die Folge $S_n 1_A/a_n$ im Raum $L_2(A, \mu_A)$ beschränkt ist, gibt es eine Teilfolge j_k und eine Funktion $g \in L_2(A, \mu_A)$, so dass $S_{j_k} 1_A/a_{j_k}$ schwach gegen g konvergiert. Ohne Einschränkung kann j_k so schnell wachsend gewählt werden, dass

$$\int \left(S_{j_k} 1_A/a_{j_k} - g \right) \left(S_{j'_k} 1_A/a_{j'_k} - g \right) d\mu$$

$(k \neq k')$ summierbar ist. Somit konvergiert

$$\sum_{k=1}^{\infty} \frac{1}{k} \left(S_{j_k} 1_A/a_{j_k} - g \right)$$

fast sicher und nach dem Kroneckerschen Lemma ([8], S.51) konvergiert $\frac{1}{n} \sum_{k=1}^{n} S_{j_k} 1_A/a_{j_k}$ gegen g fast sicher auf A. g und die Menge, auf der Konvergenz gilt, sind T-invariant. Aus der Ergodizität folgt daher, dass

$$\frac{1}{n} \sum_{k=1}^{n} S_{j_k} 1_A/a_{j_k} \to \mu(A) \qquad \text{f.s.}$$

Anwendung des Satzes von Chacon-Ornstein (Satz 95) zeigt die Behauptung für beliebiges f.

Eine Folge $a_n = a_n(T)$ $(n \geq 1)$ mit der Eigenschaft (5.11) heißt *Rekurrenzfolge* (von T). Sie ist bis auf einen Proportionalitätsfaktor und asymptotische Äquivalenz eindeutig bestimmt. Dies folgt aus Lemma 29. Die Menge aller Folgen $A(T) = \{(a'_n)_n : \lim \frac{a'_n}{a_n(T)} \in \mathbb{R}\}$ nennt man den *asymptotischen Typ* von T.

Sei $(\Omega, \mathcal{B}, T, \mu)$ konservativ und ergodisch. T heißt *punktweise dual-ergodisch*, falls es eine Folge $(a_n)_{n \geq 1}$ gibt, so dass

$$\frac{1}{a_n} \sum_{k=0}^{n-1} \widehat{T}^k f \to \int f d\mu \quad \text{f.s.} \quad \forall f \in L_1(\mu). \tag{5.12}$$

Eine messbare Menge $A \in \mathcal{B}$, die endliches positives Maß besitzt, heißt *Darling-Kac Menge* (DK-Menge), falls es eine Folge $(a_n)_{n \geq 1}$ positiver Zahlen gibt, so dass $\frac{1}{a_n} \sum_{k=0}^{n-1} \widehat{T}^k 1_A$ gegen $\mu(A)$ gleichmäßig auf A konvergiert.

Satz 112. [Aaronson] *Jede der folgenden Eigenschaften impliziert die nachstehende:*

1. *T besitzt eine Darling-Kac Menge.*
2. *T ist punktweise dual ergodisch.*
3. *T ist rational ergodisch.*

Die jeweiligen Normierungsfolgen gehören alle zu dem asymptotischen Typ $A(T)$ von T.

Beweis. Sei A eine Darling-Kac Menge. Mit dem Satz von Chacon-Ornstein (Satz 95) und der Ergodizität folgt sofort (5.12) für jedes integrierbare f.
Sei T punktweise dual ergodisch. Es gibt dann eine meßare Menge B mit $\mu(B) = 1$ und $\frac{1}{a_n} \sum_{k-0}^{n-1} \widehat{T}^k 1_B(\omega) \leq M$ für alle $n \geq 1$ und alle $\omega \in B$ (man benutzt hier den Satz von Egoroff ([12], S.250) und die Positivität von $\widehat{T}$). Es folgt für $S_n = \sum_{k=0}^{n-1} \widehat{T}^k 1_B$, dass

$$\int_B S_n^2 d\mu = \sum_{k,l=0}^{n-1} \mu(B \cap T^{-k}(B) \cap T^{-l}(B)) = \int_B S_n d\mu + 2 \int_B \sum_{k-0}^{n-2} \widehat{T}^k 1_B S_{n-k} d\mu,$$

und daraus, dass

$$\int_B S_n^2 d\mu \leq M a_n + M a_n^2.$$

Mit

$$\int_B a_n^{-1} S_n d\mu = \int_B \frac{1}{a_n} \sum_{k=0}^{n-1} \widehat{T}^k 1_B d\mu \to \mu(B)^2 = 1$$

folgt, dass T rational ergodisch mit Rekurrenzfolge a_n ist.

Sei (Ω, T) dynamisches System. T heißt *Markoff-Abbildung*, falls es eine erzeugende Zerlegung α gibt, so dass $T(A) \in \sigma(\alpha)$ für jedes $A \in \alpha$ gilt, und sie heißt *Bernoulli-Abbildung*, falls $T(A) = \Omega$ $(A \in \alpha)$. Die Zerlegung α ist eine *Markoff-Zerlegung* .

Definition 72. *Ein nichtsinguläres dynamisches System* $(\Omega, \mathcal{B}, T, \mu)$ *heißt ein Markoff-System, falls T eine Markoff-Abbildung ist, und für jede messbare Menge A der Markoff-Zerlegung die Abbildung $T|_A : A \to T(A)$ nichtsingulär und invertierbar ist.*

Sei $(\Omega, \mathcal{B}, T, m)$ ein Markoff-System mit einer fest gewählten Markoff-Zerlegung α. Ist $C \in \alpha_0^{n-1}$, so folgt aus der lokalen Isomorphie und der Markoff-Eigenschaft, dass $T^n : C \to T^n(C)$ nicht-singulär und invertierbar ist. Ein Markoff-System heißt *irreduzibel*, falls für alle $B, B' \in \alpha$ ein $n \in \mathbb{N}$ mit $m(B \cap T^{-n} B') > 0$ existiert, und es heißt *aperiodisch*, falls diese Eigenschaft für alle hinreichend großen n erfüllt ist (abhängig von B und B'). Konservative und ergodische Markoff-Systeme sind irreduzibel, und ist das Maß mischend und endlich, so folgt zudem die Aperiodizität.
Für $n \in \mathbb{N}$ und $B \in \alpha_0^{n-1}$ ist die Radon-Nikodym Ableitung (Jacobi-Dichte) $\Delta_B = \frac{dm \circ T^n}{dm}|_B > 0$ auf B wohldefiniert, da T^n lokal invertierbar und m lokal nichtsingulär sind. Seien $\mathcal{T} = \bigcup_{n \in \mathbb{N}} \alpha_0^{n-1}$, $\mathcal{T}^+ = \{A \in \mathcal{T} : m(A) > 0\}$ und für $K > 0$

$$\Gamma(K, T) = \{B \in \mathcal{T}^+ : \Delta_B(x) \leq K \Delta_B(y) \quad \text{für } m\text{-f.a. } x, y \in B\}.$$

Es folgt unmittelbar, dass für $B \in \alpha_0^{n-1} \cap \Gamma(K, T)$ und m-f.a. $x \in B$,

$$m(T^n(B)) = \int_B \Delta_B dm = Mm(B)\Delta_B(x)$$

mit geeignetem $M \in [K^{-1}, K]$ gilt. Daraus leitet man sofort die im nächsten Lemma enthaltene Verzerrungseigenschaft her.

Lemma 30. *Seien $B \in \alpha_0^{n-1} \cap \Gamma(K, T)$, $C \in \alpha_0^{\nu-1} \cap \Gamma(K, T)$, und $B \cap T^{-n}(C) \in \Gamma(K, T)$. Dann gilt die metrische Verzerrungseigenschaft*

$$\frac{1}{K^3} \leq \frac{m(T^n(B))m(B \cap T^{-n}(C))}{m(B)m(C)} \leq K^3. \tag{5.13}$$

Beispiel 87. Seien X eine abzählbare Menge, $P = (p_{ij})_{i,j \in X}$ eine stochastische Matrix und $p = (p_s)_{s \in X}$ ein Wahrscheinlichkeitsvektor. Sei m das hierdurch definierte Markoff-Maß. Dann ist $(\Omega_X^+, \mathcal{B}, m, T_X)$ ein Markoff-System mit dem natürlichen Erzeuger $\alpha = \{A_t : t \in X\}$, $A_t = \{x \in \Omega_X^+ : x_0 = t\}$, als Markoff-Zerlegung. Es gilt ferner für $n \geq 1$ und $B \in \alpha_0^{n-1}$ mit $T^{n-1}(B) = A_s$, dass $\Delta_B = m(B)^{-1} p_t p_{s,t}^{-1}$ f.s. auf $B \cap T_X^{-n}(A_t)$ $(t \in X)$. Also ist $B \in \Gamma(K, T)$ genau dann, wenn $\frac{p_{s,t} p_{t'}}{p_{s,t'} p_t} \in [K^{-1}, K]$, sofern $p_{s,t}, p_{s,t'} > 0$. Ist daher $s \in X$ und $1/2 \leq p_t/p_{s,t} \leq 2$ für alle $t \in X$ mit $p_{s,t} > 0$, so gilt $A_s \in \Gamma(4, T)$.

Proposition 25. *Es sei $(\Omega, \mathcal{B}, T, m)$ ein Markoff-System mit Markoff-Zerlegung α. Es gelte $\Gamma(K, T) = \mathcal{T}$ mod m und $\inf\{m(B) : B \in \mathcal{T}\alpha\} = a > 0$. Dann gibt es ein T-invariantes Wahrscheinlichkeitsmaß $\mu \ll m$ mit Radon-Nikodym Ableitung $\frac{d\mu}{dm} \in \mathrm{L}_\infty(m)$.*

Beweis. Da $\Gamma(K, T) = \mathcal{T}$, folgt aus Lemma 30, dass für alle $n \geq 1$, $B \in \alpha_0^{n-1}$ und $A \in \mathcal{B}$,

$$K^{-3}m(A|T^n(B)) \leq m(T^{-n}(A)|B) \leq K^3 m(A|T^n(B)).$$

Für $A \in \mathcal{B}$ und $n \geq 1$ gilt daher auch

$$m(T^{-n}(A)) = \sum_{B \in \alpha_0^{n-1}} m(T^{-n}(A)|B)m(B)$$

$$\leq K^3 \sum_{B \in \alpha_0^{n-1}} m(A|T^n(B))m(B) \leq \frac{K^3}{a}m(A),$$

und die Folge

$$\frac{1}{n} \sum_{k=0}^{n-1} \frac{dm \circ T^{-k}}{dm}$$

ist Norm-beschränkt und schwach*-kompakt in $\mathrm{L}_\infty(m)$. Jeder schwache Häufungspunkt definiert eine T-invariante Wahrscheinlichkeitsverteilung auf Ω.

Beispiel 88. Sei P die stochastische Matrix $p_{n,n+1} = p, p_{n,n-1} = 1-p$, $n \in \mathbb{Z}$, mit $p \in (0,1)$. Sei m das Markoff-Maß definiert durch P und einen Wahrscheinlichkeitsvektor $p = (p_s)_{s \in \mathbb{Z}}$ mit $1/2 \leq p_n/p_{n+1} \leq 2$. In diesem Fall gilt $\Gamma(K,T) = \mathcal{T}$ mit $K = 4\frac{p \vee (1-p)}{p \wedge (1-p)}$ (vgl. Beispiel 87). Proposition 25 ist jedoch nicht anwendbar, denn die Schiebung ist vollständig dissipativ für $p \neq 1/2$, und T ist konservativ und ergodisch mit einem unendlichen invariantem Maß $\mu \sim m$ für $p = 1/2$.

Ein Markoff-System $(\Omega, \mathcal{B}, T, m)$ besitzt die *erbliche Verzerrungseigenschaft*, falls für eine Konstante $K > 0$ eine Familie $\mathcal{R}(K,T) \subseteq \Gamma(K,T)$ existiert, so dass

$$B \in \alpha_0^{n-1}, C \in \mathcal{R}(K,T), B \cap T^{-n}(C) \neq \emptyset \ \Rightarrow\ B \cap T^{-n}(C) \in \mathcal{R}(K,T);$$

und

$$\bigcup_{C \in \mathcal{R}(K,T)} C = \Omega \quad \mathrm{mod}\ m.$$

Das Markoff-System heißt in diesem Fall durch $\mathcal{R}(K,T)$ erblich verzerrt, und es folgt unmittelbar, dass $\mathcal{R}(K,T)$ die σ-Algebra $\mathcal{B}$ erzeugt.

Ein irreduzibler, rekurrenter Markoff-Schift $(\Omega, \mathcal{B}, T, m)$ ist konservativ und ergodisch. Er ist auch erblich verzerrt, falls für ein K $\Gamma(K,T) \neq \emptyset$, wie aus den Argumenten in Beispiel 87 ersichtlich ist. Somit besitzt ein irreduzibler, rekurrenter Markoff-Schift die erbliche Verzerrungseigenschaft für eine geeignete Startwahrscheinlichkeit p.

Lemma 31. *Sei $(\Omega, \mathcal{B}, T, m)$ ein Markoff-System mit Markoff-Zerlegung α, das durch $\mathcal{R}(K,T)$ erblich verzerrt ist. Dann besitzt eine Menge $A \in \mathcal{R}(K,T)$ die folgende Eigenschaft: Für $C \in \mathcal{B} \cap A$, $n \in \mathbb{N}$ und $B \in \alpha_0^{n-1}$ gilt*

$$K^{-6}m(B \cap T^{-n}(A))m(C|A) \leq m(B \cap T^{-n}(C)) \leq K^6 m(B \cap T^{-n}(A))m(C|A).$$

Insbesondere können $\mathcal{C}(T)$ und $\mathcal{D}(T)$ als Vereinigug von Mengen aus $\mathcal{R}(K,T)$ dargestellt werden.

Beweis. Seien $A \in \alpha_0^{k-1}$ und $C \in \mathcal{R}(K,T)$. Die metrische Verzerrungseigenschaft (5.13) liefert durch zweimalige Anwendung für passende $M, M' \in [K^{-3}, K^3]$

$$m(C \cap T^{-n}(A) \cap T^{-n-k}(B)) = \frac{M}{m(T^k(A))}m(C \cap T^{-n}(A))m(B)$$

$$= MM'\frac{m(C \cap T^{-n}(A))m(A \cap T^{-k}(A))}{m(A)}.$$

Da $\mathcal{R}(K,T)$ die σ-Algebra erzeugt, ist alles gezeigt.

Satz 113. *Ein irreduzibles, erblich verzerrtes Markoff-System ist entweder konservativ und ergodisch oder vollständig dissipativ.*

Beweis. Es folgt aus Lemma 31, dass

$$\mathcal{C}(T) = \bigcup_{B \in \mathcal{R}(K,T) \cap \mathcal{C}(T)} B \quad \text{mod } m.$$

Da das System irreduzibel und der konservative Teil $\mathcal{C}(T)$ invariant sind, kann das Markoff-System nur konservativ oder vollständig dissipativ sein. Nun betrachtet man ein irreduzibles, konservatives Markoff-System $(\Omega, \mathcal{B}, T, m)$ mit Markoff-Zerlegung α, das durch $\mathcal{R}(K,T)$ erblich verzerrt ist. Aus der metrischen Verzerrungseigenschaft (5.13) folgert man für $B \in \alpha_0^{n-1} \cap \mathcal{R}(K,T)$ und $A \in \mathcal{B}$ die Abschätzung

$$\frac{m(T^{-n}(A)|B)}{m(A|T^n(B))} \in [K^{-3}, K^3].$$

Insbesondere gilt diese Beziehung für T-invariante Mengen A.
Der Konvergenzsatz für Martingale ([8], S.92) besagt, dass für m–f.a. $\omega \in \Omega$,

$$\lim_{k \to \infty} m(A|\alpha_0^{k-1})(\omega) = 1_A(\omega).$$

Aus der Konservativität folgt, dass für fast alle $\omega \in B$ der Punkt $T^k(\omega)$ für unendlich viele $k \geq 1$ zu B gehört. Wegen der Vererbungseigenschaft ist damit das Element von α_0^{k+n-1}, zu dem ω gehört, ein Element in $\mathcal{R}(K,T)$. Es folgt also

$$K^{-3}m(A|T^n(B)) \leq m(A|\alpha_0^{k+n-1})(\omega) \leq K^3 m(A|T^n(B))$$

und durch Grenzübergang $K^{-3}m(A|T^n(B)) \leq 1_A(\omega) \leq K^3 m(A|T^n(B))$. Das heißt jedoch, dass $B \subset A$, und es folgt

$$A = \bigcup_{B \in \mathcal{R}(K,T),\, m(A \cap B) > 0} B \quad \text{mod } m.$$

Nimmt man nun an, dass $m(A) > 0$ ist, so gibt es ein $B \subset A$, $B \in \mathcal{R}(K,T)$. Wegen der Irreduzibilität muss dann jedoch $B' \in \mathcal{R}(K,T)$ ebenfalls Teilmenge von A sein, denn es gibt ein $k \geq 1$ mit $m(A \cap B') = m(T^{-k}(A \cap B')) = m(A \cap T^{-k}(B')) \geq m(B \cap T^{-k}(B')) > 0$. Also ist $A = \Omega$, und damit T ergodisch.

Beispiel 89. Eine Markoff-Abbildung $T : [0,1] \to [0,1]$ mit einer Markoff-Zerlegung α, bestehend aus Intervallen, besitzt die erbliche Verzerrungseigenschaft, wenn die folgenden Eigenschaften gelten:

1. Für jedes $A \in \alpha$ enthält $\overline{A}$ höchstens einen Fixpunkt.
2. Die Menge Λ der indifferenten Fixpunkte ist endlich.
3. Zu jedem $\epsilon > 0$ gibt es ein $\rho(\epsilon) > 1$, so dass $T'(x) \geq \rho(\epsilon)$ für jedes $x \in A \setminus K(\Lambda, \epsilon)$ gilt.

4. Es gibt ein $\eta > 0$, so dass für $y \in \Lambda$ T' auf $(y-\eta, y)$ fällt und auf $(y, y+\eta)$ wächst.

5. $|T''|/(T')^2$ ist auf $[0,1]$ gleichmäßig beschränkt.

Das dynamische System ist dann durch die Familie aller Mengen der Form $A \in \alpha_0^{n-1}$, die $\overline{T^{n-1}(A)} \cap \Lambda = \emptyset$ oder $T^{n-2}(A) \neq T^{n-1}(A)$ erfüllen, erblich verzerrt.

Sei $(\Omega, \mathcal{B}, T, m)$ ein konservatives Markoff-System mit Markoff-Zerlegung α. Für $A \in \alpha_0^{k-1}$ sei $\tau : A \to \mathbb{N}$ die Rückkehrzeit nach A. Das induzierte dynamische System $(A, \mathcal{B} \cap A, m_A, T_A)$ ist dann ein Markoff-System bzgl. der Markoff-Zerlegung

$$\alpha_A = \bigcup_{n=1}^{\infty} \{\tau = n\} \cap \alpha_0^{n+k-1}.$$

Definition 73. *Seien $(\Omega, \mathcal{B}, T, m)$ ein maßtreues dynamisches System mit $m(\Omega) = 1$, und f eine messbare Funktion. Der Prozess $f \circ T^k$ $(k \geq 0)$ heißt stark ψ-mischend, falls*

(i)

$$m(A \cap T^{-n}(B)) \leq cm(A)m(B)$$

für eine Konstante $c \in \mathbb{R}_+$ und für $n \in \mathbb{N}$, $A \in \sigma(f \circ T^k : 0 \leq k < n)$ und $B \in \sigma(f \circ T^l : l \geq 0)$.

(ii) Es gibt $n_1 \in \mathbb{N}$, $\{\epsilon_n\}_{n \geq n_1}$, $\epsilon_n \downarrow_{n \to \infty} 0$, so dass

$$\forall k \in \mathbb{N}, \ A \in \sigma(f \circ T^l : 0 \leq l < k), \ B \in \sigma(f \circ T^l : l \geq 0), \ n \geq n_1 :$$

$$(1 - \epsilon_n)m(A)m(B) \ \leq \ m(A \cap T^{-(k+n)}B) \ \leq \ (1 + \epsilon_n)m(A)m(B).$$

Der folgende Satz kann in der Hinsicht verschärft werden, dass der Rückkehrprozess $(\tau_A \circ T_A^k)_{k \geq 0}$ einer Menge $A \in \mathcal{R}(K, T)$ stets Ψ-mischend ist. Diese Aussage kann man in [7], S.400, nachlesen. Unter Beachtung dieses Zusatzes klärt der nächste Satz die Struktur der Markoff-Systeme.

Satz 114. *Sei $(\Omega, \mathcal{B}, T, m)$ ein Markoff-System mit Markoff-Zerlegung α, das durch $\mathcal{R}(K, T)$ erblich verzerrt ist. Ist T konservativ, so ist T ergodisch, und es gibt ein σ-endliches, T-invariantes Maß $\mu \ll m$. Jede Menge $A \in \mathcal{R}(K, T)$, deren Rückkehrprozess $\tau_A \circ T_A^n$ $(n \geq 0)$ stark ψ-mischend ist, ist auch eine Darling-Kac Menge für T.*

Beweis. Die Ergodizität von T folgt bereits aus Satz 113.
Ist $A \in \mathcal{R}(K, T)$, so ist das induzierte System $(A, \mathcal{B} \cap A, m_A, T_A)$ ein Markoff-System mit $\mathcal{T} = \Gamma(K, T)$ und $T_A(B) = A$ für jedes $B \in \alpha_A$. Die Existenz eines T_A-invarianten Maßes $q \ll m_A$ folgt aus Proposition 25, und mit Proposition 23 folgt die Existenz eines endlichen oder σ-endlichen T-invarianten Maßes.

Man zeigt nun abschließend, dass jedes $A \in \mathcal{R}(K,T)$ eine Darling-Kac Menge ist, sofern der Rückkehrprozess stark ψ-mischend ist.

Unter dieser Voraussetzung gibt es $D_p \to 0$, so dass für $n \geq 1, B \in \mathcal{F}_0^{n-1}, B \in \mathcal{F}$

$$\frac{1}{D_p} q(C) q(B) \leq q(C \cap T_A^{-n-p} B) \leq D_p q(C) q(B),$$

wenn man mit $\mathcal{F}_n^p$ die von allen $\tau_A \circ T_A^k$ mit $n \leq k \leq p$ erzeugte σ-Algebra bezeichnet und $\mathcal{F} = \mathcal{F}_0^\infty$ setzt.

Für beliebiges $B \in \mathcal{B} \cap A$ gilt

$$\int_B \widehat{T}^n 1_A d\mu = \mu(A \cap T^{-n}(B)) = \sum_{k=1}^{n} \mu(\{S_k \tau_A = n\} \cap T_A^{-k}(B))$$

$$= \sum_{k=1}^{n} \int_B \widehat{T}_A^k 1_{\{S_k \tau_A = n\}} d\mu.$$

Daher folgt $\widehat{T}^n 1_A = \sum_{k=1}^{n} \widehat{T}_A^k 1_{\{S_k \tau_A = n\}}$ fast überall auf A. Weiterhin erhält man die Darstellung

$$\sum_{j=1}^{n} \widehat{T}^j 1_A = \sum_{j=1}^{n} \sum_{k=1}^{j} \widehat{T}_A^k 1_{\{S_k \tau_A = j\}} = \sum_{k=1}^{n} \sum_{j=k}^{n} \widehat{T}_A^k 1_{\{S_k \tau_A = j\}}$$

$$= \sum_{k=1}^{n} \widehat{T}_A^k 1_{\{S_k \tau_A \leq n\}}.$$

Man beachte nun, dass $C_k = \{S_k \tau_A \leq n\}$ $(\alpha_A)_0^{k-1}$ messbar ist. Somit folgt für beliebiges $B \in \mathcal{B} \cap A$ und $p \geq 1$

$$D_p^{-1} q(C_k) q(B) \leq \int_B \widehat{T}_A^{k+p} 1_{C_k} dq \leq D_p q(C_k) q(B),$$

und daher fast überall auf A

$$D_p^{-1} q(C_k) \leq \widehat{T}_A^{k+p} 1_{C_k} \leq D_p q(C_k).$$

Unter Anwendung dieser Ungleichung und der Positivität von $\widehat{T}_A$ erhält man einerseits

$$\sum_{k=1}^{n} \widehat{T}_A^k 1_{C_k} \leq \sum_{k=1}^{n+p} \widehat{T}_A^k 1_{C_k} \leq p + D_p \sum_{k=1}^{n} q(C_k) = p + D_p \sum_{k=1}^{n} q(T^{-k}(A)),$$

andererseits

$$\sum_{k=1}^{n} \widehat{T}_A^k 1_{C_k} \geq \sum_{k=1}^{n+p} \widehat{T}_A^k 1_{C_k} - p$$

$$\geq D_p^{-1} \sum_{k=1}^{n} q(T^{-k}(A)) - \sum_{k=1}^{n} \widehat{T}_A^k 1_{\{S_k \tau_A < n \leq S_{k+p}\tau_A\}} - p.$$

Schließlich kann man den letzten Summanden so abschätzen:

$$\sum_{k=1}^{n} \widehat{T}_A^k 1_{\{S_k \tau_A < n \leq S_{k+p}\tau_A\}} \leq D_1 \sum_{k=1}^{n} q(S_k \tau_A < n \leq S_{k+p}\tau_A)$$

$$= D_1 \sum_{k=1}^{n} \sum_{l=1}^{n} q(S_k \tau_A = l; S_p \tau_A \circ T_A^k > n - l)$$

$$\leq D_1^2 \sum_{k=1}^{n} \sum_{l=1}^{n} q(S_k \tau_A = l) q(S_p \tau_A > n - l)$$

$$\leq D_1^2 q(S_p \tau_A \geq r) \sum_{k=1}^{n} q(T^{-k}(A))$$

$$+ D_1^2 \sum_{k=1}^{n} \sum_{l=n-r+1}^{n} q(S_k \tau_A = l) q(S_p \tau_A > n - l)$$

$$\leq D_1^2 q(S_p \tau_A \geq r) \sum_{k=1}^{n} q(T^{-k}(A)) + D_1^2 \sum_{k=1}^{n} \sum_{l=n-r+1}^{n} q(S_k \tau_A = l).$$

Es ist nun leicht zu verifizieren, dass man zu gegebenem $\epsilon > 0$ die Größen n, p, r so wählen kann, dass fast überall auf A

$$1 - \epsilon \leq \frac{\sum_{k=1}^{n} \widehat{T}^k 1_A}{\sum_{k=1}^{n} m(A \cap T^{-k}(A))} = \frac{\sum_{k=1}^{n} \widehat{T}_A^k 1_{C_k}}{\sum_{k=1}^{n} m(A) q(T^{-k}(A))} \leq 1 + \epsilon.$$

6 Thermodynamischer Formalismus

Die Arbeiten von Willard Gibbs (1839–1903) über Thermodynamik haben ihren Niederschlag auch in der Theorie dynamischer Systeme gefunden. D. Ruelle gelang es 1970, den Begriff des Drucks für $\mathbb{Z}^d$-Schifts einzuführen. Für $\mathbb{Z}$-Operationen, also für allgemeine stetige Transformationen, wurde die Druckfunktion von P. Walters 1974 eingeführt. Die hier gegebene Definition basiert auf Rufus Bowens Zugang zum thermodynamischen Formalismus über getrennte und spannende Mengen. Vorläufer zu diesem Begriff ist topologische Entropie (s. Abschnitt 3.5). Walters bewies ebenfalls das Variationsprinzip in Abschnitt 6.1 in Analogie zum entsprechenden Resultat für die topologische Entropie.

Das Frobenius-Perron Theorie von Bowen und Ruelle findet man in allgemeiner Form im Abschnitt 6.2, hier formuliert für offene und expandierende Systeme (s. Abschnitt 3.3). Existenz, Eindeutigkeit und Invarianz von Gibbsmaßen werden bewiesen. Die Theorie erweist sich als besonders schlagkräftig für topologische Markoff-Ketten. Sie tauchten erstmals zumindest in Arbeiten von Parry und Sinai um 1965 auf. Die restlichen drei Abschnitte dieses Kapitels basieren auf Arbeiten neueren Datums (ab ca. 1980). Der Begriff des multifraktalen Spektrum wurde vornehmlich in der Physik geprägt und kann mit Größen des thermodynamischen Formalismus identifiziert werden. Die Darstellung der topologischen Entropie durch Liapunoff-Exponenten (Pesin 1977 und Ruelle 1978) ist eines der wenigen allgemein gültigen Resultate der differenzierbaren Dynamik (s. Abschnitt 4.2). Die Zeta-Funktion in Abschnitt 6.4 ist mit D. Ruelle (1976) verbunden und wird deshalb nach ihm benannt; andere Zeta-Funktionen sind von Artin und Mazur 1967 untersucht worden. Die Formel von Young in Abschnitt 6.3 erläutert einen Zusammenhang zwischen Entropie, Liapunoff-Exponenten und Hausdorff-Dimension. Die Resultate in Abschnitt 6.5 verbinden den thermodynamischen mit dem multifraktalen Formalismus bei konformen Repellern. Beides kann als Anwendung des thermodynamischen Formalismus angesehen werden.

Methoden des thermodynamischen Formalismus sind erfolgreich u.a. bei der Untersuchung Fuchsscher Gruppen, rationaler Abbildungen, hyperbolischer Diffeomorphismen und Flüsse und Intervallabbildungen angewendet worden, insbesondere auch bei deren Anwendung in anderen mathematischen Teildisziplinen.

6.1 Topologischer Druck

Es sei (Ω, T) ein stetiges dynamisches System mit kompaktem, metrischem Raum Ω. Die Metrik auf Ω sei mit d bezeichnet. Der Begriff des topologischen Drucks, der zunächst eingeführt wird, ist wie im Fall der topologischen Entropie von der gewählten Metrik unabhängig.

Zu jedem $n \in \mathbb{N}$ kann man eine zu d äquivalente Metrik durch $d_n(x, y) = \max_{0 \le k < n} d(T^k(x), T^k(y))$ $(x, y \in \Omega)$ erklären, die in Abschnitt 3.5 als Bowen-Metrik bezeichnet worden ist. Ist $\epsilon > 0$, so heißt eine Teilmenge $E \subset \Omega$ (n, ϵ)-spannend, wenn die d_n-Kugeln vom Radius ϵ mit Zentrum in E den Raum Ω überdecken und nicht durch Herausnehmen eines Punktes verkleinert werden können, ohne dass die Eigenschaft spannend zu sein, verletzt wird. Diese Definition ist analog zur Definition einer getrennten Menge in Abschnitt 3.5 formuliert.

Jede (n, ϵ)-spannende Menge kann durch Verkleinern zu einer (n, δ)-spannenden Menge gemacht werden, und jede (n, δ)-getrennte Menge kann zu einer (n, ϵ)-getrennten Menge vergrößert werden, sofern $\epsilon \le \delta$ gilt. Daher existieren die folgenden Grenzwerte für eine Funktion $f \in C(\Omega)$ (vgl. die Diskussion zu Beginn des Abschnittes 3.5). Sei $\{E_n(\epsilon) : \epsilon_0;\ n \ge 1\}$ (bzw. $\{F_n(\epsilon) : \epsilon > 0;\ n \ge 1\}$) eine Familie (n, ϵ)-getrennter (bzw. -spannender) Mengen. Dann existieren die folgenden Grenzwerte und sind von der speziellen Wahl der getrennten (bzw. spannenden) Mengen unabhängig:

$$P(T, f) = \lim_{\epsilon \to 0} \limsup_{n \to \infty} \frac{1}{n} \log \sum_{x \in E_n(\epsilon)} e^{S_n f(x)}$$

$$Q(T, f) = \lim_{\epsilon \to 0} \limsup_{n \to \infty} \frac{1}{n} \log \sum_{x \in F_n(\epsilon)} e^{S_n f(x)}.$$

Der Beweis dieser Aussage wird wie der zu Lemma 15 geführt.

Lemma 32.
$$P(T, f) = Q(T, f).$$

Beweis. Ist E eine (n, ϵ)-getrennte Menge, so gibt es zu jedem $x \in \Omega$ ein $y \in E$ mit $K_{d_n}(x, \epsilon) \cap K_{d_n}(y, \epsilon) \ne \emptyset$. Das bedeutet aber, dass die Kugeln mit Radius 2ϵ und Zentrum in E ganz Ω überdecken, also enthält E eine $(2\epsilon, n)$-spannende Menge, und es folgt sofort, dass $Q(T, f) \le P(T, f)$.

Seien E eine (n, ϵ)-getrennte Menge und F eine $(n, \epsilon/2)$-spannende Menge. Für $x \in E$ gibt es $y(x) \in F$ mit $x \in K_{d_n}(y(x), \epsilon/2)$. Dann sind für verschiedene $x \ne x'$ die gewählten Punkte $y(x)$ und $y(x')$ verschieden. Wegen der Stetigkeit von f und der Definition von d_n gilt

$$v(\epsilon) := \sup_{n \in \mathbb{N}} \sup_{d_n(u,v) < \epsilon/2} |S_n f(u) - S_n f(v)| \to 0$$

mit $\epsilon \to 0$, und es folgt

$$\sum_{x \in E} \exp[S_n f(x)] \leq \sum_{y \in F} \exp[S_n f(y) + nv(\epsilon)].$$

Das bedeutet jedoch $P(T, f) \leq Q(T, f)$.

Definition 74. *$P(T, f)$ wird als der Druck der stetigen Funktion f bezeichnet. Die Abbildung $P(T, \cdot) : C(\Omega) \to \mathbb{R}$ heißt Druckfunktion. Der Druck der Funktion $f = 0$ wird auch als die topologische Entropie $h_{top}(T) = P(T, 0)$ von (Ω, T) bezeichnet.*

Proposition 26. *Die Druckfunktion ist positiv, Lipschitz-stetig, konvex und subadditiv.*

Beweis. Ist f positiv, so ist $\sum_{x \in E} \exp S_n f(x) \geq 1$, also $P(T, f) \geq 0$. Da für eine (n, ϵ)-getrennte Menge E

$$\frac{1}{n}\Big[\log \sum_{x \in E} \exp S_n f(x) - \log \sum_{x \in E} \exp S_n g(x)\Big] \leq K\|f - g\|_\infty$$

mit einer von n unabhängigen Konstanten K abgeschätzt werden kann, folgt die Lipschitz-Stetigkeit unmittelbar. Die beiden restlichen Eigenschaften werden in ähnlicher Weise gezeigt.

Proposition 27. *Für $n \in \mathbb{N}_0$ gilt*

$$P(T^n, S_n f) = nP(T, f).$$

Beweis. Der Beweis folgt der Argumentation im Beweis zu Satz 51.

Satz 115. [Variationsprinzip] *Für jede stetige Funktion $f \in C(\Omega)$ gilt das Variationsprinzips des Drucks*

$$P(T, f) = \sup\left\{h_m(T) + \int f\,dm : \ m \in \mathcal{M}(T)\right\}.$$

Beweis. 1. Es soll im ersten Schritt gezeigt werden, dass $P(T, f) \geq h_m(T) + \int f\,dm$ für ein beliebiges Maß $m \in \mathcal{M}(T)$ gilt.
Sei α eine messbare Zerlegung. Die Konkavität der Logarithmusfunktion und die Invarianz von m liefern zunächst

$$\frac{1}{n}H_m(\alpha_0^n) + \int f\,dm = \frac{1}{n}\sum_{A \in \alpha_0^n} \int_A S_n f\,dm - m(A)\log m(A)$$

$$= \frac{1}{n}\sum_{A \in \alpha_0^n} m(A)\log\left[\frac{1}{m(A)}\exp\left(\frac{1}{m(A)}\int_A S_n f\,dm\right)\right]$$

$$\leq \frac{1}{n}\log \sum_{A \in \alpha_0^n} \exp\left(\frac{1}{m(A)}\int_A S_n f\,dm\right)$$

$$\leq \frac{1}{n}\log \sum_{A \in \alpha_0^n} \exp\left(\sup_{x \in A} S_n f(x)\right).$$

Man wählt nun:

1. $x_A \in \overline{A} \in \alpha_0^n$, so dass $S_n f(x_A) = \sup_{x \in A} S_n f(x)$,
2. $\epsilon, \delta > 0$ mit: $d(u, v) < \delta \Rightarrow |f(u) - f(v)| < \epsilon$,
3. eine (n, δ)-getrennte Menge E_n.

Zu jedem x_A gibt es dann ein $y_A \in E_n$ mit $x_A \in K_{d_n}(y_A, \delta)$, und damit

$$\frac{1}{n} H_m(\alpha_0^n) + \int f \, dm \leq \frac{1}{n} \log \sum_{A \in \alpha_0^n} \exp\left(S_n f(y_A) + n\epsilon\right).$$

Ist $M(n, \delta, \alpha)$ eine obere Schranke für die Anzahl der Urbilder der Abbildung $x_A \mapsto y_A$, so folgt weiter bei gleichzeitigem Übergang zum Grenzwert ($n \to \infty$)

$$h(T, \alpha) + \int f \, dm \leq P(T, f) + \epsilon + \limsup_{n \to \infty} \frac{1}{n} \log M(n, \delta, \alpha),$$

wenn man zusätzlich beachtet, dass $\limsup_{n \to \infty} \frac{1}{n} \log \sum_{x \in E_n} \exp[S_n f(x)] \leq P(T, f)$ gilt.

Es muss also eine erzeugende Folge von Zerlegungen α bei gleichzeitiger Kontrolle der $M(n, \delta, \alpha)$ konstruiert werden, so dass ebenfalls noch δ und ϵ gegen Null streben. Sei β eine beliebige Zerlegung von Ω in Mengen B, deren topologischer Rand ∂B Nullmengen sind (solche Mengen heißen *randlos*). Für $B \in \beta$ wird $A = A(B) = \{x \in B : d(x, \partial B) > \delta\}$ gesetzt. Strebt $\delta \to 0$, erzeugt mit einer Folge solcher β auch die zugehörige Folge der

$$\alpha = \{A(B) : B \in \beta\} \cup (\Omega \setminus \bigcup_{B \in \beta} A(B),$$

da das Maß regulär ist. Da nach Konstruktion δ-Kugeln höchstens zwei Mengen von α anschneiden, gilt $M(n, \delta, \alpha) \leq 2^n$. Lässt man nun $\epsilon \to 0$ streben, folgt

$$h_m(T) + \int f \, dm \leq P(T, f) + 2.$$

Ersetzt man nun T durch beliebige Potenzen T^M und f durch $S_M f$, so folgt aus dem Satz 105 und der Proposition 27 die zu beweisende Ungleichung, sofern $M \to \infty$.

2. Die umgekehrte Ungleichung erfordert etwas Mehrarbeit.

Es sei μ ein Wahrscheinlichkeitsmaß. Dann wird durch $m = \frac{1}{nM} \sum_{k=0}^{nM-1} \mu \circ T^{-k}$ ebenfalls ein Wahrscheinlichkeitsmaß erklärt. Man bemerkt zunächst, dass die Aussagen in Proposition 20 und Korollar 15 in Abschnitt 5.4 für beliebige Wahrscheinlichkeitsmaße gelten. Die Invarianz wird im Beweis nicht benötigt. Für jede endliche Zerlegung α gilt dann unter Benutzung des genannten Korollars und der Konkavität der Funktion $-x \log x$

$$H_m(\alpha_0^M) = -\sum_{A \in \alpha_0^M} \frac{1}{nM} \sum_{k=0}^{nM-1} \mu(T^{-k}(A)) \log \frac{1}{nM} \sum_{k=0}^{nM-1} \mu(T^{-k}(A))$$

$$\geq \frac{1}{nM} \sum_{k=0}^{nM-1} H_\mu(T^{-k}\alpha_0^M) = \frac{1}{nM} \sum_{j=0}^{M-1} \sum_{k=0}^{n-1} H_\mu(T^{-j-kM}\alpha_0^M)$$

$$\geq \frac{1}{nM} \sum_{j=0}^{M-1} H_\mu(\alpha_j^{j+nM}) \geq \frac{1}{n} H_\mu(\alpha_0^{nM}) - \frac{M}{n} \log|\alpha|. \tag{6.1}$$

Sei $\eta > 0$ beliebig. Man wähle $\epsilon > 0$ und $K \subset \mathbb{N}$ so, dass zu $k \in K$ eine (k,ϵ)-getrennte Menge E_k mit $\log \sum_{x \in E_k} \exp[S_k f(x)] \geq k(P(T,f) - \eta)$ existiert. Es sei ein Maß μ_k durch

$$\mu_k = \frac{\sum_{x \in E_k} \exp[S_k f(x)]\delta_x}{\sum_{x \in E_k} \exp[S_k f(x)]}$$

definiert und $\widetilde{m}_k = \frac{1}{k} \sum_{j=0}^{k-1} \mu_k \circ T^{-j}$ $(k \in K)$. Dabei bezeichnet δ_x das Punktmaß in $x \in \Omega$. Sei m ein schwacher Limes der Maße $\{\widetilde{m}_k : k \in K\}$, also o.E. $\lim_{k \in K} \widetilde{m}_k = m$ ([5], S.59). Es sei α eine Zerlegung in m-randlose Mengen vom Durchmesser kleiner als ϵ. Es folgt für festes $n \in \mathbb{N}$, dass jedes Atom von α_0^n höchstens einen Punkt einer (n,ϵ)-getrennten Menge E_n enthalten kann, also die Abbildung $E_n \to \alpha_0^n$, $x \mapsto A(x) \in \alpha_0^n$ mit $x \in A(x)$ injektiv ist. Sei zunächst $M \in \mathbb{N}$ fest. Man wählt nun eine Teilfolge $n_l \uparrow \infty$ und $0 \leq i_l < M$, so dass $k_l := n_l M + i_l \in K$. Setzt man nun noch $m_{n_l M} = \frac{1}{Mn_l} \sum_{j=0}^{n_l M-1} \mu_{k_l} \circ T^{-j}$, so folgt $\lim_{l \to \infty} m_{n_l M} = m$. Deshalb erhält man auch mit (6.1)

$$H_m(\alpha_0^M) + M \int f\,dm = \lim_{l \to \infty} H_{m_{n_l M}}(\alpha_0^M) + M \int f\,dm_{n_l M}$$

$$\geq \lim_{l \to \infty} \frac{1}{n_l} H_{\mu_{k_l}}(\alpha_0^{n_l M}) + \frac{M}{Mn_l} \int S_{k_l} f\,d\mu_{k_l} - \frac{M}{n_l} \log|\alpha|$$

$$\geq \lim_{l \to \infty} \frac{1}{n_l} H_{\mu_{k_l}}(\alpha_0^{n_l M + i_l}) + \frac{1}{n_l} \int S_{k_l} f\,d\mu_{k_l} - \frac{2M}{n_l} \log|\alpha|$$

$$= \lim_{l \to \infty} \frac{1}{n_l} \sum_{A \in \alpha_0^{k_l}} \mu_{k_l}(A) \log \frac{1}{\mu_{k_l}(A)} \exp\left[\frac{1}{\mu_{k_l}(A)} \int_A S_{k_l} f\,d\mu_{k_l}\right]$$

$$\geq \lim_{l \to \infty} \frac{1}{n_l} \sum_{A \in \alpha_0^{k_l}} \mu_{k_l}(A) \log \sum_{x \in E_{k_l}} \exp[S_{k_l} f(x)]$$

$$\geq M(P(T,f) - \eta).$$

Dividiert man durch M und lässt $M \to \infty$ streben, erhält man

$$h_m(T,\alpha) + \int f\,dm \geq P(T,f) - \eta.$$

Die Entropie eines Maßes kann mittels des Drucks und über ein weiteres Variationsproblem dargestellt werden.

Satz 116. *Sei (Ω, T) ein stetiges dynamisches System mit kompaktem Ω und endlicher topologischer Entropie. Die Entropiefunktion $\mathcal{M}(T) \to \mathbb{R}_+$, $m \mapsto h_m(T)$, ist genau dann nach oben halbstetig in der schwachen Topologie, also $\limsup_{\mu \to m} h_\mu(T) \le h_m(T)$, wenn für jedes $m \in M(T)$*

$$h_m(T) = \inf\{P(T, f) - \int f\, dm : f \in C(\Omega)\}. \tag{6.2}$$

Beweis. Die Umkehrung ist einfach zu beweisen. Sei $m_n \to m$ eine gegen m in der schwachen Topologie auf $\mathcal{M}(T)$ konvergente Folge. Es gilt dann offenbar

$$h_m(T) = \inf\{P(T, f) - \lim_{n \to \infty} \int f\, dm_n : f \in C(\Omega)\}$$

$$\ge \limsup_{n \to \infty} \inf\{P(T, f) - \int f\, dm_n : f \in C(\Omega)\} = \limsup_{n \to \infty} h_{m_n}(T),$$

also die Halbstetigkeit der Entropiefunktion.

Es sei nun die Entropiefunktion halbstetig. Aus dem Variationsprinzip, Satz 115, folgt $h_m(T) \le P(T, f) - \int f\, dm$ für jedes $f \in C(\Omega)$. Es muss also schließlich nur die Ungleichung $\ge$ in (6.2) bewiesen werden. Dazu sei $h > h_m(T)$ und $C = \{(\mu, t) : \mu \in \mathcal{M}(T), 0 \le t \le h_\mu(T)\}$. C ist konvex und kompakt und $(m, h) \notin C$. Sei U eine offene Umgebung von (m, h), die C nicht anschneidet.

Man kann annehmen, dass U die Form

$$U = \{(\mu, t) \in \mathcal{M}(T) \times \mathbb{R} : \left| \int f_i d(\mu - m) \right| < \eta, 1 \le i \le s, |t - h| < \eta\}$$

mit passenden $f_i \in C(\Omega)$, $s \in \mathbb{N}$ und $\eta > 0$ besitzt. Die Abbildung $F(\mu, t) = (t, \int f_i d\mu)_{1 \le i \le s}$ ist stetig und konvex, und damit ist $F(C)$ konvex und enthält nicht den Punkt $F(m, h)$. Es gibt also eine trennende Hyperebene (in $\mathbb{R}^{s+1}$). Daher existieren $\lambda_0, ..., \lambda_s \in \mathbb{R}$ (λ_0 ist sogar strikt positiv!) mit

$$\sup_{(\mu, t) \in C} \lambda_0 t + \sum_{i=1}^{s} \lambda_i \int f_i d\mu < \lambda_0 h + \sum_{i=1}^{s} \int \lambda_i f_i dm.$$

Setzt man nun $f = \frac{1}{\lambda_0} \sum_{i=1}^{s} \lambda_i f_i$, folgt $\sup_{\mu \in \mathcal{M}(T)} h_\mu(T) + \int f d\mu = P(T, f) \le h + \int f dm$, oder

$$h \ge P(T, f) - \int f dm.$$

Da $h > h_m(T)$ beliebig war, ist alles gezeigt.

Definition 75. *Ein invariantes Maß* $m \in \mathcal{M}(T)$ *wird ein Gleichgewicht (Equilibrium) für die stetige Funktion* $f \in C(\Omega)$ *genannt, wenn*

$$P(T, f) = h_m(T) + \int f \, dm$$

gilt. Ist $f = 0$, *so spricht man auch vom Maß maximaler Entropie.*

Satz 117. *Ist die Entropiefunktion nach oben halbstetig, so gibt es zu jeder stetigen Funktion* f *mindestens ein Gleichgewicht.*

Beweis. Sei $m_n \in \mathcal{M}(T)$ so gewählt, dass $P(T, f) = \lim_{n \to \infty} h_{m_n}(T) + \int f \, dm_n$. Dann ist jeder schwache Häufungspunkt der Folge $\{m_n : n \in \mathbb{N}\}$ ein Gleichgewicht.

Sei $\mathcal{L}$ eine Funktionenklasse. Bekanntlich heißen zwei Funktionen f und g in $\mathcal{L}$ kohomolog, falls es eine Funktion $h \in \mathcal{L}$ mit $f - g = h - h \circ T$ gibt (s. Abschnitt 4.1).

Proposition 28. *1. Sind* f *und* g *in* $C(\Omega)$ *kohomolog, so besitzen sie dieselben Gleichgewichte.*

2. Ist $f \in C(\Omega)$ *und* $f(x) < 0$ *für jedes* $x \in \Omega$, *so ist die Funktion* $s \mapsto P(T, sf)$, $s \geq 0$, *strikt monoton fallend und stetig.*

Beweis. 1. Für jedes Maß $m \in \mathcal{M}(T)$ gilt $\int f \, dm = \int g + h - h \circ T \, dm = \int g \, dm$.
2. Sei $s < t$. Mit dem Variationsprinzip folgt

$$P(T, t \cdot f) = \sup_{m \in \mathcal{M}(T)} h_m(T) + t \int f \, dm$$

$$\leq \sup_{m \in \mathcal{M}(T)} h_m(T) + s \int f \, dm + (t - s) \max_{x \in \Omega} f(x) < P(T, s \cdot f).$$

Die Stetigkeit ist ein Spezialfall von Proposition 26.

Korollar 18. *In der Situation von Proposition 28 gibt es eine eindeutige Nullstelle* $\delta(f)$ *der Funktion* $t \mapsto P(T, tf)$.

Die Formel

$$P(T, \delta(f)f) = 0$$

heißt *Bowen-McClusky-Formel*. Der Graph der Funktion $P(\cdot, f)$ ist schematisch in der Abbildung 6.1 wiedergegeben.

6.2 Gibbs-Maße

Es sei $(\Omega, \mathcal{B}, T, m)$ ein endliches maßtheoretisches dynamisches System mit Lebesgue-Raum $(\Omega, \mathcal{B})$. Da m als nichtsingulär vorausgesetzt ist, muss $m \circ T$ absolut stetig bezüglich m sein, besitzt also eine Radon-Nikodym Dichte $J_m = \frac{dm \circ T}{m}$. Sie heißt die Jacobi-Dichte von m. Ist m vorwärts invariant, so ist die Jacobi-Dichte 1.

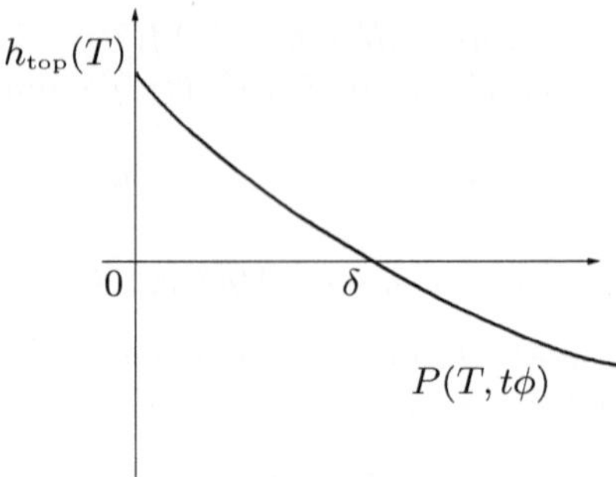

Abb. 6.1. Bowen-McClusky-Formel

Definition 76. *Sei (Ω, T) ein stetiges dynamisches System. Ein Wahrscheinlichkeitsmaß μ auf $(\Omega, \mathcal{B})$ heißt ein Gibbs-Maß für das Potential $\varphi \in C(\Omega)$, wenn $J_m = \exp[-\varphi]$ f.ü. gilt.*

Satz 118. *Sei (Ω, T) ein offenes und expandierendes dynamisches System. Dann gibt es zu jedem $\varphi \in C(\Omega)$ ein Gibbs-Maß zum Potential $\varphi - P(T, \varphi)$.*

Beweis. Der Operator $\mathcal{F}_{-\varphi}$ ist auf $C(\Omega)$ durch

$$\mathcal{F}_{-\varphi}f(x) = \sum_{y \in T^{-1}(\{x\})} f(y)\exp[\varphi(y)] \quad x \in \Omega; f \in C(\Omega)$$

definiert. Nach Lemma 7 gibt es eine Expansionskonstante $a > 0$ und $\Lambda > 1$, so dass $T : K(x, a) \to T(K(x, a))$ ein Homöomorphismus ist und $d(T(y), T(z)) \geq \Lambda d(y, z)$. $\mathcal{F}_{-\varphi}$ ist damit wohldefinierter, stetiger, positiver und linearer Operator (Lemma 9).

Der zu $\mathcal{F}_{-\varphi}$ duale Operator $\mathcal{F}^*_{-\varphi}$ operiert nach dem Rieszschen Satz ([12], S.333) auf dem Raum der Maße, und somit ist $m \mapsto \left(\int 1 d\mathcal{F}^*_{-\varphi}m\right)^{-1}\mathcal{F}^*_{-\varphi}m$ eine Abbildung, die Wahrscheinlichkeitsmaße in sich überführt. Da der Raum dieser Maße konvex und schwach kompakt ist, folgt aus dem Satz von Schauder und Tychonoff ([11], S.456), dass es einen Fixpunkt m gibt (das gleiche Argument wurde natürlich in Satz 97 benutzt). Dieser erfüllt also $\mathcal{F}^*_{-\varphi}m = \lambda m$ mit Eigenwert $\lambda = \int 1 d\mathcal{F}^*_{-\varphi}m$. Seien f eine stetige Funktion, die außerhalb einer Kugel $K(x, a)$ verschwindet, und ρ die zu $T_{|K(x,a)}$ inverse Abbildung. Es folgt

$$\lambda \int f dm = \int f d\mathcal{F}^*_{-\varphi}m = \int \mathcal{F}_{-\varphi}f dm$$

$$= \int f(\rho(z))\exp[\varphi(\rho(z))]m(dz) = \int f \exp[\varphi]dm \circ T.$$

Also ist die Jacobi-Dichte $\lambda \exp[-\varphi]$.

Es muss also nur noch gezeigt werden, dass $\log \lambda = P(T, \varphi)$ gilt. Für jedes $x \in \Omega$ kann $E_n(x) = T^{-n}(\{x\})$ zu einer (n, a)-getrennten Menge E_n erweitert werden. Wegen

$$\lambda^n = \int \mathcal{F}^n_{-\varphi} 1 \, dm = \int \sum_{z \in E_n(x)} \exp\left[S_n \varphi(z)\right] m(dz) \leq \sum_{y \in E_n} \exp[S_n \varphi(y)]$$

gilt $\log \lambda \leq \frac{1}{n} \log \sum_{y \in E_n} \exp[S_n \varphi(y)] = P(T, \varphi)$ (das Theorem 53 gilt entsprechend).

Zum Beweis der umgekehrten Ungleichung verwendet man die folgende Tatsache (vgl. Lemma 8 in Abschnitt 3.3): Für jedes $\delta > 0$ gibt es $m \in \mathbb{N}$, so dass der Abstand zweier Punkte $y, z \in \Omega$ durch δ beschränkt ist, sofern $d(T^j(y), T^j(z)) < a$, $j = 0, ..., m$, gilt. Sei E_1 eine $(1, a)$-spannende Menge und $E_n = T^{-n} E_1$. Dann enthält E_{n+m} eine (n, δ)-spannende Menge F_n, denn zu $z \in \Omega$ gibt es ein $x = x(z) \in E_{n+m}$ mit $d(T^j(x), T^j(z)) < a$ $(j = 0, ..., n + m)$, also auch $d(T^j(z), T^j(x)) < \delta$ für $j = 0, 1, ..., n - 1$. Es folgt

$$\sum_{z \in F_n} \exp S_n \varphi(z) \leq \sum_{x \in E_{n+m}} \exp S_n \varphi(x) \leq \sum_{y \in T^{-m} E_1} \mathcal{F}^n_{-\varphi} 1(y).$$

Sei α eine Zerlegung in messbare Mengen vom Durchmesser $< \delta$, so dass jede dieser Mengen genau einen Punkt aus $T^{-m} E_1$ enthält. Es folgt nun unmittelbar unter Benutzung des Stetigkeitsmoduls $\omega_f(\delta) = \sup_{d(x,y) < \delta} |f(x) - f(y)|$ für eine Funktion f, dass

$$\lim_{n \to \infty} \frac{1}{n} \log \sum_{z \in E_{n+m}} e^{S_n \varphi(z)} \leq \lim_{n \to \infty} \frac{1}{n} \log \left[\sum_{A \in \alpha} \frac{1}{m(A)} \int_A \mathcal{F}^n_{-\varphi} 1 dm \right] + \omega_\varphi(\delta)$$

$$\leq \lim_{n \to \infty} \frac{1}{n} \log \left[\int \mathcal{F}^n_{-\varphi} 1 dm \right] + \omega_\varphi(\delta) = \log[\lambda] + \omega(\varphi, \delta).$$

Mit $\delta \to 0$ ist der Beweis erbracht.

Proposition 29. *Sei (Ω, T) wie in Satz 118 und topologisch transitiv. Ist φ Hölder-stetig, so sind je zwei Gibbs-Maße zum Potential $\varphi - P(T, \varphi)$ äquivalent.*

Beweis. Man betrachte zwei Gibbs-Maße m_1 und m_2 zum Potential $\varphi - P(T, \varphi)$. Sei α eine endliche Markoff-Zerlegung in m_i-randlose Mengen vom Durchmesser $< a$ (Satz 47). Da die Transformation T auf jeder Menge in α invertierbar ist, ist auch T^n auf jedem Atom $E \in \alpha_0^n$ invertierbar, und es gilt

$$m_i(T^n E) = \int_E \exp[n P(T, \varphi) - S_n \varphi] dm_i \quad i = 1, 2.$$

Man überlegt sich leicht, dass $T^n E$ ein Atom von α ist. Da T topologisch transitiv ist, gibt es zu $A, B \in \alpha$ ein $n \in \mathbb{N}$ mit $C = (A \cap T^{-n} B)^\circ \neq \emptyset$. Dann ist C eine Vereinigung von Atomen in α_0^n, und jedes Atom wird von T^n auf B abgebildet. Hat B also positives Maß, so hat es auch jedes dieser Atome und damit auch A. Es folgt also, dass $c := \min\{m_i(A) : i = 1, 2; A \in \alpha\} > 0$. Wählt man nun noch Punkte $x_i \in E$ $(i = 1, 2)$ mit

$$m_1(E)\exp[nP(T, \varphi) - S_n\varphi(x_1)] \leq \int_E \exp[nP(T, \varphi) - S_n\varphi]dm_1 \leq 1$$

$$c \leq \int_E \exp[nP(T, \varphi) - S_n\varphi]dm_2 \leq m_2(E)\exp[nP(T, \varphi) - S_n\varphi(x_2)],$$

so folgt

$$\frac{m_1(E)}{m_2(E)} \leq c^{-1}\exp[S_n\varphi(x_1) - S_n\varphi(x_2)].$$

Aus der Hölder-Stetigkeit schließt man

$$|S_n\varphi(x_1) - S_n\varphi(x_2)| \leq \sum_{k=0}^{n-1} |\varphi(T^k(x_1)) - \varphi(T^k(x_2))|$$

$$= O\left(\sum_{k=0}^{n-1} d(T^k(x_1), T^k(x_2))^s\right).$$

Da die Punkte $T^k(x_i)$ stets zu demselben Atom von α_0^{n-k} gehören, und deren Durchmesser exponentiell schnell abfallen, ist der letzte Ausdruck beschränkt (unabhängig von n). Es folgt nun, dass die Radon-Nikodym Dichte $\frac{dm_1}{dm_2}$ nach oben beschränkt ist. Vertauschung der beiden Maße zeigt auch, dass beide Maße äquivalent sind.

Sind (Ω, T) ein dynamisches System und μ ein Maß, so bezeichnet $\mathcal{K}(n, c, \kappa)$ die Menge aller Teilmengen $C \subset \Omega$ mit folgenden Eigenschaften:

1. $T^n : C \to \Omega$ ist injektiv.
2. $\mathrm{diam} T^j(C) \leq \kappa^{n-j}$
3. $\mu(T^n(C)) \geq c$.

Satz 119. *Seien (Ω, T) ein offenes, expandierendes und topologisch transitives dynamisches System, $\varphi \in C(\Omega)$ Hölder-stetig und μ ein Gibbs-Maß für φ. Dann gibt es ein eindeutig bestimmtes invariantes normiertes Maß $m \sim \mu$ mit Hölder-stetiger Dichte $h = \frac{dm}{d\mu}$. m ist ein Gibbs-Maß zum Potential*

$$\varphi - P(T, \varphi) + \log h \circ T - \log h.$$

Ferner gibt es eine Konstante K, so dass

$$K^{-1} \leq \frac{m(C)}{\exp[nP(T, \varphi) - S_n\varphi(x)]} \leq K \tag{6.3}$$

für jedes $x \in C$ und $C \in \mathcal{K}(n, c, \kappa)$. m ist einziges invariantes Maß, das (6.3) erfüllt und insbesondere das einzige Gibbs-Maß zu einem Potential, das kohomolog zu $\varphi - P(T, \varphi)$ mittels eines beschränkten Korandes ist.

Das Maß $m_\varphi = m$ heißt das zu φ gehörige invariante Gibbs-Maß.

Beweis. Die Existenz des eindeutig bestimmten invarianten Maßes $m \sim \mu$ mit Hölder-stetiger Dichte folgt aus Satz 97, denn μ ist positiv auf offenen, nicht leeren Mengen: Sei α eine endliche Markoff-Zerlegung (Satz 47). Dann gibt es ein $A \in \alpha$ mit strikt positivem Maß. Sind dann $B \in \alpha$ und $n \in \mathbb{N}$, so dass $(B \cap T^{-n+1}(A))^\circ \neq \emptyset$, so gilt für jeden n-Zylinder $[a_0, ..., a_{n-1}] \subset B \cap T^{-n+1}(A)$, dass $T^{n-1}([a_0, ..., a_{n-1}]) = A$, also $\mu([a_0, ..., a_{n-1}]) > 0$. Da jede nicht leere offene Menge einen Zylinder enthält, ist die Behauptung gezeigt. Man rechnet sofort nach, dass m ein Gibbs-Maß ist:

$$\int \mathcal{F}_{-\varphi + P(T,\varphi) - \log h \circ T + \log h} g\, dm = \int \mathcal{F}_{-\varphi + P(T,\varphi)} gh / h \circ T\, dm$$

$$= \int \mathcal{F}_{-\varphi + P(T,\varphi)} gh\, dmu = \int g\, dm.$$

Der Aussage (6.3) folgt leicht aus der Tatsache, dass für $x, y \in C \in \mathcal{K}(n, c, \kappa)$

$$|S_n \varphi(x) - S_n \varphi(y)| \leq D_\varphi \sum_{k=0}^{\infty} \kappa^{sk} =: M < \infty,$$

$$c \leq m(T^n(C)) \leq 1$$

und deshalb

$$ce^{-M} \leq \mu(C) \exp[S_n \varphi(x) - nP(T, \varphi)] \leq m(T^n(C)e^M = e^M.$$

Die Behauptung ist damit gezeigt, denn m und μ sind äquivalent. Es folgt ebenfalls aus dieser Abschätzung, dass es keine zwei invariante ergodische Maße mit der Eigenschaft in (6.3) geben kann, und deshalb sind invariante Gibbs-Maß eindeutig.

Satz 120. *Die Druckfunktion* $P(\cdot) = P(T, \cdot) : \mathrm{Lip}(s) \to \mathbb{R}$ *für ein expandierendes, topologisch transitives und offenes dynamisches System ist reell analytisch. Es gelten für* $\varphi, \psi, \psi_1, \psi_2 \in \mathrm{Lip}(s)$:

1. $\frac{d}{dt} P(\varphi + t\psi)_{|t=0} = \int \psi\, dm_\varphi$, wobei $m = m_\varphi$ das invariante Gibbs-Maß zu φ ist.

2. $\frac{d^2}{dtds} P(\varphi + t\psi_1 + s\psi_2)_{|t=0} = D_\varphi(\psi_1, \psi_2)$, wobei

$$D_\varphi(f, g) = \sum_{k=0}^{\infty} \int (f - \int f\, dm_\varphi)(g \circ T^k - \int g\, dm_\varphi)\, dm_\varphi$$

die asymptotische Kovarianz der Funktionen f und g unter dem invarianten Gibbs-Maß m_φ bezeichnet.

Beweis. Der Transfer-Operator $\mathcal{F}_\varphi$ ist für komplexwertige Funktionen φ wohldefiniert, ähnlich wie in Beispiel 79, und zwar ist $\mathcal{F}_\varphi(f) = \mathcal{F}_{\Re\varphi}(f e^{i\Im\varphi})$. Sei $0 < s \leq 1$ fest und B der Banachraum aller Funktionen $\varphi = u + iv$ mit $u, v \in \mathrm{Lip}(s)$. Da $\mathcal{F}_\varphi f = \mathcal{F}_u(f e^{iv})$ kann man Satz 96 anwenden und erhält, dass auch $\mathcal{F}_\varphi$ einen isolierten Eigenwert $\lambda(\varphi)$ vom Betrag $\leq e^{P(u)}$ besitzt, und das übrige Spektrum in einem Kreis vom Radius $< e^{P(u)}$ enthalten ist. Nach dem Störungssatz für lineare Operatoren ([80], S.255) gibt es dann zu jedem $\epsilon > 0$ und $\varphi \in B$ ein $\delta > 0$, so dass die Abbildung $\psi \to \lambda(\psi)$ in einer δ-Umgebung von φ analytisch ist.

Seien nun $\varphi, \psi \in \mathrm{Lip}(s)$ und $m = m_\varphi$ das invariante Gibbs-Maß zu φ (Satz 119). Sei f_s die Eigenfunktion des Operators $\mathcal{F}_{\varphi+s\psi}$ zum Eigenwert $e^{P(\varphi+s\psi)}$. Differenziert man jede der beiden Seiten der Gleichung

$$\mathcal{F}_{\varphi+s\psi} f(s) = e^{P(\varphi+s\psi)} f(s)$$

nach s und wertet an der Stelle $s = 0$ aus, erhält man

$$\frac{d}{ds}\mathcal{F}_{\varphi+s\psi} f_s{}_{|s=0} = \sum_{T(y)=\cdot} \frac{df_s}{ds}{}_{|s=0}(y)e^{-\varphi(y)} + f_0(y)\psi(y)e^{\varphi(y)}$$

$$= \mathcal{F}_\varphi \left(\frac{df_s}{ds}{}_{|s=0} + f_0\psi \right)$$

und

$$\frac{d}{ds} e^{P(\varphi+s\psi)} f(s)_{|s=0} = e^{P(\varphi)} \left(\frac{d}{ds} P(\varphi + s\psi)_{|s=0} f(0) + \frac{df_s}{ds}{}_{|s=0} \right).$$

Integration mittels m und die Invarianz des Gibbs-Maßes (also $f_0 = 1$ und $P(\varphi) = 0$ gelten) liefern

$$\int \frac{df_s}{ds}{}_{|s=0} + \psi dm = \int \mathcal{F}_\varphi \left(\frac{df_s}{ds}{}_{|s=0} + f_0\psi \right) dm$$

$$= \int \frac{d}{ds} P(\varphi + s\psi)_{|s=0} + \frac{df_s}{ds}{}_{|s=0} dm.$$

Es folgt also 1.
Die Gleichung in 2. berechnet man in ähnlicher Weise.

Beispiel 90. Seien φ und ψ zwei Hölder-stetige Funktionen mit $P(T, \varphi) = 0$ und $\psi < 0$. Die Funktion

$$s \mapsto P(T, s\psi + q\varphi) =: P(s\psi + p\varphi) \qquad q \in \mathbb{R}$$

besitzt, unter Benutzung der entsprechenden Variante von Proposition 28, eine eindeutig bestimmte Nullstelle $S(q)$. Da die Funktion $(s, q) \mapsto s\psi + q\varphi$ reell analytisch ist, ist es auch $(s, q) \mapsto P(T, s\psi + q\varphi)$ nach Satz 120. Die Funktion $q \mapsto S(q)$ ist damit reell analytisch nach dem Satz über implizite

Funktionen, falls die partielle Ableitung nach s nicht verschwindet. Nach Satz 120 gilt

$$\frac{d}{dx}P(x\psi + q\varphi)_{|x=s} = \int \psi dm_{s,q}, \quad \frac{d}{dy}P(s\psi + y\varphi)_{|y=q} = \int \varphi dm_{s,q}, \quad (6.4)$$

wobei $m_{s,q}$ das invariante Gibbs-Maß zu $s\psi + q\varphi$ bezeichnet. Da $\psi < 0$ ist, verschwindet die partielle Ableitung nach s nicht.

Aus (6.4) errechnet sich auch sofort $S'(q)$, denn

$$0 = \frac{d}{dq}P(S(q)\psi + q\varphi) = \int \psi dm_{S(q),q} S'(q) + \int \varphi dm_{S(q),q}$$

zeigt, dass

$$S'(q) = -\frac{\int \varphi dm_{S(q),q}}{\int \psi dm_{S(q),q}} =: -\alpha(q).$$

Die zweite Ableitung von S kann man in ähnlicher Weise durch zweimalige Ableitung erhalten. Es ergibt sich unter Benutzung von Satz 120

$$S''(q) = \frac{D_{S(q)\psi + q\varphi}(\varphi - S'(q)\psi, \varphi - S'(q)\psi)}{-\int \psi dm_{S(q),q}}. \quad (6.5)$$

Da $\psi < 0$ gilt, ist die zweite Ableitung stets positiv. Da der Zähler genau dann verschwindet, wenn $S(q)\psi + q\varphi$ kohomolog zu einer Konstanten ist, folgt, dass S strikt konvex ist, wenn keine Kohomologie zu einer Konstanten vorliegt.

6.3 Entropie und Liapunoff-Exponent

Sei (Ω, T) ein stetiges dynamisches System mit kompaktem Raum $\Omega \subset \mathbb{R}^d$. Das folgende Resultat kann als Variante von Satz 116 angesehen werden.

Proposition 30. *Sei m ein T-invariantes Wahrscheinlichkeitsmaß, das absolut stetig bzgl. des normierten Maßes μ ist. Für eine integrierbare Funktion $f : \Omega \to \mathbb{R}_-$ bezeichne*

$$K_n(x, f) = \{y \in \Omega : \sup_{0 \le j < n} \frac{d(T^j(x), T^j(y))}{\exp[f(T^j(x))]} \le 1\}.$$

Dann gilt

$$h_m(T) \ge -\int_\Omega \limsup_{n \to \infty} \frac{1}{n} \log \mu(K_n(x, f)) m(dx).$$

Beweis. Sei α_r eine Zerlegung von Ω in Mengen eines Durchmessers $< r$ und der Mächtigkeit $|\alpha_r| \le K r^{-d}$, K eine passende Konstante unabhängig von r. Sei $A_n := \{y \in \Omega : -n - 1 < f(y) \le -n\}$ und α ($n \ge 0$) die Menge aller Teilmengen $A \subset \Omega$ der Form $A = A_n \cap B$ mit $B \in \alpha_{e-n-1}$. α ist eine Zerlegung. Sei $A(x)$ dasjenige Element von α, zu dem x als Element gehört. Dann gilt $\mathrm{diam}A(x) \leq \exp[f(x)]$ für jedes $x \in \Omega$ und

$$H_\mu(\alpha) = -\sum_{n=0}^\infty \sum_{B \in \alpha \cap A_n} \mu(B \cap A_n)(\log \mu(B|A_n) + \log \mu(A_n))$$

$$\leq \sum_{n=0}^\infty [\log K + d(n+1)]\mu(A_n) - \mu(A_n)\log \mu(A_n).$$

Diese Größe ist beschränkt, da

$$\sum_{n=0}^\infty n\mu(A_n) \leq -\sum_{n=0}^\infty \int_{A_n} f(x)\mu(dx) = -\int_\Omega f(x)\mu(dx) < \infty.$$

Für das Atom $A_n(x)$ in α_0^{n-1}, das x enthält, gilt offenbar $A_n(x) \subset K_n(x, f)$. Die bedingten Erwartungen $E(\frac{dm}{d\mu}|\alpha_0^{n-1})$ unter dem Maß μ konvergieren (nach dem Martingalkonvergenzsatz [8], S.89, 91) fast sicher und in $L_1(\mu)$. Es folgt unter Benutzung des Satzes von Shannon, McMillan und Breiman (Satz 104), dass

$$h_m(T) \geq h_m(T, \alpha) = \int_\Omega \lim_{n \to \infty} \frac{1}{n} I(\alpha_0^{n-1}) dm$$

$$= -\int_\Omega \lim_{n \to \infty} \frac{1}{n} \log \mu(A_n(x)) - \lim_{n \to \infty} \frac{1}{n} \log E(\frac{dm}{d\mu}|\alpha_0^{n-1})m(dx)$$

$$\geq -\int_\Omega \limsup_{n \to \infty} \frac{1}{n} \log \mu(K_n(x, f))m(dx).$$

Sei $T : M \to M$ ein Diffeomorphismus der kompakten Mannigfaltigkeit M. Sei m ein T-invariantes, ergodischen Maß; die zugehörigen (verschiedenen) Liapunoff-Exponenten seien $x \mapsto \lambda_j(x)$ f.s. mit zugehörigen Räumen $E_j(x)$ der Dimension $d_j - d_{j-1}$ $(1 \leq j \leq s)$. Nach dem Satz von Oseledets (Satz 61) ist die Funktion

$$\chi(x) = \sum_{\lambda_j(x) \geq 0} \lambda_j(x)\mathrm{dim}E_j(x)$$

fast überall wohldefiniert.

Satz 121. [Pesin, Ruelle] *Sei m ein ergodisches, invariantes Maß des Diffeomorphismus $T : M \to M$ einer kompakten Mannigfaltigkeit M. Dann gilt*

$$h_m(T) \leq \int \chi dm.$$

Ist DT Hölder-stetig und ist m absolut stetig bzgl. des Riemannschen Volumens, so gilt Gleichheit.

Beweis. Die Exponentialabbildung $\exp_x : B(0, r) \subset \mathcal{T}_x M \to M$ ist ein lokaler Diffeomorphismus ([22], S.53). Es gilt für beliebiges aber festes $n \geq 1$ und hinreichend kleines $\delta > 0$

$$D_x T^n (\exp_x^{-1}(K(y, \delta/2))) \subset \exp_{T^n(x)}^{-1}(T^n(K(y, \delta)) \subset D_x T^n(\exp_x^{-1}(K(y, 2\delta)))$$

für beliebige $y \in M$ und $x \in K(y, \delta)$. Man kann das Problem der Volumenabschätzung also lokal im Euklidischen Raum betrachten.

Wählt man nun für jedes hinreichend kleine $\delta > 0$ eine Zerlegung $\alpha(\delta)$ von M in m-randlose Mengen A mit der Eigenschaft $K(x, \delta/2) \subset A \subset K(x, \delta)$ bei passend gewähltem $x \in M$, so folgt $h_m(T) = \lim_{\delta \to 0} \frac{1}{n} h_m(T^n, \alpha(\delta))$ nach Satz 106. Unter Benutzung von Satz 103 genügt es also

$$H_m(\alpha(\delta)| \bigvee_{k=0}^{l-1} T^{kn}\alpha(\delta)) \leq n(\int \chi^+(x)m(dx) + o(1))$$

für alle hinreichend großen $l \in \mathbb{N}$ zu zeigen.

Für $\alpha = \alpha(\delta)$ ($\delta > 0$ fest gewählt) gilt

$$H_m(\alpha| \bigvee_{k=0}^{l-1} T^{kn}\alpha) \leq H_m(\alpha|T^n\alpha)$$
$$= - \sum_{B \in T^n\alpha} \sum_{A \in \alpha} m(A \cap B) \log m(A|B)$$
$$\leq \sum_{B \in T^n\alpha} \log |\{A \in \alpha : A \cap B \neq \emptyset\}| m(B).$$

Sei $A \cap B \neq \emptyset$. Der Durchmesser von A ist 2δ, also liegt diese Menge in der 2δ Umgebung von B, das selbst einen Durchmesser von $2\delta \sup_{z \in M} \|D_z T\|^n$ besitzt. A enthält aber nach Konstruktion eine Kugel von Radius $\delta/2$, besitzt also als untere Volumenschranke $K_1 \delta^d$. Es folgt mit einer elementaren Volumenabschätzung

$$K_1 \delta^d |\{A \in \alpha : A \cap B \neq \emptyset\}| \leq [2\delta(\sup_{z \in M} \|D_z T\|^n + 2)]^d \leq K_2 \delta^d (\sup_{z \in M} \|D_z T\|)^{dn}.$$

Sei $R(m, \epsilon)$ das Komplement der Menge aller Punkte $x \in M$, für die

$$|\frac{1}{l} \log \|D_x T^l(v)\| - \lambda_j(x)| < \epsilon$$

für jedes $l \geq m$, $j = 1, ..., s$ und $v \in E_j(x)$ mit $\|v\| = 1$ gilt. Nach dem Satz von Oseledets (Satz 61) gilt $m(R(m, \epsilon)) \to 0$, wenn $m \to \infty$.

Ist also $B \cap T^n(R(m, \epsilon)^c) \neq \emptyset$, so gibt es ein $A \in \alpha$ und $x_B \in A \cap R(m, \epsilon)^c$ mit $T^n(x_B) \in B$. Dann kann man eine verbesserte Abschätzung des Volumens von B angeben. Es gibt eine Konstante K_3, so dass das Volumen der 2δ Umgebung von B durch das Volumen eines Parallelepiped beschränkt wird, das man durch Streckung in Richtung der Eigenwerte von $D_x T^n$ mittels der Liapunoff-Exponenten erhält. Es gibt eine Konstante K_3 mit

$$\mathrm{Vol}(K(B,2\delta)) \le K_3 \delta^d \prod_{\chi_i > 0} e^{n(\chi_i + \epsilon)}.$$

Daraus ergibt sich für alle hinreichend großen l

$$H_m(\alpha | \bigvee_{k=0}^{l-1} T^{kn}\alpha) \le n \sum_{B \cap T^n(R(m,\epsilon)^c) \ne \emptyset} \sum_{\lambda_i(x_B) > 0} \lambda_i(x_B)$$
$$+ \log K_3 + n\epsilon + (\log(K_2/K_1) + nd \log \sup_{z \in M} \|D_z T\|) m(R(n,\epsilon)).$$

Die erste Behauptung des Satzes, d.h. die Ruellesche Ungleichung, ist damit gezeigt.

Der Beweis der Pesinsche Verschärfung soll nur skizziert werden. Dazu sei $\epsilon > 0$ beliebig. Nach Proposition 30 ist es hinreichend $N \in \mathbb{N}$, $A \subset M$ und eine integrable Funktion f zu finden, so dass $m(A) \ge 1 - \epsilon$ und für $x \in A$

$$-\limsup_{n \to \infty} \frac{1}{n} \log \lambda(\{y : \sup_{0 \le j < n} \frac{d(T^{jN}(y), T^{jN}(x))}{\exp f(T^{jN}(x))} \le 1\}) \ge N(\chi(x) - \epsilon), \quad (6.6)$$

denn dann folgt

$$N h_m(T) = h_m(T^N) \ge N \int_A \chi(x) - \epsilon m(dx)$$
$$\ge \int_M \chi(x) m(dx) - \epsilon m(A) - \int_{A^c} \chi(x) m(dx).$$

Beweisskizze für (6.6): Man betrachtet o.B.d.A. M durch $\mathbb{R}^d$ ersetzt. Es bezeichne $T_x M = E^u(x) \oplus E^0(x)$ die Zerlegung des Tangentialraumes mit $E^0(x) = \oplus_{\lambda_j \ge 0} E_j(x)$. Für $x \in M$ und $\epsilon > 0$ sei

$$B(x,\epsilon) = \{x + y + z : y \in E^u(x); z \in E^0(x); \max\{\|y\|, \|z\|\} < \epsilon\}.$$

Der Satz von Oseledets (Satz 61) liefert eine messbare Menge $A \subset M$ und $n_0 \in \mathbb{N}$, so dass $m(A) \ge 1 - \epsilon$ und für $x \in A$, $n \ge n_0$, $u \in E_j(x) \ominus E_{j-1}(x)$ mit $\|u\| = 1$

$$|\log \|D_x T^n u\| - \lambda_j| \le n\epsilon$$

gelten. Nun definiert man $N = n_0$ und f durch

$$f(x) = 1_A(x) \min\{a, \frac{k(x)}{k'(x)} b^{t(x)}\},$$

wobei k maximal und k' minimal durch $K(x,k\epsilon) \subset B(x,\epsilon) \subset K(x,k'\epsilon)$ bestimmt sind, $t(x) = \min\{l \ge 1 : T^{ln_0}(x) \in A\}$ ist, und a, b Konstanten bedeuten. Da t integrabel ist (vgl. Proposition 23), ist es auch $\log f$.

Der Nachweis von (6.6) folgt nun aus einer direkten (aber aufwendigen) Abschätzung, wenn die Konstanten a und b passend gewählt sind, um Hölder-Normen von Abbildungen $U \subset E^u \to E^0$ zu beschränken.

Korollar 19. *Seien $T : \mathbb{T}^d \to \mathbb{T}^d$ ein Torusautomorphismus mit Eigenwerten $\lambda_1, ..., \lambda_d$ und m das normierte Haar-Maß auf $\mathbb{T}^d$. Dann gilt*

$$h_{\mathrm{top}}(T) = h_m(T) = \sum_{|\lambda_j| \geq 1} \log |\lambda_j|$$

Beweis. Die Liapunoff-Exponenten sind durch die Beträge der Eigenwerte definiert, und die dazu gehörigen Eigenräume besitzen gerade die Dimension, die der Anzahl der Eigenwerte, die von diesem Betrag sind. Das Haar-Maß ist ein ergodisches Maß nach Beispiel 77, daher ist der vorige Satz anwendbar und man erhält

$$h_m(T) = \int \xi \, dm = \int \sum_{|\lambda_j| \geq 1} \log |\lambda_j| \, dm = \sum_{|\lambda_j| \geq 1} \log |\lambda_j|.$$

Für jedes andere ergodische Maß μ gilt dagegen nur

$$h_\mu(T) \leq \sum_{|\lambda_j| \geq 1} \log |\lambda_j|,$$

also mit dem Variationsprinzip (Satz 115) erhält man $h_{\mathrm{top}}(T) = h_m(T)$.

Korollar 20. *Sei $T : M \to M$ ein Diffeomorphismus der kompakten, d-dimensionalen Mannigfaltigkeit M. Dann gilt*

$$h_{\mathrm{top}}(T) \leq d \log \sup_{x \in M} \|D_x T\|.$$

Es gibt interessante Zusammenhänge zwischen Entropie, Liapunoff-Exponenten und Hausdorff-Dimension. Die Satz von Young gibt einen Einblick. Sein Beweis wird ebenfalls nur skizziert.

Satz 122. [YOUNG] *Seien $T : M \to M$ ein C^2-Diffeomorphismus der kompakten Fläche M und α eine erzeugende Markoff-Zerlegung für T im Sinne von Definition 60. Ist m ein ergodisches, T-invariantes Maß mit Liapunoff-Exponenten $\lambda_1 > \lambda_2$, so gilt für die Hausdorff-Dimension des Maßes m*

$$\mathrm{HD}(m) := \inf\{\mathrm{HD}(X) : m(X) = 1\} = h_m(T)(\lambda_1^{-1} - \lambda_2^{-1}).$$

Der Satz von Young verzichtet auf die Existenz der Markoff-Zerlegung, benötigt jedoch eine feinere Beweistechnik als die hier verwendete.

Beweis. Man betrachtet die Metrik, die durch die Koordinatenabbildungen $[\cdot, \cdot] : W_x^u \times W_x^s \to M$ gegeben wird. Danach ist eine Kugel eine Menge der Form $[K^s(x, \eta), K^u(x, \eta)]$; $K^i(x, \eta)$ bezeichnen hier Kugeln mit Radius η in den entsprechenden Untermannigfaltigkeiten W_x^i. Aus den Überdeckungssätzen von Besikovich ([16], S.2) folgert man mit einer kleinen Rechnung, dass für beliebige Mengen C

$$\inf_{x \in C} \liminf_{\eta \to 0} \frac{\log \mu([K^s(x,\eta), K^u(x,\eta)]}{\log 2\eta} \le \mathrm{HD}(C)$$

$$\le \sup_{x \in C} \limsup_{\eta \to 0} \frac{\log \mu([K^s(x,\eta), K^u(x,\eta)]}{\log 2\eta}$$

gilt. Mit Korollar 17 erhält man

$$h_\mu(T) = h_\mu(T, \alpha) = \lim_{n_1, n_2 \to \infty} \frac{1}{n_1 + n_2} H\left(\bigvee_{k=-n_2}^{n_1} T^{-k}\alpha \right).$$

Sei nun C eine Menge vom vollen Maß, auf der der Satz von Shannon, Mc-Millan und Breiman (Satz 104, insbesondere Korollar 16) und der Satz von Oseledets (Satz 61) gelten. Seien $x \in C$ und A_{n_1, n_2} dasjenige Element der Zerlegung $(\alpha)_{n_2}^{n_1}$, das x enthält. In lokalen Koordinaten besitzt A_{n_1, n_2} die Gestalt $[A, B]$. Der Durchmesser von A als Teilmenge einer stabilen Mannigfaltigkeit ist nach oben und unten durch $e^{(\lambda_2 \pm \delta)n_2}$ beschränkt, und der Durchmesser von B entsprechend durch $e^{-(\lambda_1 \pm \delta)n_1}$. Wählt man n_1 und n_2 so, dass $-(\lambda_2 + \delta)n_2 \le (\lambda_1 - \delta)n_1 \le -(\lambda_2 + \delta)(n_2 + M)$ mit $M \ge (\lambda_1 + \delta)(\lambda_2 + \delta)^{-1}$ gilt, so folgt für genügend großes n_1 und n_2

$$\frac{\log \mu(A_{n_1, n_2})}{\log \mathrm{diam}(A_{n_1, n_2})} \le \frac{-(n_1 + n_2)(h_\mu(T) + \delta)}{-(\lambda_1 - \delta)n_1}$$

$$\le \left(\frac{1}{\lambda_1} + \frac{n_2}{n_1\lambda_1} \right)(h_\mu(T) + \delta)\frac{n_1\lambda_1}{n_1(\lambda_1 - \delta)}$$

$$= \left(\frac{1}{\lambda_1} - \frac{1}{\lambda_2} \right) h_\mu(T) + o(1).$$

Es folgt mit einer einfachen Überlegung (ähnlich wie im Beweis des Satzes 6)

$$\limsup_{\eta \to 0} \frac{\log \mu([K^s(x,\eta), K^u(x,\eta)]}{\log 2\eta} \le \left(\frac{1}{\lambda_1} - \frac{1}{\lambda_2} \right) h_\mu(T).$$

Die untere Abschätzung folgt in ähnlicher Weise.

6.4 Zeta-Funktionen

Sei (Ω, T) ein dynamisches System. Es bezeichne $P_n(T)$ die Menge der periodischen Punkte von T mit Periode n und $p_n(T)$ deren Anzahl. In einem Bernoulli-Schift über s Symbolen ist diese Anzahl gerade s^n.

Definition 77. *Die Zeta-Funktion ζ von T ist durch die formale Potenzreihe*

$$\zeta(t) = \exp\left[\sum_{n=1}^{\infty} \frac{p_n(T)}{n} t^n\right]$$

definiert.

Beispiel 91. Sei $p_n(t) = c^n$ $(n \geq 1)$ für ein $c \geq 1$. Dann ist offenbar

$$\zeta(t) = \exp\left[\sum_{n=1}^{\infty} \frac{(ct)^n}{n}\right] = \frac{1}{1 - ct}$$

unter Benutzung der Taylorreihe von $-\log(1-z)$. Der Konvergenzradius von ζ ist c^{-1}.

Aus Definition 14 und der anschließenden Bemerkung folgt unmittelbar, dass die Zeta-Funktion eine Konjugationsinvariante ist.

Satz 123. *Seien (Ω, T) eine topologische Markoff-Kette und A eine nicht negative $s \times s$ Matrix mit ganzzahligen Einträgen und charakteristischem Polynom P_A, so dass die durch A bestimmte Kanten-Markoff-Kette zu (Ω, T) konjugiert ist. Dann gilt für die Zeta-Funktion von T*

$$\zeta(t) = \frac{1}{\det(I - tA)} = \frac{1}{t^s P_A(t^{-1})}.$$

Beweis. Mit einer zum Beweis von Satz 22 analogen Argumentation zeigt man, dass $p_n(T) = \operatorname{Spur} A^n$. Sind durch $\lambda_1, ..., \lambda_s$ sämtliche Eigenwerte von A (einschließlich ihrer Vielfachheit) aufgezählt, so folgt

$$\zeta(t) = \exp\left[\sum_{n=1}^{\infty} \frac{\lambda_1^n + ... + \lambda_s^n}{n} t^n\right] = \prod_{i=1}^{s} \frac{1}{1 - \lambda_i t}.$$

Korollar 21. *Der Konvergenzradius ρ der Zeta-Funktion wird durch den Eigenwert λ der λ_i bestimmt, der maximalen Betrag besitzt: $\rho = \lambda^{-1}$.*

Definition 78. *Sei $\varphi \in C(\Omega)$. Die mit φ gewichtete Zeta-Funktion von (Ω, T) ist durch*

$$\zeta(t) = \exp\left[\sum_{n=1}^{\infty} \frac{z^n}{n} \sum_{x \in P_n(T)} e^{S_n \varphi(x)}\right] \tag{6.7}$$

definiert.

Proposition 31. *Sei (Ω, T) ein dynamisches System wie in Satz 123 und topologisch mischend. Für eine reelle Funktion $\varphi \in \operatorname{Lip}(s)$ ist der Konvergenzradius der formalen Potenzreihe (6.7) $\exp[-P(T, \varphi)]$.*

Beweis. Es genügt zu zeigen, dass

$$\limsup_{n\to\infty} \frac{1}{n} \log \sum_{x\in P_n(T)} \exp[S_n\varphi(x)] = P(T,\varphi)$$

gilt. Sei die Metrik so bestimmt, dass die Mengen $[a]$ $(a \in X)$ einen Abstand $\geq 1/2$ besitzen. Sei $\eta \in (1/4, 1/2)$ fest. Jedes $P_n(T)$ kann zu einer (n,η)-getrennten Menge erweitert werden, und jede (n,η)-getrennte Menge E_n kann bijektiv in $P_{n+L}(T)$ abgebildet werden, wobei L nur von der Markoff-Kette abhängt (wie vor Satz 22 erklärt, ist jeder Block der Länge n zu einem periodischen Block der Länge $n + L$ fortsetzbar, wobei L durch die Aperiodizität der Matrix A bestimmt ist). Aus der Lipschitz-Stetigkeit von φ erhält man $|S_n\varphi(x) - S_n\varphi(y)| \leq C$, sofern $d(x,y) \leq 2^{-n}$. Daher ist wegen

$$\sum_{x\in E_n} \exp[S_n\varphi(x)] \leq \exp[L\|\varphi\|_\infty] \exp[C] \sum_{x\in P_{n+L}(T)} \exp[S_{n+L}\varphi(x)]$$

$$\leq \exp[L\|\varphi\|_\infty] \exp[2C] \sum_{x\in E_{n+L}} \exp[S_{n+L}\varphi(x)]$$

schon alles gezeigt.

Beispiel 92. Seien $A = (a_{ij})_{i,j\in X}$ eine aperiodische $0-1$ Matrix und $\varphi(x) = b_{x_0,x_1}$ eine Funktion, die nur von den ersten beiden Koordinaten abhängig ist. Es bezeichne B die Matrix $(a_{ij}e^{b_{ij}})_{i,j\in X}$, wobei $b_{ij} = 0$ gesetzt wird, wenn $[i,j] \cap \Omega = \emptyset$ gilt. Es folgt wie in Beispiel 91, dass

$$\zeta(z) = \exp\left[\sum_{n=1}^\infty \frac{z^n}{n} \sum_{x\in P_n(T)} \exp[b_{x_0,x_1} + b_{x_1,x_2} + ... + b_{x_{n-1},x_0}]\right]$$

$$= \exp\left[\sum_{n=1}^\infty \frac{z^n}{n} \sum_{x_0,...,x_{n-1}\in X} a_{x_0 x_1}\exp[b_{x_0,x_1}]...a_{x_{n-1} x_0}\exp[b_{x_{n-1},x_0}]\right]$$

$$= \exp\left[\sum_{n=1}^\infty \frac{z^n}{n}\mathrm{Spur}(B^n)\right]$$

$$= \frac{1}{\det(I - zB)}.$$

Das nächste Resultat verdeutlicht, warum die Funktion ζ ihren Namen verdient.

Proposition 32. *Sei P_n^* die Menge aller periodischen Bahnen γ mit Primperiode n, und $\tau_\varphi(\gamma) = S_n\varphi(x)$ für ein beliebiges $x \in \gamma$. Dann gilt für $|\Re z| < \exp[-P(T,\varphi)]$*

$$\zeta(z) = \prod_{n=1}^\infty \prod_{\gamma\in P_n^*} \left(1 - z^n e^{\tau_\varphi(\gamma)}\right)^{-1}.$$

Beweis. Sei $\gamma = \{T^k(x) : k = 0, 1, ..., n - 1\}$ eine Bahn mit Primperiode n. Jedes $T^k(x)$ ist dann Element von $P_{ln}(T)$ für $l = 1, 2, ...$ und in keinem anderen $P_j(T)$ enthalten. Ferner ist $S_{ln}(T^k(x)) = l S_n(x) = l \tau_\varphi(\gamma)$. Es folgt

$$\zeta(z) = \exp\left(\sum_{n=1}^\infty \sum_{\gamma \in P_n^*} n \sum_{l=1}^\infty \frac{z^{ln}}{ln} \exp[l\tau_\varphi(\gamma)]\right)$$

$$= \exp\left(-\sum_{n=1}^\infty \sum_{\gamma \in P_n^*} \log(1 - z^n \exp(\tau_\varphi(\gamma)))\right)$$

$$= \prod_{n=1}^\infty \prod_{\gamma \in P_n^*} (1 - z^n \exp(\tau_\varphi(\gamma)))^{-1}.$$

Satz 124. *Sei $\varphi \in C(\Omega)$ wie in Beispiel 92. Dann besitzt die Zeta-Funktion ζ einen Pol an der Stelle $z = \exp(-P(T, \varphi))$ und eine meromorphe Fortsetzung auf $\{z \in \mathbb{C} : |\Re z| \leq \exp[-P(T, \varphi)] + \epsilon\}$ für ein $\epsilon > 0$.*

Beweis. Wie in Beispiel 92 gezeigt wurde, besitzt die Zeta-Funktion eine Darstellung

$$\zeta(z) = [\det(I - zB)]^{-1},$$

wenn $B = (a_{ij}e^{b_{ij}})_{i,j \in X}$ die durch $b_{ij} = a_{ij}\varphi_{|[ij]}$ bestimmte Matrix bezeichnet. Da die Markoff-Kette topologisch mischend ist, ist die Matrix B aperiodisch. Die Voraussetzung des klassischen Satzes von Perron-Frobenius für Matrizen (s. [14], Band II, S.47) sind damit erfüllt, und es gibt einen eindeutigen Eigenwert von maximalem Betrag. Dieser Eigenwert ist gerade $\lambda_1 := \exp P(T, \varphi)$. Für $\varphi = 0$ folgt dies aus den Sätzen 22 und 55, und für beliebiges φ erhält man die Aussage als unmittelbare Verallgemeinerung. Alle weiteren Eigenwerte $\lambda_2, ..., \lambda_s$ ($s = |X|$) besitzen einen kleineren Betrag. Die Determinante von $I - zAe^B$ lässt sich dann aber in der Form

$$\det(I - zAe^B) = \prod_{i=1}^s (1 - \lambda_i z) = (1 - e^{P(T,\varphi)}z) \prod_{i=2}^s (1 - \lambda_i z)$$

schreiben, und man sieht daran, dass die Funktion

$$\phi(z) = \left[(1 - e^{P(T,\varphi)}z) \prod_{i-2}^s (1 - \lambda_i z)\right]^{-1}$$

meromorph ist und bei $z = e^{-P(T,\varphi)}$ einen Pol besitzt. Jeder andere Pol besitzt einen Betrag $> e^{-P(T,\varphi)}$. Damit ist ϕ die gesuchte meromorphe Fortsetzung.

Sei P^* die Menge aller periodischen Bahnen.

Definition 79. *Sei $\varphi \in C(\Omega)$. Die gewichtete Zählfunktion periodischer Bahnen ist durch $N_\varphi(x) = \sum_{\gamma \in P^*; P(T,\varphi)\tau(\gamma) \leq \log x} \exp[\tau_\varphi^*(\gamma)]$ definiert, wobei*

$$\tau_\varphi^*(\gamma) = \begin{cases} \frac{\tau_\varphi(\gamma)}{1-\exp \tau_\varphi(\gamma)} & \text{falls } \tau_\varphi(\gamma) \neq 0 \\ 1 & \text{falls } \tau_\varphi(\gamma) = 0 \end{cases}$$

Satz 125. *Sei φ wie in Beispiel 92. Dann gilt*

$$\lim_{x \to \infty} N_\varphi(x) \frac{x(e^{-P(T,\varphi)} - 1)}{e^{-P(T,\varphi)}(1 + x)} = 1.$$

Beweis. Für $|\Re z| < e^{-P(T,\varphi)}$ ist nach Satz 124

$$\frac{\zeta'(z)}{\zeta(z)} = \frac{d}{dz} \log \zeta(z) = \sum_{i=1}^{s} \frac{\lambda_i}{1 - \lambda_i z} = e^{P(T,\varphi)}(1 - e^{P(T,\varphi)}z)^{-1} + g_0(z),$$

wobei g_0 in $\{z : |\Re z| < e^{-P(T,\varphi)} + \epsilon_0\}$ für ein hinreichend kleines $\epsilon_0 > 0$ analytisch ist. Ersetzt man z durch $\exp[-P(T,\varphi)u]$ und leitet nach u ab, folgt

$$\frac{d}{du} \log \zeta(\exp[-P(T,\varphi)u]) = e^{P(T,\varphi)(1-u)}P(T,\varphi)(1 - e^{P(T,\varphi)(1-u)})^{-1} + g(u),$$

wobei g in $\{\Re u \geq 1 - \epsilon\}$ für ein passendes $\epsilon > 0$ analytisch ist. Die Funktion $\frac{d}{du} \log \zeta(\exp[-P(T,\varphi)u])$ ist also in $\{\Re s > 1\}$ analytisch und auf $\{\Re u > 1-\epsilon\}$ als meromorphe Funktion fortsetzbar, so dass $s = 1$ der einzige Pol mit Residuum -1 ist.

Auf der anderen Seite kann die interessierende Funktion als Integral geschrieben werden. Es gilt nämlich

$$\frac{d}{du} \log \zeta(\exp[-P(T,\varphi)u)$$
$$= \frac{d}{du} \sum_{n=1}^{\infty} \sum_{\gamma \in P^*} \frac{\exp[-P(T,\varphi)\tau(\gamma)nu]}{n} \exp[n\tau_\varphi(\gamma)]$$
$$= -\sum_{n=1}^{\infty} \sum_{\gamma \in P^*} P(T,\varphi)\tau(\gamma) \exp[-P(T,\varphi)\tau(\gamma)nu] \exp[n\tau_\varphi(\gamma)]$$
$$= -\int_1^{\infty} x^{-u} M(du),$$

wenn M die monoton wachsende Funktion

$$M(x) = \sum_{\exp[P(T,\varphi)\tau(\gamma)n] \leq x} P(T,\varphi)\tau(\gamma) \exp[n\tau_\varphi(\gamma)]$$

bezeichnet.

An dieser Stelle ist ein Tauberscher Satz nützlich ([27], S.127)

Satz 126. [IKEHARA, WIENER] *Sei G eine nicht fallende Funktion mit $G(1) = 0$, so dass das Stieltjes Integral $\int_1^\infty x^{-s} G(dx)$ existiert und in $\Re s > 1$ analytisch ist. Gibt es dann eine analytische Fortsetzung auf $\Re s \geq 1$, ausgenommen an einer Polstelle bei $s = 1$ mit Residuum 1, so gilt*

$$G(x) \sim x \qquad x \to \infty.$$

($a(x) \sim b(x)$ ($x \to \infty$) bedeutet, dass der Quotient gegen 1 strebt.)

Auf die Situation des zu beweisenden Satzes angewendet folgt, dass $M(x) \sim x$, wenn $x \to \infty$, und hieraus weiterhin, dass

$$1 \sim x^{-1} \sum_{\exp[P(T,\varphi)\tau(\gamma)n] \leq x} P(T,\varphi)\tau(\gamma) \exp[n\tau_\varphi(\gamma)]$$

$$\sim x^{-1} \sum_{\exp[P(T,\varphi)\tau(\gamma)] \leq x} P(T,\varphi)\tau(\gamma) \sum_{k=1}^{[(\log x)/P(T,\varphi)\tau(\gamma)]} \exp[k\tau_\varphi(\gamma)]$$

$$\sim x^{-1} \sum_{\exp[P(T,\varphi)\tau(\gamma)] \leq x} \tau_\varphi^*(\gamma) \log x$$

$$= \frac{\log x}{x} N(x).$$

Korollar 22. *Für eine mischende topologische Markoff-Kette (Ω, T) mit Entropie $h = h_{top}(T)$ gilt*

$$|\{\gamma \in P^* : \tau(\gamma) \leq x\}| \sim \frac{\exp[hx]}{hx}.$$

Beweis. Wird $\varphi = 0$ im letzten Satz gesetzt, so folgt $\tau_\varphi^* = 1$ und $P(T,\varphi) = h$, also auch

$$|\{\gamma \in P^* : \tau(\gamma) \leq x\}| = |\{\gamma \in P^* : e^{h\tau(\gamma)} \leq e^{hx}\}|$$

$$= N(e^{hx}) \sim \frac{e^{hx}}{hx}.$$

6.5 Multifraktaler Formalismus

In Abschnitt 1.2 wurde Dynamik dazu verwendet, fraktale Mengen zu definieren. Hausdorff-Dimensionen sind dort auf Grund von Verzerrungseigenschaften der sie definierenden Transformationen berechnet worden. In diesem Abschnitt wird dieser Aspekt der fraktalen Geometrie ausgebaut, und die Charakterisierung dynamischen Verhaltens durch fraktale Größen abgeleitet.

Lemma 33. *Es sei (Ω, T) ein dynamisches System mit expandierender, offener Abbildung $T : \Omega \to \Omega$. Zu jedem $s > 0$ gibt es Konstanten $K \geq 1$ und $a > 0$, so dass für jede strikt positive, Hölder-stetige Funktion $\varphi \in \mathrm{Lip}(s)$*

$$\sup_{\substack{x,y\in\Omega\\ d(T^n(x),T^n(y))<a}} \prod_{k=1}^{n}\frac{\varphi(T^k(x))}{\varphi(T^k(y))}\leq K^{D_{\log\varphi}},$$

wobei $D_{\log\varphi}$ die Hölder-Konstante von $\log\varphi$ bezeichnet.

Beweis. Es seien $a>0$ und Λ Konstanten wie in Lemma 7 gewählt. Es gilt dann für beliebige $x,y\in\Omega$ mit $d(T^n(x),T^n(y))<a$

$$\prod_{k=1}^{n}\varphi(T^k(x))=\exp\left[\sum_{k=1}^{n}\log\varphi(T^k(x))\right]$$

$$\leq\exp\left[\sum_{k=1}^{n}\log\varphi(T^k(y))\right]\times\exp\left[D_{\log\varphi}\sum_{k=1}^{n}\Lambda^{-ks}d(T^n(x),T^n(y))^s\right]$$

$$\leq\prod_{k=1}^{n}\varphi(T^k(y))\exp\left[D_{\log\varphi}\frac{\Lambda^s a^s}{\Lambda^s-1}\right].$$

Die Behauptung folgt mit mit $K=\exp[\frac{\Lambda^s a^s}{\Lambda^s-1}]$.

Definition 80. *Ein R-expandierendes dynamisches System (Ω,T) heißt ein konformer Repeller, wenn es $r_0>0$ und eine Hölder-stetige Funktion $t:\Omega\to\mathbb{R}$ gibt, die $t(x)>1$ und für $x,y\in\Omega$ mit $r=d(x,y)<r_0$*

$$\inf\{t(z):z\in K(x,r)\}\leq\frac{d(T(x),T(y))}{d(x,y)}\leq\sup\{t(z):z\in K(x,r)\}\qquad(6.8)$$

erfüllen.

Beispiel 93. 1. Ist M eine kompakte Riemannsche Mannigfaltigkeit, so ist eine konforme Abbildung $T:M\to M$ als eine glatte Abbildung mit $DT_x=t(x)\Phi_x$ definiert, wobei t eine Hölder-stetige Funktion >1 und $\Phi_x:T_xM\to T_{T(x)}M$ eine Isometrie ist. Es ist unmittelbar klar, dass die Bedingung (6.8) erfüllt ist. Beispiele solcher Abbildungen sind Repeller hyperbolischer rationaler Abbildungen (Beispiel 36 in Abschnitt 3.2) und eindimensionale expandierende Markoff-Abbildungen (Abschnitt 1.6).

2. Die Schiebungsabbildung auf einer einseitigen topologischen Markoff-Kette $\Omega\subset\Omega_X^+$ ist ebenfalls ein konformer Repeller. Sie ist offen und expandierend. Die Metrik $d(\mathbf{x},\mathbf{y})=\sum_{n=0}^{\infty}2^{-n}(1-1_{x_n}(y_n))$ ist expandierend mit $\Lambda=2$, denn

$$d(T(\mathbf{x}),T(\mathbf{y}))=2d(\mathbf{x},\mathbf{y}).$$

Nach Satz 119 besitzt jede Hölder-stetige Funktion φ auf einem mischenden, konformen Repeller ein eindeutig bestimmtes Gleichgewichtsmaß m_φ.

Ähnlich zur Definition der Hausdorff-Dimension in Abschnitt 1.2 wird die Box-Dimensionen erklärt. Zu $A\subset\Omega$ und $r>0$ sei $N(A,r)$ als das Infimum über die Mächtigkeiten von Überdeckungen von A mit Kugeln vom Radius r und Zentrum in A definiert. Die Größen

$$\underline{\mathrm{BD}}(A) = \liminf_{r\downarrow 0} \frac{\log N(A,r)}{-\log r}$$

$$\overline{\mathrm{BD}}(A) = \limsup_{r\downarrow 0} \frac{\log N(A,r)}{-\log r}$$

heißen die *untere (bzw. obere) Box-Dimension* von A. Stimmen beide Dimensionen überein, so spricht man von der Box-Dimension schlechthin. Andere geläufige Namen für diesen Begriff sind Kapazität oder Minkowski-Dimension.

Satz 127. *Die Hausdorff-Dimension $h = \mathrm{HD}(\Omega)$ eines konformen Repellers (Ω, T) stimmt mit der oberen und unteren Box-Dimension überein. Es gelten weiterhin die folgenden Eigenschaften:*

1. [MANNING] *Sei m das Gleichgewichtsmaß zu $-h\log t$. Dann gilt*

$$h = \frac{h_m(T)}{\int t\, dm}.$$

2. *Das h-dimensionale Hausdorff-Maß ist äquivalent zu m.*
3. *Die Hausdorff-Dimension h ist auch die Hausdorff-Dimension von m:*

$$h = \inf\{\mathrm{HD}(X) : m(X) = 1\}.$$

Beweis. Der Beweis folgt in großen Teilen den Ideen zum Beweis des Satzes 6.

Seien $\eta > 0$ und $r_0 < a/2$ so wie in der Definition eines konformen Repellers vorgegeben. Seien $x \in \Omega$ und $0 < r < r_0$ zunächst fest gewählt. Ferner sei $n = n(x,r)$ so bestimmt, dass

$$T^{n-1}(K(x,r)) \subset K(T^{n-1}(x), \tfrac{r_0}{2}) \quad \text{und} \quad T^n(K(x,r)) \not\subset K(T^n(x), \tfrac{r_0}{2})$$

gilt. Mit der Wahl von $r < r_0$ gibt es zu $y \in K(x,r)$ Punkte $u_j, v_j \in K(T^j(x), r_0)$, $(j = 0, 1, ..., n-1)$, so dass

$$d(x,y) \prod_{j=0}^{n-1} t(u_j) \le d(T^n(x), T^n(y)) \le d(x,y) \prod_{j=0}^{n-1} t(v_j).$$

Unter Benutzung der Hölder-Stetigkeit von t gilt für beliebige Punkte $w_j \in K(T^j(x), r_0)$, dass

$$\prod_{j=0}^{n-1} t(w_j) = \prod_{j=0}^{n-1} t(T^j(x)) \prod_{j=0}^{n-1} \exp[\log t(w_j) - \log t(T^j(x))]$$

und hieraus folgt in derselben Weise wie in Lemma 33, dass es eine Konstante K mit

$$K^{-1}d(x,y)\prod_{j=0}^{n-1} t(T^j(x)) \leq d(T^n(x),T^n(y)) \leq Kd(x,y)\prod_{j=0}^{n-1} t(T^j(x))$$

gibt.

Die Funktion $c \mapsto P(T, -c\log t)$ ist monoton fallend und besitzt eine eindeutige Nullstelle s nach Proposition 28. Sei μ das nichtsinguläre Gibbs-Maß, das invariant unter dem Frobenius-Perron Operator zur Funktion $-s\log t$ ist. Es gilt, da T^n auf $K(x,r)$ nach Definition injektiv ist, dass

$$\mu(K(x,r)) = \int \mathcal{F}^n_{-s\log t} 1_{K(x,r)} d\mu$$

$$= \int_{T^n(K(x,r))} \prod_{j=0}^{n-1} [t(T^j((T^n_{|K(x,r)})^{-n}(z)))]^s \mu(dz)$$

$$= \mu(T^n(K(x,r)))\theta \prod_{j=0}^{n-1} [t(T^j(x))]^s,$$

wobei $\theta \in [K^{-s}, K^s]$.

Es ist damit gezeigt, dass es eine Konstante K_1 gibt, so dass

$$K_1^{-1} \leq \frac{m(K(x,r))}{r^s} \leq K_1. \tag{6.9}$$

Aus dem Lemma von Besikovich (s. [16], S.2) folgt nun, dass $h = s$ und μ (und damit auch m nach Satz 119) äquivalent zum h-dimensionalen Hausdorff-Maß ist. Mit dem Variationsprinzip Satz 115 folgt, dass

$$0 = P(T, h\log t) = h_m(T) - \int h\log t\, dm.$$

Da dieser Schluss auch für jede Teilmenge X mit $m(X) = 1$ gilt, muss nur noch gezeigt werden, dass die Hausdorff-Dimension gleich der Box-Dimension ist. Da stets $h \leq \overline{BD}(\Omega)$, genügt es die Umkehrung hiervon zu zeigen.

Sei $N(\Omega, r)$ die minimale Mächtigkeit einer Überdeckung $\mathcal{Z}$ von Ω mit Kugeln vom Radius $\leq r$ und Zentrum in Ω. Unter Benutzung der obigen Abschätzung (6.9) folgt

$$N(\Omega, r)r^{-h} \leq K_1 \sum_{B \in \mathcal{Z}} \mu(B) \leq M$$

für eine Konstante M, die unabhängig von r gewählt werden kann. Logarithmierung ergibt $\limsup_{r\to 0} \frac{\log N(\Omega,r)}{\log r} \leq \limsup_{r\to 0} \frac{h\log r M^{1/h}}{\log r} = h$.

Definition 81. *Sei μ ein Maß. Die lokale Dimension in $x \in \Omega$ ist durch*

$$\lim_{r\to 0} \frac{\log \mu(K(x,r))}{\log r} = d_\mu(x)$$

definiert, sofern der Grenzwert existiert. Andernfalls ist $d_\mu(x)$ nicht definiert.

Es sei an dieser Stelle angemerkt, dass entsprechende Begriffsbildungen für untere und obere lokale Dimensionen existieren, je nachdem der untere oder obere Limes existiert. Man zeigt leicht, dass

$$\|d_\mu\|_{L_\infty(\mu)} \geq \overline{BD}(\mu) \geq HD(\mu) \geq \text{ess-inf } d_\mu$$

gilt, falls die Größen existieren. Ist $f : \Omega_0 \to \mathbb{R}$ eine Funktion, die auf einer Teilmenge $\Omega_0 \subset \Omega$ definiert ist, so bezeichne $J_f(z) = \{\omega \in \Omega : f(\omega) = z\}$ die Mengen, auf denen f konstant $= z$ ist. Die Funktion $f^* : \text{Bild}(f) \to \mathbb{R}$, definiert als $f^*(\alpha) = HD(J_f(\alpha))$ heißt das *multifraktale Spektrum* von f.

Satz 128. *Sei (Ω, T) ein konformer Repeller. Die lokale Dimension d_m existiert fast sicher für jedes invariante Gibbs-Maß m, und es gilt für fast alle $x \in \Omega$*

$$d_m(x) = \frac{h_m(T)}{- \int \log t \, dm}.$$

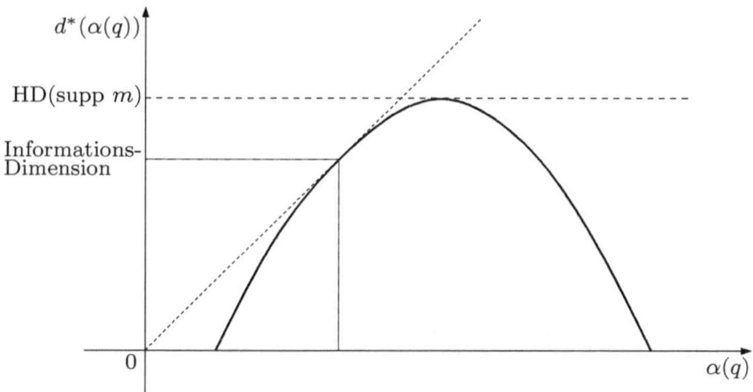

Abb. 6.2. Multifraktales Spektrum: typischer Graph der Funktion d^*

Beweis. Analog zum Beweis des Satzes 127 zeigt man: Es gibt eine Konstante K, so dass für beliebige Mengen C vom Durchmesser $\leq r\Lambda^{-n}a$

$$K^{-1}m(C)\exp[S_n\varphi(x)] \leq m(T^{n(r)}(C)) \leq Km(C)\exp[S_n\varphi(x)]$$

gilt. Aus der Konformalität folgt analog

$$K^{-1}r\exp[S_n \log t(x)] \leq m(T^{n(r)}(C)) \leq Kr\exp[S_n \log t(x)]. \qquad (6.10)$$

Es folgt also für fast alle x mit dem Ergodensatz (Satz 93), der Tatsache, dass $P(T,\varphi) = 0$ und m ein Gleichgewicht für φ ist,

$$\frac{\log m(K(x,r))}{\log r} = O\left(\frac{S_n\varphi(x)}{S_n \log t(x)}\right) \to \frac{\int \varphi dm}{\int t dm},$$

wenn $r \to 0$.

Sei m ein invariantes Gibbs-Maß zum Potential φ und die Funktion $S : \mathbb{R} \to \mathbb{R}$ durch $P(-S(q)\log t + q\varphi) = 0$ definiert. Nach Satz 120 existiert S und besitzt die Ableitung $S'(q) = -\dfrac{\int \varphi \, dm}{-\int \log t \, dm} =: \alpha(q)$.

Satz 129. *Das multifraktale Spektrum $d^* = d^*_m$ der lokalen Dimension d_m des invarianten Gibbs-Maßes erfüllt die Gleichung*

$$d^*_m(\alpha(q)) = S(q) + q\alpha(q) \qquad q \in \mathbb{R}.$$

Die Funktion d^*_m ist reell analytisch auf dem Bild von α.

Die *Legendre-Fenchel Transformation* einer auf $\mathbb{R}$ definierten, strikt konvexen Funktion $h \in C^2(\mathbb{R})$ ist eine differenzierbare Funktion g, so dass

$$g(y) = \max_{x \in \mathbb{R}} yx - h(x).$$

Man kann zeigen, dass in diesem Fall auch g strikt konvex ist, und die Legendre-Fenchel Transformation von g gerade h ist. Das Paar (h, g) nennt man dann ein Legendre-Paar. Ein Paar von Funktionen (h, g) ist genau dann ein Legendre-Paar, wenn $g(\alpha(q)) = h(q) + q\alpha(q)$ mit $\alpha(q) = -h'(q)$ gilt. In diesem Sinne bilden die beiden Funktionen d^* und S ein Legendre-Paar.

Beweis. Seien $q \in \mathbb{R}$ und $m_q = m_{S(q),q}$ das Gibbs-Maß zum Potential $-S(q)\log t + q\varphi$. Dann gilt nach dem Ergodensatz (Satz 93) und Satz 120

$$\lim_{n \to \infty} \frac{S_n \varphi(x)}{-S_n \log t(x)} = \alpha(q)$$

m_q-fast sicher. Da ähnlich wie im letzten Beweis (vgl. (6.10)) gezeigt werden kann, dass

$$K^{-1} \leq \frac{m(T^{n(r)}(C))}{m_q(C)\exp[S_n S(q)\log t(x) + q\varphi(x)]} \leq K$$

für eine Konstante K gilt, folgt ähnlich wie zuvor, dass es zu $\eta > 0$ Konstanten $K_1, K_2 > 0$ und $r_0 > 0$ gibt, so dass für $r \leq r_0$

$$K_1 r^{S(q)+q\alpha(q)+\eta} \leq m_q(K(x,r)) \leq K_2 r^{S(q)+q\alpha(q)-\eta}.$$

Daraus folgt, dass

$$d^*_m(\alpha(q) = \mathrm{HD}(J_{d_m}(\alpha_q)) = \mathrm{HD}(m_q) = S(q) + q\alpha(q)$$

gilt. Die restliche Aussage folgt aus Satz 120.

7 Epilog über Dynamik

7.1 Dynamische Betrachtungsweisen

Dynamische Denkweisen machen wir uns oft unbewusst zu eigen. Der Begriff der Kausalität, der Ursache mit Wirkung verbindet, wird etwa mit dem zeitlichen Postulat verbunden, dass die Ursache der Wirkung voranzugehen habe. Diese vereinfachte Betrachtungsweise erscheint uns heute ein wenig überholt, denn es gibt eine Reihe von Anwendungen, bei denen dies nicht zutrifft. Die Themen der folgenden Abschnitte sollen auch dies verdeutlichen und werden hoffentlich dazu beitragen, Interesse und Motivation zur Beschäftigung mit dynamischen Systemen zu wecken.

7.1.1 Determinismus und Vorhersagbarkeit

Nach allgemeiner Vorstellung ändern sich die Gesetze nicht, nach denen sich Prozesse vollziehen. Dieses Phänomen war natürlich in der Antike bekannt, mit dem Beginn der Neuzeit machten jedoch Naturwissenschaftler eine weitere bahnbrechende Entdeckung: Nicht nur dass man mittels Experimenten diese konstanten physikalischen Gesetze nachprüfen kann (etwa Galilei und seine Experimente), vielmehr gelang es Newton zu zeigen, dass mathematische Formeln bestens geeignet sind, diese physikalischen Gesetze zu formulieren. Im Gegensatz zur Bestimmung von Konstanten (etwa Fallbeschleunigung oder spezifischem Gewicht) hat man es hier nicht mehr allein mit physikalischen Konstanten zu tun, vielmehr mit festen Gesetzen eines funktionalen Zusammenhanges.

Hier liegt der wirkliche Ursprung der Theorie dynamischer Systeme: Gewöhnliche Differentialgleichungen besitzen oft eindeutige lokale Lösungen. Das bedeutet, dass der momentane Zustand eines Systems für eine gewisse Zeit vorherbestimmbar ist. Man sagt dann auch, das System ist deterministisch. 1812, in den *Philosophical essays on Probability*, drückte Laplace die damit beginnende Euphorie in den Naturwissenschaften, jedes Phänomen deterministisch zu deuten, so aus: Wenn man alle Kräfte (die auf jeden großen Körper, wie auch kleinste Atome wirken) zu einem festen Zeitpunkt kennt, so könnte ein Universalgenie daraus die Zukunft so vorhersehen, wie man die Vergangenheit kennt.

Es ist natürlich heute bekannt, dass dieser Standpunkt so nicht haltbar ist.
Man kann vieles dagegen einwenden. An dieser Stelle wird nur auf den gravie-
renden Unterschied zwischen den Begriffen Determinismus und Vorhersagbarkeit eingegangen. Poincaré formulierte präzise, warum ein deterministisches
System nicht vorhersagbar zu sein braucht. Nach seiner Pionierarbeit zum
Ende des 19. Jahrhunderts, wies er darauf hin, dass selbst wenn Laplace
Recht hat, die gegenwärtige genaue Kenntnis aller Daten nie gewährleistet
ist; also selbst wenn alle Naturgesetze bestens bekannt sind, eine Vorhersage
nicht immer möglich ist, selbst wenn das System deterministisch ist.

7.1.2 Berechnung der Quadratwurzel

Heron von Alexandrien beschreibt in seinem Buch Metrica einen Algorithmus
zur Berechnung von Quadratwurzeln $\sqrt{a}$. Geometrisch bedeutet dies ein Qua-
drat zu konstruieren, das die Fläche a besitzt. Hat man eine Quadratzahl x^2
mit $x < a \leq x^2$ gefunden, so definiert man die erste Approximation durch die
Seiten x und $y = a/x$. Der Algorithmus für die sukzessiven Approximationen
wird nun durch

$$(x_n, y_n) = T^n((x, y)), \quad T((u, v)) = \left(\frac{u + v}{2}, \frac{2uv}{u + v} \right)$$

beschrieben. Diese Approximationsmethode war den Babyloniern um 2000
v.Chr. bereits bekannt. Die Abbildung T lässt für jede Konstante $c \in \mathbb{R}$ die
Menge $M_c = \{(u, v) : uv = c\} \subset \mathbb{R}^2$ invariant. Sie besitzt einen attraktiven
Fixpunkt in M_c, der gerade $(\sqrt{c}, \sqrt{c})$ ist. Dies folgt aus der Tatsache, dass T
eine Kontraktion ist, d. h.

$$dist(T(u), T(v)) \leq \lambda dist(u, v) \qquad \forall u, v \in \mathbb{R}^2,$$

und wendet das *Kontraktionsprinzip* an (Satz 3). Heron berechnet mit dieser Methode die Fläche a des Dreiecks mit Seitenlängen 7, 8 und 9, denn
bekanntlich ist mit $s = 7 + 8 + 9 = 24$

$$a^2 = s(s - 7)(s - 8)(s - 9) = 720.$$

7.1.3 Konvektionsströmung und Lorenz-Attraktor

Unter einer Konvektion versteht man Strömungen in Flüssigkeiten oder Ga-
sen, die sich unter dem Einfluss von Temperaturinhomogenitäten ausbilden.
Es werde beispielsweise eine Flüssigkeitsschicht betrachtet, die sich zwischen
zwei horizontalen Platten befindet, deren Abstand klein gegenüber ihrer
Grösse ist. Wird der Flüssigkeitsboden erwärmt, so stellt sich ein Dichte-
gradient ein, der bewirkt, dass sich die wärmeren Flüssigkeitsteilchen nach
oben bewegen. An einer anderen Stelle sinken aber die kälteren Teilchen nach
unten und bewegen sich an der unteren Platte in Richtung der Konvektion
nach oben. Dabei werden sie erwärmt, steigen also letzlich wieder auf. Die

Flüssigkeitszellen organisieren sich bei kleinerer Temperaturdifferenz spontan und rotieren in wohldefinierter Ordnung. Bei höheren Temperaturdifferenzen wird diese Zellstruktur regellos und die Strömung turbulent (chaotisch). Salzman reduzierte dieses dreidimensionale Problem auf ein zweidimensionales. Lorenz beschrieb in dieser Darstellung die Stromfunktion und die Temperaturabweichung mit drei zeitabhängigen Variablen, setzte diese in die Gleichungen von Salzman ein und erhielt nach einigen algebraischen Umformungen die in Abschnitt 3.2 angegebenen Gleichungen:

$$\dot{x} = -\sigma(y - x)$$
$$\dot{y} = rx - y - xz$$
$$\dot{z} = -bz + xy$$

Dabei bedeutet σ die Prandtl-Zahl (entspricht dem Verhältnis der Zähigkeit zur Temperaturleitfähigkeit), b ist ein Maß für die Zellgeometrie in x-Richtung und r ist die relative Raleigh-Zahl. x ist proportional zum Betrag der Konvektionsgeschwindigkeit, y zur Temperaturdifferenz und z verhält sich proportional zur Abweichung vom linearen vertikalen Temperaturprofil.

7.1.4 Lernen und Informationsverarbeitung im Gehirn

Gefaserte dynamische Systeme erweisen sich mehr und mehr als interessante Alternative zur Modellierung von Dynamiken unter äußeren Einflüssen, etwa in Populationsdynamiken in zufälligen Medien oder neuronalen Netzen. Beispielsweise zeigen neuere Studien in den Neurowissenschaften, dass Modellierungen von Gehirnaktivitäten durch dynamische Systeme eine Reihe von Daten erklären können, die in einem statischen Modell unerklärbar bleiben. Ein einzelnes Neuron, oder eine Gruppe von Neuronen kann demnach nicht von einem einzelnen Zustand des Systems erklärt werden; es braucht zur Beschreibung mehrere Zustände, einer davon wird zu jedem Zeitpunkt angenommen, abhängig von äußeren Informationen.

Im Allgemeinen wird die Annahme gemacht, dass sämtliche Information in einem eingebetteten Attraktor gespeichert wird. Experimente haben jedoch gezeigt, dass dynamische Vielfalt der äußeren Einflüsse angenommen werden sollten (kohärente Aktivitäten in neuronalen Netzen, Synchronisation in neuronalen ,trains' chaotisches Verhalten von Populationsdynamiken im sog. γ-range). Die hierzu durchgeführten Experimente widersprechen der Annahme einer inneren Organisation der Informationsverarbeitung, auf dem die Entwicklung des Systems beruht. Zu jedem Zeitpunkt wird das System durch nicht gespeicherte äußere Einflüsse beeinträchtigt.

Die Interpretation dynamischer neuronaler Aktivitäten durch dynamische Systeme wurde bereits vorgeschlagen. Es gibt erfolgreiche Versuche, Dynamik zu ihrer Modellierung zu benutzen. Zudem hat man bereits erfolgreich zufällige Steuerungen modelliert. All das hat beispielsweise zu Modellen geführt, die durch ein zufällig gesteuertes Hénon-System in höheren Dimensionen mathematisch beschrieben wird.

Obwohl interne und externe Beschreibungen komplementär zueinander scheinen, können sie mit einem Konzept verstanden werden. Attraktoren sind eine Stabilitätsmethode, um augenscheinlich ungeordnetes Verhalten Gesetzmäßigkeiten zu unterwerfen. Eine andere Methode ist wahrscheinlichkeitstheoretischer Natur in Form des Ergodensatzes, der aussagt, dass sich die Verteilung in einem großen Zustandsraum um gewisse ausgezeichnete Zustände anordnen lassen, und so als wahrscheinlichkeitstheoretischer Attraktor aufgefasst werden können.

7.1.5 Optionspreise

Eines der einfachsten Modelle zum Verständnis eines ökonomischen Gleichgewichtes stammt von Harrod und Domar. Es bezeichne S_n das Sparvolumen einer Ökonomie zum diskreten Zeitpunkt n und I_n das Investitionsvolumen zum gleichen Zeitpunkt. Das Modell postuliert die gekoppelten Gleichungen $S_{n+1} = aI_n$; $I_{n+1} = b(S_{n+1} - S_n)$. Hier bezeichnet a die mittlere Sparneigung (gemessen am letzten Investitionsvolumen) und b die Investitionsbereitschaft (gemessen am letzten Zugewinn des Sparvolumens). In einem Gleichgewicht hat man $S_n = I_n$, d.h. die Ökonomie erzeugt das zur Investition benötigte Kapital. Es folgt dann

$$S_{n+1} = \frac{a+b}{b} S_n.$$

Die Mathematisierung ökonomischer Modelle hat sich über solche elementaren Anfänge beträchtlich fortentwickelt. Das soll kurz an der Theorie zur Bestimmung von Optionspreisen verdeutlicht werden.

Man betrachte die folgende (im Moment noch abstrakte) partielle Differentialgleichung:

$$u_1(t,x) = \frac{\sigma^2}{2} x^2 u_{22}(t,x) + rx u_2(t,x) - ru(t,x)$$

für $x > 0$ und $0 \leq t \leq T$. Es sei

$$\Phi(x) = \frac{1}{\sqrt{2\pi}} \int_{-\infty}^{x} \exp[-\frac{1}{2}u^2]du$$

die sog. *Verteilungsfunktion der Normalverteilung*. Unter der Randbedingung $u(0,x) = (x - K)^+$ für ein festes $K > 0$ lässt sich die Lösung zu

$$u(t,x) = x\Phi(g(t,x)) - Ke^{-rt}\Phi(h(t,x))$$

angeben, wobei

$$g(t,x) = \frac{\log(x/K) + (r + 0.5\sigma^2)t}{\sigma t^{1/2}}$$
$$h(t,x) = g(t,x) - \sigma t^{1/2}.$$

Soll der Wert V_0 einer Option zur Zeit 0 bestimmt werden, die auf einem Anlagepapier mit Wertentwicklung X_t basiert. Hier ist X_t ein stochastischer Prozess. Black und Scholes postulieren zur Preisbestimmung das folgende Equilibrium:

Es gibt eine selbstfinanzierende Anlagestrategie (a_t, b_t), die ein Portefeuille zur Zeit T besitzt, das aus Anlagepapieren mit Wertentwicklung X_t und festverzinslichen Anlagen mit Zinsrate r besteht, und dessen Wert V_T zur Zeit T genauso hoch ist wie der Wert der Option zur Zeit T, nämlich $V_T = (X_T - K)^+$. Der Wert K bezeichnet den Kaufpreis zum Zeitpunkt T (europäische Option).

Man betrachten also das Modell

$$V_t = a_t X_t + b_t \beta_t = u(T - t, X_t)$$

Hier ist u eine glatte Funktion. Zum Zeitpunkt T ist der Wert des Portefeuilles gerade

$$V_T = (X_T - K)^+.$$

Die Funktion u erfüllt dann gerade die obige Differentialgleichung (hier wird die Ito-Formel benutzt, [20] S.149), und man erhält durch die Lösung die Formel von Black und Scholes:

$$V_0 = u(T, X_0) = X_0 \Phi(g(T, X_0)) - Ke^{-rT} \Phi(h(T, X_0))$$

ist der arbitrage-freie Wert einer Europäischen Option.

7.2 Biographisches

Die moderne Theorie dynamischer Systeme begann mit den bahnbrechenden Arbeiten von Poincaré um Ende des 19. Jahrhunderts. Mathematiker, die in ihrem wissenschaftlichen Werk Beiträge zu dieser Theorie lieferten und in diesem Band erwähnt sind, sollen an dieser Stelle mit ihren Lebensdaten erwähnt werden.

Emil Artin wurde 1898 in Wien geboren, studierte zunächst dort und später in Leipzig. Er wurde 1922 in Hamburg Privatdozent und bald darauf zum Professor ernannt. Er blieb an dieser Universität bis zu seinem Tod 1962.

Abram S. Besicovitch wurde 1891 in Berdyansk (Russland) geboren, studierte in St. Petersburg und war Professor in Perm, St. Petersburg, schließlich nach einigen unsteten Jahren in Cambridge (England), wo er 1970 starb.

Georges D. Birkhoff wurde 1884 in Overisel (USA) geboren und verstarb 1844 in Cambridge (USA). Nach einer kurzen Tätigkeit an der Universität in Wisconsin lehrte er als Professor an der Havard Universität.

Rufus Bowen, geboren 1947 in Vallejo (USA), ist Schüler von Smale. Er verstarb in Santa Rosa (USA) 1978, ein Jahr nachdem er dort zum „Full Professor" ernannt worden war.

Arnaud Denjoy wurde 1884 in Auch (Frankreich) geboren und verstarb 1974 in Paris. Er lehrte zunächst in Montpellier, dann in Utrecht und schließlich in Paris.

Wolfgang Doeblin wurde 1915 in Berlin geboren und nahm sich im Alter von 25 Jahren in Housseras (Frankreich) bei Heranrücken der deutschen Truppen das Leben. Er hatte vorher in Paris bei Fréchet und Lévy studiert.

Pierre Joseph L. Fatou lebte von 1878 bis 1929, geboren in Lorient (Frankreich), verstorben in Pornichet (Frankreich). Er war Mitarbeiter des Pariser Observatoriums.

Ferdinand Georg Frobenius lebte von 1849 (geb. in Berlin) bis 1917 (gest. ebenfalls in Berlin). Er war lange Zeit Professor in Zürich (Polytechnikum), bevor er 1892 als Professor nach Berlin zurückkehrte.

Carl-Friedrich Gauß wurde 1777 in Braunschweig geboren (bezeichnenderweise ist sein Geburtstag (30-04-1777) eine Primzahl). Er studierte in Göttingen und Helmstedt und wurde nach einigen Jahren, die er ganz der Forschung widmen konnte, 1807 Professor in Göttingen. Hier verstarb er 1855.

Jacques S. Hadamard wurde 1865 in Versailles geboren und verstarb 1963 in Paris. Seine Karriere began er in Bordaux, wechselte aber nach vier Jahren nach Paris und wurde nach Poincarés Tod dessen Nachfolger.

Felix Hausdorff, geboren 1868 in Breslau, studierte in Leipzig und unterrichtete dort bis 1910. In diesem Jahr wechselte er nach Bonn, wo er bis zu seinem Tod 1942 lebte.

Eberhard Hopf wurde in Salzburg 1902 geboren. Er studierte in Berlin. Er war zunächst Professor am MIT in Cambridge (USA), dann in Leipzig, München, und schließlich in Bloomington (USA), wo er 1983 verstarb.

Gaston Maurice Julia erblickte 1893 in Sidi Bel Abbés (Algerien) das Licht der Welt. Er starb im Alter von 85 Jahren 1978 in Paris und war zuletzt Professor an der École Polytechnique in Paris.

Andrey N. Kolmogoroff wurde 1903 in Tambov (Russland) geboren und lebte bis 1987. Er wurde 1931 zum Professor der Moskauer Universität berufen und schloss sich 1938 dem Steklov Institut an.

Nikolai M. Kryloff wurde in St. Petersburg 1879 geboren, studierte und lehrte bis 1917 auch dort. Anschließend ging er in die Ukraine und wurde 1922 der Direktor des Physik-Departments der ukrainischen Akademie der Wissenschaften. Er starb 1955 in Moskau.

Alexander Michailowitch Liapunoff, geboren 1857 in Yaroslawl (Russland) und 1918 in Odessa gestorben, studierte in St. Petersburg, wurde 1885 Dozent in Charkov und 1901 Professor in St. Petersburg.

Harold Marston Morse war Professor an der Universität von Princeton, zuletzt am Institut für „Advanced Study" in Princeton. Geboren in Waterville (USA) im Jahr 1892, war er zunächst an der Havard Universität, dann an der Cornell und der Brown Universität. Er verstarb in Princeton 1977.

John (Janosch) v. Neumann wurde in Budapest 1903 geboren. Er lebte bis 1957, lehrte zunächst in Berlin und Hamburg, wechselte aber bald in die USA, wo er in Princeton schließlich am Institut für „Advanced Study" tätig war.

Oskar Perron ist in Frankenthal (Pfalz) geboren. Er studierte in München. Nach Professuren in Tübingen und Heidelberg, wurde er 1922 zum Professor in München berufen und blieb dort bis zu seinem Tod 1975.

Jules Henry Poincaré wurde 1854 in Nancy geboren, studierte an der École Polytechnique und unterrichtete zunächst an der Universität in Caen. Nach wenigen Jahren wurde er zum Professor in Paris berufen. Er verstarb dort im Alter von 58 Jahren.

Wladimir A. Rochlin wurde 1919 in Baku geboren, studierte in Moskau und lehrte über 25 Jahre bis zu seinem Tod 1984 an der Universität in St. Petersburg.

Carl Ludwig Siegel wurde 1896 in Berlin geboren, studierte auch dort und wurde bereits 1922 zum Professor in Frankfurt berufen. Er wechselte 1937 nach Göttingen, 1940 an das Institut für „Advanced Study" in Princeton und kehrte 1951 nach Göttingen zurück, wo bis 1981 lebte.

7.3 Kleine Aufgabensammlung

7.3.0 Allgemeine Aufgaben

1. Reproduzieren Sie auf Ihrem Computer die in den Kapiteln Eins bis Sechs enthaltenen Graphiken, indem Sie (je nach Graphik) ein Programm zur Erzeugung der Graphik erstellen oder mittels eines Zeichenprogramms die Graphik erzeugen.
2. Verifizieren Sie die Beweise und Beispiele in diesem Band im Detail. Natürlich sind hier nur solche gemeint, deren analytische Darstellung knapp gehalten ist.
3. Verschaffen Sie sich einen Überblick über die Literatur anhand des Literaturverzeichnisses (Literatur zu Dynamik).

Die Übungsaufgaben in den folgenden sechs Sektionen sind entweder direkt machbar oder nur unter Zuhilfenahme einiger der im Literaturverzeichnis angegebenen Bücher.

7.3.1 Kapitel 1

1. Sei G eine Gruppe und $T : G \to G$ durch $T(g) = ag$ mit festem $a \in G$ definiert. Zeigen Sie, dass $\mathcal{O}(g)$ genau dann dicht in G liegt, wenn a die Gruppe erzeugt (also $G = \overline{\{a^n : n \in \mathbb{Z}\}}$ gilt).
2. Beweisen Sie, dass das Maß mit Dichte $f(x) = \frac{1}{1+x}$ unter der Kettenbruchentwicklung invariant ist.

3. Zeigen Sie, dass Booles Transformation $T : \mathbb{R} \to \mathbb{R}$, $Tx = x - \frac{1}{x}$ invariant und konservativ unter dem Lebesgue-Maß ist.

4. Gegeben sei die Differentialgleichung

$$\begin{aligned} \dot{x} &= x & \text{für } x^2 y^2 \geq 1, \\ \dot{x} &= 2x^3 y^2 - x \text{ für } x^2 y^2 < 1 \\ \dot{y} &= -y \end{aligned}$$

auf $\mathbb{R}^2$. Zeichnen Sie das Vektorfeld dieses Flusses.

5. Untersuchen Sie das lokale Verhalten des durch

$$\Phi((x, y, z)) = \begin{pmatrix} y - x \\ kx - y - xz \\ xy - z \end{pmatrix}$$

gegebenen Vektorfeldes in seinen kritischen Punkten. Dabei ist k ein beliebiger reeller Parameter.

6. Bestimmen Sie die Bahn des Punktes 17/32 unter der Kettenbruchentwicklung, und zeigen Sie, dass eine dichte Bahn existiert.

7. Welche Möbius-Transformtion führt den Kreis um $i \in \mathbb{H}$ mit Radius 1 in den Kreis um $2(1 + i)$ mit Radius 2 über?

8. Betrachten Sie die Familie $T_a : [0, 1] \to [0, 1]$ der Abbildungen des Einheitsintervalls, die durch $T_a(x) = ax^2(1 - x)$ $(0 \leq a \leq \frac{27}{4})$ definiert wird.
   a) Zeigen Sie: 0 ist für alle a ein superanziehender Fixpunkt. Für $a \geq 4$ gibt es Punkte $x \in [0, 1]$, die nicht im Anziehungsbereich von 0 liegen.
   b) Zeigen Sie: Für $a > 4$ gibt es zwei Fixpunkte $\frac{1}{2} \pm \sqrt{4^{-1} - a^{-1}}$ von T_a, und für $a < \frac{16}{3}$ ist die Dynamik trivial.
   c) Welche Bifurkation tritt für den Parameterwert $a = 4$ auf?
   d) Welche Bifurkation wird für $a = \frac{16}{3}$ erhalten?

9. Berechnen Sie die Hausdorff-Dimension h der Menge $[0, 1] \times C$, wobei C die Cantor-Menge des Beispiels 10 bedeutet, und bestimmen Sie das h-dimensionale Hausdorff-Maß auf dieser Menge.

10. Sei $\Omega = \{0, 1\}^{\mathbb{N}}$ wie in Beispiel 7, versehen mit der σ-Algebra, die von den Zylindermengen $[a] = \{\mathbf{x} = (x_k)_{k \in \mathbb{N}} \in \Omega : (x_1, ..., x_n) = a\}$, $a \in \{0, 1\}^n$ $(n \in \mathbb{N})$ erzeugt wird. Die Additionsmaschine ist eine Transformation auf Ω, die durch

$$T((1, ..., 1, 0, x_{k+1}, x_{k+2}, ...)) = (0, ..., 0, 1, x_{k+1}, x_{k+2}, ...))$$

definiert wird (s. Beispiel 8). Zeigen Sie:
   a) $\sum_{k=1}^{\infty} 2^{k-1}(T(\mathbf{o}))_k = n$ für $\mathbf{o} = (o_k)_{k \in \mathbb{N}} \in \Omega$, $o_k = 0$ $(k \in \mathbb{N})$.
   b) $\{\sum_{j=1}^{n} 2^{j-1}(T^k(\mathbf{x}))_j : 1 \leq k \leq n\} = \mathbb{N} \cap [1, n]$ für jedes $\mathbf{x} \in \Omega$.
   c) $\{((T^k(\mathbf{x}))_1, ..., (T^k(\mathbf{x}))_n) : 0 \leq k < 2^n\} = \{0, 1\}^n$ für jedes $\mathbf{x} \in \Omega$.
   d) T ist eine ergodische, maßtreue Transformation bzgl. des Bernoulli-Maßes m, das durch $m([a]) = 2^{-n}$ für jede Zylindermenge $[a]$, $a \in \{0, 1\}^n$ und $n \in \mathbb{N}$, definiert ist.

11. Sei X eine höchstens abzählbare Menge. Zeigen Sie, dass ein Punkt $\omega \in \Omega_X = X^{\mathbb{Z}}$ genau dann eine dichte Bahn besitzt, wenn jede Folge $a_0, ..., a_n$ in dieser Reihenfolge als Koordinaten in ω vorkommen.

12. Sei $A = \begin{pmatrix} 2 & 1 \\ 1 & 1 \end{pmatrix}$. Zeigen Sie:

    a) Die durch A induzierte Abbildung auf $T_A : \mathbb{T}^2 \to \mathbb{T}^2$ ist ein hyperbolischer Automorphismus.

    b) Die unter T_A periodischen Punkte liegen dicht in $\mathbb{T}^2$.

    c) T_A ist toplogisch transitiv, d.h. es gibt einen Punkt mit dichter Bahn.

13. Man betrachte die Differentialgleichung (in Polarkoordinaten)

$$\dot{r} = r(1 - r)$$

und

$$\dot{\theta} = \begin{cases} \sin^2 \theta + \frac{1}{\log 3} & 0 < r \le \frac{3}{4} \\ \sin^2 \theta + [\log r - \log|1 - r|]^{-1} & \frac{3}{4} < r < \infty, r \ne 1 \\ \sin^2 \theta & r = 1. \end{cases}$$

Zeigen Sie, dass hierdurch ein globaler Fluss definiert ist. Bestimmen Sie alle abstoßenden kritischen Punkte, und zeigen Sie, dass S^1 eine geschlossene Bahn darstellt, die anziehend ist.

14. Sei P_τ die Vereinigung aller geschlossener Bahnen der Länge $\le \tau$, kritische Punkte seien dabei eingeschlossen. Zeigen Sie, dass P_τ für jedes $\tau \ge 0$ abgeschlossen ist.

15. Sei der Fluss ϕ durch das Vektorfeld $\Phi : \mathbb{R}^2 \to \mathbb{R}^2$,

$$\Phi((x, y)) = (\mu x^2 - y + x^2, x + \mu y + x^2) \qquad x, y \in \mathbb{R},$$

definiert. Zeigen Sie, dass bei $\mu = 0$ eine Hopf-Bifurkation auftritt.

7.3.2 Kapitel 2

1. Bestimmen Sie eine Intervallabbildung mit einem periodischen Punkt der Periode drei in der Familie aus Aufgabe 8 in Abschnitt 7.2.1.

2. Sei $T : [0, 1] \to [0, 1]$ eine stetige Abbildung. Ein *homterval* ist ein Intervall J, auf dem jede Abbildung T^n, $n \in \mathbb{N}_0$, (nicht notwendigerweise strikt) monoton ist. Beweisen Sie, dass J eine der beiden Eigenschaften besitzt:

    a) Die Intervalle $J, T(J), ..., T^n(J), ...$ sind paarweise disjunkt.

    b) Zu jedem Punkt $x \in J$ gibt es ein Intervall L und $p \in \mathbb{N}, q \in \mathbb{N}_0$, so dass $T^q(x) \in L$, und $T^p : L \to L$ eine monotone Abbildung ist.

3. Eine C^3-Abbildung $T : [0, 1] \to [0, 1]$ besitzte negative *Schwarzsche Ableitung*

$$\mathcal{S}[T](x) := \frac{D_x^3 T}{D_x T} - \frac{3}{2} \left(\frac{D_x^2 T}{D_x T} \right) \le 0$$

für jeden nicht kritischen Punkt $x \in [0, 1]$. Hier bezeichnet $D_x^j T = D_x(D_x^{j-1} T)$ die j-te Ableitung im Punkt x. Zeigen Sie die folgenden Aussagen:

a) $\mathcal{S}[T^n](x) = \sum_{i=0}^{n-1} \mathcal{S}[T](T^i(x))|D_x T^i|^2$.

b) Der unmittelbare Anziehungsbereich einer anziehenden periodischen Bahn enthält entweder einen kritischen Punkt oder einen der Randpunkte $\{0,1\}$.

c) Ist T eingipflig und der Fixpunkt 0 abstoßend, so gibt es nur eine anziehende periodische Bahn.

4. a) Sei $T : S^2 \to S^2$ die rationale Funktion $T(z) = \alpha z - \frac{1}{z}$, $\alpha \in \mathbb{C}$. Bestimmen Sie alle Fixpunkte zusammen mit ihren Multiplikatoren.

   b) Sei T eine rationale Funktion und z ein abstoßender periodischer Punkt der Periode p. Zeigen Sie: Gilt $T^{np}(y) \to z$, so gibt es $m \in \mathbb{N}$ mit $T^{mp}(y) = z$. Ist die Voraussetzung notwendig, dass z ein abstoßender Punkt ist?

5. Finden Sie einen Diffeomorphismus der S^1, dessen Ableitung keine beschränkte Variation besitzt, der jedoch orientierungstreu und minimal ist. Hinweis: Es genügt ein Beispiel zu finden, so dass die Ableitung lediglich Hölder-stetig mit Exponenten < 1 ist.

6. Man bestimme eine LZ-Kodierung der Sequenz

   0111111101011000001111000010101100100110111011010101010111010
   1111111110011101110111111111110101111101111111111110111101
   1111101111111100000111100011111100000001111111111111000011
   1111111111011111110011111111101100111111111101111111111111111
   1110011111111111101011111111011111111100010000011111110111111.

7. Sei $2 \le s \in \mathbb{N}$. Zeigen Sie, dass die Champernownsche Folge

   $$1\ 2\ ...\ s\ \ 11\ 12\ ...\ ss\ \ 111\ 112\ ...\ 11s\ 121\ ......\ 1ss\ 211\ ...\ sss\ \ ...$$

normal ist. Dabei heißt eine Folge $(x_k)_{k \in \mathbb{N}}$ normal und die Zahl $x = \sum_{k \in \mathbb{N}}(x_k - 1)s^{-k}$ normal, wenn jeder Zylinder $[a]$ der Länge p mit asymptotischer relativer Häufigkeit

$$\lim_{n \to \infty} n^{-1}\mathrm{card}\{1 \le k \le n : (x_k, ..., x_{k+n-1}) = a\} = s^{-p}$$

auftritt.

8. Zeigen Sie, dass jede topologische Markoff-Kette zu einer topologischen Markoff-Kette konjugiert ist, die eine Matrix-Darstellung besitzt, d.h. als $\{(x_k)_{k \in \mathbb{Z}} \in X^{\mathbb{Z}} : a_{x_k x_{k+1}} = 1\}$ mit einer 0-1 Matrix $A = (a_{ij})_{i,j \in X}$ dargestellt werden kann.

9. Sei $T : S^1 \to S^1$ ein orientierungstreuer Diffeomorphismus mit irrationaler Rotationszahl, so dass seine Ableitung beschränkte Variation besitzt. Beweisen Sie, dass unter dieser Voraussetzung T ergodisch bzgl. des Lebesgue-Maßes auf S^1 ist, d.h. jede T-invariante messbare Menge besitzt das Maß Null oder Eins.

10. Sei V eine Umgebung der Null in $\mathbb{C}$. Man zeige, dass eine analytische Funktion $T : V \to \mathbb{C}$ mit $T(0) = 0$ und $T'(0) \neq 1$ lokal analytisch konjugiert zur linearen Abbildung $z \mapsto T'(0)z$ ist.

11. Zeigen Sie die folgenden Aussagen:

   a) Jede Möbius-Transformation ist zu einer der Abbildungen $z \mapsto az$ oder $z \mapsto z + a$ für ein passendes $a \in \mathbb{C}$ konjugiert.

   b) Falls $ab \neq 0$ gilt, so sind die Abbildungen $T_k(z) = kz$ $(k = a, b)$ konjugiert. Ebenso sind die Abbildungen $S_k(z) = z + k$ konjugiert $(k = a, b)$.

   c) Ein quadratisches Polynom ist zu $z \mapsto z^2 + a$ oder $z \mapsto az(1 - z)$ konjugiert.

12. Sei R eine rationale Abbildung der S^2. Falls die Iterierten R^n $(n \in \mathbb{N})$ gleichmäßig in einem Gebiet G gegen eine Konstante konvergieren, zeigen Sie $G \subset F(R)$. Wie kann daraus gefolgert werden, dass ein anziehender Fixpunkt von R in der Fatou-Menge liegen muss?

13. Sei $\Sigma_A \subset \{1, 2\}^{\mathbb{Z}}$ die topologische Markoff-Kette, die durch die Matrix

$$A = \begin{pmatrix} 1 & 1 \\ 1 & 0 \end{pmatrix}$$

definiert wird. Sei $\pi : \Sigma_A \to \{0, 1\}^{\mathbb{Z}}$ diejenige Semikonjugation, die durch die Blockabbildung $[11] \mapsto 1$, $[21] \mapsto 0$ und $[12] \mapsto 0$ bestimmt ist. Weisen Sie nach, dass $\Omega = \pi(\Sigma_A)$ keine topologische Markoff-Kette ist. Zeigen Sie auch die Äquivalenz der folgenden Aussagen für einen Teilshift (Ω, T), $\Omega \subset \Omega_X$:

   a) (Ω, T) ist ein (stetiger) Faktor einer topologischen Markoff-Kette (dann heißt es ein *sofisches* System).

   b) Es gibt nur endlich viele *Nachfolger-Mengen*

$$\mathcal{N}(u) = \{v \in \mathcal{A}(\Omega_X) : uv \in \mathcal{A}(\Omega)\} \qquad u \in \mathcal{A}(\Omega).$$

   c) Es gibt nur endlich viele *Vorgänger-Mengen*

$$\mathcal{V}(u) = \{v \in \mathcal{A}(\Omega_X) : vu \in \mathcal{A}(\Omega)\} \qquad u \in \mathcal{A}(\Omega).$$

14. Zeigen Sie, dass eine topologische Markoff-Kette (Ω, T) mit Übergangsmatrix A genau dann einen Punkt mit dichter Bahn besitzt, wenn A irreduzible Matrix ist. (Ω, T) ist genau dann topologisch mischend, wenn A aperiodische Matrix ist.

15. Sei $T : J \to T(J)$ ein orientierungstreuer Diffeomorphismus zwischen zwei Intervallen J und $T(J)$. Sei $L \subset J$ ein Intervall und τ die minimale Länge der Zusammenhangskomponenten von $T(J \setminus L)$. Sei ferner

$$C = \inf_{[a,b] \subset [c,d] \subset J} \frac{(T(b) - T(a))(T(d) - T(c))}{(T(d) - T(b))(T(a) - T(c))} \bigg/ \frac{(b - a)(d - c)}{(d - b)(a - c)}$$

Gelten $\tau > 0$ und $0 < C \leq 1$, beweisen Sie die Verzerrungseigenschaft

$$\frac{C^6 \tau^2}{(1+\tau)^2} \leq \frac{D_x T}{D_y T} \leq \frac{(1+\tau)^2}{C^6 \tau^2} \qquad x, y \in L.$$

7.3.3 Kapitel 3

1. Sei (Ω, G) ein dynamisches System und $\Gamma \subset G$ eine normale Untergruppe. Sei $x \in \Omega$ fastperiodisch bzgl. (Ω, Γ). Beweisen Sie, dass xg ebenfalls fastperiodisch bzgl. (Ω, Γ) für beliebiges $g \in G$ ist. Unter der zusätzlichen Annahme, dass Γ syndetisch ist, schließe man daraus, dass (Ω, G) genau dann fastperiodisch ist, wenn (Ω, Γ) fastperiodisch ist.
2. Sei $Tx = x + 1$. Zeigen Sie, dass T vollständig dissipativ ist. Man finde eine messbare Menge A mit den Eigenschaften

$$\sum_{n=0}^{\infty} \mu(A \cap T^{-n} A) = \infty \quad \text{und} \quad \sum_{n=0}^{\infty} 1_A \circ T^n < \infty.$$

3. Ist $(\Omega, \mathcal{B}, m, T)$ ein maßtreues dynamisches System mit σ-endlichem Maß, und gibt es eine messbare Menge A endlichen Maßes mit $\Omega = \bigcup_{n=0}^{\infty} T^{-n} A$ mod m, so ist T konservativ. Beweisen Sie diese Aussage.
4. Sei b_n eine Folge von Blöcken von Nullen und Einsen. Sei rekursiv der Punkt ω durch $B_1 = b_1$ und

$$\omega = \lim_{n \to \infty} B_n^{b_{n+1}}$$

definiert. Man zeige, dass ω fastperiodisch ist.
5. Sei E_i ($1 \leq i \leq s$ eine Zerlegung von $\mathbb{Z}$ in Mengen E_i, die eine arithmetische Progression bilden (also die Form $E_i = \{a + bn : n \in \mathbb{Z}\}$ besitzen). Eine *Toeplitz-Folge* ist eine zweiseitige Folge von Symbolen, deren Koordinaten $\omega_k = i$ genau dann erfüllen, wenn $k \in E_i$ gilt. Man zeige, dass ω fastperiodisch ist.
6. Seien T die β-Transformation und α die Zerlegung in die zwei Mengen $[0, \beta)$ und $[\beta, 1)$. Sei Ω der Abschluss der Pfade, die man zu Punkten in $[0, 1)$ erhält. Ω heißt ein *Sturmscher Schift*. Man zeige, dass (Ω, T) minimal ist.
7. Sei $T : X \to X$ ein stetiges dynamisches System mit lokalkompaktem, metrischem Raum X. Sei $\Omega^+(x)$ die Menge aller $y \in X$, die man als Grenzwert einer Folgen $T^{n_k}(x_k)$ ($x_k \in X$, $n_k \in \mathbb{N}$, $\lim_{k \to \infty} n_k = \infty$, $\lim_{k \to \infty} x_k = x$) darstellen kann. Zeigen Sie, dass Ω^+ abgeschlossen und vorwärts invariant ist. Zeigen Sie auch, dass im Allgemeinen $\Omega^+(x) \supset \omega^+(x)$, aber keine Gleichheit gilt.
8. Sei $T : \mathbb{T}^2 \to \mathbb{T}^2$ durch $T((x, y)) = (e^{i\alpha} x, \psi(x) y)$ ($(x, y) \in S^1 \times S^1 \equiv \mathbb{T}^2$) definiert; dabei sei $\psi : S^1 \to S^1$ stetig. Man zeige, dass T distal, aber im Allgemeinen nicht gleichmäßig stetig ist.

9. Berechnen Sie die Entropie der Morse-Folge.

10. Berechnen Sie die topologische Entropie der Abbildung $T : [0, 1] \to [0, 1]$, definiert durch $T(x) = 4x(1 - x)$.

11. Konstruieren Sie einen Punkt, der unter dem Sturmschen Schift (Aufgabe 6) die Aussage des multiplen Rekurrenzsatzes 41 erfüllt. Das bedeutet, dass man einen Punkt x und zu jedem $l \geq 1$ eine Folge $n_k = n_k(l)$ konstruiert, so dass

$$\lim_{k \to \infty} \max_{1 \leq i \leq l} d(T^{in_k(l)}(x), x) = 0$$

für jedes $l \geq 1$ gilt.

12. Sei ϕ ein Fluss auf einem vollständigen, metrischen Raum Ω. Es sei weiterhin der Punkt $x \in \Omega$ gegeben, der eine relativ kompakte Bahn besitze. Man zeige, dass die ω-Limesmenge $\omega(x)$ genau dann minimal ist, wenn $\mathcal{O}^+(x)$ die ω-Limesmenge gleichmäßig approximiert.

13. Konstruieren Sie je einen proximalen und distalen Teilschift.

14. Finden Sie
    a) einen C^2-Diffeomorphismus des Torus $\mathbb{T}^2$ mit topologischer Entropie Null und keinem periodischen Punkt.
    b) einen C^2-Diffeomorphismus einer dreidimensionalen Mannigfaltigkeit mit positiver topologischer Entropie und keinem periodischen Punkt.

15. Finden Sie ein minimales dynamisches System mit positiver topologischer Entropie.

7.3.4 Kapitel 4

1. Sei $T : \Omega \to \Omega$ eine minimale Transformation des kompakten, metrischen Raumes Ω. $f \in C(\Omega)$ erfülle die Bedingung $|\sum_{n=0}^{\infty} f(T^n(x))| < \infty$ für ein $x \in \Omega$. Man zeige: Es gibt eine Funktion $h \in C(\Omega)$ mit

$$f = h \circ T - h.$$

2. Sei $f : \mathbb{R}^2 \to \mathbb{R}^2$ eine Lipschitz-stetige Funktion, die periodisch bzgl. des Gitters $\mathbb{Z}^2$ ist, d.h.

$$f(x, y) = f(x + 1, y) = f(x, y + 1) = f(x + 1, y + 1).$$

Es gelte $f(x, y) > 0$, wenn x und y nicht beide verschwinden und $f(0, 0) = 0$. Sei α irrational und ϕ_t der zu den Differentialgleichungen

$$\dot{x} = f(x, y) \qquad \dot{y} = \alpha f(x, y)$$

gehörige Fluss. Zeigen Sie, dass $p = (0, 0)$ der einzige Fixpunkt ist und dass es genau eine Bahn gibt, die p als ω-Limesmenge besitzt.

3. Sei $T : \mathbb{R}^2 \to \mathbb{R}^2$ durch $T((x, y)) = (x + x^2 + 2y, x + y)$, $x, y \in \mathbb{R}$.

   a) Man zeige, dass $0 \in \mathbb{R}^2$ ein hyperbolischer Fixpunkt ist und bestimme $D_0 T$.

   b) Man bestimme die Zerlegung in unstabile und stabile Unterräume $E_0^s \oplus E_0^u$ von $\mathcal{T}_0 \mathbb{R}^2$.

   c) Man bestimme eine genauere Approximation der stabilen Mannigfaltigkeit als diejenige, die durch E_0^s gegeben ist (Näherung 2. Ordnung des Graphen).

4. Es sei ϕ der Fluss mit Vektorfeld $\varPhi((x,y)) = (x(1 - x^2 - y^2) - y, y(1 - x^2 - y^2) + x)$.

   a) Zeigen Sie: Die Kurve $\gamma(t) = (\cos t, \sin t)$ ist ϕ-invariant, also eine geschlossene Bahn.

   b) Sei $N = \{(x,y) \in \mathbb{R}_+^2 : \frac{y}{x} = c\}$ für ein $c > 0$. Dann ist N eine transversale Untermannigfaltigkeit, und bestimmen Sie die Poincaré-Abbildung.

5. Sei $(\varOmega, \mathcal{B}, T, m)$ ein dynamisches System und $T_\varphi : \varOmega \times M \to \varOmega \times M$ ein Schiefprodukt zu $\varphi : \varOmega \to C(M)$. Sei μ ein Wahrscheinlichkeitsmaß auf M. Man zeige:

   a) Ist T invertierbar, so ist das Produktmaß $m \times \mu$ genau dann T_φ-invariant, wenn μ unter fast jeder Abbildung $\varphi(\omega)$ invariant ist.

   b) Ist T nicht invertierbar, so ist $m \times \mu$ genau dann invariant, wenn

$$E(\varphi(\cdot)\mu | T^{-1}\mathcal{B}) = \mu.$$

6. Zeigen Sie: Je zwei R-expandierende differenzierbare Abbildungen $S, T : S^1 \to S^1$ sind konjugiert, wenn sie beide orientierungstreu sind und lokal die gleiche Anzahl von Urbildern besitzen. Folgern Sie daraus, dass diese Abbildungen strukturstabil im Raum $C^r(S^1, S^1)$ (versehen mit der C^r-Topologie) sind.

7. Sei $T : M \to M$ ein Diffeomorphismus, der die Volumenform ω erhält, d.h. $T^*\omega = \omega$ mit $(T^*\omega)_x(u_1, ..., u_d) = \mathrm{Det}(D_x T)\omega_x(u_1, ..., u_d)$. Gibt es $h \in C^\infty(M, \mathbb{R})$ mit $h \circ T = h$ und mit regulärem Wert c im Bild von h, so gibt es auf jeder Menge $h^{-1}(c)$ eine Volumenform, die unter $T_{|h^{-1}(c)}$ invariant ist.

8. Bestimmen Sie die stabile und unstabile Mannigfaltigkeit des Schift-Homöomorphismus auf dem zweiseitigen Markoff-Schift, der durch den Graphen in Abbildung 3.8 definiert wird.

9. Man zeige, dass durch das Vektorfeld $\varPhi((x,y)) = (y, x + x^2)$ ein Hamiltonscher Fluss definiert wird. Man bestimme auch die zugehörige Hamiltonsche Funktion. Man finde die stabile und unstabile Mannigfaltigkeiten im Punkt 0.

10. Man beweise: Sei E ein Banachraum, der eine Zerlegung $E = E^s \oplus E^u$ besitzt, und es sei $\|v\| = \max(\|v^s\|, \|v^u\|)$ die Maximumsnorm, $v = v^s + v^u$, $v^i \in E^i$ ($i = s, u$). Sei $L : E \to E$ linear und hyperbolisch bzgl. E^s und E^u.

Sei $\epsilon, \delta > 0$, so dass $\lambda := \|L_{|E^s}\|, \|L_{|E^u}^{-1}\| < 1 - \epsilon$. Seien $r > \delta/(1 - \epsilon - \lambda)$ und $T : K(0, r) \to E$ eine Lipschitz-stetige Abbildung mit Lipschitz-Norm $< \epsilon$ und $\|T(0)\| < \delta$. Dann besitzt T einen Fixpunkt $p \in K(0, r)$, der

$$(1 - \epsilon - \lambda)\|p\| < \|T(0)\|$$

erfüllt. p hängt stetig von T ab.

11. (A.J. Schwarz) Man beweise: Sei $\Phi \in \mathcal{F}^r(M)$ ein C^r-Vektorfeld einer zweidimensionalen, zusammenhängenden Mannigfaltigkeit M. Dann sind die minimalen Teilmengen des durch Φ definierten Flusses $\phi = (\phi_t)_{t \in \mathbb{R}}$ entweder kritische Punkte oder M.

12. (Poincaré, Bendixon) Sei M eine kompakte, orientierbare, zweidimensionale Mannigfaltigkeit. Sei $\Phi \in \mathcal{F}^2(M)$ und ϕ der zugehörige Fluss. Falls die ω-Limesmenge eines Punktes $x \in M$ keinen kritischen Punkt enthält und $\neq M$ ist, so besteht $\omega(x)$ aus einer geschlossenen Bahn und besitzt die folgende Attraktions-Eigenschaft: Ist N ein transversaler Schnitt und T_N die Poincaré-Abbildung, so gilt für $y \in N \cap \mathcal{O}^+(x)$

$$\lim_{n \to \infty} \mathrm{dist}(T_N^n(y), \omega(x)) = 0.$$

Beweisen Sie diese Aussage.

Hinweis: Man benutze Aufgabe 7 und Proposition 7.

13. Man betrachte den in den $\mathbb{R}^3$ eingebetteten Torus $\mathbb{T}^2$, indem man einen Kreis um die z-Achse rotiert. Sei ϕ der Gradientenfluss, der durch das Vektorfeld $\mathrm{grad}\, h$ mit $h((x, y, z)) = -cz^3$ erzeugt wird. Man zeige, dass ϕ nicht strukturstabil sein kann.

14. Sei $\Phi : \mathbb{R}^2 \to \mathbb{R}^2$ durch $\Phi((x, y)) = (-y, x)$ definiert. Weisen Sie nach, dass der durch Φ definierte Fluss nicht strukturstabil sein kann. Dazu betrachtet man Störungen des Vektorfeldes durch Addition von ϵI und weist nach, dass in 0 eine Bifurkation stattfindet, die der Stabilität widerspricht.

15. Sei $\Gamma \backslash \mathbb{H}$ eine kompakte Fläche konstanter negativer Krümmung. Zeigen Sie, dass das Riemannsche Volumen ergodisch für den geodätischen Fluss ist.

7.3.5 Kapitel 5

1. Sei $T : G \to G$ ein Homomorphismus der kompakten Gruppe G. Zeigen Sie, dass das Haar-Maß T-invariant ist.

2. Man beweise: Die Eigenwerte von U_T einer maßtreuen Transformation T sind vom Betrag 1. Das Integral einer Eigenfunktion zu einem Eigenwert $\neq 1$ verschwindet.

3. Formulieren und beweisen Sie den Satz 102 von Gordin für Automorphismen.

4. Zeigen Sie: Wird eine σ-Algebra $\mathcal{F}$ von einer Zerlegung $\beta \in \mathcal{Z}$ erzeugt, so gelten

$$I(\alpha|\beta) := I(\alpha|\mathcal{F}) = -\sum_{A\in\alpha}\sum_{B\in\beta} 1_{A\cap B} \log \frac{m(A\cap B)}{m(B)}$$

und

$$H(\alpha|\beta) := H(\alpha|\mathcal{F}) = -\sum_{A\in\alpha}\sum_{B\in\beta} m(A\cap B) \log \frac{m(A\cap B)}{m(B)}.$$

5. Man beweise: Ist m ergodisch, so gilt

$\forall \epsilon > 0 \ \forall \delta > 0 \ \exists N \in \mathbb{N}$ so dass $\forall n \geq N \ \exists C \in \sigma(\alpha_0^n)$ mit
$\exp[-n(h(T,\alpha)+\delta)] \leq m(A) \leq \exp[-n(h(T,\alpha)-\delta)]$ $\forall A \in C \cap \alpha_0^n$
und $m(C) \geq 1 - \epsilon$.

6. (Krengel) Sei $T : \Omega \to \Omega$ eine nichtsinguläre Transformation auf dem Maßraum $(\Omega, \mathcal{B}, m)$. Dann gibt es entweder ein T-invariantes, absolut stetiges Wahrscheinlichkeitsmaß $\mu \ll m$ oder es gilt

$$\lim_{n\to\infty} \frac{1}{n} \sum_{k=0}^{n-1} \widehat{T}^k f = 0 \qquad \text{f.s.}$$

für jedes $f \in \mathrm{L}_1(m)$.
Beweisen Sie diese Aussage.

7. Sei τ ein Endomorphismus des Wahrscheinlichkeitsraumes $(\Omega, \mathcal{A}, \mu)$. Man zeige die Äquivalenz der folgenden Aussagen:
   a) Die σ-Algebra $\mathcal{I}$ der invarianten Mengen ist trivial.
   b) $\forall A \in \mathcal{A}$ mit $\mu(A \triangle \tau^{-1} A) = 0 \implies \mu(A) \in \{0, 1\}$.
   c) $\forall A \in \mathcal{A}$ mit $\mu(A) > 0$ gilt $\mu(\bigcup_{n\in\mathbb{N}} \tau^{-n} A) = 1$.
   d) $\forall A, B \in \mathcal{A}$ gilt

$$\lim_{N\to\infty} \sum_{n=0}^{N-1} \mu(B \cap \tau^{-n} A) = \mu(A)\mu(B).$$

   e) $\forall f, g \in L_2(\mu)$ gilt

$$\lim_{N\to\infty} \sum_{n=0}^{N-1} \langle U_\tau^n f, g \rangle = \langle f, 1 \rangle \langle 1, g \rangle,$$

   wobei $U\tau = h \circ \tau$ und $\langle \cdot, \cdot \rangle$ das Skalarprodukt im (komplexen) $\mathrm{L}_2(\mu)$ bezeichnet.

8. Sei $\tau : \mathbb{C} \to \mathbb{C}$ eine holomorphe Abbildung, und es sei μ ein τ-invariantes Wahrscheinlichkeitsmaß mit $\int \left| \log|\tau'| \right| d\mu < \infty$. Man zeige, dass $\lim |(\tau^n)'|$ existiert. Man bestimme den Limes und setze ihn in Bezug zum Liapunoff-Exponenten.

9. Geben Sie ein ergodisches, dissipatives dynamisches System an.

10. Sei T eine invertierbare maßerhaltende Transformation bzgl. des normierten Maßes m. Zeigen Sie, dass für jede integrierbare Funktion f

$$\lim_{n \to \infty} \frac{1}{n} \sum_{k=0}^{n-1} f \circ T^k = \lim_{n \to \infty} \frac{1}{n} \sum_{k=0}^{n-1} f \circ T^{-k} \qquad \text{f.s.}$$

gilt.

11. Sei T konservativ und ergodisch. Man beweise, dass es höchstens ein absolut stetiges T-invariantes Maß geben kann.

12. Sei $S : X \to X$ konservativ und nichtsingulär. Es sei $\phi : X \to \mathbb{N}$ eine messbare Abbildung. Der *Kakutani-Turm* ist die Abbildung

$$T(x,n) = \begin{cases} (S(x), \phi(S(x))) & \text{falls } n = 1 \\ (x, n-1) & \text{falls } n \geq 2. \end{cases}$$

Man zeige:

  a) T ist konservativ und nichtsingulär.

  b) T ist ergodisch, sofern S es ist.

13. Sei μ invariantes Wahrscheinlichkeitsmaß auf $(\Omega, \mathcal{A})$, T sei nicht invertierbar und $\mathcal{F}_{T^n}$ der zu T^n gehörige Frobenius-Perron Operator. Man zeige:

$$E(f|T^n(\cdot) = y) = [\mathcal{F}_{T^n} f](y).$$

und für $Uf = f \circ T$, dass

$$U^n \mathcal{F}_T^n f$$

die bedingte Erwartung von f gegeben $T^{-n}\mathcal{A}$ ist.

14. Sei $\mathcal{Z}$ der Raum der Äquivalenzklassen von Zerlegungen α des Wahrscheinlichkeitsraumes $(\Omega, \mathcal{B}, \mu)$ mit $H(\alpha) < \infty$. Man zeige, dass $\mathcal{Z}$ durch

$$d(\alpha, \beta) = H(\alpha|\beta) + H(\beta|\alpha) \qquad (\alpha, \beta \in \mathcal{Z})$$

ein vollständiger metrischer Raum wird.

15. Sei $T : [0,1] \to [0,1]$ die Abbildung $T(x) = 2x \bmod 1$. Zeigen Sie mit dem Satz von Gordin, dass jede Hölder-stetige Funktion $f : [0,1] \to \mathbb{R}$ mit

$$\sigma_f^2 = \sum_{k=0}^{\infty} \int_0^1 f(x) f(T^k(x)) dx - \left(\int_0^1 f(x) dx \right)^2 > 0$$

dem zentralen Grenzwertsatz genügt, d.h. es gilt

$$\mathcal{L}(x \in [0,1] : S_n f(x) \leq t\sigma_f) = \frac{1}{\sqrt{2\pi}\sigma_f} \int_{-\infty}^{t} e^{-u^2/2} du.$$

7.3.6 Kapitel 6

1. Man bestimme das Maß maximaler Entropie auf einem vollen Schiftraum über einem endlichen Alphabet und bestimme dessen Hausdorff-Dimension bzgl. der Metrik in Beispiel 7.

2. Sei μ ein (invariantes) Gibbsmaß auf dem topologisch mischenden Teilschift endlichen Typs Σ_A. Zeigen Sie: Es gibt ein $0 < \rho < 1$ und $M > 0$, so dass für alle Zylinder $a = [a_1, ..., a_k]$ und $b = [b_1, ..., b_l]$ $(k, l \geq 1)$

$$\left| \frac{\mu(a \cap T^{-k-n}b)}{\mu(a)\mu(b)} - 1 \right| \leq M\rho^n$$

gilt.

3. Man betrachte die logistischen Abbildungen $T_a : \mathbb{R} \to \mathbb{R}$, $T_a(x) = ax(1 - x)$, für $a > 2 + \sqrt{5}$. Zeigen Sie:

   a. T_a bildet jedes der Intervalle $[0, \frac{1}{2} - \sqrt{\frac{1}{4} - \frac{1}{a}}]$ und $[\frac{1}{2} + \sqrt{\frac{1}{4} - \frac{1}{a}}, 1]$ bijektiv auf $[0, 1]$ ab. Die inversen Zweige sind Kontraktionen.

   b. Sei K die durch die inversen Zweige in a. definierte fraktale Menge. Dann gilt

$$\frac{\log 2}{\log a} \leq \mathrm{HD}(K) \leq \underline{\mathrm{BD}} \leq \overline{\mathrm{BD}} \leq \frac{\log 2}{\log a\sqrt{1 - 4/a}}.$$

4. Man beweise die Formel (6.5) in Abschnitt 6.2.

5. Zeigen Sie, dass jede Lipschitz-stetige Funktion f den zentralen Grenzwertsatz unter einem Gibbs-Maß erfüllt.

6. Sei M eine Riemannsche Mannigfaltigkeit. Man zeige, dass es zu jedem $T \in \mathrm{Diff}^1(M)$ mit positiver topologischer Entropie $h_{\mathrm{top}}(T) > 0$ ein invariantes, ergodisches Maß $m \in \mathcal{M}(T)$ mit einem nicht verschwindenden Liapunoff-Exponenten gibt.

7. Sei $T \in \mathrm{Diff}^1(M)$, M eine kompakte Riemannsche Mannigfaltigkeit. Sei $K_n(x, \eta) = \{y \in M : d(T^j(x), T^j(y)) < \eta;\ 0 \leq j < n\}$ die η-Kugel in der Bowen-Metrik. Man zeige, dass für ein ergodisches Maß $m \in \mathcal{M}(T)$ die maßtheoretische Entropie sich wie folgt berechnen lässt:

$$h_m(T) = \lim_{\eta \to 0} \liminf_{n \to \infty} \log m(K_n(x, \eta))$$

für m fast alle $x \in M$.

8. Sei $(\Omega, \mathcal{B}, T, m)$ ein einseitiger Teilschift endlichen Typs mit einem Gibbs-Maß zum Potential φ. Ist $f \in \mathrm{L}_2(m)$, $\int f dm = 0$ und

$$\sum_{k=0}^{\infty} \int f \cdot f \circ T^k dm < \infty,$$

so ist f kohomolog zu 0 in $\mathrm{L}_2(m)$.

9. Sei M eine zweidimensionale Mannigfaltigkeit und $T : M \to M$ mit $h_{\mathrm{top}}(T) > 0$. Dann gibt es ein hyperbolisches Maß m, und es gilt

$$h_{\mathrm{top}}(T) = \sup\{h_m(T) : m \in \mathcal{M}(T) \text{ hyperbolisch}\}.$$

Beweisen Sie diese Aussage.

Hinweis: m heißt *hyperbolisch*, falls $m \in \mathcal{M}(T)$ ergodisch ist, und alle Liapunoff-Exponenten ungleich Null sind.

10. Berechnen Sie die lokale Hausdorff-Dimension für das Hausdorff-Maß der Cantor-Menge. Zeigen Sie, dass es von exakter Dimension ist (d.h. das multifraktale Spektrum ist trivial).

11. Seien I ein Intervall und $h \in C^2(I)$ strikt konvex. Man zeige, dass dann auch die Legendre Transformation von h strikt konvex ist.

12. Bestimmen Sie die Hausdorff-Dimension der Julia-Menge einer hyperbolischen rationalen Funktion R als Nullstelle der Druckfunktion

$$t \mapsto P(-t \log |R'|).$$

Hinweis: Benutzen Sie die Tatsache, dass $(J(R), R_{J(R)})$ ein konformer Repeller ist. Daher gibt es ein Gibbs-Maß zu jedem Potential $-t \log |R'|$ ($t \geq 0$).

13. Seien m das Gibbs-Maß zum Hölder-stetigen Potential $\varphi \in C(\Omega)$ und $\psi \in C(\Omega)$ eine Hölder-stetige Funktion. Sei m_t das Gibbs-Maß zum Potential $t\psi + \varphi$. Zeigen Sie, dass für $t \geq 0$

$$\lim_{n \to \infty} \frac{1}{n} \log m(S_n \psi \geq n \int \psi dm_t) = -t \int \psi dm_t + P(T, \varphi + t\psi) - P(T, \varphi)$$

und für $t \leq 0$

$$\lim_{n \to \infty} \frac{1}{n} \log m(S_n \psi \leq n \int \psi dm_t) = -t \int \psi dm_t + P(T, \varphi + t\psi) - P(T, \varphi)$$

gelten.

14. Folgern Sie die Existenz eines Gibbs-Maßes zum Hölder-stetigen Potential $\varphi \in C(\Omega)$, Ω eine topologische Markoff-Kette, aus der schwachen Konvergenz der Maße

$$\mu_s = c_s \sum_{n \in \mathbb{N}_0} \sum_{x \in P_n} \exp S_n \varphi(x) - ns,$$

wenn $s \to P(T, \varphi)$ strebt. Hierbei ist c_s die passende Normierungskonstante, um μ_s zu einem normierten Maß zu machen, und P_n bezeichnet die Menge der periodischen Bahnen der Periode n.

15. (s. Aufgabe 12, Sektion 7.2.2) Zeigen Sie, dass $p_n = \lambda_1^n + \lambda_2^{-n} - 2$ die Anzahl der periodischen Punkte des Torusautomorphismus ist, der durch $\begin{pmatrix} 2 & 1 \\ 1 & 1 \end{pmatrix}$ definiert wird. Bestimmen Sie daraus die Zeta-Funktion

$$\zeta(z) = \exp \sum_{n=1}^{\infty} \frac{p_n z^n}{n}.$$

Abb. 7.1. Fundamentalbereich der dreifach punktierten Sphäre

Literaturverzeichnis

Literatur zum Text

1. Abraham, R. (1967): Foundations of Mechanics. Benjamin Inc., New York, Amsterdam.
2. Ahlfors, L.V. (1966): Complex Analysis. 2. Aufl., McGraw Hill Book Comp., New York, St. Louis, San Francisco, Toronto, London, Sidney.
3. Ahlfors, L.V. (1973): Conformal Invariants, Topics in Geometric Function Theory. McGraw Hill Book Comp., New York, St. Louis, San Francisco, Toronto, London, Sidney.
4. Beardon, A.F. (1983): The Geometry of Discrete Groups. Graduate Texts in Math. Bd. 91, Springer-Verlag, New York.
5. Billingsley, P. (1995): Convergence of Probability Measures. 3.Aufl., John Wiley & Sons, New York, Chichester, Brisbane, Toronto, Singapore.
6. Bingham, N.H., Goldie, C.M., Teugels, J.L. (1987): Regular Variation. Cambridge University Press, Cambridge.
7. Bradley, R.C. (2002): Introduction to Strong Mixing Conditions. Bd. 1. Custom Publ., Indiana University, Bloomington.
8. Breiman, L. (1968): Probability. Addison-Wesley Publ. Comp., Reading, MA.
9. Coddington, E., Levinson, N. (1955): Theory of Ordinary Differential Equations. McGraw-Hill, New York.
10. do Carmo, M.P. (1993): Riemannian Geometry. 2. Aufl., Birkhäuser, Boston, Basel, Berlin.
11. Dunford, N., Schwartz, J.T. (1957): Linear Operators. Part I. General Theory. John Wiley & Sons, New York, Chichester, Brisbane, Toronto, Singapore.
12. Elstrodt, J. (1996): Maß- und Integrationstheorie. Grundwissen Mathematik. Springer-Verlag, Berlin, Heidelberg.
13. Forster, O. (1977): Riemannsche Flächen. Heidelberger Taschenbuch, Springer-Verlag, Berlin, Heidelberg, New York.
14. Gantmacher, F.R. (1958): Matrizenrechnung I und II. VEB Deutscher Verlag der Wiss., Berlin.
15. Grauert, H., Fischer, W. (1973): Differential- und Integralrechnung II. 2. Aufl., Heidelberger Taschenbücher, Springer-Verlag, Berlin, Heidelberg, New York.
16. Guzmán, M. (1975): Differentiation of Integrals in $\mathbb{R}^n$. Lecture Notes in Math. 481, Springer Verlag, Berlin, Heidelberg, New York.
17. Hall, P., Heyde, C.C. (1980): Martingale Limit Theory and its Applications. Academic Press, San Diego.
18. Hewett, E., Stromberg, K. (1969): Real and Abstract Analyis. Springer-Verlag, Berlin, Heidelberg, New York.

19. Jähnich, K. (1992): Vektoranalysis. Springer-Verlag, Berlin, Heidelberg, New York.

20. Karatzas, I., Shreve, S.E. (1991): Brownian Motion and Stochastic Calculus. 2. Aufl., Graduate Texts in Mathematics Bd. 113, Springer-Verlag, Berlin, Heidelberg, New York.

21. Kelley, J.L. (1955): General Topology. Van Nostrand, Princeton New Jersey. Nachdruck: Graduate Texts in Math. Bd. 27, Springer-Verlag, Berlin, Heidelberg, New York.

22. Klingenberg, W. (1982): Riemannian Geometry. W. de Gruyter, Berlin, New York.

23. Kowalski, H.-J. (1979): Lineare Algebra. 9. Aufl., W. de Gruyter, Berlin, New York.

24. Kuratowski, K. (1966): Topology. Bd. 1 und 2. Academic Press, New York, London.

25. Spanier, E.H. (1966): Algebraic Topology. McGraw-Hill, New York.

26. Walter, W. (1993): Gewöhnliche Differentialgleichungen. 5. Aufl., Springer-Verlag, Berlin, Heidelberg, New York.

27. Wiener, N. (1958): The Fourier Integral and Certain of its Applications. Dover Publ., New York.

Übersichtsartikel

28. Jacobs, K. (1963): Lecture Notes on Ergodic Theory. Aarhus Universitet, Matematisk Inst. VII.

29. Patterson, S.J. (1987): Lectures on measures on limit sets of Kleinian groups. In: Analytical and Geometric Aspects of Hyperbolic Space (Coventry-Durham 1984), 281–323. London Math. Soc. Lecture Notes Series 111, Cambridge University Press, Cambridge.

30. Rochlin, V.A. (1949): On the fundamental ideas of measure theory. Mat. Sb. Bd. 25, 107–150. Übersetzung: Amer. Math. Soc. Translations Bd. 71 (1952).

31. Rochlin, V.A. (1949): Selected topics from the metric theory of dynamical systems. Uspehi Mat. Nauk Bd. 4, 57–125. Übersetzung: Amer. Math. Soc. Translations Bd. 49 (1966).

32. Smale, S. (1967): Differentiable Dynamical Systems. Bulletin of the American Mathematical Society Bd. 73, 747–817.

Literatur zu Dynamik

33. Aaronson, J. (1997): An Introduction to Infinite Ergodic Theory. Mathematical Surveys and Monographs Bd. 50, American Mathematical Society, Providence RI.

34. Abraham, R., Robbin, J. (1967): Transversal Mappings and Flows. Benjamin, New York, Amsterdam.

35. Anosov, D.V. (1967): Geodesic flows on Riemann manifolds of negative curvature. Proceedings of the Steklov Inst. of Math., Bd. 80, Amer. Math. Soc., Providence, 1967.

36. Aoki, N., Hiraide, K. (1994): Topological Theory of Dynamical Systems. North-Holland Math. Library Bd. 52, North-Holland, Amsterdam.

37. Arnold, L. (1998): Random Dynamical Systems. Springer Monographs in Mathematics, Springer-Verlag, Berlin, Heidelberg, New York.

38. Arnol'd, V.I. (1989): Mathematical Methods of Classical Mechanics. 2. Aufl., Springer-Verlag, Berlin, Heidelberg, New York.

39. Arnol'd, V.I., Avez, A. (1988): Ergodic Problems of Classical Mechanics. Addison-Wesley, Amsterdam.

40. Auslander, J. (1988): Minimal Flows and Their Extensions. North Holland Mathematics Studies Bd. 153, Elsevier Science Publ., Amsterdam.
41. Beardon, A. (1991): Iteration of Rational Functions. Graduate Texts in Mathematics Bd. 132, Springer-Verlag, New York.
42. Bhatia, N.P., Szegö, G.P. (1970): Stability Theory of Dynamical Systems. Springer-Verlag, Berlin, Heidelberg, New York.
43. Billingsley, P. (1965): Ergodic Theory and Information. John Wiley & Sons, New York, Chichester, Brisbane, Toronto, Singapore.
44. Birkhoff, G.D. (1927): Dynamical Systems. Colloquium Publ. Bd. 9, Amer. Math. Soc., Providence.
45. Block, L.S., Coppel, W.A. (1992): Dynamics in One Dimension. Springer-Verlag, Berlin, Heidelberg, New York.
46. Bowen, R. (1975): Equilibrium States and the Ergodic Theory of Anosov Diffeomorphisms. Lecture Notes in Math. Bd. 470, Springer-Verlag, Berlin, Heidelberg, New York.
47. Brin, M., Stuck, G. (2002): Introduction to Dynamical Systems. Cambridge University Press.
48. Carleson, L., Gamelin, T.W. (1993): Complex Dynamics. Universitext: Tracts in Mathematics, Springer-Verlag, New York.
49. Collet, P., Eckmann, J.-P. (1980): Iterated Maps on the Unit Interval as Dynamical Systems. Birkhäuser, Boston, Basel, Berlin.
50. Cornfeld, I.P., Fomin, S.V., Sinai, Y.G. (1982): Ergodic Theory. Grundlehren der mathematischen Wissenschaften Bd. 245, Springer-Verlag, Berlin, Heidelberg, New York.
51. Denker, M., Grillenberger, C., Sigmund, K. (1976): Ergodic Theory on Compact Spaces. Lecture Notes in Math. Bd. 527, Springer-Verlag, Berlin, Heidelberg, New York.
52. Devaney, R.L. (1989): An Introduction to Chaotic Dynamical Systems. Addison-Wesley, Reading.
53. de Vries, J. (1993): Elements of Topological Dynamics. Mathematics and Its Applications Bd. 257, Kluwer Academic Publ. Group, Dordrecht.
54. Ellis, E. (1969): Lectures on Topological Dynamics. Benjamin, New York.
55. Furstenberg, H. (1981): Recurrence in Ergodic Theory and Combinatorial Number Theory. Princeton University Press, Princeton.
56. Garsia, A.M. (1970): Topics in Almost Everywhere Convergence. Lectures in Advanced Mathematics Bd. 4, Markham Publ. Co., Chicago.
57. Glasner, S. (1976): Proximal Flows. Lecture Notes in Mathematics Bd. 517, Springer Verlag, Berlin, Heidelberg, New York.
58. Godbillon, C. (1983): Dynamical Systems on Surfaces. Springer-Verlag, Berlin, Heidelberg, New York.
59. Gottschalk, W.H., Hedlund, G.A. (1955): Topological Dynamics. Colloquium Publ. Bd. 36, Amer. Math. Soc., Providence.
60. Guckenheimer, J., Holmes, P. (1983): Nonlinear Oscillations, Dynamical Systems, and Bifurcations of Vector Fields. Springer-Verlag, Berlin, Heidelberg, New York.
61. Hirsch, M., Pugh, C., Shub, M. (1977): Invariant Manifolds. Lecture Notes in Math. Bd. 583, Springer-Verlag, Berlin, Heidelberg, New York.
62. Holmgren, R.A. (1994): A First Course in Discrete Dynamical Systems. Springer-Verlag, New York, Berlin, Heidelberg, New York.

63. Hopf, E. (1937): Ergodentheorie. Springer-Verlag, Berlin, Heidelberg, New York.
64. Irwin, M.C. (1980): Smooth Dynamical Systems. Academic Press, London.
65. Katok, A., Hasselblatt, B. (1995): Introduction to the Modern Theory of Dynamical Systems. Encyclopedia of Mathematics and Its Applications, Cambridge University Press, New York.
66. Keller, G. (1998): Equilibrium States in Ergodic Theory. London Math. Soc. Student Texts Bd. 42, Cambridge University Press, Cambridge.
67. Kozlov, V.V., Treshchev, D.V. (1991): Billiards; A Genetic Introduction to the Dynamics of Systems with Impacts. Transl. of Math. Monographs, Bd. 89, Amer. Math. Soc., Providence.
68. Krengel, U. (1985): Ergodic Theorems. de Gruyter Studies in Mathematics Bd. 6, W. de Gruyter, Berlin, New York.
69. Kunita, H. (1990): Stochastic Flows and Stochastic Differential Equations. Cambridge University Press, Cambridge.
70. Lind, D., Marcus, B. (1995): An Introduction to Symbolic Dynamics and Coding. Cambridge University Press, Cambridge.
71. MacKay, R.S., Meiss, J.D. (1987): Hamiltonian Dynamical Systems. Adam Hilger, Bristol.
72. Mañé, R. (1987): Ergodic Theory and Differentiable Dynamics. Ergebnisse der Mathematik und ihrer Grenzgebiete, 3. Folge, Bd. 8, Springer-Verlag, Berlin, Heidelberg, New York.
73. de Melo, W., van Strien, S. (1993): One-dimensional Dynamics. Ergebnisse der Mathematik und ihrer Grenzgebiete, 3. Folge, Bd. 25, Springer-Verlag, Berlin, Heidelberg, New York.
74. Milnor, J. (1999): Dynamics in One Complex Variable: Introductory Lectures. Vieweg Verlag, Wiesbaden.
75. Nadkarni, M.G. (1995): Basic Ergodic Theory. Birkhäuser Advanced Texts, Boston, Basel, Berlin.
76. Nitecki, Z. (1971): Differentiable Dynamics. MIT Press, Cambridge MA.
77. Ornstein, D. (1974): Ergodic Theory, Randomness, and Dynamical Systems. Yale University Press, New Haven.
78. Palis, J., de Melo, W. (1982): Geometric Theory of Dynamical Systems. Springer-Verlag, Berlin, Heidelberg, New York.
79. Palis, J., Takens, F. (1993): Hyperbolicity and Sensitive Chaotic Dynamics at Homoclinic Bifurcations. Cambridge University Press, Cambridge.
80. Parry, W., Pollicott, M. (1990): Zeta Functions and the Periodic Orbit Structure of Hyperbolic Dynamics. Astérisque Bd. 187–188, Société Mathématique de France, Paris.
81. Perko, L. (1991): Differential Equations and Dynamical Systems. Texts in Applied Mathematics Bd. 7, Springer-Verlag, New York.
82. Pesin, Y.B. (1997): Dimension Theory in Dynamical Systems. The University of Chicago Press, Chicago, London.
83. Petersen, K. (1983): Ergodic Theory. Cambridge University Press, Cambridge.
84. Poincaré, J.H. (1892-9): Les Méthodes Nouvelles de la Mécanique Céleste. Paris.
85. Pollicott, M. (1993): Lectures on Ergodic Theory and Pesin Theory on Compact Manifolds. Cambridge University Press, Cambridge.

86. Pollicott, M., Yuri, M. (1998): Dynamical Systems and Ergodic Theory. London Mathematical Society Student Texts Bd. 40, Cambridge University Press, Cambridge.

87. Przytycki, F., Urbański, M. (2002): Fractals in the Plane-Ergodic Theory Methods. Cambridge University Press, Cambridge.

88. Robinson, C. (1995): Dynamical Systems; Stability, Symbolic Dynamics and Chaos. CRC Press, Cleveland.

89. Ruelle, D. (1978): Thermodynamic Formalism. Addison-Wesley, Reading.

90. Ruelle, D. (1991): Chance and Chaos. Princeton University Press, Princeton.

91. Schmidt, K. (1995): Dynamical Systems of Algebraic Origin. Birkhäuser, New York.

92. Schweiger, F. (1995): Ergodic Theory of Fibred Systems and Metric Number Theory. Clarendon Press, Oxford.

93. Shields, P.C. (1996): The Ergodic Theory of Discrete Sample Paths. Graduate Studies in Math. Bd. 13, Amer. Math. Soc.

94. Shub, M. (1987): Global Stability of Dynamical Systems. Springer-Verlag, Berlin, Heidelberg, New York.

95. Siegel, C., Moser, J. (1971): Lectures on Celestial Mechanics. Springer-Verlag, Berlin, Heidelberg, New York.

96. Smorodinsky, M. (1971): Ergodic Theory, Entropy. Lecture Notes in Math. Bd. 214, Springer-Verlag, Berlin, Heidelberg, New York.

97. Steinmetz, N. (1993): Rational Iteration. Complex Analytic Dynamical Systems. De Gruyter Studies in Mathematics Bd. 16, W. de Gruyter, Berlin, New York.

98. Szlenk, W. (1984): An Introduction to the Theory of Smooth Dynamical Systems. PWN-Polish Scientific Publ., Warszawa.

99. Verhulst, F. (1990): Nonlinear Differential Equations and Dynamical Systems. Springer-Verlag, Berlin, Heidelberg, New York.

100. Walters, P. (1982): An Introduction to Ergodic Theory. Springer-Verlag, Berlin, Heidelberg, New York.

101. Zimmer, R. (1984): Ergodic Theory of Semisimple Groups. Birkhäuser, Boston, Basel, Berlin.

Handbücher

102. Hasselblatt, B., Katok, A. (Hsg.) (2002): Handbook of Dynamical Systems. Bd. 1A, North Holland, Amsterdam.

103. Fiedler, B. (Hsg.) (2002): Handbook of Dynamical Systems. Bd. 2, Elsevier, Amsterdam.

104. Anosov, D.V., Arnold, V.I., Sinai, Ya.G., Novikov, S.P. (Hsg.) (1988–1993) Dynamical Systems I–VIII. Encyclopaedia of Mathematical Sciences. Springer-Verlag, Berlin, Heidelberg, New York.

Index

$\mathbb{N}_0$ ganzen Zahlen ≥ 0 5

(Ω, G) dynamisches System   4

$(\Omega, \mathcal{B}, T, m)$ maßtheoretisches dynamisches System   5

$C(M, N)$ stetige Abbildungen $M \to N$ 20

$C(\Omega)$ stetige Funktionen   102

$C^1(M, N)$ Raum der C^1-Abbildungen $M \to N$ 137

$C^r(M)$ Raum der C^r-Selbstabbildungen von M 118

$D_x T$ Ableitung von T im Punkt x 20

$E(f|\mathcal{A})$ bedingte Erwartung von f gegeben $\{\mathcal{A}\}$ 184

E° topologisch Inneres von E 26

E^c Komplement der Menge E 53

$K(\omega, \eta)$ Kugelumgebung   12

M d-dimensionale Mannigfaltigkeit   19

S^1 Einheitskreislinie   4

S^2 Sphäre   8

$S^d(a)$ d-dimensionale Sphäre   26

$S_n f$ n-te Partialsumme   84

T Transformationsabbildung   4

V^* dualer Operator   185

$\Im z$ Imaginärteil von z 40

$\mathbb{N}$ natürliche Zahlen   5

Ω nichtleere Menge   4

Ω_X Schiebungsraum   55

Φ Vektorfeld   19

$\mathbb{Q}$ rationale Zahlen   4

$\mathbb{R}$ reelle Zahlen   5

$\mathbb{R}_+$ nicht-negative reelle Zahlen   5

$\mathbb{R}_+ = \{t \in \mathbb{R} : t \geq 0\}$ 5

$\Re z$ Realteil von z 40

$\mathbb{Z}$ ganze Zahlen   4

$\alpha(x)$ Alpha-Limesmenge   88

α^- 56, 205

α_0^n gemeinsame Verfeinerung   52, 55

α_T Verfeinerung von $T^i\alpha$ 55, 207

β-Transformation   7

$\mathbb{D}$ offene Einheitskreisscheibe   69

$\mathbb{H} = \{z \in \mathbb{C} : \Im z > 0\}$ obere Halbebene   40

$\mathrm{Diff}^r(M)$ Raum der C^r-Diffeomorphismen von M 118

$HD(A)$ Hausdorff-Dimension   14

$L_p(\mu)$ Raum der Funktionen mit p-tem Moment   182

$\omega(x)$ Omega-Limesmenge   88

$\overline{\mathcal{O}(\omega)}$ Bahnabschluss   6, 57

$\phi = (\phi_t)_{t \in \mathbb{R}}$ Fluss   20

$|A| = \mathrm{diam} A$ Durchmesser einer Menge A 14

$|E|$ Mächtigkeit einer endlichen Menge E 52

$d(\cdot, \cdot) = \mathrm{dist}(\cdot, \cdot)$ Metrik   12

h^+ Positivteil der Funktion h 186

$m(A|\mathcal{F})$ bedingte Wahrscheinlichkeit   39, 201

$m \otimes m$ Produktmaß   195

$\mathcal{B}_+$ messbare Mengen positiven Maßes   194

$\mathcal{F}^r(M)$ Bündel der C^r-Vektorfelder   19

$\mathcal{I}$ σ-Algebra der invarianten Mengen   184

$\mathcal{M}(T)$ invariante Wahrscheinlichkeitsmaße   181

$\mathcal{O}(\omega)$ Bahn von ω 5

$\mathcal{O}^+(\omega)$ Vorwärtsbahn von ω 5

$\mathcal{O}^-(\omega)$ Rückwärtsbahn von ω 5

$\mathcal{T}M, \mathcal{T}_x M$ Tangentialbündel, Tangentialraum   19

$\mathcal{L}$ Lebesgue-Maß   38

I Identität   3

Abbildung, stückweise monoton   7
Additionsmaschine   10, 260
Adler-Bedingung   38
Alphabet   55
Anosov-Diffeomorphismus   148
Anosov-Fluss   152
Anosovs Schließungslemma   159
Anziehungsbereich   88
Anziehungsbereich, parabolisch   72
Anziehungsbereich, unmittelbarer   72
aperiodisch, dynamisches System   211
arithmetische Progression   87
asymptotischer Typ   217
Attraktor   8, 89
Attraktor, Hénon-   92
Attraktor, Hufeisen   93
Attraktor, Lorenz-   92, 254
Attraktor, Smale- siehe Solenoid   91
ausschöpfende Menge   214
Axiom-A-Diffeomorphismus   148
Axiom-A-Homöomorphismus   159

Bahn   5, 77
Bahn, abstoßend periodisch   23
Bahn, anziehend periodisch   23
Bahn, periodisch   21
Bahn, Rückwärts-   5
Bahn, Vorwärts-   5
Bahn-äquivalent   145
Bahnabschluss   77
Bebutovs dynamisches System   20
bedingte Information, Entropie   201
Bernoulli-Abbildung   218
Bernoulli-Maß   182
Bifurkation   31
Billiard-System   177
Black-Scholes Formel   257
Blaschke-Produkt   69
Block-Kode   57, 106
Blockabbildung   57
Blocksystem   59
Blocksystem, ausschließendes   59
Bowen-McClusky-Formel   231
Bowen-Metrik   100, 111, 226

Cantor-Menge   14, 16, 72
Champernownsche Folge   262
charakteristischer Multiplikator   142

Darling-Kac Menge   217
Dendrit   72
Determinismus   253
differenzierbares dynamisches System
   5
Dimension, Box-   248
Dimension, Hausdorff-   14, 248
Dimension, lokal   250
Diophantisch   37
diskrete Untergruppe   168
dissipativ   83, 213
distal   79
Doeblin-Fortet Ungleichung   189
Druck einer stetigen Funktion   227
Druckfunktion   227
duales Wort   58
Dualität von Blöcken   57
Duffings Oszillator   24
dynamisches System, symbolisches   9
dynamisches System, maßtheoretisch
   181

eingipflig (unimodal)   48
einhüllende Halbgruppe   79
Einheitsintervall   7
Endomorphismen der S^1 6
Entropie eines Maßes   59, 205
Entropie, maßtheoretische   201
Entropie, mittlere   205
Entropie, topologische   51, 111, 227
Equilibrium   231
Ergodensatz von Birkhoff   11, 184
Ergodensatz von Borel   11
Ergodensatz von Chacon und Ornstein
   186
Ergodensatz von v. Neumann   185
ergodisch   10, 181
erzeugende Zerlegung   51, 52, 207
Erzeuger   207
Erzeuger, natürlicher   208
exakt, maßtheoretisch   38, 216
expandierend   6, 7, 99
Expansionskonstante   95, 101
expansiv   95
Exponentialabbildung   62

Faktor   51, 77
Faktor eines dynamischen Systems   56
fastperiodisch   78, 85

fastperiodische Erweiterung   82
fastperiodische Menge   81
Fatou-Menge   69
Feigenbaum-Konstante   33
Feigenbaum-Universalität   30
Fixpunkt   6
Fixpunkt, hyperbolisch   26
Fixpunkt, superanziehend   35
Fluss   20
Fluss, differenzierbar   20
Fluss, partiell   20
Fluss, Zeitumkehrung   23
Fluss, zweiparametrig   21
Fokus   28
freie Gruppenwirkung   77
Frobenius-Perron Operator   102, 191, 216
Fuchssche Gruppe   41, 168
Fundamentalbereich   172

Gauß-Abbildung   36
Gauß-Maß   38
gemeinsame Verfeinerung   39, 52, 55, 202
generisch   158
generisch, Eigenschaft   145
geodätischer Fluss   40, 77, 174
gesteuertes dynamische System   123
getrennte Menge   110
Gibbs-Maß   232
gleichförmiger Anziehungsbereich   88
gleichförmiger Attraktor   89
Gleichgewicht   231
gleichgradig stetig   6
gleichmäßig fastperiodisch   79
gleichmäßig stetige Erweiterung   82
Grad einer Abbildung   114
Grad einer rationalen Funktion   68
Gradientenfluss   119
Gruppenwirkung (Gruppenoperation)   4
Gruppenwirkung (Gruppenoperation)   76

Hénon-Abbildung   92, 119
Hénon-Attraktor   92
Hamiltonsche Differentialgleichung   175
Hamiltonscher Fluss   176

harmonischer Oszillator   120
Hausdorff-Dimension   14
Hausdorff-Dimension eines Maßes   241
Hausdorff-Maß   14
Herman-Ring   74
Hessesche Form   141
homoklinischer Punkt   9
homterval   261
Hopf-Bifurkation   34
Hopf-Zerlegung   84, 213
Horozykel   170
horozyklischer Fluss   170
Hufeisen (horseshoe)   52, 93
hyperbolisch   8
hyperbolische Menge   143, 152
hyperbolischer Fixpunkt   142
hyperbolischer periodischer Punkt   135
hyperbolisches Maß   271

induzierte Transformation   214
induziertes Maß   214
Information   201
Intervallvertauschung   7
invariante Dichte   7
invariante Menge   10
inverser Limes   56
inverser Limes eines dynamischen Systems   166
invertierbar   5
isolierter Punkt   69
Isometrie   5
isomorph   183
Iterierte   3

Jacobi-Dichte   113, 218, 231
Jacobische   141
Jordan-Kurve   73
Julia-Menge   8, 36, 69, 90

Kac' Formel   215
Kakutani-Turm   269
Kanten-Markoff-Kette   61
Kantenmatrix   108
Kettenbruchdarstellung   36
Kettenbruchentwicklung   7
Kneading-Sequenz (Knetfolge)   48
Kodierung   59
kohomolog   126, 231

Kohomologie-Gleichung   126
Konfigurationsraum   77
konform   248
konjugiert   25, 48
konjugiert, lokal   25
konservativ   83, 213
Kontraktion   12
Kontraktion, ähnlich   14
Korand   122
Kozykel   122, 123, 128
Kozykel, äquivalent   126
Kozykel, temperiert   126
kritischer Punkt   68, 70
kritischer Punkt eines Flusses   21

Lagrangesche Gleichung   174
Lebesgue-Raum   183
Lebesgue-Spektrum   209
Lebesgue-Zahl   98
Legendre-Fenchel Transformation   252
Legendre-Paar   252
Lemma von Rochlin   211
Lemma, Chacon-Ornstein   186
Lempel-Ziv Algorithmus   58
Liapunoff-Exponent   134, 238
Liapunoff-Funktion   89
Liapunoff-Spektrum   134
Lie Gruppe   167
Limesmenge, α-   88
Limesmenge, ω-   88
Liouville   37
logistische Differentialgleichung   22
logistische Familie   30, 45
lokale Dimension   250
Lorenz-Attraktor   92

Möbius-Transformation   40, 68, 168
maßtheoretisches dynamisches System   5
maßtreu   181
Maß, invariantes   181
Maß, nichtsingulär   181
Maß maximaler Entropie   231
Mannigfaltigkeit, stabil, - unstabil   9, 140, 144
Markoff-Abbildung   218, 221
Markoff-Eigenschaft   7, 38
Markoff-Kette, Kanten-   61
Markoff-Kette, topologisch   60

Markoff-Maß   182
Markoff-System   218
Markoff-System, aperiodisch   218
Markoff-System, irreduzibel   218
Markoff-Zerlegung   38, 62, 102, 163, 218
Maximalungleichung von Hopf   11, 184, 187
Maximalungleichung von Wiener   187
messbare Zerlegung   201
Metrik, hyperbolische   40
Metrisierungslemma von Frink   101
minimal   6, 58, 64, 78
mischend   194
modulare Gruppe   42
Monomorphismus   77
Morse-Folge   58, 104
Morse-Smale Diffeomorphismus   148
multifraktale Spektrum   251
Multiplikativer Ergodensatz   130
Multiplikator   70

Nachfolger-Menge   263
Newton-Abbildung   67
Newton-Verfahren   67
Newtonsche Gleichungen   24, 173
nichtautonome Differentialgleichung   21
nichtwandernd   83
normale Folge, normale Zahl   262
normaler Punkt   68
Normalverteilung   198

Operator, Potenz-stetig   189
Operator, relativ kompakt   189
OSC-Bedingung   13

parsing   58
Periode   6
Periodenverdoppelung   34
periodisch   6
periodischer Punkt, abstoßend   70, 89
periodischer Punkt, anziehend   70, 89
periodischer Punkt, indifferent   70
periodischer Punkt, parabolisch   70
periodischer Punkt, superanziehend   70
petal   73
Pfad eines Punktes   48, 52

Poincaré-Abbildung   42, 120
Poincarésche Halbebene   40
Präfix-Kode   58
Primperiode   46, 244
projektives System   82
proximal   79
Pseudobahn   159
Punktspektrum   209
punktweise dual-ergodisch   217
punktweise fastperiodisch   79

quadratische Familie auf [0, 1]   33, 45
Quelle   29

R-expansiv   100, 167
Rückwärtsbahn   5, 49
randlos   228
rational ergodisch   216
rational indifferent   70
rationale Funktion   8, 68, 95
rationale Funktion, hyperbolisch   91
Rechteck   163
regional rekursiv   83
regulär   114
rekurrent   83
Rekurrenzfolge   217
Rekurrenzsatz von Birkhoff   85
Rekurrenzsatz von Furstenberg und
    Weiss   86
Rekurrenzsatz von Halmos   84
Rekurrenzsatz von Maharam   213
Rekurrenzsatz von Poincaré   84
Rekurrenzzeit   214
Renormalisierung   33
Renormalisierungsoperator   34
Reparametrisierung der Zeit   18
Repeller   8, 89
Repeller, konformer   248
Rochlin-Erweiterung   56
Rochlin-Menge   211
Rotation   4, 5
Rotationszahl   64
Ruhepunkt   21

Sattel   28
Satz über das Kontraktionsprinzip   12
Satz über das Variationsprinzip   227
Satz über die Spezifizierung   163
Satz von Aaronson   217

Satz von Anosov   151
Satz von Anosov (Strukturstabilität)
    148
Satz von Arnold   146
Satz von Bötker   72
Satz von Birkhoff, Ergoden-   11, 184
Satz von Birkhoff, Rekurrenz-   85
Satz von Borel   11
Satz von Bowen und Sinai   164
Satz von Chacon und Ornstein,
    Ergoden-   185
Satz von Coven und Reddy   101
Satz von Darboux   177
Satz von den Primbahnen   247
Satz von Denjoy   65
Satz von der stabilen Mannigfaltigkeit
    144
Satz von der stabilen Mannigfaltigkeit
    für Fixpunkte   140
Satz von der stabilen Mannigfaltigkei-
    ten für Flüsse   142
Satz von Doeblin, Fortet, Ionescu-
    Tulcea, Marinescu   189
Satz von Fatou (Flower Theorem)   73
Satz von Furstenberg und Kesten   128
Satz von Furstenberg und Weiss,
    multipler Rekurrenzsatz   86
Satz von Furstenberg, Struktursatz für
    distale Flüsse   83
Satz von Gordin   198
Satz von Grobman und Hartman   27,
    140
Satz von Hadamard und Perron   136
Satz von Halmos, Rekurrenz-   84
Satz von Hutchinson   12
Satz von Ikehara und Wiener   247
Satz von Kœnigs   29, 72
Satz von Kolmogoroff-Sinai   207
Satz von Krengel   268
Satz von Krieger   213
Satz von Kryloff und Boglioboff   182
Satz von Kupka und Smale   158
Satz von Lempel und Ziv   59
Satz von Liouville   176
Satz von Livsic   127
Satz von Maharam, Rekurrenz-   213
Satz von Manning   249
Satz von Milnor und Thurston   51

Satz von Misiurewicz   52
Satz von Misiurewicz und Przytycki   114
Satz von Montel   68
Satz von Moran   14
Satz von Ornstein   213
Satz von Oseledets   130
Satz von Oseledets für Flüsse   134
Satz von Pesin und Ruelle   238
Satz von Poincaré   64
Satz von Poincaré und Bendixon   267
Satz von Poincaré und Siegel   29
Satz von Poincaré, Rekurrenz-   84
Satz von Scharkowski   46
Satz von Schwarz   267
Satz von Shannon, McMillan und Breiman   205
Satz von Sullivan   72
Satz von v. d. Waerden   87
Satz von v. Neumann, Ergoden-   185
Satz von Walters, Variationsprinzip   227
Satz von Williams   105
Satz von Young   241
Scharkowski-Ordnung   46
Schattenlemma   159
Schattenlemma für Flüsse   162
Schattierung   159
Schattierung für Flüsse   162
Schiebung   9, 55, 104
Schiebung, -sabbildung   55
Schiefprodukt   122
Schift   55
Schift, höher dimensional   77
Schließungslemma   147
schwach mischend   194
schwacher Anziehungsbereich   88
schwacher Attraktor   89
Schwarzsche Ableitung   261
selbstähnlich   13
semi-konjugiert   51
Siegel-Kreisscheibe   73, 74
Sierpiński-Dreieck, -Netz   16
Singularität   21
Smale-Diffeomorphismus   148
Smales Gegenbeispiel   152
Smales Hufeisen   93
Smalescher Raum   159

sofisches dynamisches System   263
Solenoid   91, 119
Spalt-Kode, splitting, amalgamation   107
spannende Menge   226
spektralisomorph   209
Spektralmaß   196
Spektraltyp   197
Spektrum, stetiges   197
Spezifizierung   162
Spezifizierung, schwache   127
Sprungindex   67
Störung   26
stabile Mannigfaltigkeit   27, 140
stabile Mannigfaltigkeit eines Homöomorphismus   144
stabile Menge   89
Stabilisator   77
Stabilität, strukturell   145
standard Maßraum   183
stark Schiebungs-äquivalent   105
stationärer Punkt   21
stetig gesteuert   124
stetiges dynamisches System   5
stetiges Spektrum   209
stochastischer Fluss   124
Stoppzeit   214
Struktursatz von Furstenberg   83
strukturstabil   145
Sturmscher Schift   264
subadditive Folge   128
Substitution   57
superanziehend   70
Suspensionsfluss   121
symbolisches dynamisches System   104
symplektischer Diffeomorphismus   177
syndetisch   78

Teilschift   56, 57, 104
Teilschift endlichen Typs   60
terminale σ-Algebra   38
Toeplitz-Folge   264
topologisch exakt   70
topologisch mischend   70
topologisch transitiv   85
topologische Entropie   111
topologische Markoff-Kette   60
Torusautomorphismus   8

Transfer-Operator   102, 216
Transformation, invariant   181
Transformation, nichtsingulär   181
Transformationsgruppe   76
transitiv   85
transversal   9, 152
transversale Mannigfaltigkeiten   158
transversaler Fluss   153
transversaler Schnitt   120
transversales Element   154

Übergangsmatrix   60
Überlagerungsabbildung   62
Umkehrpunkt   48
unimodal   48
unstabile Mannigfaltigkeit   27, 140
unstabile Mannigfaltigkeit eines
    Homöomorphismus   144

van-der-Pol-Gleichung   120
Variation, beschränkte   65
Variationsprinzip des Drucks   227
Vektorfeld, vollständig   20
Verzerrung, erbliche   220
Verzerrungseigenschaft, metrisch   219
vollständig dissipativ   213

vollständig invariant   69
vollständige Invariante   49
von-Koch-Kurve   16
Vorgänger-Menge   263
Vorhersagbarkeit   253
vorwärts expansiv   95

Wachstum   22
Wachstum, asymptotisch   51, 110
Wachstum, infinitesimal asymptotisch
    111
wandernd   83
wandernd, maßtheoretisch   213
Wort   57

Zeitumkehr   23, 88
Zeltabbildung   45, 51
Zerlegung, topologisch   102
Zerlegung, unabhängig   203
Zerlegungsmatrix   108
Zeta-Funktion   243
zufällig gesteuert   124
zufälliges dynamisches System   124
Zustand   3
zweiparametriger Fluss   21
Zylinder, -mengen   55